U0223960

“先进化工材料关键技术丛书”编委会

先进化工材料关键技术丛书

中国化工学会 组织编写

高性能润滑油生产关键技术

Key Technology of High Performance Lubricating Oil Production

马 安 王斯晗 汤仲平 等 著

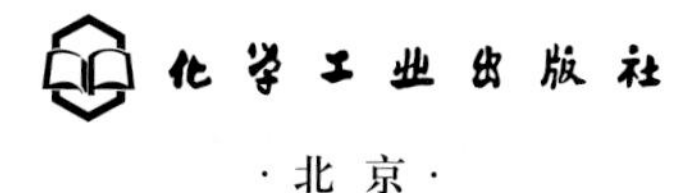

·北 京·

内容简介

《高性能润滑油生产关键技术》是“先进化工材料关键技术丛书”的一个分册。

本书对高性能润滑油基础油的生产技术及最新进展、润滑油添加剂发展及高性能润滑油产品的开发进行了全面介绍。第一章“绪论”重点介绍了高性能润滑油技术的发展、本书依托的国家项目；第二章“优质矿物润滑油基础油生产技术”重点论述了优质矿物润滑油基础油生产的主要原料及典型工艺、国内外技术现状及发展趋势；第三章“聚α-烯烃合成润滑油基础油生产技术”重点论述了国外长链α-烯烃及PAO基础油生产技术、国内长链α-烯烃及PAO基础油技术突破；第四章“生物基润滑油生产技术”重点论述了生物基润滑油的生产技术、特点及应用、发展趋势；第五章“高性能润滑油添加剂技术”重点论述了沉积物控制添加剂、黏度控制添加剂、成膜添加剂的研究现状及发展趋势；第六章“高性能内燃机油产品技术”重点介绍了SN/GF-5、SP/GF-6汽油机油及新一代CI-4、CJ-4柴油机油产品的开发。

《高性能润滑油生产关键技术》可供化工、石油、化学、轻工领域，尤其是润滑油生产、加工、研发及应用的技术人员、管理人员阅读，也可以供高等学校化工、石油、化学、轻工等专业师生参考。

图书在版编目（CIP）数据

高性能润滑油生产关键技术/中国化工学会组织编写；马安等著. 一北京：化学工业出版社，2022.5
（先进化工材料关键技术丛书）
国家出版基金项目
ISBN 978-7-122-40969-0

Ⅰ. ①高… Ⅱ. ①中… ②马… Ⅲ. ①润滑油
Ⅳ. ①TE626.3

中国版本图书馆CIP数据核字（2022）第040594号

责任编辑：杜进祥　孙凤英
责任校对：王　静
装帧设计：关　飞

出版发行：化学工业出版社（北京市东城区青年湖南街13号　邮政编码100011）
印　　装：中煤（北京）印务有限公司
710mm×1000mm　1/16　印张18¾　字数370千字
2022年6月北京第1版第1次印刷

购书咨询：010-64518888　售后服务：010-64518899
网　　址：http://www.cip.com.cn
凡购买本书，如有缺损质量问题，本社销售中心负责调换。

定　　价：196.00元

作者简介

马安，教授级高级工程师，现任中国石油天然气股份有限公司规划总院副院长、中国石油学会石油炼制分会副主任。

1986 年毕业于北京化工大学化学工程专业，其后获石油大学（北京）企业管理硕士、美国休斯敦大学能源管理 EMBA，后任美国斯坦福大学高级访问学者。曾在中国石化石油化工科学研究院、中国石油天然气集团公司炼油化工局、中国石油天然气股份有限公司炼油与销售分公司、中国石油天然气股份有限公司炼油化工技术研究中心、中国石油大连石化分公司、中国石油天然气股份有限公司石油化工研究院从事技术研究和技术管理工作，分别担任分管技术的副处长、处长、中心副主任、公司副总经理和研究院副院长。曾担任国家重点研发计划项目经理、国家"973 计划"项目课题经理、中国石油天然气股份有限公司重大专项项目经理，多项技术实现工业应用，取得重大经济效益。获得国家科技进步奖二等奖 2 项、中国石油天然气集团公司科技进步奖一等奖 2 项。

王斯晗，教授级高级工程师，现任中国石油天然气股份有限公司大庆化工研究中心主任。

1987 年获得浙江大学高分子化工专业学士学位，2017 年获得东北石油大学石油与天然气工程专业博士学位。自 1987 年起一直在中国石油天然气股份有限公司从事石油化工领域的科研开发及管理工作，历任大庆石化公司研究院仪器分析室副主任、化工研究室副主任、化工研究室主任、大庆化工研究中心化工研究所所长、大庆化工研究中心副主任，在 $C_4\sim C_{12}$ α- 烯烃合成技术方面取得重要突破，开发出系列 α- 烯烃合成成套技术并实现产业化。获中国专利优秀奖 2 项、中国石油天然气集团公司科技进步奖特等奖 1 项、中国石油天然气集团公司科技进步奖二等奖 2 项、黑龙江省科技进步奖二等奖 2 项、黑龙江省省级创新成果奖 1 项。申请中国专利 120 件、美国专利 3 件，发表论文 20 余篇。

汤仲平，教授级高级工程师，现任中国石油天然气股份有限公司润滑油分公司总工程师、中国内燃机学会副理事长。

1997 年获得四川大学有机化学专业理学学士学位，2006 年获得中国科学院兰州化学物理研究所化学物理专业理学硕士学位，2016 年获得四川大学绿色化学专业理学博士学位。自 1997 年起在中国石油天然气股份有限公司兰州润滑油研究开发中心从事内燃机润滑技术和产品研究等科研开发管理工作，历任科研管理科科长及中心副主任、主任、党委书记，在润滑油添加剂自主开发、内燃机润滑油产品配方研究及评价技术方面取得重要突破，推动了中国内燃机发动机油自主标准开发及相关产业链自主化发展。“高档系列内燃机油复合剂研制及工业化应用”获 2012 年国家科技进步奖二等奖，另获得省部级科技成果 9 项、厅局级科技成果 18 项，发表论文 50 余篇，授权发明专利 12 件，编写专著 3 本。

丛书序言

材料是人类生存与发展的基石，是经济建设、社会进步和国家安全的物质基础。新材料作为高新技术产业的先导，是“发明之母”和“产业食粮”，更是国家工业技术与科技水平的前瞻性指标。世界各国竞相将发展新材料产业列为国际战略竞争的重要组成部分。目前，我国新材料研发在国际上的重要地位日益凸显，但在产业规模、关键技术等方面与国外相比仍存在较大差距，新材料已经成为制约我国制造业转型升级的突出短板。

先进化工材料也称化工新材料，一般是指通过化学合成工艺生产的、具有优异性能或特殊功能的新型化工材料。包括高性能合成树脂、特种工程塑料、高性能合成橡胶、高性能纤维及其复合材料、先进化工建筑材料、先进膜材料、高性能涂料与黏合剂、高性能化工生物材料、电子化学品、石墨烯材料、3D 打印化工材料、纳米材料、其他化工功能材料等。

我国化工产业对国家经济发展贡献巨大，但从产业结构上看，目前以基础和大宗化工原料及产品生产为主，处于全球价值链的中低端。“一代材料，一代装备，一代产业”，先进化工材料具有技术含量高、附加值高、与国民经济各部门配套性强等特点，是新一代信息技术、高端装备、新能源汽车以及新能源、节能环保、生物医药及医疗器械等战略性新兴产业发展的重要支撑，一个国家先进化工材料发展不上去，其高端制造能力与工业发展水平就会受到严重制约。因此，先进化工材料既是我国化工产业转型升级、实现由大到强跨越式发展的重要方向，同时也是我国制造业的“底盘技术”，是实施制造强国战略、推动制造业高质量发展的重要保障，将为新一轮科技革命和产业革命提供坚实的物质基础，具有广阔的发展前景。

“关键核心技术是要不来、买不来、讨不来的”。关键核心技术是国之重器，要靠我们自力更生，切实提高自主创新能力，才能把科技发展主动权牢牢掌握在自己手里。新材料是国家重点支持的战略性新兴产业之一，先进化工材料作为新材料的重要方向，是化工行业极具活力和发展潜力的领域，受到中央和行业的高度重视。面向国民经济和社会发展需求，我国先进化工材料领域科技人员在“973 计划”、“863 计划”、国家科技支撑计划等立项支持下，集中力量攻克了一批“卡脖子”技术、补短板技术、颠覆性技术和关键设备，取得了一系列具有自主知识产权的重大理论和工程化技术突破，部分科技成果已达到世界领先水平。中国化工学会组织编写的“先进化工材料关键技术丛书”正是由数十项国家重大课题以及数十项国家三大科技奖孕育，经过 200 多位杰出中青年专家深度分析提炼总结而成，丛书各分册主编大都由国家科学技术奖获得者、国家技术发明奖获得者、国家重点研发计划负责人等担任，代表了先进化工材料领域的最高水平。丛书系统阐述了纳米材料、新能源材料、生物材料、先进建筑材料、电子信息材料、先进复合材料及其他功能材料等一系列创新性强、关注度高、应用广泛的科技成果。丛书所述内容大都为专家多年潜心研究和工程实践的结晶，打破了化工材料领域对国外技术的依赖，具有自主知识产权，原创性突出，应用效果好，指导性强。

创新是引领发展的第一动力，科技是战胜困难的有力武器。无论是长期实现中国经济高质量发展，还是短期应对新冠疫情等重大突发事件和经济下行压力，先进化工材料都是最重要的抓手之一。丛书编写以党的十九大精神为指引，以服务创新型国家建设，增强我国科技实力、国防实力和综合国力为目标，按照《中国制造 2025》、《新材料产业发展指南》的要求，紧紧围绕支撑我国新能源汽车、新一代信息技术、航空航天、先进轨道交通、节能环保和“大健康”等对国民经济和民生有重大影响的产业发展，相信出版后将会大力促进我国化工行业补短板、强弱项、转型升级，为我国高端制造和战略性新兴产业发展提供强力保障，对彰显文化自信、培育高精尖产业发展新动能、加快经济高质量发展也具有积极意义。

中国工程院院士：薛群基

前言

润滑油广泛用于交通、国防、航天等国民经济各领域，国内外的研究显示，因润滑不良造成的经济损失一般占到 GDP 的 1.5% ～ 2.5%，对国民经济发展具有重大影响。商业润滑油依据基础油的不同，可以分为矿物基润滑油、合成基润滑油和生物基润滑油三大类型。基于节能、环保和长寿命要求，润滑油和基础油性能不断提升。高黏度指数、低黏度、低蒸发损失、良好的低温性能已成为润滑油的主要发展方向。

润滑油中 75% ～ 98% 是基础油，其品质很大程度决定润滑油的性能和成本。由于欠缺高品质基础油生产技术，导致我国基础油结构长期失衡，低端 API Ⅰ/Ⅱ类基础油产能比例高达 88%，高品质Ⅲ、Ⅳ类［PAO（聚 α- 烯烃）］基础油产能仅占 6%，远低于世界平均 15%，长期依赖进口，导致产品开发滞后。因此，攻克高品质基础油生产关键技术、开发高端润滑油产品、全面提升润滑油生产技术水平是国家重大战略需求。

基础油理想组分是 C_{20} ～ C_{50} 的长链异构烷烃，具有良好的黏温性能和低温流动性。传统技术采用溶剂脱蜡或催化脱蜡对低温流动性差的长链正构烷烃（蜡）进行脱除或裂化，能耗高、收率一般不超过 40%、氧化安定性差，只能生产Ⅰ/Ⅱ类基础油。20 世纪 90 年代，国际上开发了加氢异构技术，可将蜡分子转化为长链异构烷烃，具有降凝幅度大、基础油收率高和产品氧化安定性好等优点，已成为生产Ⅲ类基础油的主要手段。21 世纪以来，国内也开发出加氢异构生产基础油技术，具备了加氢异构基础油生产能力。但是，军工、航天领域需要超低温性能、超高黏度指数的特种润滑油，只有特定结构的合成润滑油才能满足要求。国外主要以乙烯齐聚生产的 C_8 ～ C_{12} 长链 α- 烯烃为原料生产 PAO。低黏度 PAO 是市场需求最大的产品，占比 80% 以上，仅少数公司掌握该技术并不转让。国内 PAO 装置主要以进口原料间歇法生产中、高黏度产品，副产的低黏度 PAO 产量低、品质差，市场需求依赖进口。

生物基润滑油具有无毒、可生物降解、可再生等特性。生物基润滑油的“低毒性”使其可用于食品、医药等特殊行业中的机械润滑。与国外相比，我国生物基基础油和润滑油的技术水平存在明显差距，市场份额低于润滑油脂消费量的 1%，远低于西欧、北美等发达国家（超过 5%）。突破性能缺陷和制备技术瓶颈、提升我国生物基润滑油的生产水平意义重大。

国外汽油机油质量标准已发展到 GF-6；柴油机油已发展到 CK-4 和 FA-4。我国内燃机油质量标准及其评价技术一直跟随国外，汽油机油最高规格为 SL/GF-3，柴油机油最高规格为 CI-4，落后于国外 1 ～ 2 个质量等级，高端产品竞争处于不利局面，急需开发与国际同步的高档内燃机油产品。

随着现代工业技术日新月异的发展，新的润滑油生产技术不断涌现。高性能润滑油生产关键技术主要包括加氢异构生产Ⅲ类基础油技术、长链 α- 烯烃聚合制备合成基础油技术、生物基基础油生产技术、功能添加剂技术及润滑油品的生产调和技术等方面。

囿于资料来源，本书主要介绍中国石油天然气股份有限公司相关科技成果，尤其较系统地阐述了著者团队在高性能石油基润滑油基础油关键技术开发、高性能聚 α- 烯烃合成润滑油基础油关键技术开发、高性能润滑油添加剂及高档内燃机油产品开发等领域的研究成果。具体内容包括优质矿物润滑油基础油生产技术、聚 α- 烯烃合成润滑油基础油生产技术、生物基润滑油基础油生产技术、高性能润滑油添加剂技术及高性能内燃机油产品技术。本书所整理的部分技术成果属于国内外首创，可助力高性能润滑油产品开发，为高性能润滑油生产提供技术支持。

本书结合著者团队在异构脱蜡生产高品质润滑油基础油、乙烯齐聚制 α- 烯烃、α- 烯烃聚合制 PAO 基础油、发动机油复合剂及油品技术开发等方面多年持续研发的成果和技术资料，涵盖了著者团队十多年来国家重点研发计划项目（2017YFB0306700）、与本项目密切相关的国家“973 计划”项目及国家自然科学基金项目（2013BAEL1B00、2007CB607606、2015BAG04B00、21171056）、中国石油天然气股份有限公司项目（050414-01、06-03C-02-06、06-03A-01-10、2011B-2704、2013F-1101、2015B-2512、2016E-0703），部分成果获得省部级以上奖励二十余项，其中“环烷基稠油生产高端产品技术研究开发与工业化应用”和“高档系列内燃机油复合剂研制及工业化应用”分获国家科技进步一、二等奖，“齿轮油极压抗磨添加剂、复合剂制备技术与工业化应用”获国家技术发明二等奖，“高档内燃机油系列产品研制开发与应用”获国家能源科技进步一等奖，“一种在乙烯齐聚催化剂体系存在下制备 1- 己烯的方法”获中国专利优秀奖，包揽了近年润滑油领域全部国家级科技奖励，研发水平国内领先。在此基础上，参阅了大量国内外科技文献，着重针对高性能润滑油生产关键技术的研究编写本书，以帮助科研和工程技术人员加深对高性能润滑油生产这一领域的认知，为高性能润滑油生产技术的开发提供理论和应用指导。

参加国家重点研发计划“高性能润滑油生产关键技术攻关及应用”项目的研究人员为本书的部分研究成果付出了辛勤的劳动，包括马安、米普科、王斯晗、褚洪岭、汤仲平、徐小红、张均、许胜、黄正梁、黄雄斌、王俊、李翠琴、李鹏、王林、曲炜、王从新、阎立军、迟克彬、李梦晨、王骞、于宏悦、谢彬、刘彦峰、郭金涛、王本文、隋晓东、张纯庆、袁继成、孙发民、高善彬、杨晓东、陆雪峰、关旭、赵檀、张亚胜、张学业、刘枫林、姜涛、李文乐、张乐、徐显明、曲家波、刘龙、王秀绘、蒋岩、王亚丽、于部伟、包雨云、王伟众、王力博、刘敏、蔡子琦、马克存、王桂芝、李洪涛、王刚、刘通、曹媛媛、孙恩浩、王玉龙、吴显军、何英华、衣学飞、刘丽军、冯乐刚、王伟、李磊、张海忠、钟山、李洪平、李阳、李静、金鹏、金志良、金理力、靳素华、钱多德、徐美娟、冯振文、雷爱莲、王浩同、师云、邵怀启、冯连芳、王兆元、范闯、王睿。

本书共六章，由马安、王斯晗和汤仲平负责全书的统稿、修改和定稿，第一章由马安、魏朝良、刘中国、王栋、王桂芝等共同撰写，第二章由马安、陆雪峰、刘彦峰、迟克彬、谢彬等共同撰写，第三章由王斯晗、褚洪岭、王秀绘、王亚丽、曹媛媛、姜涛、王力博、刘通、王玉龙、蒋岩等共同撰写，第四章由邹吉军、张香文、史成香、王俊明等共同撰写，第五章由汤仲平、薛卫国、刘玉峰、王俊明、安文杰、黄卿、王将兵、郑来昌、范丰奇等共同撰写，第六章由汤仲平、汪利平、金理力、徐瑞峰、赵正华、马国梁等共同撰写。

中国石油天然气股份有限公司石油化工研究院郭金涛、邓旭亮、高善彬、于部伟、霍宏亮、黄付玲、王新苗、于祺、刘玉佩、徐婷婷、牟玉强、李梦晨、于宏悦、沈雨歌、马鸿钰、李洪鹏、赵思萌、周一思、倪术荣，中国石油天然气股份有限公司润滑油分公司翟月奎、张雪涛、张超、张杰、包冬梅、付代良、刘功德、张勤、王玉玲、黄芸琪、黄东升、杨晓钧、刘泉山、李鹏、刘晓磊、李海平、苗新峰、孙大新、周康、王辉、李雁秋、梁依经、李猛、张雪涛、王会娟、王俊明、张卓，华东理工大学米普科，北京化工大学包雨云、蔡子琦，东北石油大学王俊等参与了本书部分内容的编写。

本书还参考了大量国内外同行撰写的书籍和论文等资料，在此一并表示衷心的感谢。

由于编写此书时间较为仓促及高性能润滑油生产技术的复杂性，更由于著者水平有限，疏漏之处在所难免，请读者不吝指正。

著者

2022年1月

目录

第一章
绪　论

润滑是降低摩擦、减少或避免磨损的最主要技术途径，是节省能源和资源的有效技术措施，也是减少排放的一个重要技术手段。润滑油同时起到控制摩擦、减少磨损、冷却降温、密封隔离、传递动力、防锈防护等作用。润滑技术的发展始终和工业技术的进步密切相关，从蒸汽机到内燃机再到航天航空，从大型机械到微电子机械系统，都离不开润滑技术。高性能润滑油产品及润滑管理技术在工业生产中发挥着举足轻重的作用。

第一节
摩擦、磨损与润滑

在机械科学中，通常认为摩擦学是摩擦、磨损与润滑科学的总称。摩擦引起能量消耗；磨损导致机械零件表面损伤，进而使得机械设备失效；而润滑则是降低摩擦、控制磨损最有效的措施。从作用过程看，磨损和摩擦一般是同时发生的，区别在于磨损着眼于表层材料的损失，而摩擦着眼于机械能的消耗所表现的阻碍相对运动的作用力[1]。润滑技术通过在相互摩擦表面之间施加润滑剂而形成润滑膜，借以避免摩擦表面直接接触，构建具有较高法向承载能力和尽可能低的切向阻力的界面层，达到减少摩擦磨损的目的。同时，润滑膜还具有散热、除锈、减振和降噪等作用。因此，润滑设计对于节约能源和原材料、延长机械设备使用寿命和提高工作可靠性具有重要意义。

根据润滑膜的形成原理和特征，常见的润滑形式有流体动压润滑、流体静压润滑、弹性流体动压润滑、薄膜润滑、边界润滑、干摩擦状态等。在实际过程中，通常是几种润滑状态同时存在。

润滑油等润滑材料是摩擦界面的主要组成部分，通过研究摩擦化学反应机理和反应产物，一方面可以提供润滑材料失效的机理和寿命预测，另一方面可以合理设计制备润滑材料。如高温润滑就依据于润滑材料组分在高温下发生摩擦化学反应生成润滑相而提供有效润滑。润滑油添加剂的分子设计及减摩抗磨作用也是基于摩擦化学反应在摩擦副表面生成润滑相而进行的[2]。根据摩擦副的结构、润滑特点及使用工况和环境等各项条件设计合理的润滑材料，是润滑油脂配方工程师的主要职责。

第二节
润滑油基础油及添加剂

根据物质状态，可以将润滑剂分为四类：气体类、油类、脂类和固体润滑材料。传统的润滑材料主要包括润滑油和润滑脂，其中，润滑油是用量最大、品种最多的一类，包括植物油、矿物油和合成油等品种。基础油和添加剂组成各类润滑油脂。基础油不仅是功能添加剂的载体，更是满足润滑油性能要求的重要组分，并且对润滑油性能的贡献随规格的升级换代而不断增加。添加剂是为了提高或补充基础油在某方面的性能不足，以满足在不同使用环境（工况）下的润滑需求，常用的功能添加剂包括抗磨剂、极压剂、抗氧剂、清净剂、分散剂、防锈剂、金属钝化剂、摩擦改进剂、抗泡剂、抗乳化剂、乳化剂等。

一、润滑油基础油

公元前 1400 年，牛油或羊油就被用作战车车轴的润滑剂。此后的三千多年，动物油脂仍是主要的润滑剂，鲸鱼油等陆续被用作润滑剂。直到 19 世纪 50 年代，石油和来自石油基的矿物型基础油才陆续得到应用。20 世纪 20 年代，汽车工业提出了高性能润滑剂的需求，矿物基润滑油逐步取代生物基润滑油。近年，为改善环境或在某些环境敏感工况使用，天然油脂及其衍生物作为润滑油基础油的研究越来越受到重视。天然油脂形成的生物基润滑油按原料来源可分为植物油基润滑油、动物油脂基润滑油、微生物油基润滑油和木质纤维素基润滑油。

矿物型基础油是目前最主要的一种液体润滑剂成分，广泛应用于各个润滑油领域[3]。美国石油学会（API）把润滑油基础油分为 5 个类别，目的是研究和实现内燃机油的基础油互换，以便既保证润滑油性能，又降低配方开发成本，增强润滑油生产商的资源灵活性。其他应用领域也参照了 API 的基础油分类，见表 1-1。

表 1-1　美国石油学会（API）基础油分类

分类	硫含量/%		饱和烃/%	黏度指数
Ⅰ	＞0.03	和/或	＜90	≥80至＜120
Ⅱ	≤0.03	和	≥90	≥80至＜120
Ⅲ	≤0.03	和	≥90	≥120
Ⅳ	聚α-烯烃			
Ⅴ	Ⅰ～Ⅳ类以外的其他基础油			

Ⅰ～Ⅲ类基础油加工工艺分为溶剂精制法、全加氢法以及溶剂精制和加氢组合工艺等[4]。

溶剂精制法是通过物理方法把多环芳烃、极性物等非理想组分除去，保留链烷烃、环烷烃、单环芳烃等理想组分，因而依赖于原油性质，基础油也根据所加工的原油分为石蜡基基础油、中间基基础油及环烷基基础油。

目前全加氢法已是基础油生产的主流技术，加工的原料有减压馏分油（高含蜡油和环烷基馏分油等）、加氢裂化尾油和 F-T 蜡等。自 Chevron 成功开发出润滑油加氢异构脱蜡技术至今，Exxon Mobil、Shell、中国石化和中国石油也开展了此项技术的研究工作，并实现工业应用。中国石油针对高含蜡原料深度转化难题，针对 F-T 蜡碳数分布宽的特点，采用复合模板剂体系以及高分散纳米晶生长技术，开发出高异构选择性 ZTM 共结晶分子筛材料，提高加氢异构催化剂的选择性；采用贵金属“孔口富集”法，改善了贵金属在催化剂孔口分布，并抑制其高温团聚迁移，提高了加氢异构催化剂的活性。

在润滑油加氢工艺方面，为了防止贵金属催化剂中毒，常规全加氢润滑油加氢装置需要两套独立的高压反应系统及相关高压设备，流程相对较长且设备较多。中国石油在传统两套循环氢系统工艺流程基础上，创新开发出高压氢气汽提一套循环氢系统工艺包，反应进料只经过一次升压过程、反应产物只经过一次降温过程，反应部分流程更短，大幅节约了装置占地、投资和能耗，在技术成熟性、工艺先进性等方面为用户提供了更好的选择。

聚 α- 烯烃（PAO）为Ⅳ类基础油，分子结构规整，分子量分布窄，不含环烷烃和芳烃，具有极优的高低温流变性，是高、低温要求苛刻情况下的首选基础油。PAO 广泛应用于低黏度节能发动机油、大跨度发动机油、大跨度齿轮油及传动系统用油等。PAO 的工业生产前提是 C_8 ～ C_{12} 等长链 α- 烯烃的高质量和规模化供应。中国石油在定向齐聚催化反应机理、多相传递过程强化等研究方面取得进展，自主创新了高收率催化剂、高效热 / 质传递强化反应设备等，实现了长链 α- 烯烃和 PAO 工业示范装置平稳运行，产品性能优良。

随着节能、环保和延长换油期对润滑油产品的要求不断升级，Ⅱ、Ⅲ类基础油的需求份额将保持增长。Ⅰ类基础油的市场份额预计将进一步萎缩，但是如光亮油等高黏度组分仍具有较强的竞争力。PAO 既会有节能等需求所带来的增量，也会面对来自Ⅲ+、GTL、CTL 等基础油的竞争。

二、润滑油添加剂

润滑油添加剂的加入量虽然少，但可以改善基础油已有的性能，并赋予其新的性能来满足机械设备在特定条件下的正常运行要求，是润滑油中不可或缺的组分[5]。如“复兴号”高铁所使用的国产自主技术齿轮箱油，正是通过关键添加剂的自主研制和高效复配解决了高铁齿轮箱超高转速、大承载工况下长周期运行的润滑难题。正因为如此，高性能润滑油添加剂被誉为现代润滑油的“芯片”。

润滑油添加剂种类繁多、功能各异，根据添加剂所起的作用，可以将其分为清净剂、分散剂、油性剂（摩擦改进剂）、极压剂、抗磨剂、抗氧剂、防锈剂、抗腐蚀剂、抗泡剂、抗乳化剂和乳化剂等。亦有学者根据作用机理将润滑油添加剂分为四大类：沉积控制添加剂、黏度控制添加剂、成膜添加剂及其他添加剂[6]。

润滑油添加剂行业壁垒较高，经过20世纪的兼并重组，基本形成了以四大添加剂公司为主的格局，即Lubrizol（路博润）、Infineum（润英联）、Chevron Oronite（雪佛龙奥伦耐）和Afton（雅富顿），这四家公司包揽了全球润滑油添加剂市场近85%的份额，产品多以复合剂为主，除黏度指数改进剂和降凝剂外，一般不对外出售单剂产品[7]。目前，全球润滑油添加剂的总产能约为450万吨，而中国高端润滑油添加剂市场中85%的市场份额被上述四大添加剂公司占据。在各类润滑油添加剂中，分散剂、黏度指数改进剂和清净剂这三种添加剂约占润滑油添加剂市场的67.60%，其次是抗磨剂、摩擦改进剂、抗氧剂、极压剂、防锈剂等[8,9]，如图1-1所示。

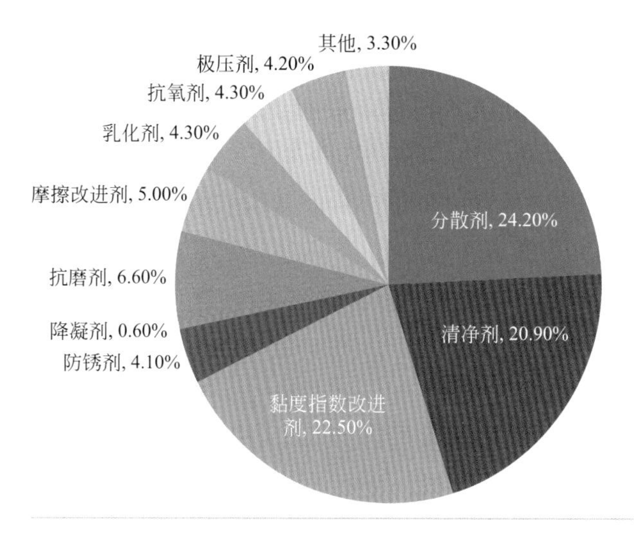

图1-1
润滑油添加剂的市场占比情况

中国润滑油添加剂自主开发起步相对较晚，技术实力较弱，高附加值产品相对不足。相比于四大添加剂公司，在高端产品中处于弱势，但在常规添加剂领域，因成熟的工艺技术、良好的产品质量和相对较低的成本而拥有较强的竞争优势。从单剂生产现状来看，国内已拥有常用单剂的成熟生产技术，有能力保障国内单剂需求的增长，并有剩余产能可供出口，使得国内厂商得以立足于国际添加剂市场[10]。本书著者团队在新型或特色添加剂研发方面取得了一些成果[11,12]，对国内添加剂行业的发展起到了一定的引领示范作用。中国石油润滑油公司在添加剂研发与生产领域已经拥有含磷极压抗磨剂系列产品、烷基水杨酸盐系列产品、高分子无灰分散剂和烟炱无灰分散剂、抗氧剂和抗磨剂系列产品自主制备技术并有多个产品得到工业化生产[13]。但未来一段时间，国外巨头仍将占据主导地位。

随着节能环保意识的提高，人们对污染排放以及能源消耗问题越来越重视，在以下三方面发生了较大的转变：一是在政府立法层面，各国纷纷推出新的节能减排法规，要求改善排放、提高燃油经济性；二是在工业应用领域，政策的变化促使设备和技术发生了升级转变，设备运行条件变得越来越苛刻；三是终端用户方面，用户希望能够获得更长的使用寿命（比如更长的换油期）、更佳的运行稳定性和更低的维护成本。这些对添加剂行业产生了深远的影响，也使添加剂的需求结构发生了变化，高品质添加剂用量迅速增大；需要研发新的添加剂品种来适应更为严苛的使用环境，同时也使得添加剂的配方变得更为复杂。润滑油添加剂逐渐向着高性能化、多功能化、环境友好化和低成本化的方向发展[14]。具体来讲，对于一些含有硫元素、氯元素、重金属元素的添加剂，其添加量将被限制甚至完全取代；对于灰分大、有毒有害、易引起沉淀的添加剂，将慢慢被取代；对于适应条件窄、不可兼具高低温性能的添加剂，其性能也将得到进一步改善。

同时，新能源汽车的迅猛发展将成为润滑油添加剂变革的导火索，这是因为，新能源汽车在发展成熟后将摒弃内燃机发动机，转而采用纯电力驱动发动机或者燃料电池发动机。前述发动机技术的改变，使得润滑工作环境变得更加复杂，势必推动车用润滑材料向更加专业化、精细化的方向发展[15]。

第三节 高性能润滑油技术的发展

一、车用润滑油

2020年，中国汽车产量达到2522万辆，商用车523万辆，摩托车1700万辆，是世界第一大市场。这给润滑油行业带来了巨大的发展机遇，中国润滑油表观消费量约为760万吨，而车用润滑油的市场份额约占53%，其中乘用车润滑油占车用润滑油市场总份额约30%。车用高性能润滑油产品技术开发，是润滑油及添加剂行业的最重要领域。

1．车辆发动机油

环保、节能、延长换油期以及发动机技术进步推动油品规格不断升级。国际上通用的发动机油规格主要由 API（美国石油学会）/ILSAC（国际润滑剂标准化及认证委员会）和 ACEA（欧洲汽车制造商协会）制定。除此之外，一些汽车 OEM（Original Equipment Manufacture，定点生产）还制定了自己的油品规格，如大众 VW50800/50900、宝马 BMW LL-01、康明斯 CES20086、德国 MAN3277/3477 等。

API 标准规定汽油机油等级分类从 SA 到 SP，“S”后面字母顺序越靠后，油品质量等级越高。柴油机油等级分类从 CA 到 CJ-4/FA-4，“C”后面字母顺序越靠后，质量等级越高。ILSAC 汽油机油规格是在 API 相应质量等级基础上增加了节能台架要求，对应的产品规格有 SH/GF-1、SJ/GF-2、SL/GF-3、SM/GF-4、SN/GF-5 以及 SP/GF-6，燃油经济性要求较为严格。API 发动机油规格发展历程见表 1-2。

表 1-2　API 发动机油质量等级变化历程

年份	1972	1980	1989	1993	1997	2001	2004	2010	2018	2020
汽油机油	SA～SE	SF	SG	SH	SJ	SL	SM	SN	SN+	SP
年份	1988	1990	1991	1994	1998	2002	2003	2006	2016	2016
柴油机油	CA～CE	CF	CF-4	CG-4	CH-4	CI-4	CI-4+	CJ-4	CK-4	FA-4

ACEA 将发动机油规格分为汽油 / 轻负荷柴油发动机油和重负荷柴油发动机油两个规格，其中汽油 / 轻负荷柴油发动机油又分为 A/B 系列和 C 系列。在最新的 ACEA-2021 版汽油 / 轻负荷柴油发动机油标准中[16]，主要包括 A3/B4、A5/B5、A7/B7 和 C2、C3、C4、C5、C6。A/B 适用于燃油硫含量较高或有较高碱值需求的领域；C 系列属于环保型发动机油，适用于加装尾气处理装置 DPF/GPF 的发动机。E 系列重负荷柴油发动机油包括 E4/E6/E7/E9 四个规格。其中 E6/E9 是低灰型产品，用于带有 DPF 后处理装置的发动机的润滑；E4/E7 属于高性能长换油期产品。

中国的发动机油标准基本参照 API 标准制定，目前根据最新的 API 发动机油规格对 GB 11121—2006《汽油机油》和 GB 11122—2006《柴油机油》进行更新修订。

在日益严格的节能环保法规驱动下，各国车辆燃油经济性标准不断提高。美国提出 2017 ～ 2025 年轻型车燃油经济性目标为约 5.5L/100km；日本 2020 年轻型车平均燃油经济性提高至 4.93L/100km，到 2030 年目标需达到约 3.93L/100km；欧盟 2020 年是 4.2L/100km 的燃油经济性目标，2025 年目标达到约 3.0L/100km；中国四阶段燃料消耗量平均值不大于 5L/100km，在三阶段燃油消耗量的基础上下降28%，已达到世界平均水平，并进一步提出到2025年和2030年乘用车新车平均油耗分别达到4L/100km和3.2L/100km的发展目标[17]。《重型商用车燃料消耗量限值》（第三阶段）也已确定以“2020年在2015年基础上燃料消耗量限值加严约15%”作为总体节能目标。

OEM利用各种先进技术以减少排放、提高燃油经济性。提高汽车燃油经济性的途径主要是通过强化发动机设计、优化动力总成、提高燃料质量及提高润滑油的燃油经济性等来实现。对发动机润滑油而言，使用摩擦改进剂和降低黏度是影响燃油经济性的两个主要因素。国际汽车工程师协会（SAE）继2013年对SAE J300增加了SAE 16黏度等级后，2015年1月对SAE J300再次进行更新，新增了两个更低黏度等级油品类别，即SAE 12和SAE 8，可见，油品低黏度化已成为发展趋势。另外值得一提的是，2016年API柴油机油同时推出两种规格，即CK-4和FA-4，FA-4更侧重燃油经济性，是专为新型发动机设计的低黏度机油标准。GF-6标准也拆分为GF-6A和GF-6B，GF-6A可取代GF-5及更早以前的标准，而GF-6B主要是XW-16这种低黏度油品，应用于超低黏度发动机，它的燃油经济性更好，以满足当前发动机和未来新型发动机的润滑需求。

随着节能减排政策的日益严苛，国际发动机润滑油规格将逐渐趋于统一。润滑油性能向延长发动机油换油期（抗氧化、抗磨损性能提升）、降低对尾气处理装置及对排放影响[低SAPS（Sulphated Ash，Phosphorus and Sulphur，硫酸盐灰分、磷和硫）]、提高燃油经济性（低黏度及更好的节能性）、通用型（满足API和ACEA规格）、低黏度等方向发展。中国石油以提高国家润滑油水平为使命，按照国家“自主创新，重点跨越，支撑发展，引领未来”的科技工作指导方针，依据“业务驱动、目标导向、顶层设计”的科技工作理念，在过去十年中集中力量开展了一批车用润滑油技术攻关，取得了一批重要成果：先后开发出柴油机油和燃气发动机油配方技术15个、汽油机油配方技术8个，完善了长寿命、高档节能及替代燃料发动机润滑油产品技术。已成功开发出CI-4、CJ-4、CK-4、GF-5、GF-6、C2/C3等系列高档内燃机油产品。CJ-4、CK-4柴油机油实现重大突破，CJ-4实现15万公里以上、CK-4实现20万公里以上的超长换油里程；GF-5汽油机油复合剂性价比国内最优；GF-6取得API认证，具有优异的抗低速早燃和良好的燃油经济性；C2/C3取得欧洲ACEA认证，是国内首个取得ACEA认可的自主技术复合剂，中国石油高端发动机油产品技术达到国际先进水平，实现了与国际同步。彻底打破了发动机油复合剂被国外知名添加剂公司在剂量、价格和性能等方面的垄断，大大提升了我国发动机油复合剂的自主研发能力，成功跻身于世界先进行列。

2．车辆齿轮油

车辆齿轮油是重要的车用润滑油料，用于汽车传动系中变速箱和驱动后桥的齿轮润滑。齿轮油通过飞溅润滑方式到达齿轮副表面，在齿与齿之间的接触面上形成牢固的吸附膜或化学反应膜，以保证正常润滑，防止齿面间胶合，减少齿轮件的摩擦，降低磨损，降低功率损耗，同时还起到散热、缓蚀、减振、清洁摩擦表面污染物等作用。因此，车辆齿轮油须具备适宜的黏温特性、优异的防锈防腐蚀性能、良好的抗氧化性能、抗泡沫性以及最重要的极压抗磨特性，才能保证齿轮部件正常传动[18]。

美国石油协会（API）在2013年4月发布了第八版“汽车手动变速箱和驱动桥润滑剂的使用分类”标准API 1560-13，标准涵盖了GL-4、GL-5以及MT-1质量等级，废除了GL-1、GL-2、GL-3以及GL-6质量等级[19]。中国对应API分类GL-5定制国标。GB 13895—2018《重负荷车辆齿轮油（GL-5）》是目前最新版本的标准，于2019年2月1日实施[20]，新版标准增加了75W-90等黏度等级、收窄了各黏度级别的黏度范围、增加了KRL剪切安定性（20h）要求[20,21]。75W-90黏度等级的油品，新标准要求同时满足标准版和加拿大版的承载能力试验L-37法和抗擦伤试验L-42法[20,21]，其中加拿大版的试验温度更低，试验条件更为苛刻[21]。《重负荷车辆齿轮油（GL-5）》GB 13895—2018标准的实施，对进一步规范中国车辆齿轮油的市场应用、提升重负荷车辆齿轮油的产品质量和促进重负荷车辆齿轮油产品的更新换代发挥了十分重要的作用。

满足GB 13895规格的重负荷车辆齿轮油换油里程可实现（5～10）万公里[22]。中国石油润滑油公司对复合剂技术不断升级。针对国内路况复杂、重载荷等实际情况开发出的GL-5+昆仑重负荷车辆齿轮油已实现15万公里换油周期[23,24]。为满足更加苛刻的健康环保以及守护青山绿水要求，中国石油润滑油公司对齿轮油复合剂技术进行升级换代，研发出了低剂量、低气味的通用型齿轮油复合剂，既能调和满足GB 13895标准要求的车辆齿轮油，又能调和满足GB 5903标准要求的工业齿轮油，以低磷、低气味等优势守护用户健康，守护环境健康。

全球商用车产销量第一的北美，早在1995年就提出更高规格的齿轮油美军标准MIL-PRF-2105E，但由于其是一项军标，不能被世界范围内的油料厂采购，在2005年被SAE J2360标准替代。SAE J2360规格《商用和军用车辆齿轮油》（Automotive Gear Lubricants for Commercial and Military Use：SAE J2360 Specification）在API GL-5规格基础上，提升了油品的防铜腐蚀性能、氧化安定性能，增加了橡胶相容性、油品兼容性以及需要进行长时间的道路试验。因此SAE J2360规格是目前最为严苛的车辆齿轮油国际标准，被世界OEM认可，更被很多国际知名汽车制造商和零部件制造商纳入了高端车辆齿轮油必须满足的规格，是Eaton、ArvinMeritor、Dana等OEM规格的基本要求。SAE J2360与MIL-PRF-2105E、API GL-5规格主要技术指标对比见表1-3。

表1-3 SAE J2360与MIL-PRF-2105E、API GL-5规格主要技术指标对比

项目	SAE J2360	MIL-PRF-2105E	API GL-5
抗铜腐蚀性能	评级≤2a	评级≤2a	评级≤3
抗锈蚀性	最终锈蚀性能评价≥9.0 任一评分区评分≥5.0 低于8.0评分的评分区数量≤3	盖板锈蚀评分≥8.0 齿面、轴承及其他部件锈蚀情况≤无锈	最终锈蚀性能评价≥9.0 （CRC L-33-1）
承载能力	承载能力（低速高扭矩条件下） 驱动小齿轮和环形齿轮 螺脊≥8 波纹≥8 磨损≥5 点蚀/剥落≥9.3 擦伤≥10	通过	承载能力 螺脊≥8 波纹≥8 磨损≥5 点蚀/剥落≥9.3 擦伤≥10 （CRC L-37-1）
抗擦伤能力	高速冲击负荷条件下 高于参比油或与参比油性能相当	通过	高于参比油或与参比油性能相当（CRC L-42）
密封材料适应性	聚丙烯酸酯橡胶（150℃，200h） 伸长率≥-60% -35点≤硬度变化<5点 -5%<体积变化率<30% 氟橡胶（150℃，200h） 伸长率≥-75% -5点<硬度变化<10点 -5%<体积变化率<15%	通过	无
热氧化安定性	100℃运动黏度增长≤100% 戊烷不溶物（质量分数）≤3.0% 甲苯不溶物（质量分数）≤2.0% 炭化/漆膜评级≥7.5 油泥评级≥9.4	100℃运动黏度增长≤100% 戊烷不溶物（质量分数）≤3.0% 甲苯不溶物（质量分数）≤2.0% 炭化/漆膜评级≥7.5 油泥评级≥9.4	100℃运动黏度增长≤100% 戊烷不溶物（质量分数）≤3.0% 甲苯不溶物（质量分数）≤2.0% （CRC L-60-1）
贮存稳定性	液体沉淀物（体积分数）≤0.50% 固体沉淀物（质量分数）≤0.25%	液体沉淀物（体积分数）≤0.50% 固体沉淀物（质量分数）≤0.25%	液体沉淀物（体积分数）≤0.50% 固体沉淀物（质量分数）≤0.25%
油品兼容性	与参比油无不相容性	无	无
行车试验	重型设备：测试里程32万公里 轻型/中型设备：测试里程16万公里	无	无

高速列车齿轮箱的润滑主要是对齿轮和轴承的润滑，其应用特点有：传递功率大，要求持续功率一般在300kW以上；转速高，牵引齿轮圆周速度可达30～70m/s甚至更高，工作油温可达100℃以上；列车运行地域广，环境温度变化范围大，要求具有良好的耐高温特性及低温启动性能，尤其对于高寒列车，要求能在-40℃环境下正常运行；抗风沙、耐负压能力强，密封性能好[25]，一般的工业齿轮箱及润滑方式无法满足需求[26]。

世界公认的高铁技术含量最高的部分之一就是其齿轮箱润滑油技术。长期以来，润滑油技术一直被国外发达国家封锁。中国在此技术领域没有发言权和替代产品，严重制约了中国高铁技术引进后的消化吸收以及国产化。昆仑齿轮油研发团队立足自主配方技术，成功研发了昆仑KRG75W-80高铁动车组齿轮箱润滑油，并在2016年10月完成了时速250km和350km以及中国第一列标准化动车组的60万公里装车测试。自2017年2月25日起，昆仑润滑高铁齿轮箱油应用在“复兴号”动车组列车上，单车安全平稳运行两个换油周期达到120万公里，运行总里程超过5000万公里。至此，高铁动车组齿轮箱润滑油成为国内第一个自主配方油品，为中国高铁参与国际竞标提供了技术支持。

随着车辆设备性能结构逐渐变化，车辆齿轮箱对齿轮油性能提出了越来越高的要求，为提高燃油经济性、减少换油成本，油品的低黏、更长的换油周期成为未来车辆齿轮油的主要趋势之一。此外，随着绿色环保要求的不断提高，低气味、更低剂量以及可生物降解的齿轮油也是未来车辆齿轮油的发展方向。

二、工业润滑油

工业润滑油是相对于车辆润滑油而言的，是工业设备用润滑油的总称，主要包括液压油、工业齿轮油、压缩机油、汽轮机油（涡轮机油）、电器绝缘油等。由于工业设备类型多样、使用工况千差万别，对各大工业润滑油的性能要求各有特点。

1．工业液压油

液压油是借助于处在密闭容积内的液体压力能来传递能量或动力的工作介质，在液压系统中起着能量传递、系统润滑、防腐、防锈、冷却等作用。液压油包括传统的矿物液压油，合成烃液压油，水-乙二醇、油酸酯、磷酸酯等非油基液压液，是工业润滑油中用量最大的油品[27]。

烃类液压油标准主要包括两类：一类是国际标准化组织制定的标准或行业标准，另一类是OEM标准。前者主要包括国际标准ISO 11158、德国国家工业标准DIN 51524、中国国家标准GB 11118.1、日本工程机械行业标准JCMAS HK、美国钢铁工程师协会标准AIST No.127等；后者主要包括美国Parker公司标准Denison TP 30560、德国Bosch Rexroth公司标准RDE 90235、美国Eaton Vickers公司标准Eaton E-FDGN-TB002-E、美国Fives Cincinnati公司标准Cincinnati P-68/P-69/P-70等，见表1-4。标准化组织制定的液压油标准更侧重产品的基本性能，保证其普遍性，而OEM标准和行业标准有一定的特定性，在某些性能上均有所侧重和加强，整体而言要高于标准化组织制定的标准。

高性能液压油是区别于传统矿物型液压油的总称，高性能液压油通常以合成或半合成的烃类或非烃类基础油为载体，具有优异的黏温性、氧化安定性、抗腐蚀性，同时新型的抗磨剂、抗氧剂、抗腐蚀剂和防锈剂等的使用赋予高性能液压油优异的综合性能。高性能液压油适用于以工程机械、风力发电机组和船舶为代表的高温高压力、高海拔、对环保有要求的高性能液压系统。以 JCMAS HK、Denison HF 和博世力士乐 90245 为代表的液压油技术规格对高性能液压油的清洁度、流体特性和润滑性能以及苛刻液压泵台架的适应性有较高要求。此外国内工程机械 OEM 从设备升级、节能减排、降本增效等角度出发，对具有性能优势和成本优势的高性能液压油具有极大的需求。传统的溶剂精制基础油和加氢裂化基础油已无法满足新液压油技术规格对氧化安定性、颜色稳定性和油泥抑制性的需求，近年来加氢异构化合成基础油、天然气合成烃类基础油和烯烃聚合类基础油均具有优异的低温流动性、氧化安定性、分水性和空气释放性等性能，适用于开发工程机械和冶金设备专用液压油。

表1-4 液压油标准及规格

序号	国家及国际标准	行业标准	OEM标准
1	GB 11118.1—2011	JCMAS HK	Denison TP 30560
2	ISO 11158	AIST No. 127	RDE 90235
3	DIN 51524		Cincinnati P-68/P-69/P-70
4	ASTM D6158		Eaton E-FDGN-TB002-E

工程机械 OEM 近些年对液压油的使用寿命普遍提出了更高要求，其中装载机、推土机、旋挖钻等工程机械液压油寿命普遍从以前的 3000h 提到了 5000h，此外对油品的高温清净性、外观颜色、液压系统响应性都提出了很高要求。液压油添加剂在生产过程中通常以复合剂形式加入，复合剂被称作油品的“CPU”，高性能液压油复合剂必须满足多种液压油技术规格并具有权威认证，中国石油陆续开发了 Kunlun 5012L 含锌液压油复合剂、Kunlun 5031 无锌液压油复合剂等，复合剂的加剂量、结构类型和认证均优于普通液压油所用复合剂，技术水平达到国际先进[28,29]。

针对“绿水青山就是金山银山”等理念，节能液压油、长寿命换油期再次成为客户关注热点。节能液压油就是能够提高系统工作效率的液压油。使用黏度指数改进剂改善油品的黏温性能，增大油品使用温度范围，满足冬夏温差较大的地区液压设备使用，在低温时可以减小机械能量损失，在高温高压条件下可以减少泵的内部泄漏，以达到节能的效果。而对于同一黏度等级的油品而言，高黏度指数的油品相对低黏度指数的油品具有更宽的温度操作范围，在同一操作温度和压力下，高黏度指数油品比低黏度指数油品具有更高的效率。中国石油针对工程机械通常一年四季连续工作、工作地域广、环境温度变化大的特点，采用高性能黏度指数改进剂和高性能基础油生产出超高黏度指数工程机械液压油，其具有优异的低温启动性、液压运行效率和油品使用寿命[30]。

2．工业齿轮油

工业齿轮油用于各种机械设备齿轮及蜗轮蜗杆传动装置的润滑，在使用过程中起到润滑、冷却、清洗和防锈防腐等作用。常用的工业齿轮油标准有国外标准、国内标准以及国内外比较有影响力的 OEM 标准等几类。其中具有影响力的国外标准有 AGMA（美国齿轮制造者协会）、AIST（美国钢铁工程师协会）标准和德国工业标准等。

近年来，随着风电、造船及航空航天等行业的快速发展，对齿轮箱的可靠性、长寿命及耐久性提出了更高的要求，由此引发了对低速重载齿轮传动中微点蚀现象的重视和深入系统的研究[31]。同时，由于齿轮油的配方中采用了硫化烯烃作为主要的极压添加剂，产品味道大，由此引发了环保和健康问题，无气味或低气味齿轮油的开发也受到市场的广泛关注。

3．工业涡轮机油

涡轮机油（也称汽轮机油或透平油）作为涡轮机组中的润滑油品，起到减轻摩擦、降低轴承磨损的作用。用于调速系统的涡轮机油，作为液压油使用，传递压力，参与调速系统工作。此外，涡轮机油还具有冷却、清洗、防腐以及密封的作用。涡轮机油还广泛用于离心式压缩机、涡轮鼓风机等转动设备的润滑。

涡轮机油标准主要有国际标准化组织 ISO 8068:2006、德国 DIN 51515-2、英国 BS 489、美国 ASTM D4304、日本 JISK 2213 及中国 GB 11120—2011《涡轮机油》等。此外，OEM 标准如通用（GE）的 GEK 32568、GEK 107395、GEK 46506，ALSTOM 公司的 HTGD 90117，Siemens 公司的 TLV 901304、TLV 901305，三菱重工的 MS04-MA CL001、MS04-MA CL002、MS04-MA CL003、MS04-MA CL005 等，都是主要的 OEM 涡轮机油标准。

涡轮机油的发展趋势主要体现在更好的氧化安定性、更小的油泥生成趋势、更高的清洁度、更好的过滤性及更好的空气分离性等。

4．工业压缩机油

压缩机油是空气压缩机油、气体压缩机油及冷冻压缩机油等类产品的总称。空气压缩机油主要考虑油品与空气（氧气）在高温高压下的特性，如高温抗氧性能及高温抗结焦性能；气体压缩机油主要考虑油品与被压缩气的适应性，如气体对油品的稀释作用；而冷冻压缩机油则主要考虑油品与冷媒的适应性能等。根据压缩机结构的不同，压缩机油又可分为往复式压缩机油、螺杆压缩机油、涡旋压缩机油、离心压缩机油等。

空气压缩机油由于在气缸内不断地与高压热空气相接触，极易引起氧化、分解，并在金属磨屑的催化氧化作用下，加剧油品的老化而生成各种有机酸、胶质、沥青质等，造成磨损，机温升高，甚至会发生气缸爆炸事故。因此空气压缩机油必须具有良好的氧化安定性。

在制冷压缩机中，除离心式制冷压缩机外，制冷剂（冷媒）都要与压缩机润滑油相接触，两者的兼容性是很重要的问题。在国际标准化组织颁布的ISO 6743-3:2003中，根据制冷剂种类、制冷剂与冷冻机油相容性的不同，将冷冻机油细分为DRA～DRG七个品种。中国冷冻机油产品分类标准（GB/T 16630—2012）的依据为ISO 6743-3:2003，制定过程中结合了国内的实际用油需求，仅包含DRA～DRG中的五个产品。《蒙特利尔议定书》和《京都议定书》的生效，低ODP（Ozone Depression Potential，消耗臭氧潜能）值及GWP（Global Warming Potential，全球变暖潜能）值的环境友好型制冷剂已成为未来制冷行业的大势所趋，与环保型冷媒相适应的新型冷冻机油的开发和应用也势在必行，只有符合长期环保效应要求的制冷剂及冷冻机油，才能得到广泛的应用。

工业润滑油的涵盖面极广，产品的品种及型号很多，如变压器油、热传导液、防锈油、油膜轴承油等，以满足不同设备及工况环境下的润滑、冷却、防锈、传热、绝缘等要求。

三、船用润滑油

船用气缸油、系统油及中速机油为三大类船用发动机油。船用发动机具有设计多样化、工作环境多变和燃料油劣质化趋势的特点，世界船用发动机油市场被MAN ES、WinGD、Wartsila几大OEM垄断，船用发动机油暂无统一的国际规格。通过OEM行船认证试验、获得OEM技术认证，是船用油产品获准进行市场销售的重要途径。

发动机技术发展和环保法规对润滑油配方产生极大影响。发动机结构向大缸径、长冲程、大的冲程/缸径比发展。电子控制技术在柴油机上的成功应用，使电控柴油机逐步取代机械控制成为主流机型。柴油机控制和管理的电子化、信息化和智能化，也促使柴油机性能全面提高，同时带来的是润滑油消耗的大幅降低。对船用润滑油的油膜扩散性能、高温抗氧化性能等提出了更高的要求。

中国海事局《2020全球船用燃油限硫令实施方案》规定，自2020年1月1日起，国际航行船舶进入中国内河船舶大气污染物排放控制区的，应当使用硫含量不超过0.1%的燃油；自2020年3月1日起，国际航行船舶进入中华人民共和国管辖水域，不得装载硫含量超过0.5%的自用燃油。由于燃油中硫含量的大幅降低，传统的高碱值或超高碱值船用润滑油并不适用，合理地降低油品碱值及灰分，避免过多的活塞沉积物生成就显得尤为重要。而船用中速机油及船用系统油在进一步提高清净分散性能、抗氧化性能、抗磨性能及中速机油对燃料中沥青质的分散能力，避免黑色油泥（black-sludge）形成。

开发的船用气缸油和船用系统油产品，适用于大型低速二冲程十字头发动机的气缸润滑和曲轴箱润滑，满足新型电控发动机在运行过程中更高的燃烧室温度、爆发压力以及更低的注油率对油品更加苛刻的性能要求；中速机油产品适用于最新电控中速筒状活塞发动机使用要求，提高了对船用燃料中沥青质的分散能力，有效地解决了黑色油泥等问题；创新性地开发了BOB复合剂，与船用系统油通过自动控制系统调和成任意目标碱值的船用气缸油，以适应不同硫含量燃料的需求。船用油领域始终坚持自主研发之路，开发的自主复合剂综合加剂量与国外竞品相当，油品通过世界两大主流OEM——MAN ES和WinGD认可，达到了世界先进水平，实现了自主可控。

第四节 “高性能润滑油生产关键技术攻关及应用”项目

一、概述

中国石油天然气股份有限公司具有雄厚的研发实力和生产能力。2017年，中国石油天然气股份有限公司牵头，联合华东理工大学、浙江大学、中国科学院大连化学物理研究所等知名科研单位成功申报了国家重点研发计划“重点基础材料技术提升与产业化”重点专项“高性能润滑油生产关键技术攻关及应用”项目。

二、项目简介

项目针对我国基础油结构性矛盾突出、润滑油产品和评价标准跟随国外、系列化的成套技术研发能力不足等关键问题，采用提升理论认知、攻关共性关键技术、成套技术产业化示范验证、开发新牌号产品并自主制定相关产品评价标准的思路，围绕与基础油结构性能关系、关键反应机理、反应过程强化、基础油/添加剂协同效应相关的基础研究，以Ⅲ/Ⅲ+类基础油、长链α-烯烃（PAO原料）、PAO基础油及高档内燃机油产品相关共性关键技术攻关为切入点，通过成套技术产业化示范实现系列化高性能润滑油工业生产。

项目设置了“高品质润滑油分子结构、性能调控和关键过程基础研究”“石油基蜡油、F-T 合成油加氢异构深度转化成套技术开发及应用”“乙烯齐聚高收率生产线型长链 α- 烯烃成套技术开发与产业化示范”“低黏度 PAO 基础油连续化清洁生产成套技术开发与产业化示范”“高档内燃机油产品及自主评价技术开发”5 个课题，充分体现了应用基础 - 共性技术 - 产业化示范 - 新产品开发的全链条研发特点。高校主要承担实验室研究和以模拟计算为主的应用基础研究及部分关键共性技术的研发；生产企业及其研究院所面向技术产业化，重点开展过程研究、工程研究，开发关键共性技术、集成成套技术，实现产业化。见图 1-2。

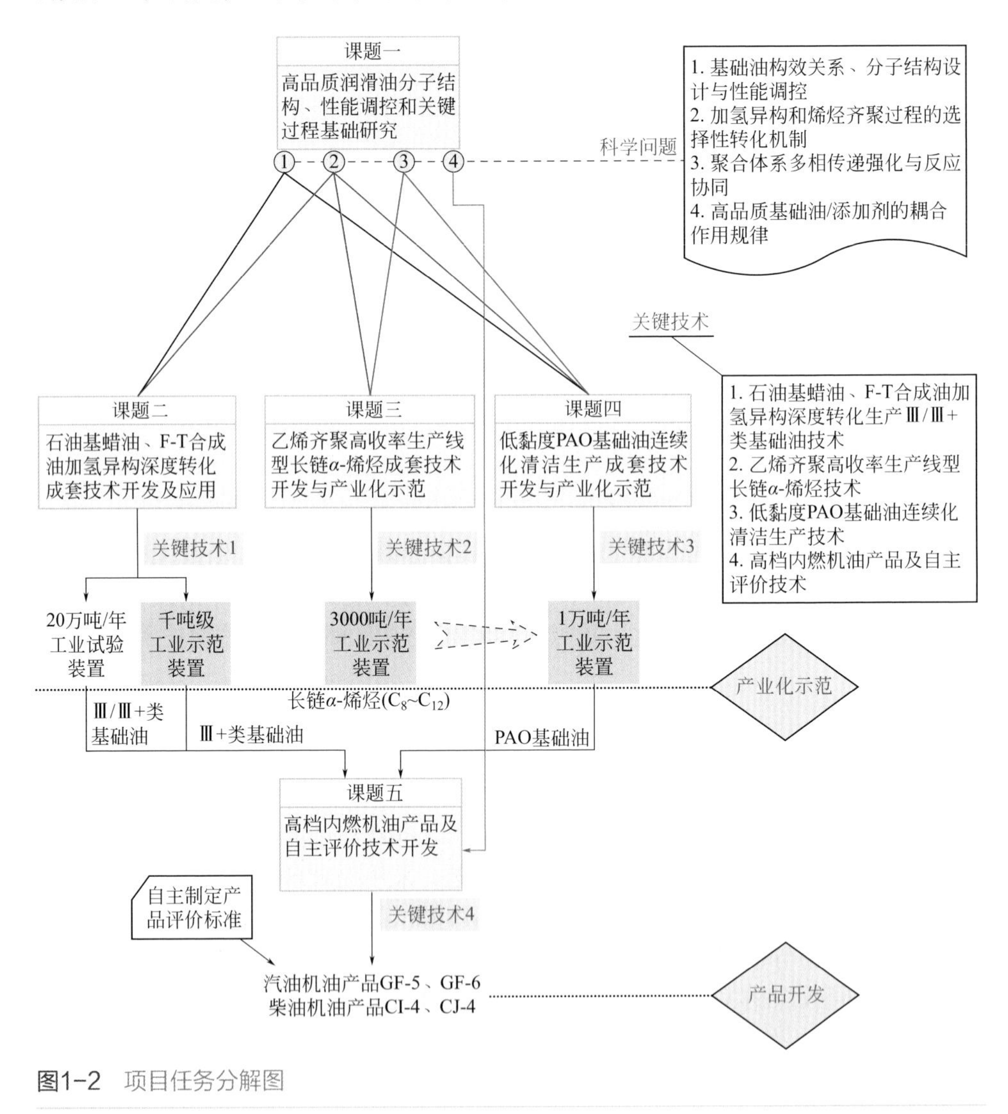

图1-2 项目任务分解图

项目的目标：开发高含蜡原料加氢异构深度转化催化剂，完成工业试验，突破高含蜡原料深度异构降凝世界难题；开发加氢裂化尾油 /F-T 合成油加氢异构、长链 α- 烯烃齐聚多种原料路线生产Ⅲ类、Ⅲ+ 类、Ⅳ类基础油成套技术，建成 3 套工业示范装置，填补 F-T 合成油加氢异构生产Ⅲ+ 类基础油国内空白，改变长链 α- 烯烃原料依赖进口的局面，打破低黏度 PAO 基础油国外技术封锁；开发 4 种节能环保型高档内燃机油，自主建立 4 项内燃机油评价标准，改变我国内燃机油标准长期跟随国外的状况。

三、项目取得的重要进展及成果

项目实施期间，研究团队从科学问题、关键技术、产业化示范、产品开发及应用等多个方面展开攻关，攻克了“基础油构效关系、分子结构设计与性能调控”“加氢异构和烯烃齐聚过程的选择性转化机制”“聚合体系多相传递强化与反应协同”“高品质基础油 / 添加剂的耦合作用规律”等关键科学问题，突破了“石油基蜡油、F-T 合成油加氢异构深度转化生产Ⅲ/Ⅲ+ 类基础油技术”“乙烯齐聚高收率生产线型长链 α- 烯烃技术”“低黏度 PAO 基础油连续化清洁生产技术”“高档内燃机油产品及自主评价技术”等关键技术，形成了“烯烃选择性定向齐聚反应机理模型”“阳离子活性中心激发及再生机理”“差异化原料 - 高性能基础油结构调控”3 项新认识及“一维孔道催化新材料合成及改性新方法”“多相流反应器中多尺度气泡生成调控方法”“润滑油添加剂性能协同调节方法”3 个新方法，开发出“高含蜡石油基蜡油加氢异构深度转化催化剂及应用技术”“F-T 合成油高选择性加氢异构成套技术”“加氢裂化尾油加氢异构高收率生产Ⅲ类基础油中试技术”“乙烯齐聚高收率生产线型长链 α- 烯烃成套技术”“低黏度 PAO 基础油连续化清洁生产成套技术”5 项新技术，建成“1 万吨 / 年低黏度 PAO 基础油”“3000t/a 高选择性生产 C_8 ～ C_{12} α- 烯烃”“千吨级 F-T 合成油加氢异构”3 套示范装置，开发出 GF-5 及 GF-6 汽油机油、CI-4 及 CJ-4 柴油机油 4 个高端内燃机油产品，制定了“汽油机油”（国家标准）、“GF-6 汽油机油”（行业标准）、“CJ-4 柴油机油”（行业标准）3 项产品标准及“汽油机油低速早燃台架评定法”（行业标准）、“缸套 - 活塞环摩擦磨损试验法”（行业标准）、“MTM 内燃机油减摩节能试验方法”（企业标准）、“柴油机油烟炱分散性能台架评定法”（企业标准）4 项测试方法标准。

项目取得的重要进展及成果如下：

1．形成 3 项新认识、3 个新方法

针对高性能润滑油生产过程拟解决的“基础油构效关系、分子结构设计与性能调控”“加氢异构和烯烃齐聚过程的选择性转化机制”“聚合体系多相传递强化

与反应协同”“高品质基础油/添加剂的耦合作用规律”等关键科学问题，采用理论分析、分子/流体力学模拟与实验研究相结合、多种结构表征和性能测试相结合的研究方法，开发出“链增长/链转移竞速关系测定技术”“基于高通量微气泡发生器的微气泡群生成及调控技术”“多相流体系混合、热/质传递过程强化和协同控制技术”“多支链异构烃高选择性功能导向的分子筛合成及性能调控技术”。形成了“烯烃选择性定向齐聚反应机理模型”“阳离子活性中心激发及再生机理”“差异化原料-高性能基础油结构调控”3项新认识，建立了“一维孔道催化新材料合成及改性新方法”“多相流反应器中多尺度气泡生成调控方法”“润滑油添加剂性能协同调节方法”3个新方法。提升了理论认知，为项目攻克“石油基蜡油、F-T合成油加氢异构深度转化生产Ⅲ/Ⅲ+类基础油技术”“乙烯齐聚高收率生产线型长链α-烯烃技术”“低黏度PAO基础油连续化清洁生产技术”“高档内燃机油产品及自主评价技术”等关键技术提供了理论依据及技术支持，同时对我国润滑油基础油领域内科学研究水平的提高发挥了重要作用。

2．开发出高含蜡石油基蜡油加氢异构深度转化催化剂并成功实现工业应用

针对高含蜡原料加氢异构深度转化难题，采用高分散纳米微晶生长技术和晶面择形控制技术，优化调整一维中孔沸石的轴向与径向延伸比例，增加异构性[1,0,0]限域晶面在单位空间内的裸露程度，开发出轴径比＜5的短轴异构脱蜡分子筛，提高异构深度；采用金属“固热离子”交换技术，对固体酸外表面非限域活性位点进行选择性覆盖，实现过渡态物种反应活化能降低，限制裂化副反应的发生，同时充分利用分子筛孔道限域作用与异构活性位点协同，增强对分子筛孔口位点的极化作用，完成晶面可定向调控的新型一维短轴分子筛合成研究，实现了新型一维短轴分子筛材料的稳定合成，立方米级工业放大分子筛相对结晶度≥90%。采用开发的新型一维短轴分子筛材料，通过催化剂非限域活性位点选择性调控，开发出高含蜡石油基蜡油加氢异构深度转化催化剂，在中国石油大庆炼化公司20万吨/年加氢异构工业装置上实现工业应用，减四线原料油标定结果表明，产品API Ⅲ+类10cSt（1cSt=1mm²/s，下同）基础油倾点≤−18℃，浊点≤−5℃，黏度指数≥130，收率高于指标5个百分点以上，全面满足该原料指标要求，攻克了高含蜡原料深度异构降凝世界难题。

3．开发出F-T合成油加氢异构生产Ⅲ+类基础油成套技术，实现千吨级示范

针对F-T合成油原料蜡含量高、碳数分布宽的特点，采用复合模板剂体系以及高分散纳米晶生长技术，开发出高异构选择性共结晶分子筛材料，提高加氢异构催化剂的选择性；采用贵金属“孔口富集”法，改善贵金属在催化剂孔口分布，并抑制其高温团聚迁移，提高加氢异构催化剂的活性，开发出 F-T 合成油高选择性加氢异构催化剂，解决了规模化生产带来的放大效应，实现了 F-T 合成油高选择性加氢异构专用催化剂的工业放大。在克拉玛依市紫光技术有限公司建成千吨级 F-T 合成油加氢异构示范装置，通过催化剂级配和组合工艺研究，在示范装置上实现了不同碳数分子高选择性梯级转化，大幅提高了Ⅲ+ 类基础油收率。装置标定结果表明，原料处理量维持在 120kg/h，4 ～ 6cSt Ⅲ+ 类基础油倾点 −28℃，黏度指数 141，基础油总收率 82.49%，均达到考核指标要求。依据千吨级 F-T 合成油加氢异构示范结果，应用 PROII 模拟软件进行全流程模拟及过程优化，成功开发出 10 万吨 / 年 F-T 合成油加氢异构生产高档润滑油基础油成套技术工艺包，实现了不同原料生产高品质基础油的技术突破，填补了 F-T 合成油加氢异构生产Ⅲ+ 类基础油国内空白。

4．开发出性能优异的加氢裂化尾油加氢异构催化剂，完成中试技术开发

针对加氢裂化尾油蜡含量相对较低以及加氢裂化装置运行末期加氢裂化尾油硫、氮杂质含量高的特点，开发了系列中弱酸一维直孔道分子筛，并采用酸碱处理等方法进行酸中心种类和数量调控；采用贵金属高效负载技术，进行金属和酸性位匹配研究，开发出加氢裂化尾油加氢异构高收率生产Ⅲ类基础油催化剂。开展加氢裂化尾油加氢异构脱蜡 - 补充精制组合工艺研究，考察放大过程中由传质、传热及浓度、温度梯度分布差异带来的放大效应，完成加氢裂化尾油加氢异构高收率生产Ⅲ类基础油中试技术开发。开发的催化剂Ⅲ类基础油收率达到 88%，超出任务书≥75% 指标 13 个百分点，4 ～ 6cSt 基础油倾点≤−18℃，黏度指数≥122，满足了全部指标要求。

5．开发出乙烯齐聚高收率生产线型长链 α- 烯烃成套技术，成功完成 3000t/a 工业示范

针对我国乙烯齐聚高收率生产线型长链 *α*- 烯烃技术尚属空白，急需开发高效催化剂、低能耗工艺及关键设备的现状，通过调控催化剂电子效应与位阻效应，优化乙烯分子在活性中心上插入与 β-H 消除竞速关系，创新开发出具有高选择性的 C_8 ～ C_{12} *α*- 烯烃催化剂；依托气 - 液两相传递过程强化手段，开发出外循环全混流反应器；结合 *α*- 烯烃领域已有技术优势，开发出催化剂活性前驱体工艺、副反应抑制及易黏结聚合物在线脱除等关键技术，解决了连续工艺工程化难题，设计出乙烯齐聚全流程生产工艺，形成具有国际领先水平的乙烯齐聚高选择性生产线型长链 *α*- 烯烃成套技术，在中国石油大庆石化公司建成 3000t/a 工业示范装置。首次工业试验产物分析结果表明，1- 丁烯含量 0.86%、C_8+C_{10}+C_{12} 收率 77.2%、*α*- 烯烃选择性 92.6%、低聚物含量 0.85%。该技术成功填补了我国线型长链 *α*- 烯烃生产技术空白，解决了我国 PAO 原料短缺的问题。

6．开发出低黏度 PAO 基础油连续化清洁生产成套技术，成功实现万吨级工业示范

针对我国低黏度 PAO 基础油清洁生产技术尚属空白的现状，通过卤原子诱导效应调节催化剂酸性，利用仲碳骨架结构改善活性中心稳定性，解决了长链 *α*- 烯烃分子在活性位的规整聚合难题，开发出规整聚合催化剂，实现了 *α*- 烯烃窄分子量齐聚；通过研究聚合反应动力学和过程参量交互关系，开发出连续流多釜串联聚合反应工艺，提高了聚合催化剂效能和定向聚合能力，实现了低黏度 PAO 基础油连续化生产；首次运用聚合催化剂活性中心再生机理，依据催化活性物的多形态特点，创新性地提出分级回收思路，开发出催化剂清洁回收工艺，解决了催化剂污染和活性组分高效回收利用的难题；应用湍流模型 / 传热模型精确耦合技术，设计具有湍动强化、气泡高效破碎、快速分散和强制内循环功能的反应器内构件，强化混合及热 / 质传递过程，开发出适合于气 - 液 - 液多相反应的高效混合反应器；运用能量梯级利用原理，开发出高品位热量逐级利用技术方案，充分利用装置热能降低装置能耗，实现装置能量集成优化。本着“技术领先、工艺先进、效益显著、绿色环保”的现代化工过程开发理念，应用 Aspen Plus 大型模拟优化平台、系统集成技术等先进手段，集成自主开发的规整聚合催化剂、连续聚合工艺、催化剂清洁回收工艺、加氢精制催化剂及工艺、高效聚合反应器等关键技术于一体，开发出“经济、环保、高效”的万吨级低黏度 PAO 基础油连续化清洁生产成套技术工艺包。在中国石油兰州润滑油添加剂有限公司建成国内首套 1 万吨 / 年低黏度 PAO 基础油生产工业示范装置，开车一次成功，生产出合格产品。装置标定结果表明，反应产物 100℃运动黏度 4.3 ～ 4.6mm^2/s、黏度指数 130 ～ 131、倾点 −66℃，基础油收率 98.17%，主产品 PAO4 收率 61%。该技术打破了 PAO 产品被国外垄断、技术封锁的现状，实现了我国高档低黏度 PAO 基础油生产技术的重大突破。

7．搭建复合剂技术平台，自主研发系列内燃机油产品，内燃机油研发水平从跟跑到并跑，达到国际先进、国内领先水平

针对Ⅲ/Ⅳ类高品质基础油性能特点，通过开展复合剂性能构效协同关系研究，形成系列内燃机油复合剂成套技术。①研发出超低剂量 CI-4 柴油机油复合剂。与国内外添加剂公司同类产品相比，剂量最低，性能优异。彻底打破了主流柴油机油复合剂被国外知名添加剂公司在剂量、价格和性能等方面的垄断，大幅提升我国重负荷柴油机油复合剂的自主研发水平，成功跻身于国际先进、国内领先水平。②研发出 CJ-4/CK-4 柴油机油通用复合剂。搭建首个低 SAPS 复合剂技术平台 V3160，能同时满足 CJ-4 和 CK-4 技术要求，处于国内领先水平。③研发出 GF-5、GF-6 汽油机油复合剂。在江淮汽车集团有限公司完成燃油经济性试验、低速早燃试验和综合性能试验，油品各项性能优异。

8．自主开发润滑油模拟和台架评价方法，搭建我国内燃机油自主规格测试平台

建立 4 种模拟和台架评价方法，指导高档内燃机油自主研发，搭建我国内燃机油自主规格测试平台。①创新性采用 OEM 的发动机缸套 - 活塞环部分作为摩擦试验件，利用 SRV 试验机模拟发动机摩擦磨损工况建立试验条件，为 CI-4、CJ-4、CK-4 等柴油机油的自主研发提供技术支持。②首次利用我国自主研发汽油直喷发动机，与江淮汽车集团有限公司合作采用发动机缸压传感器监控发动机实际燃烧情况的方式，通过模拟实际行车路况建立试验条件，建立的低速早燃试验方法已经作为检测标准方法列入《SP、GF-6 汽油机油》CSAE 标准中。指导 GF-6 汽油机油一次性通过 API 低速早燃标准台架试验程序Ⅸ。③利用一汽国产 6DL 2-35 发动机，创新地引入废气再循环系统，增加发动机工作时的烟炱产生量，试验结果与标准台架 Mack T-11 试验具有良好的相关性。填补中国石油油品烟炱分散性能台架设备的空白，指导 CI-4、CJ-4、CK-4 柴油机油顺利通过 Mack T-11 台架试验。④采用 MTM 试验机，模拟发动机流体润滑、混合润滑和边界润滑等润滑条件，通过测定新油和特定老化试验后油品的摩擦因数，建立了与 API 标准燃油经济性台架试验程序ⅥD/ⅥE（程序ⅥB、ⅥD 等）具有良好相关性的模拟评价方法，指导 GF-5、GF-6 汽油机油顺利通过程序ⅥD/ⅥE 台架试验。

第五节
技术展望

未来，润滑油市场消费规模总体减缓，同质化及价格竞争加剧，资源供过于求局面加剧。“双碳”（即碳达峰与碳中和）、“双循环”（即国内国际双循环相互促进的新发展格局）、“新基建”（即新型基础设施建设）等新发展格局为“十四五”时期乃至更长远的发展提供了方向性的引领，对润滑油技术提出前所未有的新要求，需要技术不断推陈出新，快速适应需求变化。

随着节能、环保和延长换油期对润滑油产品的要求不断升级，Ⅰ类油的市场份额预计将进一步萎缩，Ⅱ、Ⅲ、Ⅲ+、GTL、CTL 基础油的需求份额将保持增长。PAO、酯类油等合成基础油的应用将进一步提升，同时国产化的步骤在加快，但高品质的合成油市场依然被国外公司占据。而再生油技术在逐步提升，其应用越来越广泛。

中国在润滑油添加剂等方面的技术创新和研发能力不足，超过 80% 的添加剂市场份额被国外公司占据，尤其在高端添加剂领域，缺乏竞争力，不能及时应对市场变化而调整产品结构。“双碳”的影响下，未来新的节能减排法规不断推出，对于一些含有硫元素、氯元素、重金属元素的添加剂，其添加量将被限制甚至完全取代；灰分大、有毒有害、易引起沉淀的添加剂也将慢慢被取代；对于适应条件窄、不可兼具高低温性能的添加剂，其性能也将得到进一步改善。终端用户希望能够获得更长的使用寿命、更佳的运行稳定性和更低的维护成本，高品质添加剂用量迅速增大，同时需要研发新的添加剂品种来适应更为严苛的使用环境，这也使得添加剂的配方变得更为复杂。润滑油添加剂逐渐向着高性能化、多功能化、环境友好化和低成本化的方向发展。

中国推出“新基建”概念，支持未来科技发展的重点领域，这是润滑油面临的新机遇。5G 技术对于高端数控机床、工业机器人等先进自动化设备用润滑油的可靠性提出更高要求；大数据中心和工业互联网为润滑远程监控、数据化智能运维、一体化“产品 + 服务”运营模式极大提升行业效率；建设城际高铁和城际轨道交通为齿轮油、减振器油等提供后续发展动力；特高压是目前世界上最先进的输电技术，其变压器油的需求旺盛；新能源汽车作为未来汽车工业发展的必然选择而备受瞩目，随着在“新基建”中的快速发展，对电动车用油、冷却液等将有电性能要求。

目前，新能源汽车的迅猛发展，将成为润滑油添加剂变革的导火索。这是因为，新能源汽车在发展成熟后将摒弃内燃机发动机，转而采用纯电力驱动发动机或者燃料电池发动机。前述发动机技术的改变，使得润滑工作环境变得更加复杂，势必推动车用润滑材料向更加专业化、精细化的方向发展。

未来工业润滑油依然是技术变革的主战场，低气味 / 低泡沫齿轮油、机器人系列齿轮油、超长寿命液压油、节能液压油、低油泥汽轮机油、合成型压缩机油等油品技术依然是未来需要继续攻克的方向，持续满足 OEM 和市场的最新需求、客户的差异化需求。

船用润滑油方面，超低碱值气缸油产品、高性能船用中速机油系列产品、可生物降解型系列船舶环保油品和高速船舶专用油等将成为技术升级的主要方向，产品差异化将提升船用油竞争力。

参考文献

[1] 温诗铸. 润滑理论研究的进展与思考 [J]. 摩擦学学报，2007, 27(6): 497-503.

[2] 薛群基，张俊彦. 润滑材料摩擦化学 [J]. 化学进展，2009, 21(11): 2445-2457.

[3] 刘维民，郭志光. 形色各异的摩擦磨损与润滑 [J]. 自然杂志，2014, 36(4): 241-247.

[4] 陆国旭. 润滑油基础油的生产工艺及发展趋势 [J]. 石化技术，2020, 27(2): 12-14.

[5] 范娜娜，罗伟，白忠祥. 润滑油添加剂及其发展趋势 [J]. 合成材料老化与应用，2021, 50(1): 140-143.

[6] 张旭. 润滑油添加剂研发生产的可行性研究报告 [J]. 化工管理，2020(9): 54-55.

[7] 周红艳. 润滑油添加剂的应用现状及发展趋势 [J]. 清洗世界，2020, 36(2): 77-78.

[8] 黄港滨. 润滑油添加剂的应用现状及发展趋势 [J]. 科学管理，2017(8): 280.

[9] 宋增红，阎育才，乔旦，等. 润滑油添加剂研究进展 [J]. 润滑油，2019, 34(5): 16-22.

[10] 东方雨. 润滑油添加剂：自主创新　任重道远 [J]. 中国石油与化工，2020(7): 40-42.

[11] 肖奇，等. 一种分散型乙丙共聚物及其制备方法 [P]: CN 201310292069. 2016-09-07.

[12] 张雪涛，等. 一种氢化苯乙烯双烯共聚物黏度指数改进剂及其制备方法 [P]: CN 201510417078. 2018-11-16.

[13] 伏喜胜，潘元青. 油品添加剂的市场现状、技术进展及发展趋势 [J]. 石油商技，2016, 34(3): 4-15.

[14] Danilov A M, Bartko R V, Antonov S A. Current advances in the application and development of lubricating oil additives[J]. Petroleum Chemistry, 2020, 61: 35-42.

[15] 杨慧青. 新能源汽车及发动机润滑油 [J]. 石油商技，2013, 31(2): 4-7.

[16] ACEA. European oil sequences for light-duty engines [S]. 2021.

[17] 何卉. 从中、美、欧盟 2020—2025 乘用车油耗标准严格程度与中美节油技术比较看中国 2020 年新乘用车平均油耗标准的可行性 [R]. 2013-8.

[18] 唐林，陈英，王静，等. 车辆齿轮油标准规范概述 [J]. 交通标准化，2012(18): 12-16.

[19] 陈琳，李枫，水琳，等. 高速列车齿轮油性能要求与验证方法初探 [J]. 合成润滑材料，2014, 41(3): 9-12.

[20] 王明明，石顺友. 中国重负荷车辆齿轮油规格的最新发展 [J]. 润滑油，2019, 34(4): 41-49.

[21] 周轶，杜雪岭. GB 13895—2018《重负荷车辆齿轮油（GL-5）》国家标准解读 [J]. 石油商技，2019(1): 76-81.

[22] 盛晨兴，曾卓，冯伟，等. 高铁齿轮油摩擦学特性的实验探究 [J]. 润滑与密封，2016, 41(5): 86-90.

[23] 于海，糜莉萍，伏喜胜，等. 国内外商用车长寿命车辆齿轮油的现状及发展趋势 [J]. 润滑油，2018, 33(3): 1-5.

[24] 廖丰斌，伏喜胜，于海，等. 长寿命车辆齿轮油的研究 [A]// 中国润滑技术论坛（2018）暨中国汽车工程学会汽车燃料与润滑油分会第十八届年会论文专辑 [C]. 大连：《润滑油》编辑部，2018: 193-198.

[25] 马玉强，赵璐，束玉宁，等. 高速列车齿轮箱润滑油的选用及试验研究 [J]. 轨道交通装备与技术，2015, 3: 1-4.

[26] 马骁驰，张朝前，张松鹏，等. 高速列车齿轮箱润滑油黏度指数的计算方法研究 [J]. 润滑与密封，205, 40(4): 26-29.

[27] 刘卜瑜. 液压油的新技术发展与需求展望 [J]. 内燃机与配件，2020(12): 89-90.

[28] 朱伟伟，安海珍，孙园园，曹泽辉. 工程机械液压油黏温特性研究 [J]. 工程机械，2021, 52(2): 79-84.

[29] 李韶辉，刘中国，黄东升，等. 日本抗磨液压油规格及 OEM 用油动态 [J]. 液压气动与密封. 2015, 35(8): 78-81.

[30] 于军，万书晓，程亮. 环境可接受液压油性能要求及开发意义 [J]. 石油商技，2021, 39(1): 88-95.

[31] 许津铭，张超，等. 工业齿轮箱及工业齿轮油的发展 [A]// 中国润滑技术论坛论文集（2021）论文专集，2021: 47-53.

第二章

优质矿物润滑油基础油生产技术

矿物润滑油基础油生产工艺主要包括三个基本单元，如图 2-1 所示。减压馏分油（Vacuum Gas Oil，VGO）或者脱沥青油（De-Asphalted Oil，DAO）经过单元 1，脱除杂质，提高油品黏度指数；然后经过单元 2，降低油品倾点，改善油品低温性能；最后经过单元 3，改善油品颜色，提高氧化安定性[1]。

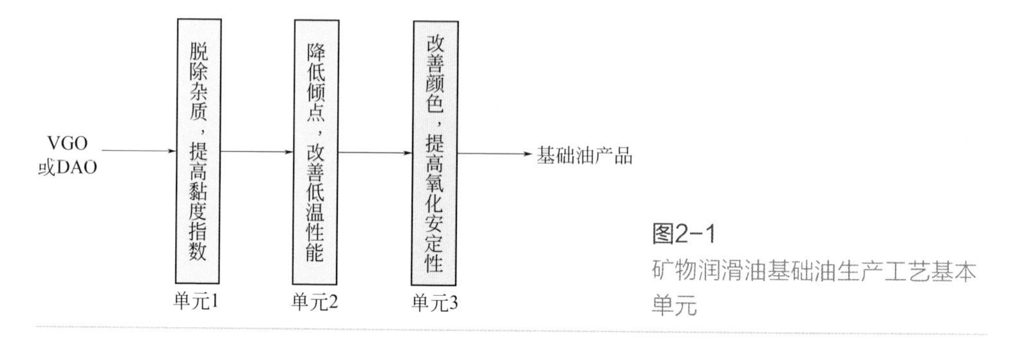

图2-1
矿物润滑油基础油生产工艺基本单元

目前生产润滑油基础油的工艺有“老三套”生产工艺（溶剂精制 - 溶剂脱蜡 - 白土补充精制）、全加氢法生产工艺（加氢处理 - 加氢异构 - 加氢补充精制）、“老三套”和加氢法相结合的生产工艺[2]。

“老三套”工艺是通过物理方法除去油品中的多环芳烃、极性物质等非理想组分，不改变基础油组分的分子结构，所生产的基础油性质严重依赖于原油性质，仅能达到 API Ⅰ类基础油标准，无法满足汽车制造业及机械工业的飞速发展以及日益严格的环保要求。

全加氢法工艺是在催化剂的作用下，加氢脱除油品中的硫、氮等杂质，并将低黏度指数组分（非理想组分）转化为高黏度指数组分（理想组分），通过异构化作用，将高凝点正构烷烃转化为低凝点异构烷烃以改善油品低温流动性能，最后通过加氢补充精制反应过程，饱和油品中的微量芳烃、烯烃，提高油品的氧化安定性。与“老三套”工艺相比，全加氢法生产的基础油具有低硫、低氮、低芳烃含量、优良的热安定性和氧化安定性、较低的挥发度、优异的黏温性能、良好的添加剂感受性等优点，是生产高品质 API Ⅱ/Ⅲ类基础油的重要技术手段。加氢异构技术将原料中的大部分正构烷烃转化成异构烷烃以降低基础油的倾点，该技术具有倾点降低幅度大、黏度指数损失小、基础油产品收率高等优点。近年来，在以减压馏分油、加氢裂化尾油为原料的基础上，科研人员以费 - 托（F-T）合成油为原料，通过加氢异构技术生产高品质的Ⅲ/Ⅲ+ 类基础油。目前雪佛龙（Chevron）、埃克森美孚（Exxon Mobil）、壳牌（Shell）、中国石油和中国石化等大型能源公司开发了该技术。

全加氢法生产 API Ⅱ/Ⅲ类基础油需要经过三个加工单元，如图 2-2 所示。一般的工艺流程为加氢处理（或加氢裂化）- 异构脱蜡 - 补充精制，根据原料不同，具体工艺流程稍有差别。由于异构脱蜡反应大多采用贵金属分子筛催化剂，对异构脱蜡段进料的硫、氮要求较苛刻，所以加氢法的第一个单元一般为加氢处理单元，去除原料中的金属、硫和氮等杂质，以满足异构进料的要求，同时在异构脱蜡单元后设置补充精制单元，饱和油品中的微量芳烃，达到提高基础油氧化安定性的目的。

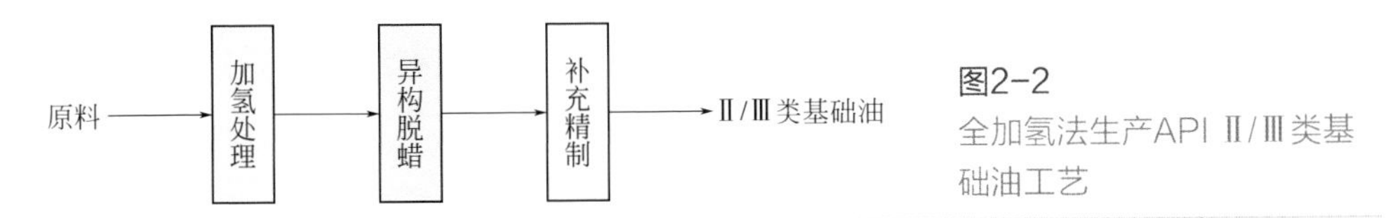

图2-2
全加氢法生产API Ⅱ/Ⅲ类基础油工艺

本书著者团队针对高含蜡石油基蜡油难以实现加氢异构深度转化难题，开发出降低重质基础油浊点的加氢异构催化剂 PHI-01，在国内某润滑油异构脱蜡装置实现工业应用，生产的重质润滑油基础油浊点≤−5℃；针对加氢裂化尾油开发出高收率生产低黏度 API Ⅲ类润滑油基础油技术，生产的 4 ～ 6cSt Ⅲ类润滑油基础油收率达到 88%；针对 F-T 合成油开发出专用异构脱蜡催化剂，在某千吨级示范装置实现工业应用，生产的 4cSt Ⅲ类润滑油基础油黏度指数＞140，收率＞50%。

本章主要介绍优质矿物润滑油基础油生产技术。

第一节
主要原料

生产矿物润滑油基础油的原料种类较多，一般来自减压蒸馏装置，包括减二线、减三线、减四线 VGO 和 DAO，部分企业也有采用加氢裂化尾油、蜡下油和常二线油等。目标产品不同，采用的原料也不同。

原油种类繁多，成分复杂，分类方法也多种多样。按照关键馏分的特性，即特性因数 K 值，以及碳型分析，可大致将原油分为石蜡基、中间基和环烷基，具体见表 2-1。

表2-1　三种原油性质对比

原油分类	特性因数K	碳型分布	性能比较
石蜡基	＞12.1	链烷碳C_P≥50%	高黏度指数（HVI），凝点高
中间基	11.5～12.1	环烷碳C_N≥40%	中黏度指数（MVI），凝点较低
环烷基	10.5～11.5	环烷碳C_N≥40%	低黏度指数（LVI），凝点低

根据国内润滑油加氢异构装置实际生产情况，本书将润滑油加氢异构装置常见的原料分为三大类：减压馏分油（包括高含蜡油和环烷基油）、加氢裂化尾油和 F-T 合成油[3]。

一、减压馏分油

减压馏分油是生产润滑油基础油的重要原料，根据组成不同分为高含蜡馏分油和环烷基原油。

1. 高含蜡馏分油

高含蜡馏分油来自石蜡基原油，原油特性因数大于 12.1，高沸点馏分含量（蜡）较多（链烷碳大于 50%）、凝点高、密度较小，非烃组成较低，所产基础油的黏度指数较高，适于生产优质润滑油基础油和石蜡等。大庆原油是典型的高含蜡原油，以其为原料生产的减四线精制油的典型性质如表 2-2 所示，其黏度指数可达 153，凝点＞50℃，以此原料生产倾点≤−18℃的 API Ⅱ/Ⅲ类基础油（需要全馏分凝点≤−32℃，降凝幅度 80℃以上），需要异构脱蜡催化剂具有深度降凝能力。

表2-2 高含蜡原油生产的减四线精制油的典型性质

项目	减四线精制油
密度（20℃）/（g/cm³）	0.8662
硫含量/（μg/g）	653.7
氮含量/（μg/g）	455.6
闪点（开口）/℃	290
黏度指数	153
凝点/℃	＞50
族组成（棒状薄层）（质量分数）/%	
饱和烃	79.86
芳烃	18.83
极性化合物	1.31
馏程/℃	
HK/5%	435/451
10%/30%	463/508
50%/70%	520/530
90%/95%	539/545
KK	550
蜡含量（质量分数）/%	53

2．环烷基原油

环烷基原油又称为沥青基原油，环烷碳含量≥40%。我国环烷基原油主要分布在渤海湾、辽河、大港和新疆克拉玛依，以其为原料生产的环烷基减压馏分油的典型性质如表 2-3 所示，其密度稍大于高含蜡油，硫、氮含量也较高，芳烃含量较高。环烷基原油所生产的润滑油馏分含蜡量少或者几乎不含蜡、凝点低、黏度指数低，可以用来制备倾点很低而对黏温特性要求不高的油品，比如电器用油、冷冻机油等[4]。

表2-3　环烷基减压馏分油的典型性质

项目	克拉玛依减二线油
密度（20℃）/（g/cm³）	0.9230
硫含量/（μg/g）	1300
氮含量/（μg/g）	1998
黏度指数	49
凝点/℃	5
族组成（棒状薄层）（质量分数）/%	
饱和烃	64.80
芳烃	26.60
极性化合物	8.60
馏程/℃	
HK/ 5%	365/382
10%/30%	395/405
50%/70%	414/420
90%/95%	429/432
KK	441
C_N（质量分数）/%	56

二、加氢裂化尾油

加氢裂化尾油是加氢裂化过程中未转化成轻质燃料的蜡油类组分。在加氢裂化装置一般会按一定的比例生产出部分加氢裂化尾油，其大部分杂质已经被脱除，硫、氮含量很低，芳烃含量低，饱和烃含量高，黏度指数高，是生产低黏度 API Ⅱ/Ⅲ类基础油的理想原料。加氢裂化尾油没有统一质量标准，其性质随着原油性质、加工工艺及操作条件的不同而不同[5]，典型性质见表 2-4。据统计，国内生产润滑油基础油的装置一半以上以加氢裂化尾油为原料。

表2-4 加氢裂化尾油的典型性质

项目	加氢裂化尾油
硫含量/（μg/g）	1.71
氮含量/（μg/g）	＜1.1
凝点/℃	32.9
100℃运动黏度/（mm^2/s）	4.865
40℃运动黏度/（mm^2/s）	23.777
黏度指数	130
闪点（开口）/℃	212
残炭（质量分数）/%	0.02
密度（20℃）/（g/cm^3）	0.841
馏程/℃	
HK/5%/30%/50%/90%/95%/KK	315/374/407/426/495/511/534
族组成（质谱）（质量分数）/%	
链烷烃/环烷烃/芳烃	50.2/48.3/1.5
蜡含量（质量分数）/%	17.09

三、F-T合成油

F-T 合成油是费 - 托合成反应的液体产品，最显著的特征是不含硫、氮、芳烃、金属等杂质，主要由直链烃组成。可以用低温费 - 托（LTFT）油[6]、高温费 - 托（HTFT）油[7]，通过异构脱蜡、补充精制、加氢裂化等反应制备高质量的润滑油基础油，产品的黏度指数高达 140 以上。LTFT 混合物的碳数分布较重，粗产品中的大多数馏分和较重的物质都可以转化为润滑油基础油，因此与 HTFT 混合物相比，它更适于生产润滑油基础油。典型的 F-T 合成油（蜡）性质如表 2-5 所示。

表2-5 F-T合成油（蜡）的典型性质

项目	F-T蜡
密度（20℃）/（g/cm^3）	0.8965
倾点/℃	100
硫含量/（μg/g）	＜0.5
氧含量/%	0.31
铁含量/（μg/g）	2.4
钠含量/（μg/g）	2.7
镁含量/（μg/g）	0.9
钙含量/（μg/g）	3.0
氯含量/（μg/g）	3.54

续表

项目	F-T蜡
馏程（模拟蒸馏）/℃	
IBP/10%	262/309
30%/50%	386/461
70%/FBP	532/729

第二节 典型工艺流程及反应原理

以减压馏分油为原料生产润滑油基础油，需要经过加氢处理、异构脱蜡和加氢补充精制三个主要操作单元。以加氢裂化尾油、F-T合成油为原料生产润滑油基础油，需要经过异构脱蜡和补充精制两个主要操作单元。本节主要针对不同原料介绍典型工艺流程及反应原理。

一、典型工艺流程

1. 加工减压馏分油

（1）高含蜡油　工艺流程如图2-3所示。常减压装置馏出的减二线、减三线和减四线高含蜡油首先进入高压加氢处理单元，脱除原料中硫、氮等杂质；经过汽提塔汽提后，进入异构脱蜡单元，进行异构化反应；再经过加氢补充精制单元进行微量芳烃饱和反应，最后经常减压分馏单元，生产API Ⅱ/Ⅲ类润滑油基础油。

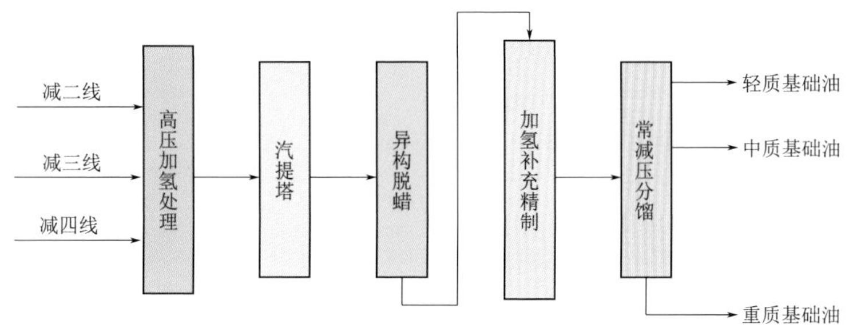

图2-3　高含蜡油生产润滑油基础油典型工艺流程简图

（2）环烷基油　工艺流程如图 2-4 所示，以环烷基减二线、减三线和轻脱沥青油为原料。首先进入高压加氢处理单元，去除掉原料中的杂质，诸如胶质、沥青质、硫、氮等物质；再经过汽提塔汽提之后，进入异构降凝单元，原料油中的长链烷烃选择性地进行异构化反应，从而降低油品的凝点；最后经过加氢补充精制改善油品的氧化安定性。该过程最终的目标产品为：工业白油、橡胶填充油、冷冻机油、BS 光亮油等特种油品。

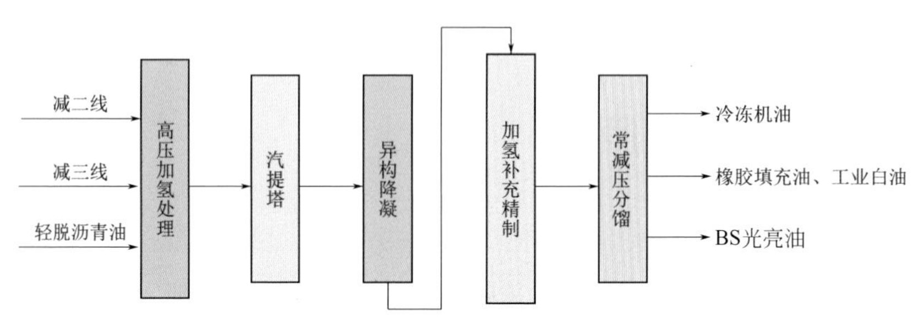

图2-4　环烷基油生产特种油品典型工艺流程简图

2．加工加氢裂化尾油

工艺流程如图 2-5 所示。来自加氢裂化装置的加氢裂化尾油，其硫、氮含量较低，能够满足异构脱蜡装置的进料要求，因此与加工减压馏分油相比，加工加氢裂化尾油不需要经过高压加氢处理单元，可以直接进入异构脱蜡 - 加氢补充精制单元，最后经过常减压分馏单元，生产 API Ⅱ/Ⅲ类润滑油基础油。

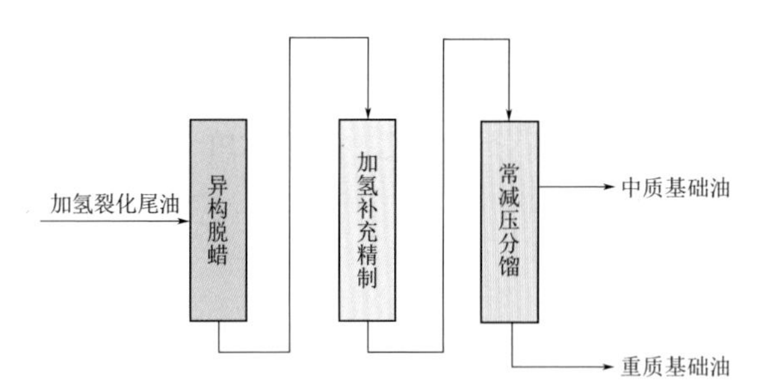

图2-5　加氢裂化尾油生产润滑油基础油典型工艺流程简图

3．加工 F-T 合成油

以 LTFT 蜡[8] 为原料，通过加氢裂化 / 加氢异构化反应控制支链烷烃生成量，或通过溶剂脱蜡等工艺降低正构烷烃含量，生产高黏度指数 API Ⅲ类润滑油基础油，未转化蜡再循环回加氢裂化 / 加氢异构化反应单元进一步转化，流程如图 2-6 所示[9]。加氢异构化产物通过分离减少异构化馏分，打破加氢异构化反应平衡限制[10]，最终产品质量取决于异构化总体程度[11,12]。LTFT 产物的其他馏分也可以转化为润滑油基础油，直馏馏分油中的 α- 烯烃以及伯醇脱水得到的 α- 烯烃通过齐聚反应制备 API Ⅳ类 PAO 润滑油基础油，或将烷烃脱氢转化为烯烃，再将其齐聚为 PAO 润滑油基础油。

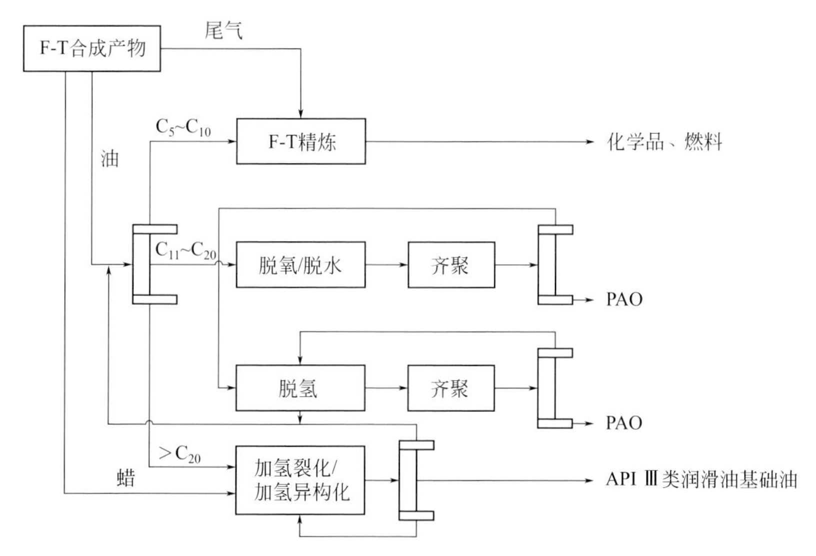

图2-6　基于F-T合成油的润滑油基础油工艺流程

二、反应原理

1．加氢处理（或加氢裂化）

加氢处理（或加氢裂化）的主要目的是脱除原料油中硫、氮等杂质，为加氢异构反应提供清洁原料，同时对多环环烷烃选择性加氢裂化开环、芳烃加氢饱和及开环，从而提高油品的黏度指数[13]，发生的主要反应为加氢脱硫、加氢脱氮、加氢裂化、芳烃饱和。

（1）加氢脱硫反应　原料油馏分中的硫化物如杂环含硫化物及多苯并噻吩类硫化物是较难被脱除的。典型的噻吩脱硫反应是将其转化为直链或者支链烷烃和硫化氢。主要发生的化学反应为：

$$\text{C}_4\text{H}_4\text{S (噻吩)} + 4H_2 \longrightarrow \text{C—C—C—C} + H_2S \quad ; \quad \text{C—C(—C)—C} + H_2S \tag{2-1}$$

（2）加氢脱氮反应　原料油中含氮化合物主要是吡啶类、喹啉类、吡咯类的杂环化合物，非杂环化合物如胺、腈等加氢脱氮活性比杂环氮化物高，含量少，容易脱除，因此加氢预处理的关键是脱除杂环氮化物。主要发生的化学反应为：

吡啶类

$$\text{C}_5\text{H}_5\text{N (吡啶)} + 5H_2 \longrightarrow \text{C—C—C—C—C} + NH_3 \quad ; \quad \text{C—C—C(—C)—C} + NH_3 \tag{2-2}$$

喹啉类

$$\text{C}_9\text{H}_7\text{N (喹啉)} + 4H_2 \longrightarrow \text{C}_6\text{H}_5\text{—C—C—C} + NH_3 \tag{2-3}$$

吡咯类

$$\text{C}_4\text{H}_4\text{NH (吡咯)} + 4H_2 \longrightarrow \text{C—C—C—C} + NH_3 \quad ; \quad \text{C—C(—C)—C} + NH_3 \tag{2-4}$$

（3）加氢裂化反应　M. Ushio 等[14]用线性回归分析处理基础油的黏度指数和烃类组成数据，得到润滑油基础油中不同烃类组成的黏度指数，各组分的黏度指数按照烷烃 - 环烷烃 - 芳烃的顺序降低，如表 2-6 所示。因此烷烃和带长侧链的单环环烷烃是润滑油基础油的理想烃类结构组分，在加氢处理过程，理想状态是将原料中多环环烷烃加氢裂化成单环环烷烃，从而提高加氢处理后油品的黏度指数。

表2-6　加氢润滑油基础油原料不同结构烃类的黏度指数

烃类	正构烷烃	异构烷烃	单环环烷烃	双环环烷烃	芳烃
黏度指数	175	155	142	70	50

（4）芳烃饱和反应　在加氢预处理反应过程中，原料中部分芳烃也会发生加氢饱和反应生成环烷烃，发生的主要反应为：

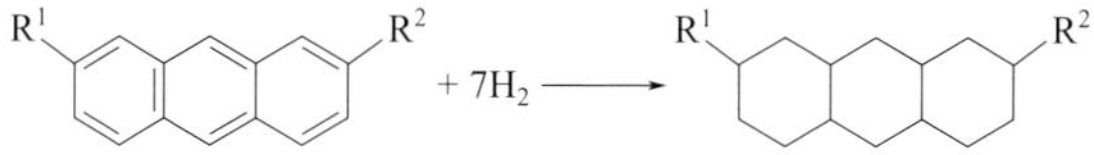

$$R^1 \quad R^2 \quad + 7H_2 \longrightarrow \quad R^1 \quad R^2 \tag{2-5}$$

2．异构脱蜡

润滑油异构脱蜡的基本原理是在含贵金属和专用分子筛双功能催化剂的作用下，使原料中的长链正构烷烃异构化为单侧链的异构烷烃，将带长侧链的环烷烃异构化为带支链的环烷烃，从而降低润滑油的倾点，改善润滑油的低温流动性能。

烷烃的异构化程度要控制在一定范围之内，过高的支链化程度能明显降低润滑油的黏度指数，所以对异构化催化剂的择形异构化性能要求为：①裂化性能低、异构化性能高；②单侧链烃产物的选择性高，能选择性地将长链正构烷烃异构化为同碳数的单侧链的异构烷烃。

（1）异构脱蜡反应机理　目前主流的烷烃异构化反应机理为正碳离子反应机理[15]。

如图 2-7 所示，正构烷烃首先在加氢异构脱蜡催化剂的加氢 / 脱氢（金属）中心上生成相应的烯烃，然后这部分烯烃迅速转移到酸性中心上得到一个质子，生成正碳离子。正碳离子极其活泼，只能瞬时存在，一旦形成就迅速进行下述反应：

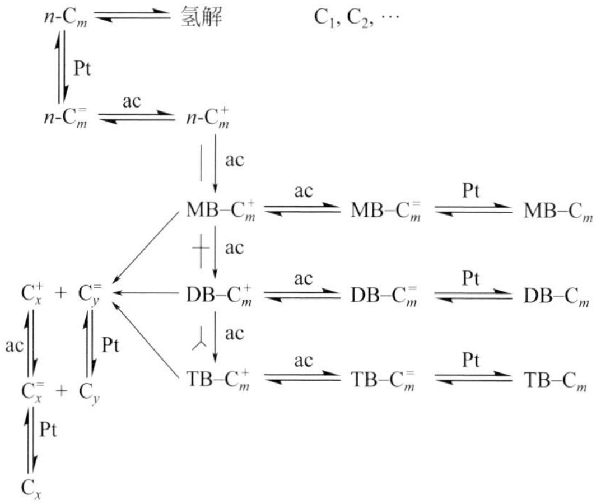

$$\begin{array}{lll}
n\text{-}C_m \rightleftharpoons \text{氢解} & & C_1, C_2, \cdots \\
\quad\Updownarrow \text{Pt} & & \\
n\text{-}C_m^= \xrightleftharpoons{\text{ac}} n\text{-}C_m^+ & & \\
\qquad\qquad\quad \Downarrow \text{ac} & & \\
\text{MB–}C_m^+ \xrightleftharpoons{\text{ac}} \text{MB–}C_m^= \xrightleftharpoons{\text{Pt}} \text{MB–}C_m & & \\
\qquad \Downarrow \text{ac} & & \\
C_x^+ + C_y^= \longleftarrow \text{DB–}C_m^+ \xrightleftharpoons{\text{ac}} \text{DB–}C_m^= \xrightleftharpoons{\text{Pt}} \text{DB–}C_m & & \\
\text{ac}\Updownarrow \quad \Updownarrow \text{Pt} \qquad \Downarrow \text{ac} & & \\
C_x^= + C_y \qquad \text{TB–}C_m^+ \xrightleftharpoons{\text{ac}} \text{TB–}C_m^= \xrightleftharpoons{\text{Pt}} \text{TB–}C_m & & \\
\Updownarrow \text{Pt} & & \\
C_x & &
\end{array} \tag{2-6}$$

图2–7
正构烷烃在异构脱蜡催化剂上的反应网络

① 异构化反应　长链正构烷烃的异构化反应以连续方式进行，通过支链重排，依次生成单支链（MB）、双支链（DB）及三支链（TB）异构物。当正碳离

子将 H^+ 还给催化剂的酸性中心后，即变成异构烯烃，再在加氢中心上加氢得到与原料分子碳数相同的异构烷烃。

② 裂化反应　在发生异构化反应的同时还会发生裂化反应。裂化反应遵循 β- 断裂原则，大的正碳离子不稳定，容易在正碳离子邻近的 β 位处发生 C—C 键断裂，生成一个较小的烯烃和一个新的正碳离子，所生成的烯烃是 α-烯烃，在压力下迅速加氢生成烷烃，新生成的正碳离子将继续进行裂化和异构化反应。

在加氢异构脱蜡反应中，加氢裂化是一种不希望发生的副反应，它会降低润滑油基础油收率，因此，在加氢异构脱蜡反应中，需要将反应温度保持得尽可能低，避免过度加氢裂化。

（2）孔口 - 锁钥催化理论　生产高黏度指数和优异低温性能的润滑油基础油的核心技术是长链烷烃的少裂化的异构催化剂。目前工业应用的加氢异构脱蜡催化剂大多是将贵金属前驱体负载在分子筛材料上。常用的分子筛材料有 ZSM-5、ZSM-22、ZSM-23、SAPO-11、SSZ-32。催化剂的活性和选择性主要取决于催化剂的结构、酸量、酸强度及其分布。择形催化化学是将化学反应与分子筛的吸附及扩散特性相结合的科学，通过它可以改变已知反应途径及产物的选择性。在传统的择形催化理论基础上，孔口 - 锁钥理论被大多数学者认可。

分子量较大的正构烷烃在分子筛孔内的扩散较慢，环丙基正碳离子中间体在孔道中不易形成。Martens 等 [16] 在详细分析 i-$C_{17}H_{36}$ 在 Pt/ZSM-22 上的临氢反应产物的基础上提出了孔口催化概念，认为在单侧链化反应中反应物分子并没有穿过孔道，而是部分插入分子筛孔道内，骨架异构化反应发生在吸附于孔口和分子筛外表面的分子上。当单侧链的分子的一端吸附在一个分子筛晶体的孔道时，反应物分子链的另一端还可以钻入相邻的分子筛晶体的孔道内并发生异构化反应，这种机理被称为锁钥催化。这种机理指出：对于碳数小于 12 的正构烷烃，孔口催化起着主要的作用；而对于碳数大于 12 的正构烷烃，锁钥模型为主要反应方式，即烷烃分子吸附在催化剂的表面，其两端均可进入分子筛的孔口。尽管这种机理仅是一种推测，但是孔口催化和锁钥催化的概念较好地解释了长链烷烃分子的加氢裂化 / 异构化产物分布。孔口 - 锁钥催化反应模型如图 2-8 所示，对于润滑油馏分中的长链蜡分子，异构化反应显然应以孔口 - 锁钥模型为主 [17]。

3．加氢补充精制

加氢补充精制的主要作用是饱和芳烃化合物，使基础油中残余的不饱和烯烃和多环芳烃得到加氢饱和，从而改变其化学组成，从化学本质上提高基础油产品的安定性，改善颜色。带有四环或更多环的多环化合物，其饱和所需要的温度低于较小的芳烃化合物，加氢补充精制催化剂需要设计在低温下操作。芳烃加氢生成烷烃的反应为：

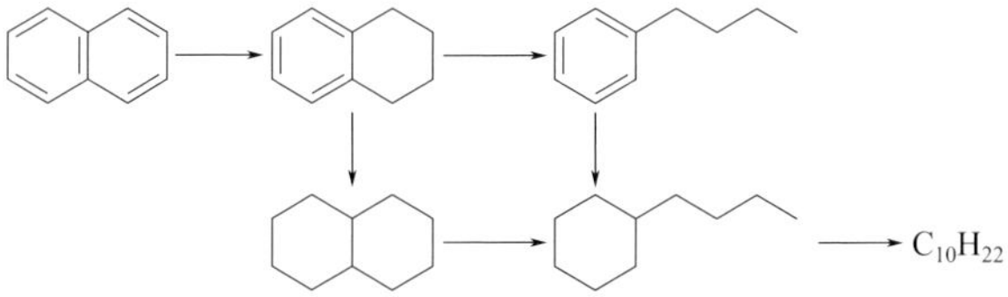

$$\longrightarrow C_{10}H_{22} \qquad (2\text{-}7)$$

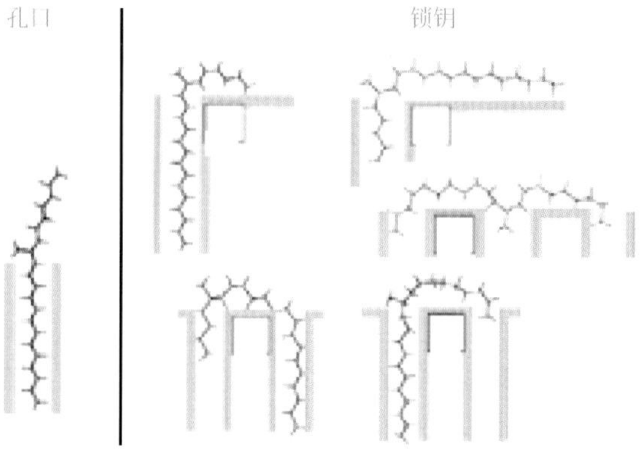

孔口

锁钥

图2-8
孔口-锁钥催化反应模型示意图

第三节 国内外生产技术现状及最新进展

自 1993 年 Chevron 公司成功开发出润滑油异构脱蜡技术至今，Exxon Mobil 公司、Shell 公司、中国石化和中国石油也陆续开展了此项技术的研究工作，并实现工业应用，加氢异构技术迎来了蓬勃的发展。

一、Chevron公司IDW技术

Chevron 公司是世界上第一个采用润滑油加氢处理 - 异构脱蜡 - 加氢补充精制全加氢工艺路线生产基础油的公司[18]，而且技术也最为成熟，在世界异构脱蜡技术市场中发展最快。自 1993 年该技术应用于 Richmond 炼油厂以来，异构脱蜡技术已经转让给 Petro Canada、Excel、SK、Neste 和中国石化（上海高桥石化公司）等 30 余家公司。其典型的工艺流程如图 2-9 所示。IDW 技术得到的润滑油基础油收率高，黏度指数高，能生产轻、中、重中性油和光亮油，副产物是优质的中间馏分油。

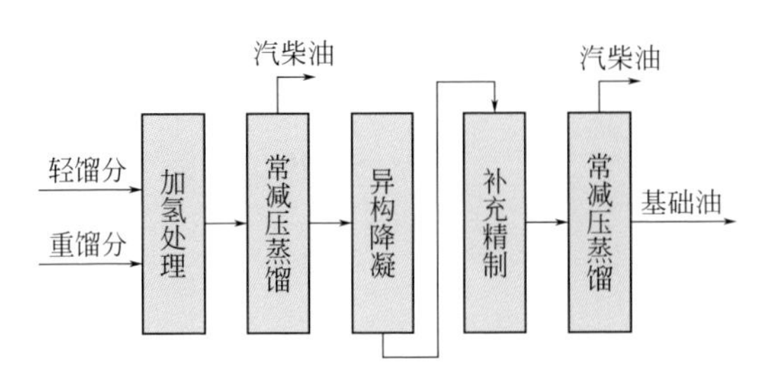

图2-9
Richmond炼油厂全加氢型流程

Chevron 公司开发的加氢处理催化剂主要有 ICR-134、ICR-154、ICR-174、ICR-178、ICR-179 等，其以镍钼为加氢组分、氧化铝或无定形硅铝为载体。Chevron 公司开发的异构脱蜡催化剂有四代：第一代 ICR-404 和第二代 ICR-408 催化剂，分别于 1993 年和 1996 年在 Richmond 炼油厂首次工业化；第三代 ICR-418、ICR-422、ICR-424、ICR-426 和第四代 ICR-432，其活性逐渐提高。Chevron 公司开发的补充精制催化剂主要有 ICR-402、ICR-403、ICR-407、ICR-417 等，为贵金属 /Al_2O_3-SiO_2 体系。

Chevron 公司十分关注以 F-T 合成产物为原料的 GTL 基础油工艺技术 [19,20]，主要是从工艺的组合领域研究提高基础油产量和质量的方案 [21-28]，在异构脱蜡环节工艺上并无大的变动。

山西潞安集团 60 万吨 / 年 F-T 合成油异构脱蜡装置引进美国 Chevron 公司异构脱蜡专利技术，2018 年建成投产，以费 - 托合成中间油品为原料，生产的 API Ⅲ+ 类润滑油基础油性能接近 PAO，黏度指数最高可达 140，倾点可低至 −35℃，氧化安定性和光安定性好，非常适合国六发动机和工业 4.0 高端润滑油发展需求。

二、Exxon Mobil公司MSDW技术

Exxon Mobil 公司在 Chevron 公司推出 IDW 技术后，在其催化脱蜡（MLDW）工艺的基础上开发了选择性脱蜡（MSDW）技术，于 1997 年在 Jurong 炼厂首次工业应用 [29]。

MSDW 技术所用原料是加氢处理过的溶剂精制油、润滑油型加氢裂化尾油和燃料型加氢裂化尾油，通过加氢裂化，除去其中的杂质和硫、氮等化合物，并使部分多环、低黏度指数的化合物选择性加氢裂化生成少环长侧链、高黏度指数

的化合物，经汽提和蒸馏除去轻质燃料油馏分，将含蜡的润滑油馏分送入选择性脱蜡装置，其生成物再通过二段加氢后精制反应器，使生成油性质进一步加氢稳定，最后再经过汽提和蒸馏，除去轻质油部分，获得黏度指数为 95 的 500SUS 脱蜡基础油。MSDW 工艺典型流程见图 2-10。

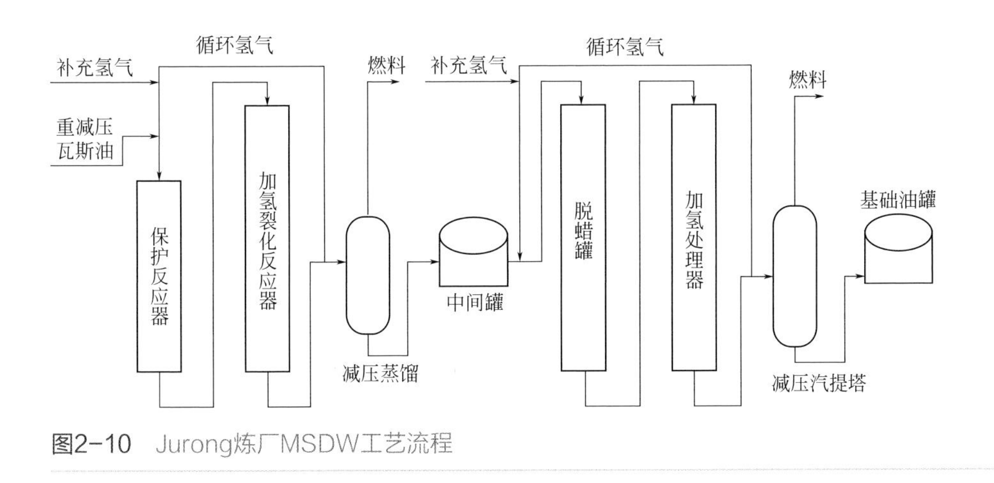

图2-10　Jurong炼厂MSDW工艺流程

Exxon Mobil 公司开发出三代 MSDW 催化剂。各代催化剂的情况见表 2-7。

表2-7　Exxon Mobil三代异构脱蜡催化剂对比

项目	催化剂牌号	特点	应用时间
第一代	MSDW-1	选择性将蜡异构化成高黏度指数的润滑油	1997年
第二代	MSDW-2	提高了异构化选择性，降低了非选择性裂化活性，使异构化油的收率和黏度指数分别提高2%和3个单位	1999年
第三代	MSDW-3	在保持高收率、高选择性的同时，最新一代催化剂比上一代活性更高，而且抗毒（硫、氮、多环芳烃）性能更好	2005年

Exxon Mobil 公司的 MSDW 技术近年来主要在两个方面取得比较大的进展：一是开发了抗极性化合物的加氢后精制催化剂（称为 MAXSAT）；二是开发了使用软蜡生产高黏度指数的Ⅲ类基础油的蜡异构化技术（MWI）。

Exxon Mobil 公司近年来在 F-T 合成油加氢异构生产润滑油基础油方面取得了一定的成果：以＞371.1℃馏分的 F-T 蜡为原料，经过加氢处理 - 加氢异构 - 加氢精制和分馏，最后溶剂脱蜡得到黏度指数大于 130、倾点低于 −17℃的基础油，而脱除的蜡再循环回加氢异构反应器进行加氢异构反应[30-33]。根据 F-T 蜡的特点，该公司开发了加氢异构化的双功能催化剂体系，β- 分子筛催化剂后接一维中孔分子筛催化剂，两种催化剂均含有一种或多种Ⅷ族金属，在气体生成量最低的情况下对蜡异构化，基础油加氢脱蜡具有高的选择性[34-36]。

三、Shell公司XHVI技术

Shell 公司在基础油生产方面拥有超高黏度指数（XHVI）技术[37]，其典型的工艺流程如图 2-11 所示。XHVI 技术包含两种流程：①以含蜡油为原料，通过加氢裂化 - 加氢异构化 - 溶剂脱蜡生产超高黏度指数的Ⅲ类基础油，蜡的转化率 80% ～ 90%，产品黏度指数 145 ～ 150，芳烃质量分数＜0.3%，挥发性小，氧化安定性好，性能类似于合成油；②以软蜡为原料，采用两段加氢异构化生产超高黏度指数基础油，产品组成与合成油相近。XHVI 技术的特点是：能够生产黏度指数超高的基础油产品，从而可调和顶级润滑油产品，占领高端市场。

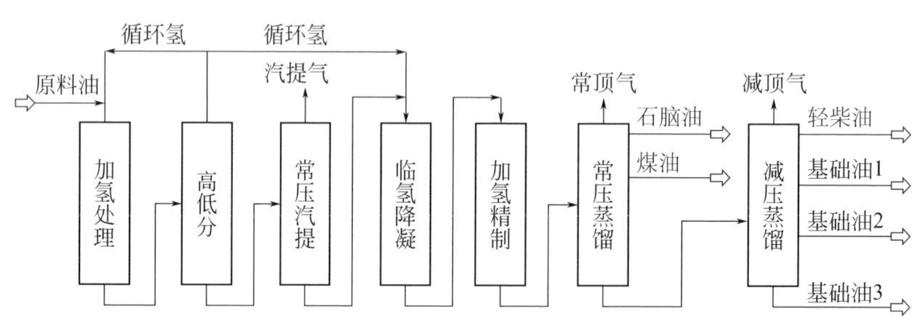

图2-11　XHVI工艺流程简图

Shell 公司 XHVI 技术的加氢处理单元使用的催化剂是 LH-23 和 LH-21[38]，其具有较高的活性。异构脱蜡催化剂为 SLD-821，该催化剂以中孔分子筛作为酸性组分，对原料中的直链烷烃和少支链烷烃选择性裂化或异构化，从而改善低温流动性能；该催化剂采用专有表面处理技术，不仅具有很高的液体收率和很强的抗积炭能力，而且有助于提高抗中毒能力。补充精制过程使用的催化剂是 LN-5、LN-6。

Shell 公司近年的研究重点主要是以煤或天然气为原料生产中间馏分油技术（SMDS），该工艺分为：气化、费 - 托合成、加氢裂化、加氢裂化和异构，最大限度地生产中间馏分油。该工艺将传统的费 - 托合成技术与分子筛裂化或加氢裂化相结合生产高辛烷值汽油、优质柴油和润滑油基础油[39-42]。2011 年，Shell 公司与卡塔尔国家石油公司在卡塔尔拉斯拉法（Ras Laffan）合作投资 190 亿美元的 Pearl GTL 项目投产，为目前世界上最大的天然气合成油（GTL）装置。

四、中国石油化工集团有限公司（中国石化）WSI和RIW技术

1．大连（抚顺）石油化工研究院技术（WSI）

大连（抚顺）石油化工研究院（FRIPP）开发的适用于润滑油加氢异构脱蜡

的分子筛是一种属于 IZA 编码为 TON 的 LKZ 分子筛，以 LKZ 分子筛 / 贵金属组成 FIW-1 催化剂，润滑油产物收率较高、倾点低、黏度指数高，可生产 API Ⅱ、Ⅲ类润滑油基础油。

以该催化剂为核心，FRIPP 开发的石蜡烃择形异构化 WSI 成套技术于 2005 年 1 月在中国石化金陵分公司 10 万吨 / 年加氢装置上工业应用[43]。该技术以加氢裂化尾油为原料，通过择形异构反应器降低倾点，能够生产出倾点 −24℃、黏度指数 122 的 4cSt Ⅲ类润滑油基础油，其工艺流程见图 2-12。

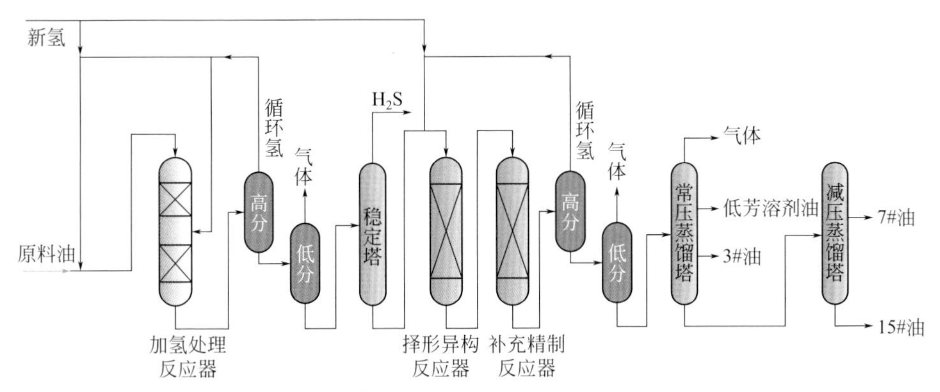

图2-12　FRIPP的WSI工艺流程简图

WSI 成套技术具有选择性高、对原料适应性强和稳定性好的特点，可明显改善产品的低温性能和黏温性能，基础油收率高，能够生产食品级、医药级白油及Ⅱ/Ⅲ类基础油、高质量橡胶填充油等产品。目前，该技术已在金陵石化、齐鲁石化、海南汉地阳光等 10 套润滑油加氢装置上进行了工业应用。

2．石油化工科学研究院技术（RIW）

石油化工科学研究院开发出异构降凝技术 RIW，不仅可以加工加氢裂化尾油，也可以加工润滑油馏分油，如中东高硫原油润滑油馏分、石蜡基润滑油馏分。其开发的润滑油异构降凝催化剂 RIW-2 于 2016 年在茂名石化 40 万吨 / 年润滑油加氢异构装置应用，以加氢裂化尾油为原料，通过原料和工艺优化，可以生产出 4cSt Ⅱ类、4 cSt Ⅱ+ 类、6 cSt Ⅱ+ 类和 6 cSt Ⅲ类等基础油产品。

石油化工科学研究院开发出新一代润滑油异构降凝催化剂 RIW-3，中试评价结果表明，以茂名石化加氢裂化尾油为原料，基础油产品倾点为 −18℃时，与 RIW-2 相比，6cSt 基础油产品黏度指数损失减少 4 个单位，收率提高 5 个百分点。

五、中国石油天然气股份有限公司（中国石油）PIC技术

针对不同原料组成特点和蜡含量差异，本书著者团队开发出高含蜡石油基蜡

油、加氢裂化尾油、F-T合成油加氢异构生产API Ⅱ/Ⅲ/Ⅲ+类润滑油基础油技术。

1．高含蜡石油基蜡油加氢异构生产API Ⅱ/Ⅲ类润滑油基础油技术

中国石油2001年与中国科学院大连化学物理研究所（DICP）合作，开展了润滑油异构脱蜡，补充精制催化剂实验室研究，催化剂放大，催化剂抗高硫、高氮原料冲击试验等研发工作，开发了AEL、TON和MTT等多种分子筛和系列异构脱蜡催化剂[44-49]，并配套前、后精制催化剂，形成了对重质高含蜡原料适应性强、重质基础油收率高、操作条件温和等特点的PIC润滑油基础油异构脱蜡成套技术。

（1）第一代催化剂PIC-802　针对高含蜡石蜡基原料，中国石油和DICP合作开发了润滑油基础油异构化和非对称裂化（IAC）脱蜡催化剂PIC-802，以该催化剂为核心，配套预精制催化剂和补充精制催化剂后，形成了加氢预精制-异构化和非对称裂化-补充精制润滑油基础油三段加氢脱蜡技术。IAC脱蜡技术是以加氢异构化为核心反应、以非对称裂化为辅助反应的润滑油基础油脱蜡新技术。催化剂选用具有特殊孔道结构的十元环一维孔道酸性复合分子筛作载体，经过改性微调孔道结构和酸性，再负载贵金属制备而成。所制备的催化剂在具有很强异构化反应活性和选择性的同时，对所发生的少量加氢裂化反应也具有特殊的选择性，即裂化反应优先选择在邻近正构烷烃两端的某个C—C键上发生，生成一大一小两个分子，其中，小分子属于气体和石脑油馏分，大分子则属于中质或重质润滑油基础油馏分，产品收率呈双峰分布，即轻组分收率比中间馏分油收率高，低倾点、低浊点重质基础油收率更高；而传统的异构脱蜡技术在异构化反应发生的同时，所发生的裂化反应没有所谓的非对称性，即裂解产品中的中间馏分油和轻质基础油收率偏高，重质基础油产品收率偏低，产品从轻到重呈依次减少的阶梯状分布[50]。2008年，PIC-802催化剂及成套技术在中国石油某20万吨/年润滑油异构脱蜡装置替代了进口催化剂，可高收率生产API Ⅱ、Ⅲ类润滑油基础油。以减二线脱蜡油为原料时，中质基础油收率较换剂前提高了10个百分点以上；以减四线精制油为原料时，重质基础油收率较换剂前提高了20个百分点以上。

（2）第二代催化剂PIC-812　中国石油和DICP从新型催化材料设计开发、催化剂级配技术和成套工艺技术等几个方面开展研究，在催化剂活性、选择性、产品质量、产品分布等方面再次实现突破，开发出新一代异构脱蜡催化剂PIC-812，于2012年在中国石油某20万吨/年异构脱蜡装置工业应用，装置处理量得到大幅度提高，产品分布得到改善。其中加工减四线精制油时，在产品性质相当的情况下，气体和石脑油收率降低3个百分点以上，重质基础油收率提高5个百分点以上，异构脱蜡催化剂对反应温度的敏感度和降倾点能力增强，在最大处理量和较低反应温度下，产品倾点仍有过剩[51,52]。

2012年，与异构脱蜡催化剂配套开发的PHF-301补充精制催化剂与PIC-812配套应用，催化剂性能稳定，操作条件和产品质量满足工业装置生产需求。以减

四线精制油为原料，10cSt 重质基础油赛波特颜色 +30 号，芳烃含量 0.63%（质量分数），旋转氧弹（150℃）415min。

（3）第三代催化剂 PHI-01　随着市场对润滑油基础油指标要求的不断提高，10cSt 重质基础油浊点问题逐渐凸显。本书著者团队针对蜡含量高达 50%（质量分数）以上的减压馏分油浊点偏高问题，从催化剂自身设计入手，通过优化分子筛合成技术提高载体质量，制备了改进型异构脱蜡催化剂 PHI-01。

① 催化剂设计思路　高含蜡原料油生产 10cSt 重质基础油时，有时会出现浊点不合格问题。浊点，即在油品冷凝过程中，开始出现絮状物、油品开始浑浊并被观察到的温度。根据文献报道[53]，油品中含有 1% ～ 2% 的蜡晶体就会产生絮状物，说明 10cSt 产品中浊点产生的根源就是未转化或未异构的残存蜡。

异构化反应遵循“锁 - 钥（key-lock）”机理[54,55]。也就是异构化反应主要发生的场所是一维分子筛的孔口附近。从分子筛结构上看，异构过程主要发生在分子筛的（100）晶面，因此如何进一步提高产品的异构化深度，降低倾点和浊点，就需要在催化剂单位质量或单位体积内提高正构烷烃的异构化场所数量，提高异构化的转化概率。

基于以上考虑，本书著者团队采用以下技术手段，攻克了高含蜡原料油加氢异构深度转化难题。

a. 采用高分散纳米微晶生长技术和晶面择形控制技术，优化调整一维中孔沸石的轴向与径向延伸比例，增加异构性（100）限域晶面在单位空间内的裸露程度，开发出轴径比＜5 的短轴异构脱蜡分子筛，提高异构深度。正构烷烃在短轴一维纳米分子筛上异构化反应示意图如图 2-13 所示，开发出的短轴异构脱蜡分子筛形貌如图 2-14 所示。

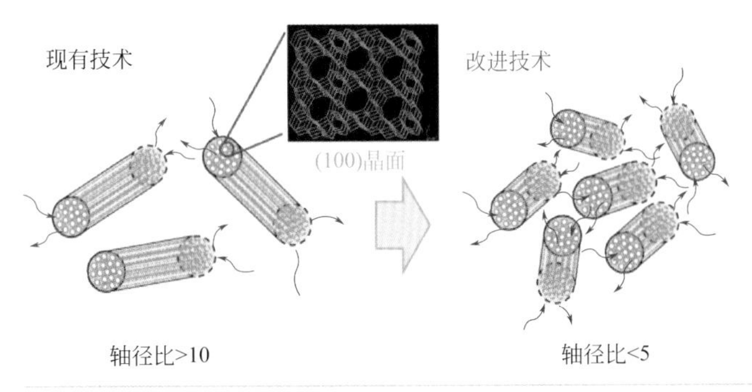

图2-13
正构烷烃在短轴一维纳米分子筛上异构化反应示意图

b. 采用金属“固热离子”交换技术，对固体酸外表面非限域活性位点进行选择性覆盖，实现过程态物种反应活化能降低，限制裂化副反应的发生，同时充分利用分子筛孔道限域作用与异构活性位点协同，增强对分子筛孔口位点的极化作用，攻克高含蜡原料油的深度转化难题。分子筛表面酸性覆盖前、后正构烷烃异构化反应示意图如图 2-15 所示。分子筛调控前、后酸性如图 2-16 所示。

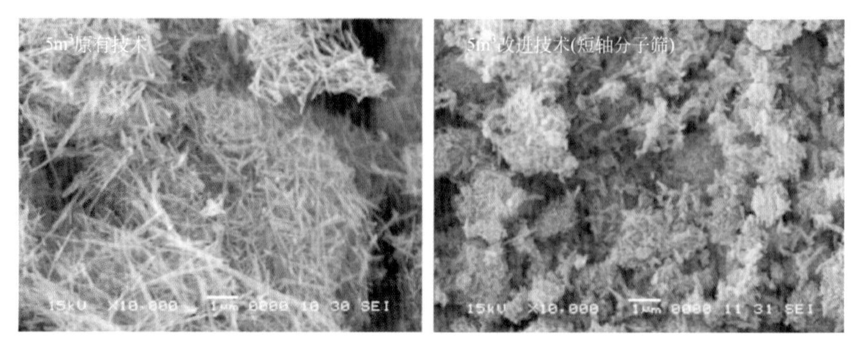

图2-14　原有技术与改进技术分子筛形貌对比扫描电镜图

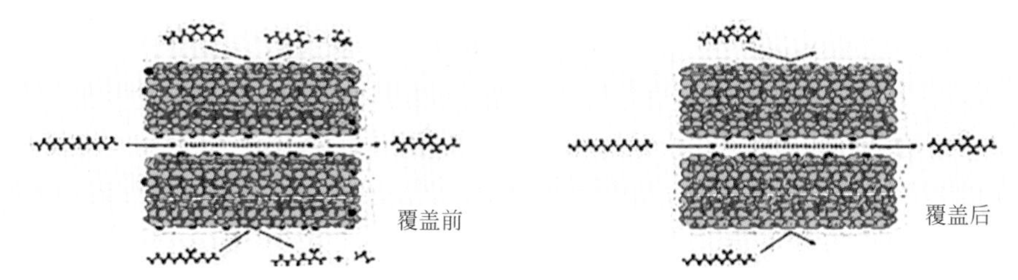

图2-15　分子筛表面酸性覆盖前、后正构烷烃异构化反应示意图

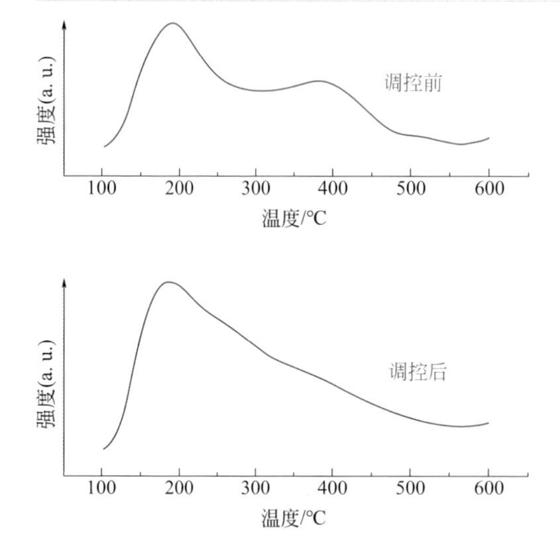

图2-16　分子筛调控前、后酸性对比图

② 催化剂制备　基于上述催化剂设计思路，利用廉价有机模板剂，通过控制沸石分子筛的生长过程，使其快速成核，并在较短时间内完成晶化，可以得到小晶粒沸石晶体，同时提高分子筛的外比表面积，更适用于工业实际生产的需要。

分别采用模板剂A和模板剂B制备了分子筛A和分子筛B，从扫描电子显微镜（Scanning Electron Microscope，SEM）照片（图 2-17）、NH_3 程序升温脱附曲线（Temperature Programmed Desorption，TPD）（图 2-18）及孔结构（表 2-8）看出，模板剂 B 制备的分子筛 B 具有轴径比较小（为 5 ～ 10nm）、晶化速率较快、外比表面积更高的特点。

图2-17　模板剂A和模板剂B合成的分子筛SEM照片：（a）分子筛A；（b）分子筛B

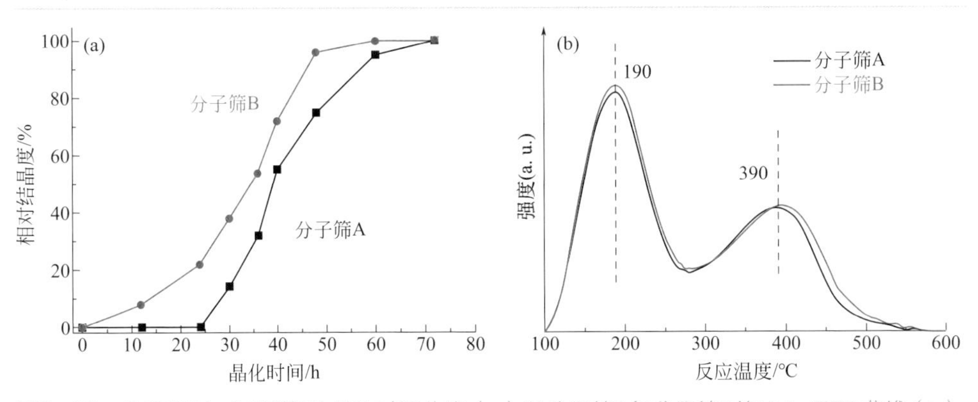

图2-18　分子筛A与分子筛B的晶化过程曲线（a）及分子筛A与分子筛B的NH_3-TPD曲线（b）

表2-8　分子筛 A 与分子筛 B 的组成与孔性质

样品	$n(SiO_2)/n(Al_2O_3)$	Na_2O（质量分数）/%	$S_{BET}/(m^2/g)$	$S_{micro}/(m^2/g)$	$S_{meso}/(m^2/g)$	$V_{micro}/(cm^3/g)$
分子筛A	90	0.32	165	126	39	0.06
分子筛B	88	0.34	243	149	94	0.07

实验室采用等吸附量浸渍的方法，分别以分子筛 A、分子筛 B 为载体制备了 Pt-A 与 Pt-B 催化剂。采用蜡含量约 50%（质量分数）的高含蜡原料油对 Pt-A 和 Pt-B 进行性能测试。在控制产品液体收率基本相同［86%（质量分数）与 87%（质量分数）］的情况下，短轴形貌的 Pt-A 催化剂较 Pt-B 常规催化剂反应温度降低了 10℃，液体收率提高了约 2 个百分点；在 10cSt Ⅲ类基础油方面，收率提高了近 9 个百分点，且润滑油基础油产品倾点由 −15℃下降至 −21℃，润滑油基础油的低温流动性得到大幅度改善。

通过更换有机模板剂，加速了晶体的生长速率，获得了晶面高度裸露的短轴纳米化沸石分子筛。在控制产品硅铝比、酸性等基本一致的条件下，以短轴纳米分子筛 A 制备的催化剂在实际原料评价中取得了较好的反应活性和异构选择性，润滑油基础油的收率、低温流动性得到进一步改善。

使用研发的分子筛材料，采用金属“固热离子”交换技术制备的加氢异构脱蜡催化剂 PHI-01，在实验室进行了 8000h 的活性稳定性评价试验，在频繁切换 26 次减二线和减四线原料的情况下，10cSt Ⅲ类基础油性质稳定，浊点始终≤−5℃，表明实验室制备的催化剂 PHI-01 具有良好的活性稳定性。

③ PHI-01 催化剂应用效果　2017 年，高含蜡石油基蜡油加氢异构深度转化催化剂 PHI-01 在中国石油某 20 万吨 / 年润滑油异构脱蜡装置成功应用。

a. 装置简介　PHI-01 催化剂应用装置的流程如图 2-19 所示。高含蜡原料油经过预精制反应器进行加氢精制反应，脱除原料中的硫、氮等杂质；预精制反应器的产物经过分离器分离之后，气体产物作为循环氢返回预精制反应器，液体产物进入异构脱蜡反应器进行长链烷烃的异构化反应，改善油品的低温性能；之后再进入补充精制反应器进行微量芳烃深度饱和反应，提高油品的氧化安定性；得

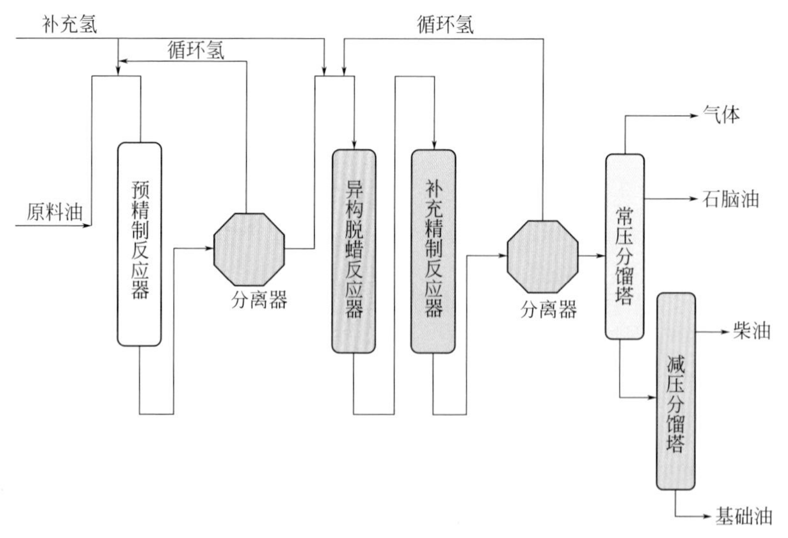

图2-19　国内某20万吨/年润滑油异构脱蜡装置流程示意图

到的产物进入分离器进行气液分离，气体产物作为循环氢进入异构脱蜡反应器，液体产物经过常、减压分馏塔得到优质的高黏度指数、低浊点的 API Ⅱ/Ⅲ类润滑油基础油，副产研磨油、柴油等产品。

b. 加工原料 该装置加工的典型原料性质如表 2-9 所示。

表2-9 典型原料性质

项目		原料A	原料B
密度（20℃）/（kg/m³）		865.7	875.1
馏程/℃	HK	349	4.3
	5%	394	478
	10%	403	505
	30%	424	515
	50%	434	524
	70%	447	533
	90%	468	545
	95%	475	555
	KK	490	568
40℃运动黏度/（mm²/s）		44.68	—
100℃运动黏度/（mm²/s）		6.796	12.02
黏度指数		106	—
残炭（质量分数）/%		0.01	0.07
倾点/℃		0	＞50
颜色/号		＜2.0	＜5.0
水分（体积分数）/%		痕迹	痕迹
酸值/（mgKOH/g）		0.02	0.03
硫含量/（μg/g）		548.4	676.6
氮含量/（μg/g）		193.1	439.7
蜡含量（质量分数）/%		25.6	52.30

c. 润滑油基础油性质 该装置生产的 6cSt Ⅱ类和 10cSt Ⅲ类润滑油基础油性质如表 2-10 所示，分别满足中国石油天然气股份有限公司《通用润滑油基础油标准》（Q/SY 44—2009）中 HVIP 6 和 VHVI 10 基础油质量要求。

表2-10 6cSt Ⅱ类和10cSt Ⅲ类润滑油基础油性质

项目	6cSt Ⅱ类	10cSt Ⅲ类
密度（20℃）/（kg/m³）	857.4	846.3
40℃运动黏度/（mm²/s）	38.98	60.06
100℃运动黏度/（mm²/s）	6.326	9.274
黏度指数	111	134
倾点/℃	−28	−20
浊点/℃	−27	−6

续表

项目	6cSt Ⅱ类	10cSt Ⅲ类
10cSt Ⅲ类润滑油基础油收率（质量分数）/%	—	66
6cSt Ⅱ类润滑油基础油收率（质量分数）/%	75	—
总润滑油基础油收率（质量分数）/%	90	83

d. 装置运行情况　除了加工上述典型原料油之外，该装置灵活切换加工了多达 8 种原料，都能生产出满足质量要求的润滑油基础油。

在加工原料 A 时，10cSt Ⅲ类润滑油基础油倾点≤−18℃，浊点≤−5℃，如图 2-20 所示；加工原料 B 时，6cSt Ⅱ类润滑油基础油倾点≤−18℃，浊点≤−18℃，如图 2-21 所示。

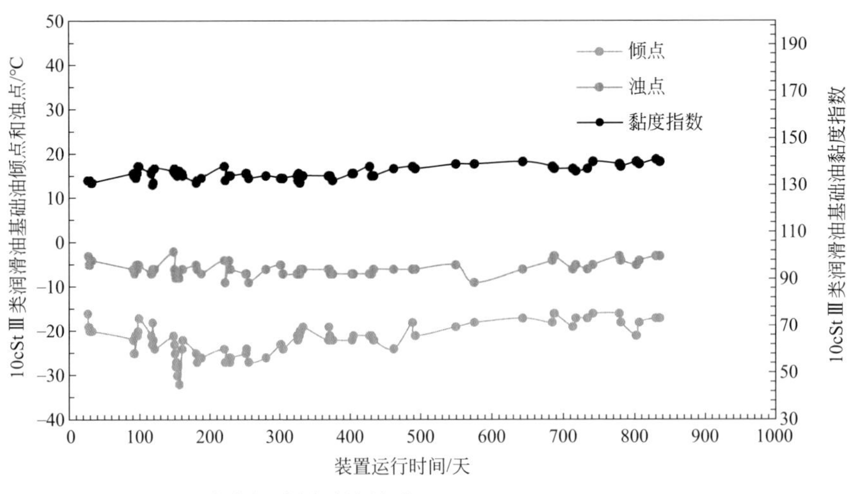

图2-20　10cSt Ⅲ类润滑油基础油性质

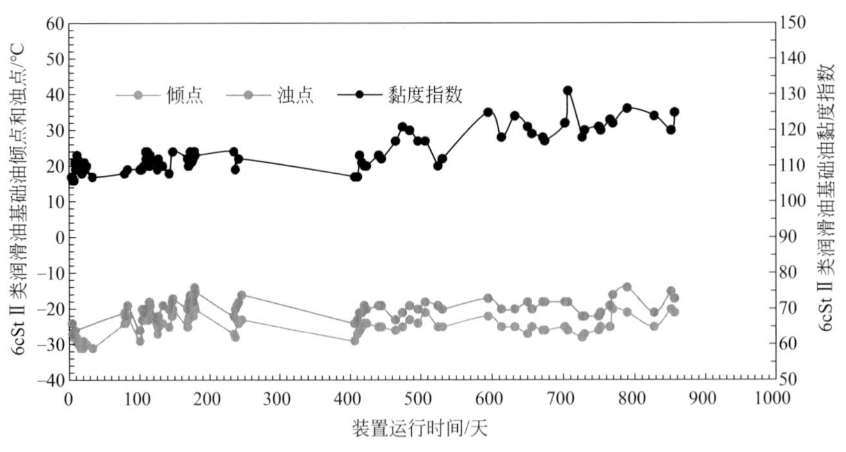

图2-21　6cSt Ⅱ类润滑油基础油性质

在装置运行的中后期，通过前期运行情况跟踪和催化剂性质分析对加工原料进行筛选，该装置可以生产出目前市场急需的 4 ～ 6cSt API Ⅲ类润滑油基础油，结果如表 2-11 所示。

表2-11　4 ～ 6cSt API Ⅲ类润滑油基础油性质

原料	原料C	原料D
处理量/（t/h）	22.5	18
预处理反应温度/℃	380	379
异构反应温度/℃	346	383
重质基础油性质		
100℃运动黏度/（mm^2/s）	5.890	4.234
黏度指数	120	124
倾点/℃	−24	−20
浊点/℃	−19	−10

本书著者团队针对高含蜡石油基蜡油开发的加氢异构催化剂 PHI-01，攻克了高含蜡原料油深度异构转化降浊点难题，在加工高含蜡、重质原料油和最大量生产重质基础油方面具有优良性能。

2．加氢裂化尾油加氢异构高收率生产 API Ⅱ/Ⅲ类润滑油基础油技术

加氢裂化尾油是生产目前市场急需的低黏度 API Ⅲ类润滑油基础油的理想原料，本书著者团队在前期针对高含蜡原料油开发的加氢异构催化剂基础上，根据加氢裂化尾油特点，开发出加氢裂化尾油高收率生产 API Ⅱ/Ⅲ类润滑油基础油加氢异构脱蜡催化剂[56]，其中Ⅲ类基础油收率达到 88%（质量分数）。

（1）催化剂设计思路　加氢裂化尾油与高含蜡油相比，具有凝点低、蜡含量低的特点，性质如表 2-12 所示。加氢裂化尾油加氢异构过程在满足深度降凝的同时，需要保证基础油的收率和黏度指数，因此需要调整催化剂酸量，控制裂化性能，提高异构选择性。

表2-12　高含蜡油和加氢裂化尾油性质对比

原料	高含蜡油	加氢裂化尾油
凝点/℃	60	32.9
蜡含量（质量分数）/%	50.01	17.09
族组成（质谱）（质量分数）/%		
链烷烃	24.5	50.2
环烷烃	69.7	48.3
芳烃	5.8	1.5

基于以上理念，本书著者团队采用以下技术手段，攻克了加氢裂化尾油加氢异构高收率生产 API Ⅱ/Ⅲ类基础油技术难题。

① 采用不同体系催化剂组合和级配技术，使各组分协同作用，提高加氢异

构催化剂对原料的适应性、异构活性和选择性。

② 采用次级结构诱导技术，提高分子筛合成稳定性和产品质量。

（2）加氢异构催化剂制备　基于上述催化剂设计理念，本书著者团队在高压釜中合成出 ZA、ZB 和 ZC 三种分子筛，图 2-22 为所合成三种分子筛的 SEM 图。从图中可以看出，ZA 晶粒主要为立方块状颗粒，平均粒径 1μm，尺寸较为均一，无杂晶存在；ZB 晶粒主要为粗条状颗粒，条平均长度 500nm，截面直径约 100nm，尺寸较为均一，无杂晶存在；ZC 晶粒主要为针状体，平均长度 1μm，截面直径约 50nm，尺寸较为均一，无杂晶存在。上述结果显示，合成的三种分子筛具有良好的结晶度，分子筛形貌和尺寸均一。

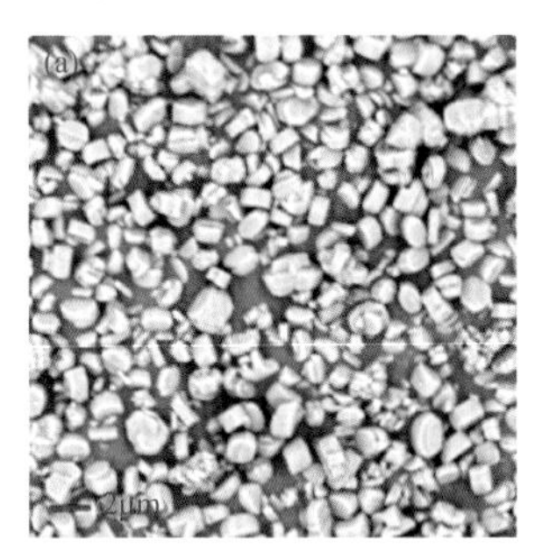

图2-22　ZA、ZB、ZC分子筛SEM图

图 2-23 为三种分子筛的 NH_3-TPD 表征结果。从图中可以看出，三种分子筛均有两个脱附峰。其中，ZA 分子筛的两个 NH_3 脱附峰出现在 180℃和 280℃，分别代表弱酸性位和中等强度酸性位；ZB 分子筛的两个 NH_3 脱附峰出现在 170℃和 380℃，分别代表弱酸性位和强酸性位；ZC 分子筛的两个 NH_3 脱附峰出现在 170℃和 370℃，分别代表弱酸性位和强酸性位。在三种分子筛中，ZA 分子筛总酸量最高，弱酸性位数量远多于后两者；对于具有强酸性位的分子筛 ZB 和 ZC，ZB 的弱酸性位和强酸性位酸量更高。

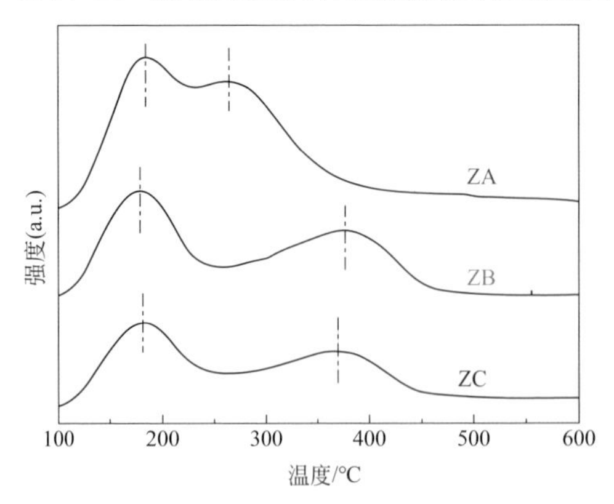

图2-23　分子筛的NH_3-TPD图

本书著者团队对ZA、ZB和ZC三种分子筛进行了优化合成。分别调控了ZA分子筛的硅铝比、ZB分子筛的晶化时间和ZC分子筛的模板剂用量。在优化合成分子筛的基础上，完成了分子筛和催化剂的放大。本书著者团队对三种催化剂进行了级配组合研究，并以某加氢裂化尾油为原料，在200mL固定床加氢评价装置上（如图2-24所示）开展了加氢异构评价工作，在压力15MPa、体积空速1.5h^{-1}、氢油体积比500∶1的反应条件下，Ⅲ类基础油收率达到88%（质量分数），4～6cSt基础油倾点≤-18℃，黏度指数≥122。采用优化组合催化剂开展了催化剂2000h稳定性评价试验，评价结果见图2-25。随着反应时间延长，催化剂的反应温度在340～360℃之间调整，液体收率维持在95%（质量分数）左右，全馏分产品凝点维持在-32～-38℃之间，说明优化组合催化剂具有较低的裂化性能和较高的异构化活性、稳定性。

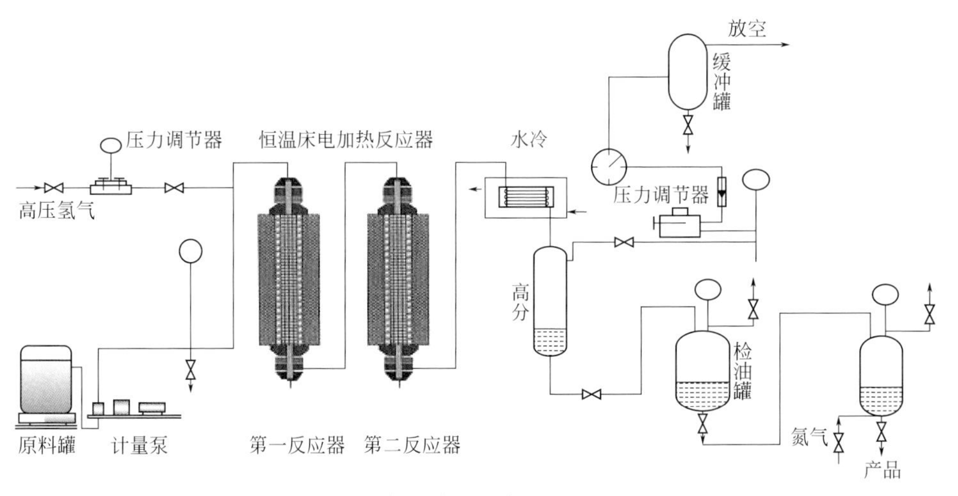

图2-24 200mL一段串联加氢评价装置流程示意图

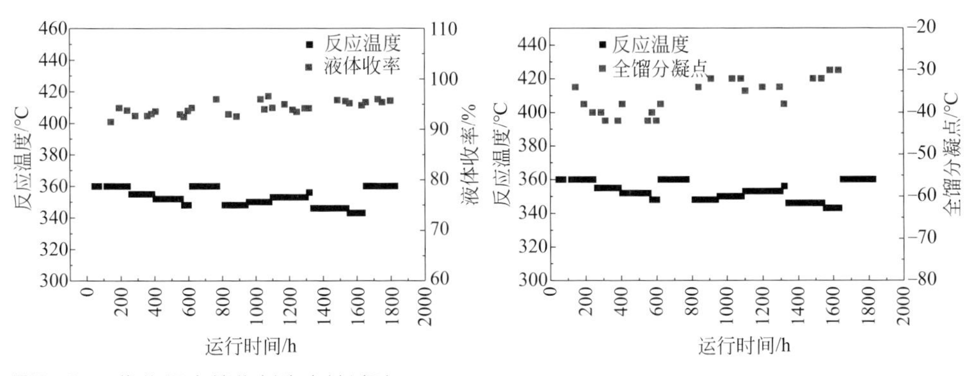

图2-25 优化组合催化剂稳定性试验

3. F-T 合成油加氢异构生产 API Ⅲ/Ⅲ+ 类润滑油基础油技术

F-T 合成油无硫、无氮、无芳烃，直链烷烃含量占 90% 以上，是生产 API Ⅲ+ 类高档润滑油基础油的优质原料，本书著者团队在前期开发的高含蜡石油基原料油和加氢裂化尾油加氢异构催化剂基础上，针对 F-T 合成油蜡含量高、碳数分布宽的特点，开发出 F-T 合成油加氢异构深度转化生产 API Ⅲ+ 类润滑油基础油成套技术，其中Ⅲ+ 类基础油收率＞50%（质量分数）。

（1）催化剂设计思路　采用以下技术手段，攻克了 F-T 合成油深度异构化生产 API Ⅲ+ 类基础油技术难题。

① 采用复合模板剂体系以及高分散纳米晶生长技术，开发出高异构选择性 ZTM 共结晶分子筛材料，提高加氢异构催化剂的选择性。

② 采用贵金属“孔口富集”法，改善了贵金属在催化剂孔口分布，并抑制其高温团聚迁移，提高了加氢异构催化剂的活性。

（2）加氢异构催化剂制备　基于上述催化剂设计理念，在立方米级晶化釜中合成出 ZTM 共结晶分子筛，图 2-26 为合成分子筛的 SEM 图。从图中可以看出，ZTM 分子筛晶粒主要为棒状体，平均长度 500nm，截面直径约 50nm，尺寸较为均一，无杂晶存在。

将合成的 ZTM 共结晶分子筛原粉分别按一定比例与拟薄水铝石及硝酸混合均匀、搅拌、挤条成型、烘干、焙烧制得催化剂载体，然后用一定浓度的 Pt 盐溶液浸渍负载上金属铂，制得 F-T 合成油加氢异构催化剂。

图2-26
ZTM共结晶分子筛的SEM图

（3）工业示范效果　2021 年 4 月，F-T 合成油加氢异构专用催化剂在国内某千吨级工业示范装置应用，其装置流程如图 2-27 所示。F-T 合成油与氢气混合进入加氢异构反应器进行长链烷烃的异构化反应，改善油品的低温流动性能，再进入补充精制反应器进行微量烯烃饱和反应，提高油品的光安定性和热安定性，得到的产物进入分离器进行气-液分离，气体产物作为循环氢进入加氢异构反应器，液体产物经过常减压分馏塔得到优质的超高黏度指数、低倾点的API Ⅲ+类润滑油基础油，副产石脑油和柴油等产品。

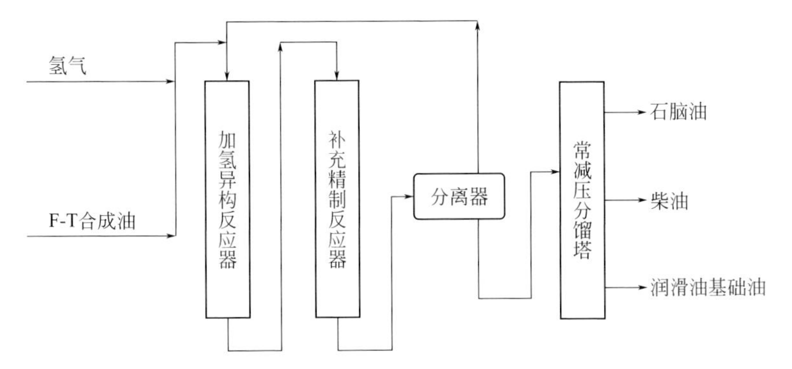

图2-27 千吨级F-T合成油加氢异构工业示范装置工艺流程示意图

几种F-T合成油物化性质如表2-13所示。

表2-13 几种F-T合成油物化性质

项目	原料A	原料B
密度（20℃）/（g/cm³）	0.8929	0.8078
凝点/℃	60	20
硫含量/（μg/g）	＜0.5	＜1.0
40℃运动黏度/（mm²/s）	—	15.76
100℃运动黏度/（mm²/s）		3.979
黏度指数		158
馏程（模拟蒸馏）/℃		
IBP	349	264
10%	380	332
30%	413	379
50%	442	414
70%	470	468
FBP	548	700

在千吨级装置上（如图2-27所示）开展了F-T合成油加氢异构工业示范试验，在进料量120kg/h、平均反应温度310℃条件下，4cSt Ⅲ+类基础油凝点-62℃、100℃运动黏度4.087mm²/s、黏度指数149，6cSt Ⅲ+类基础油凝点＜-40℃、100℃运动黏度6.2mm²/s、黏度指数143，总基础油收率＞75%。

4．知识产权保护

针对高含蜡石油基蜡油、加氢裂化尾油和F-T合成油的各自特点，本书著者团队承担了“十三五”期间国家重点研发计划《高性能润滑油生产关键技术攻关及应用》其中的课题二《石油基蜡油、F-T 合成油加氢异构深度转化成套技术开发及应用》，为了知识产权保护及后续成果转化工作，打造自己的核心专利技术，在梳理已有专利技术基础上，根据项目研发的自主技术内容，从整个产业链进行专利布局，及时申请专利，规避知识产权方面可能存在的风险。在项目实施期间共申请专利 10 余件，如表 2-14 所示。

表2-14 申请专利信息统计表

序号	专利名称	申请号/批准号	申请/批准国别	专利权人
1	一种具有短轴形貌的MTT沸石分子筛的合成方法	201810735761.X	中国	中国石油天然气股份有限公司
2	一种加氢异构催化剂及其载体	202011257233.1	中国	中国石油天然气股份有限公司
3	一种低浊点润滑油基础油的生产方法	202011258810.9	中国	中国石油天然气股份有限公司
4	一种生产润滑油基础油的催化剂及其制备方法	202011258811.3	中国	中国石油天然气股份有限公司
5	一种基于AEL型结构分子筛的择形异构催化剂制备方法	201811415373.X	中国	中国科学院大连化学物理研究所
6	一种基于AFO型结构分子筛的择形异构催化剂制备方法	201811415790.4	中国	中国科学院大连化学物理研究所
7	一种基于ATO型结构分子筛的择形异构催化剂制备方法	201811415836.2	中国	中国科学院大连化学物理研究所
8	一种加工高含蜡原料制备润滑油基础油的方法	201911126156.3	中国	中国科学院大连化学物理研究所
9	高含蜡原料加氢制润滑油基础油的方法	201911127808.5	中国	中国科学院大连化学物理研究所
10	一种低硅铝比TON型分子筛的合成方法	201811434178.1	中国	中国科学院大连化学物理研究所
11	一种低硅铝比MTT型分子筛的合成方法	201811434179.6	中国	中国科学院大连化学物理研究所
12	一种基于AFI型结构分子筛的择形异构催化剂制备方法	201811415148.6	中国	中国科学院大连化学物理研究所

其中专利 1 ～ 4，针对高含蜡石油基蜡油加氢异构深度转化催化剂的开发进行布局，主要在分子筛合成、加氢异构催化剂及其载体的制备、低浊点润滑油基础油生产等方面进行保护；专利 5 ～ 9，针对 F-T 合成油高选择性加氢异构成套技术进行专利布局，主要在几种不同构型的择形异构催化材料、基础油生产方面进行保护；专利 10 ～ 12，针对加氢裂化尾油加氢异构高收率生产Ⅲ类基础油技术进行专利布局，主要在不同构型、低硅铝比的择形异构催化材料方面进行保护。

第四节
发展趋势

自从异构脱蜡技术问世以来，世界各国的研究者一直致力于提高异构脱蜡催化剂性能的研究，力求在催化剂的活性、选择性、稳定性、抗中毒能力、降倾点能力等方面获得进一步提升。

一、分子筛材料

润滑油加氢异构催化剂是一种双功能催化剂，其中活性金属一般使用 Pt 与 Pd 等贵金属，对正构烷烃或烯烃起到脱氢、加氢作用，其他金属研究较少；载体的主要研究方向是沸石分子筛。

分子筛在异构化反应过程提供酸性位及孔口限制与择形作用，一般采用的是具有一维管状结构的磷酸铝和硅铝分子筛，典型代表为 SAPO-11、SAPO-31、SAPO-41、ZSM-22、ZSM-23、ZSM-48、ZSM-12 及 IZM-2 等。正构烷烃加氢异构遵循“孔口异构”或“锁钥”机理，然而较小的孔径和一维孔道结构会造成催化反应的传质效率低、单位质量分子筛活性位点利用率低等问题。过长的孔道走向导致长链烷烃在分子筛孔道内停留并难以从分子筛内脱除，进而发生断裂，产生轻烃小分子，降低基础油收率。为避免过度裂化造成基础油收率的损失，应开发纳米级、低轴径比的分子筛材料。除此之外，研制能够提高操作稳定性和灵活性的分子筛、减少模板剂使用的绿色合成过程也是未来的研究方向。

二、催化剂制备

目前工业应用的加氢异构催化剂大多数为贵金属催化剂，该催化剂虽然具有加氢活性高的优点，但是其耐硫、氮等杂质能力差，价格高。由于过渡金属磷化物具有类似贵金属的性质，近年来有学者将过渡金属磷化物加氢催化剂应用到加氢异构脱蜡反应中[57]，结果表明过渡金属磷化物在加氢异构方面表现出了较优异的性能，并且过渡金属磷化物催化剂耐杂质能力优于贵金属催化剂，催化剂成本较低，因此未来有望用过渡金属磷化物加氢异构催化剂部分代替贵金属催化剂。另外可以通过贵金属高分散负载技术提高贵金属分散度，在达到相同效果的前提下降低贵金属用量，达到降低催化剂成本的目的。

三、工艺

通过将几种异构脱蜡催化剂进行分层装填级配，控制不同的床层温度使催化剂充分发挥性能，以获得最好的效果；传统加氢异构工艺采用两套循环氢系统，即加氢处理部分采用一套循环氢系统，异构脱蜡 - 补充精制部分采用一套循环氢系统，但是近年来通过工艺流程优化，整个流程只采用一套循环氢系统也可满足技术要求，该工艺节省了一套循环氢系统，不仅减少了装置占地面积，在设备投资和能耗方面也具有一定优势，但是对生产操作水平要求较苛刻。

参考文献

[1] 侯晓明．润滑油基础油生产装置技术手册 [M]．北京：中国石化出版社，2014: 17.

[2] 陆国旭．润滑油基础油的生产工艺及发展趋势 [J]．石化技术，2020(2): 12-14.

[3] 杜珊，王京．生产润滑油基础油的原油优化选择 [J]．润滑油，2014, 29(5): 38-44.

[4] 储宇，金月昶，王海彦．环烷基油加氢生产润滑油技术进展 [J]．当代化工，2010, 39(3): 261-264.

[5] 高雪松，曹春青，郑宝祥，等．加氢裂化尾油制备润滑油基础油研究 [J]．润滑油，2001, 16(2): 25-29.

[6] Henderson H E. Gas to liquids in synthetics mineral oils and bio-based lubricants chemistry and technology[M]. Boca Raton FL: Taylor & Francis, 2006: 112-120.

[7] Morgan P M, van der Merwe D G, Goosen R, et al. The production of high quality base oils from sasolhydrocrackates[J]. S Afr Mech Eng, 1999, 49: 11-13.

[8] Stipanovic A J. Fuels and lubricants handbook: technology, properties, performance, and testing [S]. West Conshohocken : ASTM,2003 :169-184.

[9] Dancuart L P, Haan, R de, Klerk A de. Processing of primary fischer-tropschproducts[J]. Studies in Surface Science and Catalysis, 2004, 152: 482-532.

[10] Travers C. Petroleum refining, conversion processes[J]. Editions Technip, 2001, 3: 229-256.

[11] Calemma V, Peratello S, Stroppa F, et al. Hydrocracking and hydroisomerization of long-chain *n*-paraffins. reactivity and reaction pathway for base oil formation[J]. Ind Eng Chem Res, 2004, 43: 934-940.

[12] Kobayashi M, Saitoh M, Togawa S, et al. Branching structure of diesel and lubricant base oils prepared by isomerization/hydrocracking of Fischer-Tropsch waxes and alpha-olefins[J]. Energy Fuels ,2009, 23: 513-518.

[13] 宋军．润滑油工业生产原理 [M]．北京：中国石化出版社，2019: 110-112.

[14] Ushio M, Kamiya K, Yoshida T, et al. Production of high Ⅵ base oil by VGO deep hydrocracking[J]. ACS Div Pet Chem Inc Preprints , 1992, 37(4): 583-589.

[15] 艾纯芝．正构烷烃催化异构反应中氢溢流机理的理论研究 [D]．大连：辽宁师范大学，2006.

[16] Martens J A, Vanbutsele G, JacobsP A, et al. Evidences for poremouth and key-lock catalysis in hydroisomerization of long *n*-alkanes over 10-ring tubular pore bifunctional zeolites[J]. Catalysis Today, 2001, 65: 111-116.

[17] 迟克彬，赵震，阎立军，等．Pt 基催化剂上正十四烷的加氢异构反应性能 [J]．石油化工，2015, 44(4): 429-435.

[18] 康明艳．润滑油生产与应用 [M]．北京：化学工业出版社，2016: 59.

[19] Buenemann T F, Boyde S, Randles S, et al. Fuels and lubricants handbook: technology, properties, performance, and testing [M]. West Conshohocken: ASTM, 2003: 249-266.

[20] Maitlis P M, Klerk A de. Greener Fischer-Tropsch processes for fuels and feedstocks[M]. Weinheim: Wiley-VCH, 2014: 100-105.

[21] Shih C C J, Bruyn L de, Ziazine V A. First ISODEWAXING unit in Russia to manufacture high quality base oils with Chevron technology[C]// the 3rd Russian Refining Technology Conference, Moscow. 2003.

[22] Stephen J M. Process for improving the lubricating properies of base oil using a Fischer-Tropch derived bottoms[P]: US 7053254. 2006-5-30.

[23] Wang C, Tian Z, Wang L, et al. One-step hydrotreatment of vegetable oil to produce high quality diesel-range alkanes[J]. Chem Sus Chem, 2012, 5(10): 1974-1983.

[24] 王子文，高杰，李洪辉，等．加氢法生产 HVI Ⅱ/Ⅲ类润滑油基础油的技术途径与实践 [J]．润滑油，2017, 32(3): 54-57.

[25] Farrell T R, Zakarian J A. Lube facility makes high-quality lube oil from low- quality feed[J]. Oil Gas Journal, 1986, doi: 10.2118114321-PA.

[26] Miller S J, Xiao J, Rosenbaum J M. Applications of ISODEWAXING, a new wax isomerization process for lubes and fuels[J]. Sci Tech Cat, 1994, 65: 379.

[27] Terblanche K. The Mossgas challenge[J]. Hydrocarbon Eng, 1997: 2-4.

[28] Vermeiren W, Gilson J P. Impact of zeolites on the petroleum and petrochemical industry[J]. Top Catal, 2009, 52 (9): 1131-1161.

[29] 李敏，迟克彬，高善彬，等．润滑油基础油生产工艺现状及发展趋势 [J]．炼油与化工．2009 (4): 5-8.

[30] Cody I A, Bell J D, West T H, et al. Method for isomerizing wax to lube base oils[P]: US 5059299. 1991-11-22.

[31] 黄小珠，王泽爱，宫卫国，等．费托合成基础油加工技术研究进展 [J]．化工进展，2006, 35 (1): 135-140.

[32] Wittenbrink R J, Riley D F. Process for softening Fischer- Tropsch wax with mild hydrotreating[P]: EP 1268712. 2009-06-10.

[33] Fiato R A, Sibal P W. Exxon Mobil's advanced gas-to-liquids technology - AGC21[C]// Society of Petroleum Engineers: SPE Middle East Oil and Cas Show and Conference,2005.

[34] 蒋兆中，赫尔顿 T E, 帕特里奇 R, D, 等．用于费 - 托蜡加氢异构化的双功能催化剂系统 [P]：CN 1703490A. 2005-11-30.

[35] 杰内蒂 W B, 毕晓普 A R, 佩奇 N M, 等．从费 - 托蜡制备燃料和润滑油的方法 [P]：CN 1703488A. 2005-10-26.

[36] 毕晓普 A R, 杰内蒂 W B, 佩奇 N M, 等．源自费 - 托蜡的重质润滑油 [P]：CN 1688674A. 2005-10-26.

[37] 田志坚．大连化学物理研究所科研成果介绍——润滑油基础油加氢异构脱蜡催化剂及成套技术 [J]．当代化工，2020(5): 888.

[38] 赵辉，刘晓．壳牌全氢型催化剂在润滑油加氢装置上的应用 [J]．新疆石油科技，2012, 22(4): 59-63.

[39] 伯特奥特 J M A，格曼恩 G R B，霍克 A，等．制备润滑基础油的方法 [P]：CN 1167811A. 1997-12-07.

[40] 杜普雷 E，凯斯勒 H F，派劳德 J L，等．润滑基油的制备方法 [P]：CN 1364188A. 2002-08-14.

[41] 亚当斯 N J，克拉姆温克尔 M，迪里克斯 J L M. 由费 - 托合成产品制备基础油的方法 [P]: CN 1761734A. 2006-04-19.

[42] 伯纳德 G，吉尔麦恩 G R B．制备基油的方法 [P]：CN 101006163A. 2007-07-25.

[43] 杨军，卢冠忠．加氢尾油异构脱蜡制取高粘度指数润滑油基础油的试验研究 [J]．石油炼制与化工，

2001, 32(10): 14-16.

[44] 田志坚．用于烷烃临氢异构化反应的催化剂及其制备方法 [P]：CN 200510064831.6. 2005-04-06.

[45] 田志坚．一种临氢异构化催化剂及其制备方法 [P]：CN 200510079739.7. 2005-06-27.

[46] 田志坚．一种 SAPO-11 分子筛的合成方法 [P]：CN 200510056346.4. 2005-03-18.

[47] 王炳春．一种 ZSM-23/ZSM-22 复合分子筛及制法 [P]：CN 200510066974.0. 2005-04-25.

[48] 刘彦峰．一种润滑油基础油深度加氢补充精制的方法 [P]：CN 201210583931.X. 2012-12-28.

[49] 杨晓东．贵金属加氢催化剂的制备方法、贵金属加氢催化剂及应用 [P]：CN 201410758726.1. 2014-12-10.

[50] 胡胜，田志坚，辛公华，等．润滑油基础油异构化和非对称裂化 (IAC) 脱蜡技术工业应用 [J]．石油炼制与化工，2011, 42(5): 57-60.

[51] 高善彬，刘彦峰，汪永强，等．复合分子筛合成方法及应用研究进展 [C]// 第八届全国工业催化技术及应用年会论文集，2011: 23-25.

[52] Chi K B, Zhao Z, Tian Z J, et al. Hydroisomerization performance of platinum supported on ZSM-22/ZSM-23 intergrowth zeolite catalyst[J]. Petroleum Science, 2013, 10(2): 242-250.

[53] Kané M, Djabourov M, Volle J L, et al. Morphology of paraffin crystals in waxy crude oils cooled in quiescent conditions and under flow[J]. Fuel, 2003, 82(2): 127-135.

[54] Souverijns W, Martens J A, Froment G F, et al. Hydrocracking of isoheptadecanes on Pt/H-ZSM-22: an example of pore mouth catalysis[J]. J Catal, 1998, 174: 177-184.

[55] Claude M C, Martens J A. Dimethyl branching of long *n* -alkanes in the range from decane to tetracosane on Pt/H-ZSM-22 bifunctional catalyst[J]. J Catal, 2000, 190: 39-48.

[56] Gao S, Zhao Z, Lu X, et al. Hydrocracking diversity in *n*-dodecane isomerization on Pt/ZSM-22 and Pt/ZSM-23 catalysts and their catalytic performance for hydrodewaxing of lube base oil[J]. Petroleum Science, 2020, 17: 1752-1763.

[57] Tian S, Chen J. Hydroisomerization of *n*-dodecane on a new kind of bifunctional catalyst: nickel phosphide supported on SAPO-11 molecular sieve[J]. Fuel Processing Technology, 2014, 122: 120-128.

第三章

聚 α- 烯烃合成润滑油基础油生产技术

聚 α- 烯烃（PAO）基础油是Ⅳ类润滑油基础油，与传统的矿物润滑油基础油（Ⅰ、Ⅱ、Ⅲ类基础油）相比，具有黏温性能优异、低温流动性好、抗高温氧化性优良、抗剪切稳定性好、蒸发损失小等优点，尤其适用于高负荷、高转速、高真空、高能辐射和强氧化介质等极端环境[1-5]。

黏度是 PAO 基础油最主要的物性参数之一，习惯上将 100℃运动黏度低于 $10mm^2/s$ 的产品称为低黏度 PAO 基础油，100℃运动黏度在 10 ～ $40mm^2/s$ 之间的产品称为中黏度 PAO 基础油，100℃运动黏度高于 $40mm^2/s$ 的产品称为高黏度 PAO 基础油。其中低黏度 PAO 基础油主要用于大跨度内燃机油、航空发动机专用油、节能型全寿命精密设备用油等；中高黏度 PAO 基础油因具有不可替代的突出优异性能，主要用于高档齿轮油、工业齿轮油及润滑脂等，支撑高端制造、润滑油质量升级。可见，PAO 不仅能够应用于汽车、工业等领域，更是航空、航天、军工等行业所用特需高档润滑油基础油的主要来源。

亚化咨询统计显示，2020 年全球 PAO 基础油产能约 67 万吨 / 年，其中低黏度 PAO 基础油产能约为 44 万吨 / 年，中高黏度基础油产能约为 23 万吨 / 年。近年来，随着发动机油规格、排放法规和燃油经济性要求的不断演变及提高，推动了全球对 PAO 基础油的需求，美国加利福尼亚州的市场调查公司 Grand View Research 研究报告预测：至 2025 年，PAO 基础油的需求量将以每年 3.5% 的速率递增，全球 PAO 基础油市场需求量将达到约 81 万吨 / 年。随着中国经济的快速增长，汽车、机械、航空、钢铁、船舶等各个行业领域均处于高速发展阶段，同时伴随油品质量的不断升级，中国润滑油消费结构逐步向高端化方向发展。因此，高性能 PAO 基础油需求不断递增，呈现出进口量和进口占比不断攀升的现象。

与发达国家相比，我国 PAO 基础油产业的问题突出表现在原料自给、产品提档和规模生产三个方面，急需突破专用原料（C_8 ～ C_{12} 长链 α- 烯烃）的高选择性和规模化，PAO 基础油工艺连续化、清洁化和产品定制化等瓶颈问题，我国将实现 PAO 基础油产品从无到有、从劣到优、从少到多的关键性转变。

本章以 PAO 基础油的原料生产和产品生产两大过程为抓手，从催化反应、关键设备、特色工艺和产品设计四个维度，梳理基础油结构与性能、定向齐聚催化反应机理和多相传递过程强化等应用基础研究进展，归纳高收率催化剂自主创新、高效热 / 质传递强化反应设备开发以及特色工艺技术创新集成等共性关键技术取得的突破，展示工业示范装置的运行实效和产品性能，汇总超前布局的创新性工作进展，并总结研究、开发和生产运行各层面存在的差距和不足。

第一节
长链α-烯烃生产技术

α-烯烃（α-olefin，alpha olefins）指双键在分子链端部的单烯烃，分子式 R—CH═CH_2，其中 R 为烷基。若 R 为直链烷基，则称为直链 α-烯烃或线型 α-烯烃（LAO）。根据碳链长度划分，本书将 C_6 以上 α-烯烃称为长链 α-烯烃。

作为合成 PAO 基础油的原料，原料的碳数对 PAO 基础油的性能有很大的影响，一般来说较低碳数的 LAO 能赋予 PAO 基础油更好的低温性能，较高碳数的 LAO 能赋予 PAO 基础油更好的高温性能和黏温性能，其中尤以 1-癸烯为最佳原料，能较好地平衡高低温性能和黏温性能，但 1-癸烯资源短缺、价格偏高，为了拓宽原料来源、降低原料成本，通常选用混合的 C_8 ～ C_{12} 长链 α-烯烃作为合成 PAO 基础油的原料。

据报道，2018 年全球 α-烯烃消费量 577 万吨，其中 61 万吨用于生产 PAO 基础油，占 α-烯烃总量的 10.57%；预计 2023 年消费量将达到 693 万吨，其中 72 万吨用于生产 PAO 基础油，占 α-烯烃消费总量的 10% ～ 11%，年均增速 3.3%。2018 年，我国 C_4 以上 α-烯烃产量约 6 万吨，表观消费量 21 万吨，其中约 3% 用于生产 PAO 基础油。

C_8 ～ C_{12} 长链 α-烯烃的生产技术通常以原料不同大致划分为两大类，一类采用非乙烯原料，如石蜡裂解法、费 - 托合成油分离法、生物化学品合成法等。其中：

石蜡裂解法，是 20 世纪 30 年代用于 PAO 基础油工业生产原料 α-烯烃的制备方法，但石蜡裂解烯烃成分复杂，α-烯烃纯度低，含有内烯烃、支链烯烃、双烯等，以此为原料合成的 PAO 产品品质较差，同时随着乙烯齐聚等技术的兴起，20 世纪 80 年代中期，国外石蜡裂解法的装置几乎全部停产，国内也逐步退出市场。

费 - 托合成油分离法，主要从 Fe 基工艺的费 - 托（F-T）产物中分离提纯 C_8 ～ C_{12} 连续碳分布的 α-烯烃。上海纳克润滑技术有限公司和山西潞安集团有限公司宣称建设了世界首个基于 F-T 法 α-烯烃合成 PAO 基础油工厂，为从费 - 托合成油中切割适当馏分段作为 PAO 基础油原料打开了缺口。该方法是解决 PAO 基础油原料来源的一条有效途径，在高油价形势下，相较石油路线，煤基 α-烯烃具有较低的生产成本，但该方法产品品质差，对原料依存度高，也需考虑油价降低和未来碳排放的法律法规（如碳税政策）对生产成本的影响。

生物化学品合成法，通过高级脂肪酸、酯或醇经脱羧、脱酯或脱水生产线型

α-烯烃[6,7]。例如不饱和油酸先在过硫酸钠催化下脱羧形成内烯烃，再通过Hoveyda-Grubbs二代催化剂（HG2）催化，内烯烃进行交叉歧化反应，得到1-壬烯和1-癸烯（选择性96%）。利用生物化学品生产α-烯烃已经成为生物质转化过程中的一个活跃方向，不失为解决PAO基础油原料来源的又一条途径。

另一类，是以乙烯为原料的乙烯齐聚法，是指乙烯聚合成$C_4 \sim C_{30^+}$的偶数碳分布α-烯烃的方法。按照反应机理、工艺特点以及产物组成分布的不同，又可进一步划分为传统的宽分布乙烯齐聚法和高选择性乙烯齐聚法。目前，乙烯齐聚法是生产长链α-烯烃的主要方法，占长链α-烯烃全球生产总量的80%以上。

本节主要介绍乙烯齐聚法生产长链α-烯烃技术。

一、国外传统乙烯齐聚技术

传统的乙烯齐聚技术所得到的产品是烯烃碳数符合一定数学统计函数分布的宽分布系列产物，如Poisson分布、Schculz-Florry分布等。

目前，典型技术有CPChem（Chevron-Phillips，康菲）公司一步法、INEOS（英力士）公司两步法、Shell（壳牌）公司SHOP工艺、Sabic-Linde（萨比克-林德）公司Sablin技术等。由于可使乙烯发生齐聚反应的催化体系较多，因此各大生产商根据其专有催化剂所开发的工艺不同，相应所得产品组成也不同。

1．烷基铝催化剂及乙烯齐聚工艺

Ziegler在1952年报道了乙烯齐聚反应，以可溶性的烷基铝作为催化剂，生成Poisson分布的线型α-烯烃产物，命名为Aufbau反应。现在的CPChem一步法工艺和INEOS两步法工艺就是基于Aufbau反应原理开发出来的。

（1）CPChem一步法　CPChem一步法来源于最早的Gulf法。该方法以三乙基铝（TEA）为催化剂，链增长和链置换反应在同一个反应器内一步完成，故又称Ziegler一步法。

在190～210℃、17.3～34.5MPa、三乙基铝与乙烯的摩尔比为（10^{-4}～10^{-2}）：1的条件下，在细长的反应管内发生乙烯齐聚反应，停留时间约为5min，乙烯单程转化率控制在60%～75%，以减少支链烯烃等杂质的生成。由于链增长反应和链置换反应在同一反应器内发生，因此无法避免地生成的长链烯烃会与金属氢化物反应生成更长碳链的烯烃，这一特点也在一定程度上要求停留时间不宜过长，且必须考虑返混的影响，故在一定程度上决定了反应器形式。

未反应的乙烯可循环使用，液体产物与NaOH溶液接触，其中三乙基铝水解为铝酸钠及烷烃。在分离系统的初馏塔中将产物分割为 $C_4 \sim C_8$ 和 C_{10^+} 两个馏分，塔顶的 $C_4 \sim C_8$ 馏分经后续的精馏分离得到 C_4、C_6、C_8 各组分，C_{10^+} 馏分则在各减压精馏塔中分别回收 $C_{10} \sim C_{18}$ 线型 *α*- 烯烃单体或混合馏分。一步法乙烯齐聚工艺流程如图 3-1 所示。

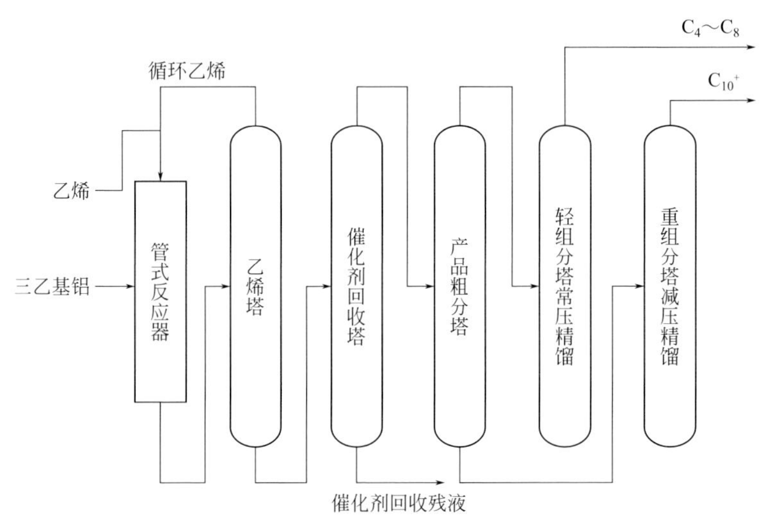

图3-1　CPChem一步法乙烯齐聚工艺流程简图

一步法产物的纯度随碳数的不同略有变化。$C_8 \sim C_{12}$ *α*- 烯烃选择性约 35%；产品直链率 91% ～ 97%。典型的产品分布如表 3-1 所示。

表3-1　CPChem一步法乙烯齐聚工艺产物组成

产物组成	含量（质量分数）/%	产物组成	含量（质量分数）/%
C_4	13.52	C_{14}	8.27
C_6	14.38	C_{16}	6.60
C_8	13.38	C_{18}	5.33
C_{10}	11.93	$C_{20} \sim C_{28}$	12.13
C_{12}	9.93	其他	4.53

一步法的特点是反应工艺流程简单、可实现反应热回收利用。但该工艺反应条件苛刻，需要在高温高压下进行；产物分布较宽，产品的线型度较低；副产的高分子量聚乙烯蜡容易沉积在反应器表面，从而影响传热。

采用一步法技术，CPChem 公司在美国得克萨斯州先建设有 70.3 万吨 / 年的装置，2018 年又建成了 14 万吨 / 年装置；随后 CPChem 公司和卡塔尔公司成立 Q-Chem 公司，建成 35 万吨 / 年装置。

（2）INEOS 两步法　1971 年 Ethyl 公司在一步法的基础上进行了改良，开发了两步法，即现在的 INEOS 两步法。其工艺的特点是将链增长反应与链置换反应分两步进行，催化剂仍然是三乙基铝，因此又称 Ziegler 两步法。

由于工艺的改进，反应条件相对缓和，因此两步法所用催化剂活性出现了一定程度的降低，为降低装置的催化剂成本，传统的两步法工艺通常备有间歇操作的三乙基铝合成装置，采用铝粉和氢气为原料，反应条件为：温度 120℃、压力 2.0MPa。制备的催化剂进入第一步链增长反应器，该反应器一般为釜式反应器，反应工艺条件：温度 93 ～ 121℃、压力 10 ～ 20MPa、乙烯与三乙基铝的摩尔比为（10∶1）～（20∶1），停留时间控制在 30min。由于链增长反应受乙烯浓度影响，因此该反应器的突出特点就是高压低温。该反应温度低于 150℃，链置换反应基本不会发生。由链增长反应器出来的物料主要是乙烯以及生成的长碳链三烷基铝，经闪蒸脱出大部分乙烯后，进入具有高温低压特点的第二步链置换管式反应器，同时按照需要加入置换剂：乙烯或丁烯。反应条件：温度 260 ～ 315℃、压力 0.7 ～ 2.0MPa、置换剂与烷基铝摩尔比为（10 ～ 20）∶1、停留时间约 5s。上述所得产品进入催化剂回收塔，分离出催化剂后，产品进入分离工段，最终分离得到不同碳数的烯烃产品。两步法工艺流程简图如图 3-2 所示。

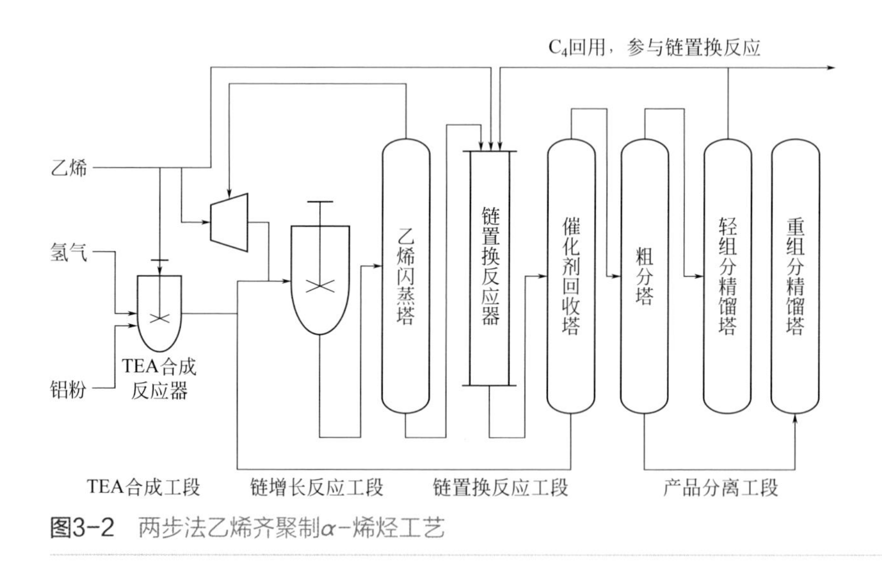

图3-2　两步法乙烯齐聚制α-烯烃工艺

置换剂的选择不同，装置可得到完全不同的产物组成分布。乙烯为置换剂时，产物中含一定量的 1- 丁烯，C_8 ～ C_{12}α- 烯烃选择性约 55%，高于一步法，但线型 α- 烯烃的含量随碳数增加而明显降低。产物组成如表 3-2 所示。

表3-2　两步法乙烯齐聚工艺产物组成

产物组成	含量（质量分数）/%	产物组成	含量（质量分数）/%
C_4	11.27	C_{14}	8.35
C_6	18.91	C_{16}	4.41
C_8	21.66	C_{18}	1.92
C_{10}	19.02	C_{20}～C_{28}	0.67
C_{12}	13.55	其他	0.24

两步法乙烯齐聚工艺分别在两个反应器中进行链增长反应与链置换反应，各步反应得以在最佳反应条件下进行，便于控制产物分布[8]。但与一步法相比，产品直链率低，且催化剂活性低、用量大，工艺流程较长，对设备材质要求高。

INEOS 公司在加拿大、比利时和美国的得克萨斯州均有乙烯齐聚装置，其规模达到 105 万吨 / 年。

2．镍配合物催化剂及乙烯齐聚工艺

镍盐催化乙烯齐聚由 Holzkamp 率先发现，但进一步开发和工业应用得益于 Ziegler 的学生 Keim。Keim 选用镍为金属中心、[P, O] 双齿膦作为螯合配体、$NaBH_4$ 作为助剂，开发了乙烯齐聚技术[9]。近年来，用于乙烯齐聚的镍系催化剂研究多集中在配体研究方面，如 [As, O]、[N, O]、[S, O]、[O, O]、[S, S]、[P, P]、[N, N] 等双齿配体[10,11]，以及对该催化体系的其他改进创新研究[12]。

1977 年，Shell 公司首次将镍基 [P，O] 双齿膦配体催化乙烯齐聚技术商业化，建成投产了 30 万吨 / 年的生产装置，该工艺被称作 SHOP 工艺，即“Shell Higher Olefin Process”，工艺流程如图 3-3 所示。

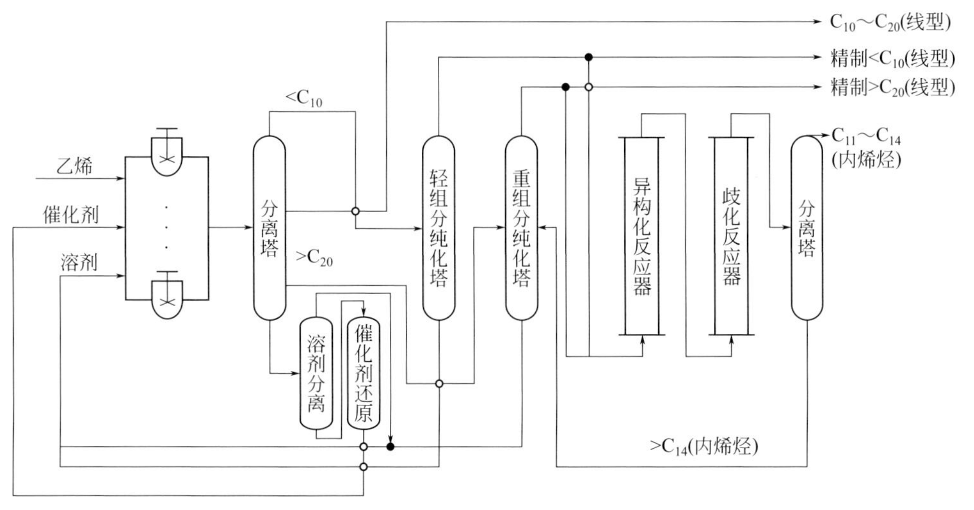

图3-3　SHOP法乙烯齐聚制α-烯烃工艺

SHOP 工艺包括乙烯齐聚、异构化反应和歧化反应三步：

（1）乙烯齐聚　以 $NiCl_2/(C_6H_5)_2P(CH_2)_2COOH/NaBH_4/Ph_3P$ 为催化剂、1,4- 丁二醇为溶剂，在 80 ～ 120℃、6.8 ～ 13.6MPa 条件下，在串联高压釜反应器中进行反应。生成的产物不溶于溶剂而形成新的烯烃相，经 1,4- 丁二醇洗涤，吸收其中少量的催化剂后进入分离系统进行分离。大部分液相循环回反应器继续使用，小部分进入溶剂再生系统，用 $NaBH_4$ 还原已被氧化的镍。

（2）异构化反应　异构化的目的是将齐聚过程中生成的小于 C_{10} 和大于 C_{20} 馏分转化为内烯烃，并作为歧化反应的原料。异构化反应是在非均相催化剂 MgO/Al_2O_3 存在下，80 ～ 140℃、0.35 ～ 1.7MPa 的液相条件下进行的。

（3）歧化反应　歧化反应以 Re_2O_7/Al_2O_3 为催化剂，将异构产品的一个高碳烯烃和一个低碳烯烃碳数重新分配，生成两个中等碳数的烯烃，以增加所需烯烃的收率。反应条件与异构化反应相似。

SHOP 法乙烯齐聚得到 C_4 ～ C_{40} 偶数碳的线型 α- 烯烃，其中 C_8 ～ $C_{12}\alpha$- 烯烃约占齐聚产物的 35%。但对于小于 C_{10} 和大于 C_{20} 的产物，则在异构化和歧化反应中转化为 C_{12} ～ C_{18} 的内烯烃。该工艺产物组成如表 3-3 所示。

表3-3　SHOP 法乙烯齐聚工艺产物组成

产物组成	含量（质量分数）/%	产物组成	含量（质量分数）/%
C_4	9.84	C_{14}	8.29
C_6	11.13	C_{16}	7.14
C_8	11.15	C_{18}	6.17
C_{10}	10.46	C_{20^+}	26.37
C_{12}	9.45		

SHOP 工艺的操作条件安全、温和，解决了配位催化剂与产品分离的难题，是一个绿色催化的化工工艺范例，是目前世界上公认的最为成功的乙烯齐聚工艺。但是其仍然存在反应步骤多、工艺流程复杂、中间循环量很大、能耗过高等缺点，只有在大规模生产时才能获得较好的经济效益。值得一提的是，由于壳牌 2013 年在卡塔尔部分新建的工厂已经放弃了烯烃的异构化和复分解单元，小于 C_{10} 和大于 C_{18} 的烯烃亦作为产品直接销售。

目前，Shell 公司拥有 SHOP 法齐聚装置的产能达到 197 万吨 / 年，成为全球规模最大的 α- 烯烃生产商。

3．锆金属催化剂及乙烯齐聚工艺

锆配合物作为乙烯齐聚催化剂，主要有两种类型，一类是由 Cp_2ZrCl_2 和烷基铝氧烷组成的 Kaminsky 型催化剂 [13,14]，该类茂金属催化剂具有高度亲氧性，制备非常困难，对反应条件的要求也特别苛刻，因此在乙烯齐聚方面的应用受到了很大的限制。另一类是氯化锆和烷氧基锆类催化剂，该类锆系催化剂用于乙烯齐聚具有反应条件温和、产物碳数可调性强、线型 α- 烯烃选择性较高及蜡状副产物较少的优势，已经实现工业化应用。这类催化剂中配体的电子效应是影响催化活性和选择性的重要因素，而第三组分对选择性也具有一定影响。所以目前的研究主要集中在配体、助催化剂、第三组分等对活性和选择性的影响[15]。

（1）Idemitsu 工艺　1989 年，日本出光兴产株式会社在千叶建成了一套 5 万吨 / 年的 α- 烯烃生产装置，采用无水氯化锆为主催化剂、倍半乙基铝和三乙基铝为助催化剂、噻吩为调节剂。以环己烷做溶剂，在反应温度 120℃、压力 6.4MPa 条件下进行乙烯齐聚反应。催化活性可达 1800g/（gcat・h），产物主要是 C_4 ～ C_{24} 的线型 α- 烯烃，C_{10} 以下 α- 烯烃的含量达 85.9%，产物中的支链和内烯烃少，蜡也少。典型的生产工艺流程如图 3-4 所示。

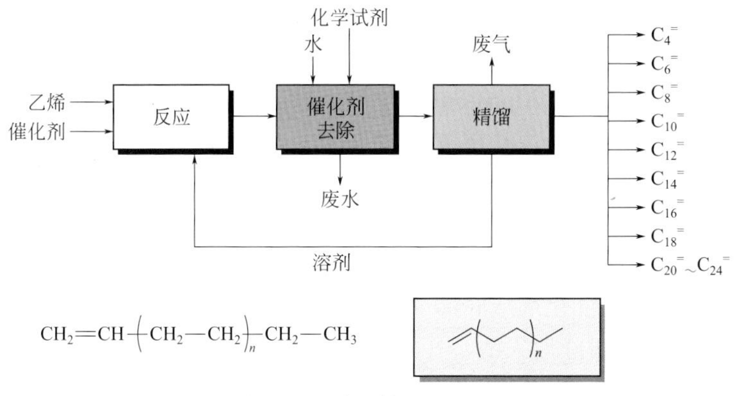

图3-4　Idemitsu乙烯齐聚工程流程简图

（2）AlphaSelect 工艺　法国 IFP 公司在 20 世纪 90 年代初开发了 AlphaSelect 乙烯齐聚工艺。催化体系为 $Zr(OBu)_4$-$AlEt_3$- 季铵盐，反应温度为 130 ～ 150℃，反应压力为 8.2 ～ 8.7MPa。α- 烯烃产物的碳数遵循 Schulz-Flory 分布，主要通过调节主催化剂和助催化剂的比例来调控产物碳数分布，产物 α- 烯烃的纯度随着产物碳数的增加而降低。C_4 ～ C_{10} 线型 α- 烯烃的选择性可达 93%，产物碳数分布见表 3-4。AlphaSelect 乙烯齐聚工艺流程如图 3-5 所示。

表3-4　AlphaSelect乙烯齐聚工艺产物碳数分布

产物组成	α-烯烃选择性/%	α-烯烃纯度/%
1-丁烯	35～40	99
1-己烯	29～30	98
1-辛烯	19～21	96
1-癸烯	11～14	92

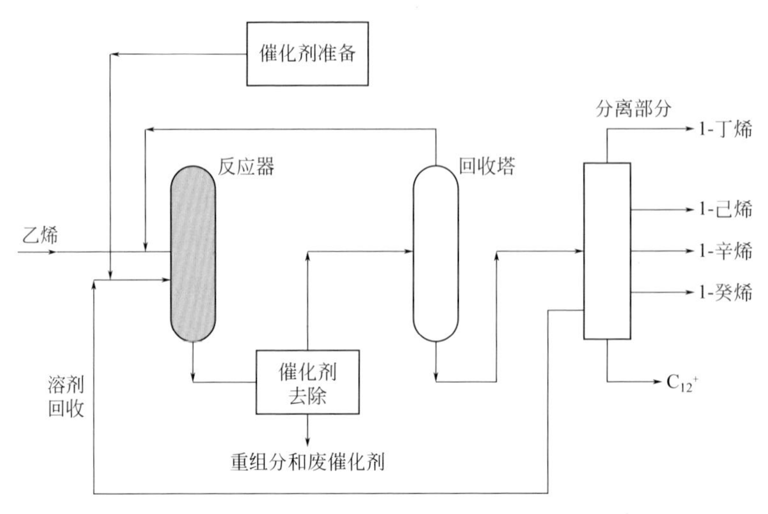

图3-5 AlphaSelect乙烯齐聚工程流程简图

（3）Alpha-Sablin™ 工艺 Alpha-Sablin™ 工艺是沙特阿拉伯基础工业公司（SABIC）和德国 Linde 公司联合开发的乙烯齐聚工艺。该工艺的主催化剂为四异丁氧基锆、助催化剂为倍半铝、改性剂为 1,4- 二氧六环。乙烯齐聚反应在一个鼓泡塔反应器中进行，反应温度 60 ～ 100℃、反应压力 2.0 ～ 3.0MPa，溶剂和催化剂送至反应器的液相内，乙烯则通过气体分布器从反应器底部进入，较重的液态线型 *α*- 烯烃和溶剂、催化剂从底部回收。分离段分离出的重 *α*- 烯烃组分中含有催化剂，送入催化剂脱除段失活，并与烃相分离。

该工艺反应条件温和，有利于抑制直链 *α*- 烯烃的异构化，因此正构 *α*- 烯烃纯度较高。产物碳数分布较窄且组成可调节，可以根据市场需求通过改变铝和锆的比例来控制其产品的碳数分布。其中 C_8 ～ C_{12} 线型 *α*- 烯烃占比约 27% ～ 43%。Alpha-Sablin 乙烯齐聚反应产物组成和工艺流程见表 3-5 和图 3-6。

表3-5 Alpha-Sablin 乙烯齐聚工艺催化剂比例对产物组成影响

产物组成	催化剂的Al/Zr摩尔比		
	低	中	高
C_4	6.1	24.0	40.2
C_6	6.2	27.1	28.1
C_8	14.2	13.2	14.0
C_{10}	15.3	11.2	8.4
C_{12}	13.6	8.3	5.0
C_{14}	12.0	5.8	2.3
C_{16}	10.0	4.8	1.4
C_{18}	8.2	2.9	0.5
C_{20}	13.4	2.8	0.1

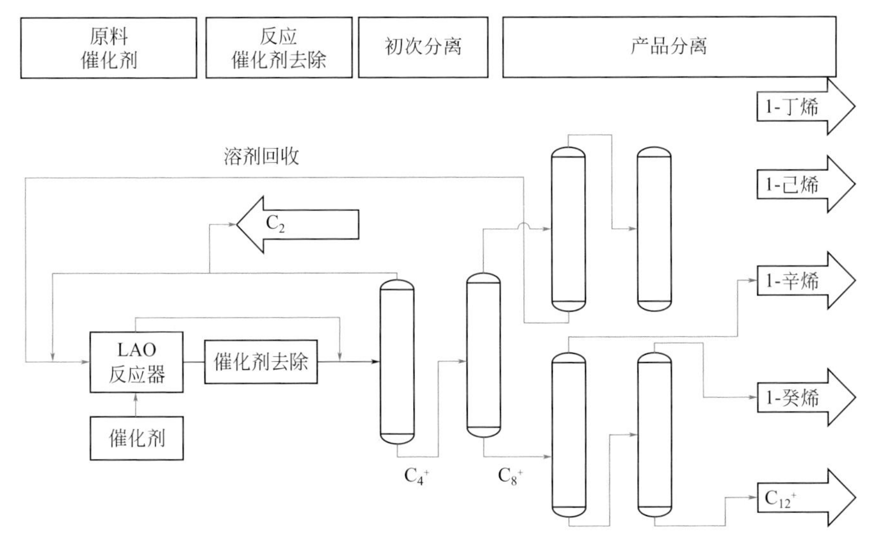

图3-6　Alpha-Sablin乙烯齐聚工艺流程图

该工艺于2009年首次应用于SABIC的Jubail联合石化公司15万吨/年工业装置上，俄罗斯NKNK重启的线型*α*-烯烃装置也采用该技术。

4．铁配合物催化剂及乙烯齐聚工艺

1998年由杜邦公司资助的Brookhart等和由BP公司资助的Gibson等分别开发出后过渡金属铁催化剂[16-18]，如图3-7所示。这类催化剂对乙烯齐聚具有很高的催化活性和选择性，所得*α*-烯烃在C_4～C_{32}之间，线型*α*-烯烃达到98%以上。通过基团的控制，可以得到一系列不同性能的*α*-烯烃产品。

项目	a	b	c	d	e	f
R^1	Me	Me	Me	Me	Me	Me
R^2	Pr^i	Me	Me	Me	Et	Pr^i
R^3	Pr^i	Me	Me	H	H	H
R^4	H	H	Me	H	H	H

图3-7　*α*,*α*′-亚氨基配体铁系催化剂

杜邦公司开发了以三齿配体铁为主催化剂和烷基铝/铝氧烷为助催化剂、邻二甲苯为溶剂的VERSIPOL乙烯齐聚技术，采用带有内循环和内导流管的全混釜反应器模拟一个较短长度的大型管式反应器。该技术具有生产工艺简单、产品纯度高（98%）的特点。低聚物的分布主要由催化剂结构和反应温度决定。反应温度越高，产品中丁烯等短链烯烃的含量越高。典型的产品分布见表3-6，其中C_8～C_{12}线型*α*-烯烃占比约40%。

表3-6 VERSIPOL乙烯齐聚工艺产物组成

产物组成	含量（质量分数）/%	产物组成	含量（质量分数）/%
C_4	22.2	C_{14}	6.4
C_6	23.4	C_{16}	4.5
C_8	18.0	C_{18^+}	3.1
C_{10}	13.1		
C_{12}	9.3		

VERSIPOL 技术目前没有实现工业化生产，可能与铁配合物催化剂存在初始放热量大、高温稳定性差、产物分布过宽、助催化剂 MAO 成本高、副产物聚乙烯蜡较多等缺点有关。

二、国内乙烯齐聚技术突破

传统的乙烯齐聚技术多为装置联产品的技术，C_8 ～ C_{12} α- 烯烃选择性较低（30% ～ 55%），因此国内外均致力开发“高选择性齐聚”或“选择性可调”技术。习惯上把能够通过催化反应，以较高的选择性得到某一种产物（一般大于 60%）的齐聚反应称为乙烯高选择性（或选择性）齐聚反应。高选择性乙烯齐聚技术工艺流程短，操作条件较传统技术温和，产品组成相对单一，可以解决“α- 烯烃碳数组成相对固定”与“市场需求多变”之间的矛盾，是目前较经济的生产技术。其工业生产和技术研究主要集中在铬系催化剂催化乙烯三聚生产 1- 己烯和乙烯四聚生产 1- 辛烯技术开发上[19-21]。国外 Chevron-Phillips 公司实现了乙烯高选择性三聚生产 1- 己烯产业化，Sasol 公司实现了乙烯高选择性四聚生产 1- 辛烯产业化；国内中国石油天然气股份有限公司和中国石油化工股份有限公司均实现了乙烯高选择性三聚生产 1- 己烯技术的工业化。

本书著者团队自 1988 年以来一直从事高选择性乙烯齐聚合成 α- 烯烃技术开发。截至目前，自主开发了乙烯三聚生产 1- 己烯和乙烯二聚生产 1- 丁烯成套技术，并在世界范围内首次开发了乙烯齐聚灵活生产 1- 丁烯 /1- 己烯技术，实现了 4 次商业应用。“十三五”期间，本书著者团队承担国家重点研发计划项目，开发了乙烯齐聚高收率生产线型长链 α- 烯烃技术，C_8 ～ C_{12} α- 烯烃选择性达 70% 以上，取得了突破性技术进展，解决我国高档产品原料受限的“卡脖子”问题，支持聚烯烃、润滑油等产业转型升级，为维护产业供应链安全稳定提供保障。

本书著者团队开发的系列高选择 α- 烯烃生产技术成果获得了 6 项省部级奖项，包括 1 项中国石油集团公司特等奖。

1．乙烯齐聚高收率生产线型长链 α- 烯烃技术

中国石油突破了乙烯齐聚合成线型长链 α- 烯烃铬系催化剂创新研制的技术

瓶颈，攻克了抑制齐聚副反应和不停车在线清洗等关键技术难题，完成了专有反应设备设计开发和工程放大，形成了全流程乙烯齐聚高收率生产长链 α- 烯烃（C_8 ～ C_{12}）技术，实现产业化示范。

（1）定向可控乙烯齐聚催化剂　乙烯齐聚产物选择性受链增长与链终止速率关系影响，快增长产物是聚乙烯，快终止产物是低碳烯烃。催化剂研制难点为如何调变催化剂结构、调控链增长与链终止速率关系，以提高目标 α- 烯烃选择性。催化剂结构设计思路：一是通过大位阻限域，控制活性链受限增长；二是构建可定向终止的活性中心结构；三是设计强诱导供体，稳定配位环境。

① 催化剂配体　铬系催化体系中配体结构是影响乙烯齐聚反应选择性分布的关键。本书著者团队从乙烯选择性齐聚的反应机理入手，结合活性中心电子效应和位阻效应对催化剂性能的影响规律，通过调变催化剂结构、调控链增长与链终止速率关系，设计合成了双膦骨架结构 PNP 型配体 [22] 以及脱氢吡啶轮烯型配体 [23]，见图 3-8。针对 PNP 型配体考察了 R 为异丙基（配体 1）、叔丁基（配体 2）、环己基（配体 3）、苯基（配体 4）、环丙基（配体 5）、环戊基（配体 6）和萘基（配体 7）取代基对乙烯选择性齐聚催化活性和选择性的影响，见表 3-7。相同的反应条件下，配体 1、5 和 6 组成的催化体系具有较高的乙烯选择性齐聚活性和 α- 烯烃选择性，这可能是因为配体 1、5 和 6 分子结构中 N 原子上的取代基为异丙基、环丙基和环戊基，具有更合适的空间位阻，更容易使乙烯分子插入。

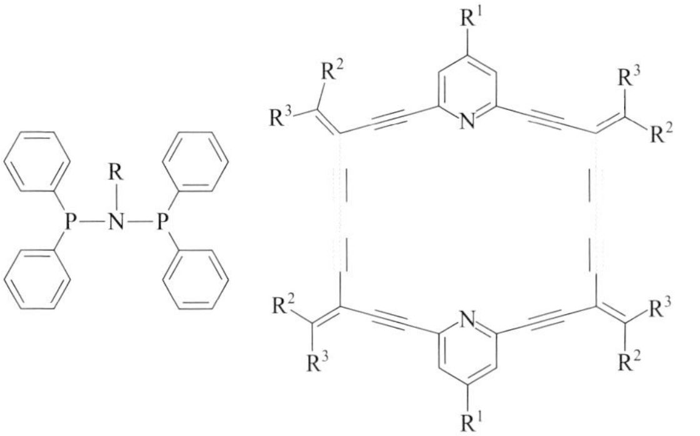

图3-8
PNP型配体和脱氢吡啶轮烯型配体

表3-7　配体结构对催化体系性能的影响

配体	催化活性 /[10^6g/(mol Cr · h)]	C_6含量（质量分数）/%	$1\text{-}C_6^{=}$①含量（质量分数）/%	C_8～C_{12}含量（质量分数）/%	$1\text{-}C_8^{=}$～$1\text{-}C_{12}^{=}$①含量（质量分数）/%
1	13.00	14.50	74.74	74.74	97.90
2	无活性	—	—	—	—
3	11.68	25.74	86.31	70.35	97.36
4	7.33	27.47	87.06	69.36	99.33

续表

配体	催化活性/[10^6g/(mol Cr・h)]	C_6含量（质量分数）/%	$1\text{-}C_6^{=}$①含量（质量分数）/%	C_8～C_{12}含量（质量分数）/%	$1\text{-}C_8^{=}$～$1\text{-}C_{12}^{=}$①含量（质量分数）/%
5	16.30	14.17	69.89	72.27	98.82
6	18.50	17.17	79.71	73.40	98.70
7	4.32	聚合物			

① 双键在端基的 *α*- 烯烃。

注：溶剂为甲苯；反应时间为 30min；Al/Cr 摩尔比为 300∶1；反应温度为 60℃；反应压力为 5.0MPa。

② 催化剂助剂　在烯烃配位聚合催化体系中，助催化剂主要是充当烷基化剂和还原剂，中心金属 Cr 在助催化剂的作用下可以得到不同价态的 Cr(Ⅰ)、Cr(Ⅱ) 和 Cr(Ⅲ)。因此，Cr 活性中心的性能在很大程度上取决于助催化剂的性质，如配合物 $CrCl_3$（SNS）在三甲基铝（TMA）的作用下形成 Cr(Ⅲ) 物种，在三异丁基铝（TIBA）的作用下产生 Cr(Ⅱ) 物种。这主要是因为 *i*-Bu 基团与 Me 基团还原、消除能力不同。Cr 配合物在 $(Ph_3)[B(C_6F_5)_4]$/TEA（三乙基铝）或 $B(C_6F_5)_3$ 的作用下，也可以得到乙烯选择性齐聚活性中心，产物的分布与甲基铝氧烷（MAO）体系相似，但催化活性低于 MAO 体系，这是由于 B 系助催化剂/TEA 的快速降解导致催化活性中心失活的速率较快。在乙烯选择性齐聚 PNP/Cr(Ⅲ) 催化体系中，以高活性为目标的助催化剂多为 MAO。

本书著者团队从应用高效能和经济性角度出发，通过在甲基铝氧烷中加入烷基铝或氯化烷基铝，构建了复合助催化剂，研究了不同复合助剂的诱导 / 促进作用机理、复合体系相容性等，详细考察了六种复合助催化剂对 PNP/Cr(Ⅲ) 催化作用下乙烯选择性齐聚反应的影响。从表 3-8 中可知，复合助催化剂为 MAO 和烷基铝的组合，与 MAO 助催化剂相比，反应活性和选择性都有不同程度的提高；MAO/ 氯化烷基铝体系催化乙烯由 C_8 ～ C_{12} 选择性齐聚变为三聚为主，且副产物甲基环戊烷也增加，反应活性降低。

表3-8　复合助催化剂对乙烯齐聚反应的影响

序号	复合助剂	活性/[10^5g/(mol Cr・h)]	产物选择性/%				
			$1\text{-}C_4^{=}$	$1\text{-}C_6^{=}$	C_6H_{12}①	C_6H_{10}②	C_8～C_{12}
1	MAO	1.40	0.41	40.08	3.20	2.21	54.10
2	MAO/TMA	2.08	0.3	40.43	2.60	2.01	54.66
3	MAO/TEA	2.12	0.18	40.49	2.13	1.77	55.18
4	MAO/TIBA	2.37	0.70	40.91	2.53	1.98	52.99
5	MAO/TNHA③	1.42	0.87	38.47	3.54	2.12	55.00
6	MAO/DEAC④	0.49	0.89	74.33	9.91	0.76	14.11
7	MAO/EADC⑤	0.04	1.43	74.29	18.57	2.86	2.85

①甲基环戊烷。②亚甲基环戊烷。③三正己基铝。④一氯二乙基铝。⑤二氯乙基铝。

注：溶剂为环己烷；MAO/Cr 摩尔比为 100∶1；反应温度为 50℃；反应压力为 0.8MPa；反应时间为 30min。

因此，优选适宜的MAO/烷基铝为复合助催化剂，调节Lewis酸性，选择性还原金属配合物，实现对活性中心的调控，抑制二聚副反应发生、提高$C_8 \sim C_{12}$ α-烯烃选择性，为改善现有的工艺技术、实现低成本乙烯选择性齐聚工业化奠定了一定的基础。

（2）强制循环气-液高效搅拌反应器　乙烯齐聚反应受气-液传质过程控制，釜式反应器传质能力强，是最适合乙烯齐聚反应动力学特征的反应器，但放大后将会受等比撤热面积下降、内构件挂胶引起换热系数降低的制约。因此突破反应器放大效应限制，开发复杂流体强制循环新型高效专用反应器，是解决气-液反应器中传质阻力对乙烯齐聚产物选择性影响的有效途径。

① 工业反应器　根据反应体系中各种物料的基础物性，构建冷模搅拌反应器实验系统，研究反应器的传质性能，完成搅拌桨选型和反应器结构设计；利用先进的流场测试技术，研究反应器的传热性能，初步确定反应系统的换热方案；根据气-液两相传递过程强化原理，结合CFD模拟计算，优化搅拌桨和内构件形式，降低传质阻力对产物选择性的不利影响，开发出强制循环气-液高效混合反应器，见图3-9。

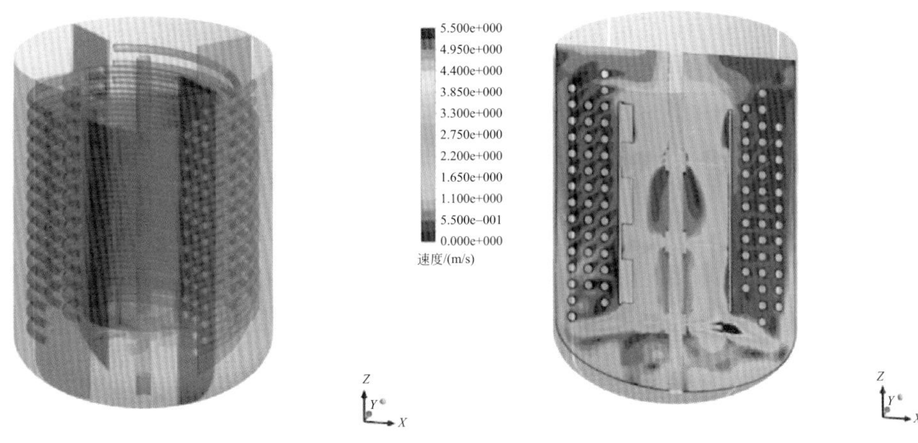

图3-9　反应器的结构型式和CFD模型的反应器内速度云图

② 工业反应器撤热方式　乙烯齐聚反应具有易生成聚合物的特性。针对长链α-烯烃中试过程中粉状和丝状低聚物副产物易在撤热设备的低温界面积聚形成挂胶和反应器内的累积影响反应撤热和搅拌设备（搅拌桨）缠结，降低物料混合效果，进而影响装置连续稳定运行的问题，通过对反应特征、反应器型式、外循环换热器清洗方案进行系统研究，优选出传质效果最佳的外循环全混流反应器，有效解决工程化放大过程中聚合物挂胶影响撤热的问题，并实现了不停车在线脱除易黏结聚合物的目的。反应流程示意图见图3-10。

（3）副反应抑制及易黏结聚合物在线脱除技术　为确保产业化装置长期稳定运行，开展了副反应抑制及易黏结聚合物在线脱除技术研究。

① 聚合物生成机理研究　PNP/Cr(Ⅲ)/MAO 催化体系催化过程难以有效调控，易产生聚合物挂胶堵塞。针对该催化体系，研究了不同反应时间聚合物的生成量，结果见图 3-11。

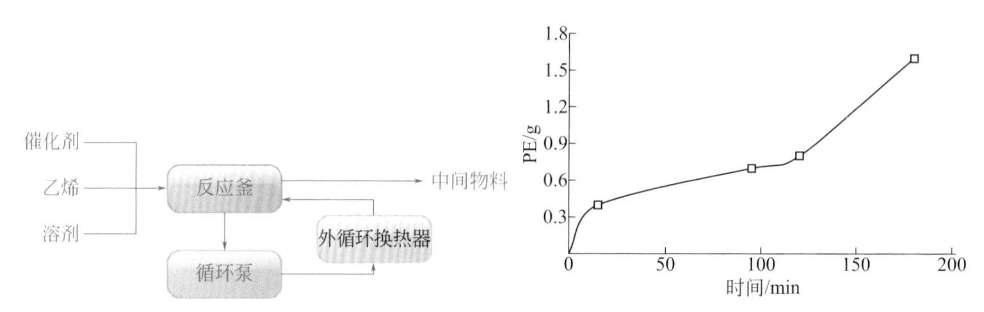

图3-10　中国石油乙烯齐聚工艺外循环反应流程示意图　**图3-11**　聚合物生成量与反应时间关系曲线

图 3-11 为反应温度 65℃、反应压力 3.0MPa 的条件下，以 MAO 为助催化剂，PNP/Cr(Ⅲ)/MAO 催化体系催化乙烯选择性齐聚反应过程中 PE 生成量与反应时间的关系曲线。由图 3-11 可知，聚合过程中聚乙烯（PE）的生成大致可分为三个阶段：a．短暂的活化阶段，在该阶段 PE 的生成速率很高；b．温和而长效的生成阶段；c．最终 PE 快速生成阶段。从曲线的变化趋势可以推断：在该催化体系中，至少存在两个甚至三个生成 PE 的活性中心。

催化剂组分局部混合不均、形成副反应活性中心是聚乙烯生成的重要原因。本书著者团队系统考察了不同催化组分组合催化乙烯聚合的效果，探究了生成高聚物的活性物种。研究显示：在相同的反应条件下，同时由具有铬配合物的主催化剂、PNP 配体和铝化合物的助催化剂构成的体系具有较高的齐聚活性，并有一定量的高聚物生成；没有铬配合物或者 PNP 配体的催化体系则没有齐聚活性，但大部分组合都有一定量的高聚物产生。通过评价试验半定量研究不同化学环境下对乙烯齐聚副反应影响规律，并采用紫外光谱和核磁共振 ^{31}P 谱对催化活性物种进行了结构表征，确定齐聚催化剂活性中心在形成过程中，由于 Al/Cr 的影响，产生了未配位 Cr 与 Al 化合物形成的副反应活性中心。

② 高聚物生成抑制剂　基于上述聚合物生成机理研究，针对性开发了一种乙烯齐聚催化体系中高聚物生成抑制剂，插入到 Al 化合物的 Al—O 键之间，形成大位阻助催化剂，减少 Al 与 Cr 的直接反应概率，为配体与 Cr 配位提供有利空间。见图 3-12。

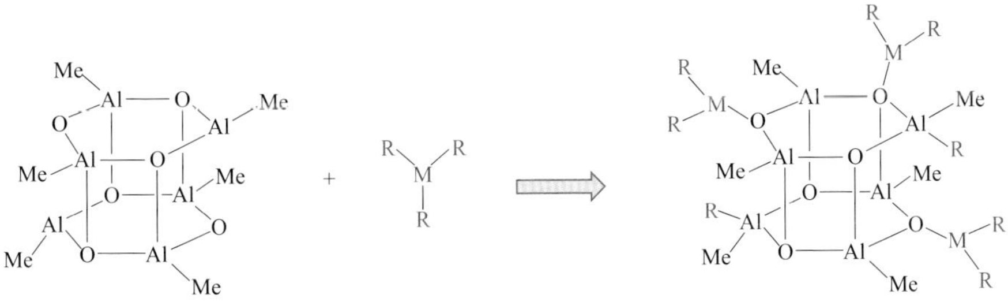

图3-12 DMAO与抑制剂的相互作用

试验表明，抑制剂在抑制副反应的同时，提高了齐聚活性中心的稳定性，有效地抑制了副产物聚乙烯生成，并进一步提高了催化活性。

采用优化的催化体系，结合高聚物抑制剂，在反应温度 55℃、反应压力 4.5MPa、反应时间 40min 条件下进行评价。结果显示：催化活性达到 1.81×10^7g/（molCr•h），C_8 ～ C_{12} 烯烃收率达到 71.4%，*α*- 烯烃选择性达到 92.1%，低聚物生成量 0.8%。

③ 催化剂活性前驱体预制工艺　乙烯齐聚催化剂系多组分体系。由于多组分配合活化而形成的活性中心时间长会失活，因此催化剂不同组分单独存放，一般在反应釜内进行原位活化，或进入反应器前部分组分进行在线预配合。

在工程放大过程中浓度效应、温度效应对聚合副反应会产生不利影响。而在工业反应器中物料的均匀混合时间为 20s 以上，若催化剂不同组分由不同线路直接进反应器，或催化剂不同组分在部分线路先简单混合后再进入反应器，在反应器内进行原位活化，由于工业反应器物料混合时间的存在，造成催化剂浓度不均匀，影响催化剂活性中心，增加反应副产物。因此，在催化剂进料管线上增设静态预混器[24]，实现活性前驱体预制工艺。在百吨级长链 *α*- 烯烃中试装置上完成了优化试验，结果显示：催化剂活性 1.86×10^7g/(molCr•h)，1- 丁烯含量 0.44%，C_8 ～ C_{12} 烯烃收率为 74.9%，*α*- 烯烃选择性 92.1%，低聚物含量 0.37%。通过长周期中试连续试验验证，催化活性明显升高，且低聚物含量也有所降低，说明在接触乙烯前，使各催化剂组分按正常比例不失活预配合，有助于齐聚活性中心的先一步稳定形成，降低配合反应能垒，减少催化剂配合时间对副反应的影响。

基于催化剂活性前驱体预制工艺，结合外循环反应器的不停车在线脱除聚合物工艺，提高反应连续化稳定性，可以解决连续工艺工程化难题，为装置长周期稳定运行提供了保障。

（4）乙烯齐聚高选择性生产 C_8 ～ C_{12} *α*- 烯烃成套技术　从节能降耗、提高产品质量、保障装置平稳运行等角度出发，以工艺包为有形成果依托，集成专用催化剂、工艺、专有设备以及过程控制等全要素，开发成套技术。

本书著者团队在中试试验数据基础上，采用ASPEN模拟技术，以过程最优、能耗最低为目标，开发出适合反应特点的千吨级乙烯齐聚高收率生产线型长链*α*-烯烃工艺流程，见图3-13。通过原料精制、聚合反应、分离等操作单元的工程放大及优化研究，制定催化剂进料、反应器出料等关键过程的工艺及设备控制方案，集成了副反应抑制及易黏结聚合物在线脱除、催化剂活性前驱体预制等关键技术，开发了3000t/a长链*α*-烯烃工艺技术包。

本技术的工艺流程：由界区外来的乙烯与循环乙烯，先与精制溶剂混合，再送至反应单元。催化剂组分分别在混合器中混合后进入反应器。混合物料在（55±5）℃、（5.0±0.1）MPa操作条件下进行聚合反应，部分物料通过外循环撤热后返回反应器。反应物料进入闪蒸系统，减压闪蒸出未反应的乙烯循环。闪蒸后的液体送入分离系统，分离出产品C_8～C_{12}*α*-烯烃、副产混合C_6等，溶剂循环使用。

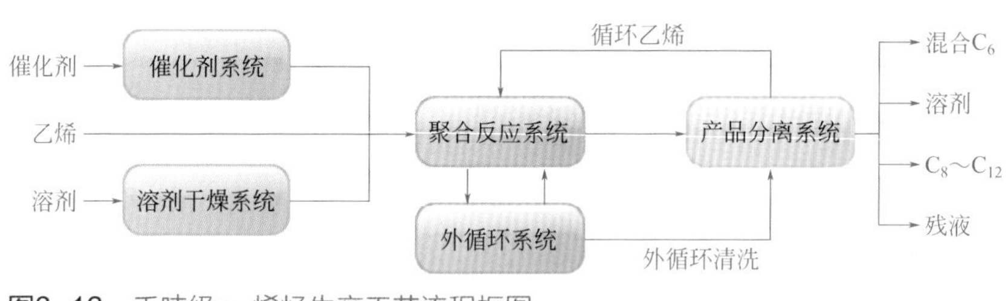

图3-13　千吨级*α*-烯烃生产工艺流程框图

该技术依托大庆石化公司化工二厂5000t/a 1-己烯装置现有设施和技术装备，改建成具备生产系列长链*α*-烯烃产品功能的装置，于2021年建成3000t/a工业示范装置。开展乙烯齐聚高选择性生产线型长链*α*-烯烃工业试验，结果显示：催化活性达到1.91×10^7g/(molCr·h)，1-丁烯含量为0.86%，C_8～C_{12} *α*-烯烃选择性达到77.2%，低聚物含量为0.85%。生产纯度大于97%的聚合级C_8～C_{12} *α*-烯烃，可满足合成PAO基础油的原料需求。

2．乙烯高选择性齐聚生产癸烯技术

目前世界上还没有定向生产1-癸烯的工艺技术，中国石油在乙烯三聚合成1-己烯的基础上，研制出高选择性合成癸烯的新型催化剂，混合癸烯选择性大于60%，将择机开展工业试验。

（1）乙烯齐聚合成癸烯机理　本书著者团队利用密度泛函理论的分子模拟计算方法，研究了基于PPO型三齿配体Cr配合物催化乙烯五聚的反应机理。通过计算活性中心在所有可能的电子自旋态下的优化结构以及该结构对应的单点能，比较三聚反应和乙烯/1-己烯共齐聚的自由能垒，该表观的五聚反应更可能是通过两个乙烯和一个1-己烯共齐聚得到。通过乙烯三聚得到的1-己烯和铬五元环中间体Ⅰ配位生成中间体Ⅱ，其发生己烯插入反应得到铬七元环中间体Ⅲ。中间

体Ⅲ最后发生还原消除生成齐聚产物 C_{10} 组分。乙烯 /1- 己烯共齐聚反应的速率决定步骤为铬七元环中间体的生成，见图 3-14。

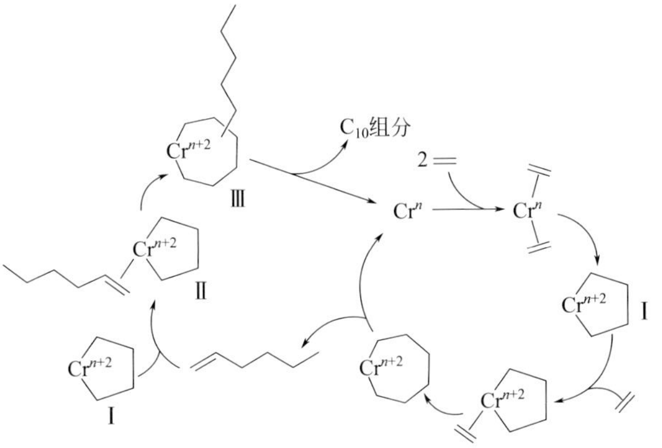

图3-14
选择性乙烯三聚、五聚金属环机理

本书著者团队在对产物结构表征及对混合癸烯组分定性分析的基础上，结合共齐聚反应机理，进一步给出了乙烯齐聚生成不同异构体的混合癸烯的反应机理，见图 3-15[25]：铬活性中心形成后，会与两分子乙烯形成金属五元环，才能进行下一步反应，当有乙烯继续插入，形成金属七元环，在适当的条件，七元环会发生 β-H 消除反应，生成 1- 己烯；当体系中的 1- 己烯插入金属五元环后，则会形成带有丁基基团的金属七元环中间体，进一步发生 β-H 消除反应后，生成癸烯。活性中心也可与一分子乙烯和一分子 1- 己烯形成带丁基基团的金属五元环，

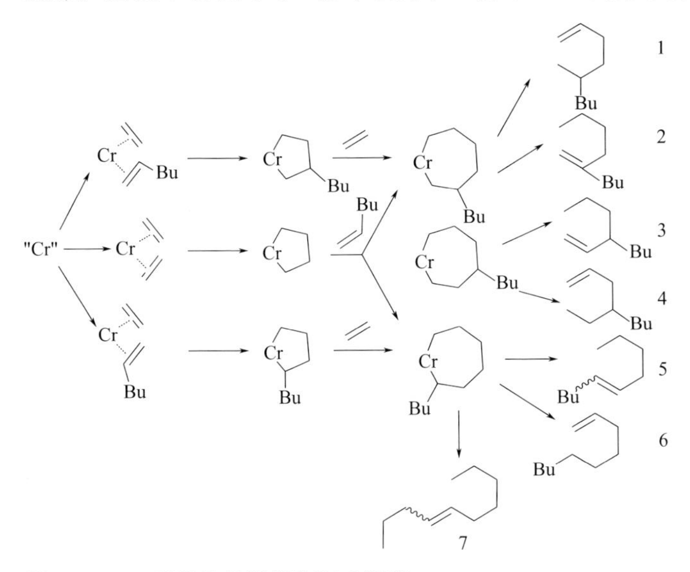

图3-15 不同异构体癸烯的形成机理

再与一分子乙烯形成带有丁基基团的金属七元环中间体，β-H 消除反应后生成癸烯。

（2）癸烯催化剂　从乙烯齐聚反应机理出发，探明了影响癸烯选择性的根本原因。铬化物在配体和促进剂的作用下，形成空轨道，有利于乙烯分子或 α- 烯烃分子的配位，并发生 β-H 消除反应生成癸烯。据此，本书著者团队设计合成出具有适宜空间位阻效应的含 N 化合物配体，通式见图 3-16，研究了不同配体对催化活性和癸烯选择性的影响，开发出具有稳定配位环境的四组分铬系催化体系。当催化剂体系为：异辛酸、*N,N*- 二萘基 -2,2,6,6- 四甲基 -3 ,5- 庚二亚胺、1,1,2,3- 四氯丙烷、三甲基铝和三乙基铝时，在 50℃、3MPa、停留时间 3h 条件下，催化活性达到 1.1×10^7g/（molCr·h），癸烯选择性 61.7%，且副产聚合物量低至 0.09%[26]。

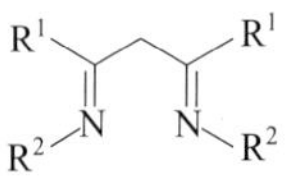

R^1为甲基、乙基、异丙基或叔丁基；
R^2为苯基、邻甲苯基、间甲苯基、对甲苯基、2,4,6-三甲基苯基、邻乙苯基、间乙苯基、对乙苯基、4-叔丁基苯基、2-异丙基苯基、3-异丙基苯基、4-异丙基苯基、2,6-二异丙基苯基、萘基、氟苯基、2-氟-4-甲基苯基、2-氟-5-甲基苯基、3-氯苯基、2,6-二氯苯基、2,4,6-三氯苯基、2-溴苯基、2-溴-4-甲基苯基、2-溴-5-甲基苯基、4-溴-2,6-二甲基苯基、4-甲氧基苯基、2-甲基-4-甲氧基苯基。

图3-16　癸烯催化剂配体

一般情况下齐聚过程的链增长除乙烯之外的其他具有反应活性的 α- 烯烃也会参与金属 - 氢或金属 - 碳键的反应，该反应的结果受活性中间体结构、α- 烯烃与这些中间体的反应方式、产生的金属 - 烷基化合物进一步反应的方式影响。鉴于乙烯三聚合成 1- 己烯伴生癸烯副产的反应机理，本书著者团队采用乙烯和 α- 烯烃作为混合原料在上述双亚胺配体四组分铬系催化体系下进行共齐聚反应研究，综合运用传递规律和动力学模型原理，分析工艺参量交互作用，掌握反应 / 传递 / 产物多变量体系关系规律，癸烯选择性可高达 73%[27]。

（3）癸烯产品组成　本书著者团队在长链 α- 烯烃中试装置上，开展中试工艺优化研究，考察了放大效应和连续运转稳定性。对其产物进行分离得癸烯产品，通过质谱 - 色谱联用分析，得到混合癸烯的组成及其含量，见表 3-9。从表中可见，混合癸烯中 α- 癸烯达到 88%，可以用作 PAO 基础油生产原料。

表3-9　混合癸烯组成及含量

序号	癸烯组成	含量（质量分数）/%
1	3-丙基-1-庚烯	19.53
2	4-乙基-1-辛烯	16.13
3	5-甲基-1-壬烯	37.75
4	5-癸烯	1.69
5	2-丁基-1-己烯	11.92
6	1-癸烯	3.08
7	4-癸烯	9.90

（4）乙烯高选择齐聚生产癸烯成套技术　结合癸烯中试试验数据，根据现有装置硬件基础，开发癸烯/辛烯/己烯可调联产工艺方案，开展了工艺流程分离序列优化、能量集成利用优化以及关键设备和控制方案的工程化研究，形成了原料精制、催化剂配制、聚合反应、两段三塔的分离工艺流程，开发了千吨级 α-烯烃成套技术工艺包。

癸烯生产工艺流程：由界区外来的乙烯与循环乙烯一起进入预混器与精制的溶剂混合，送至反应单元。催化剂组分分别进入反应器。混合物料在（110±5）℃、（3.2±0.1）MPa 操作条件下进行聚合反应。反应物料经闪蒸系统，减压闪蒸出未反应的乙烯循环，闪蒸后液体送入分离系统，分离出产品混合癸烯和 C_{10}^{+} 等副产，溶剂循环使用。

3．知识产权保护

为保护知识产权及成果转化工作，从成套技术的产业链进行专利布局，在国家重点研发计划中关于乙烯齐聚高收率生产线型长链 α- 烯烃成套技术开发研发期间，本书著者团队从 α- 烯烃催化剂、工艺和方法、反应器等方面申请专利 30 多件，如表 3-10 所示。

表3-10　乙烯齐聚合成 α-烯烃申请专利信息统计表

序号	专利名称	申请号/专利号	申请国别
1	一种用于乙烯齐聚的固体催化剂及其制备方法	201711265499.9	中国
2	用于乙烯选择性齐聚的催化剂体系及乙烯齐聚反应方法	201711304353.0	中国
3	一种用于乙烯选择性齐聚的催化剂体系及乙烯齐聚反应方法	201711304262.7	中国
4	一种用于乙烯选择性齐聚的催化剂体系、制备方法及乙烯齐聚反应方法	201810336377.2	中国
5	一种用于乙烯选择性齐聚的催化剂体系、制备方法及乙烯齐聚反应方法	201810336378.7	中国
6	用于乙烯选择性齐聚的催化剂体系	201811080567.9	中国
7	一种乙烯选择性齐聚反应的催化剂	201811081332.1	中国
8	一种用于乙烯齐聚的催化剂	201811081347.8	中国
9	一种乙烯选择性齐聚的方法及催化剂	201810648359 .8	中国
10	Ethylene selective oligomerization catalyst systems and method for ethylene oligomerization using the same	US20190106366A1	美国
11	Method and catalyst for selective oligomerization of ethylene	US20190388882A1	美国
12	一种乙烯选择性齐聚的反应方法、催化剂体系及其应用	201910576306.4	中国
13	乙烯选择性齐聚的反应方法、催化剂体系及其应用	201910576440.4	中国
14	星型吡啶亚胺镍系催化剂及其制备方法、应用	201910995468.1	中国
15	一种席夫碱配体共价接枝碳纳米管负载后过渡金属烯烃聚合催化剂及其制备方法	201910156035.7	中国
16	乙烯齐聚催化剂及其制备方法、乙烯齐聚方法	201911061463.8	中国

续表

序号	专利名称	申请号/专利号	申请国别
17	一种乙烯选择性齐聚的催化剂体系、反应方法及其应用	202010717943.1	中国
18	乙烯选择性齐聚的催化剂体系、反应方法及其应用	202010718125.3	中国
19	Method and catalyst for selective oligomerization of ethylene	NL2023317	瑞士
20	エチレンの三量化による1-ヘキセンの合成用触媒及びその使用	JP5635126B2	日本
21	乙烯选择性齐聚的催化剂体系、反应方法及其应用	202110285611.5	中国
22	一种乙烯选择性齐聚的催化剂体系、反应方法及其应用	202110284855.1	中国
23	一种用于乙烯选择性齐聚生产线性α-烯烃的生产装置及生产工艺	202110525366.0	中国
24	一种用于乙烯选择性三聚的催化剂体系及其制备和应用	202110661563.5	中国
25	一种用于乙烯选择性齐聚的催化剂体系及其制备和应用	202110082585.6	中国
26	用于α-烯烃的搅拌式反应器	201820742614.0	中国
27	一种涡轮式搅拌桨和搅拌装置	201920070808.5	中国
28	一种射流鼓泡反应器气液分散状态的检测方法	201811167735.8	中国
29	一种旋流型微气泡发生器及气液反应器	201811473553.3	中国
30	基于液速波动的射流鼓泡反应器气液分散状态检测方法	201910033170.2	中国
31	一种文丘里型微气泡发生器及气液发生器	201910238708.3	中国

作为乙烯齐聚合成α-烯烃技术的核心，申请的催化剂专利主要集中在配体的设计，以及配体、金属化合物、活化剂的组合。催化剂的配体结构是影响α-烯烃碳数分布的关键因素，本书著者团队设计了桥联、树枝状、星形化合物以及超分子配合物的各类型配体，形成技术创新。结合乙烯齐聚的方法和适用于乙烯齐聚气-液反应特征的工艺设备等，打造了乙烯齐聚合成α-烯烃技术领域的专利保护群。

第二节
PAO基础油生产技术

PAO基础油是以α-烯烃为原料，在催化剂作用下发生齐聚反应，经过蒸馏/分离、加氢和分馏等过程得到的混合烷烃。PAO基础油的合成一般分两步进行：第一步是α-烯烃聚合，根据所要求生产的润滑油基础油黏度不同，采用不同的催化剂和聚合条件，可以调整α-烯烃的聚合度，得到二聚体、三聚体、四聚体、五聚体等组成的聚合产物；第二步是以金属镍或钯为催化剂，通过加氢饱和，提高油品的化学稳定性及氧化安定性。合成PAO基础油的流程简图如图3-17所示。

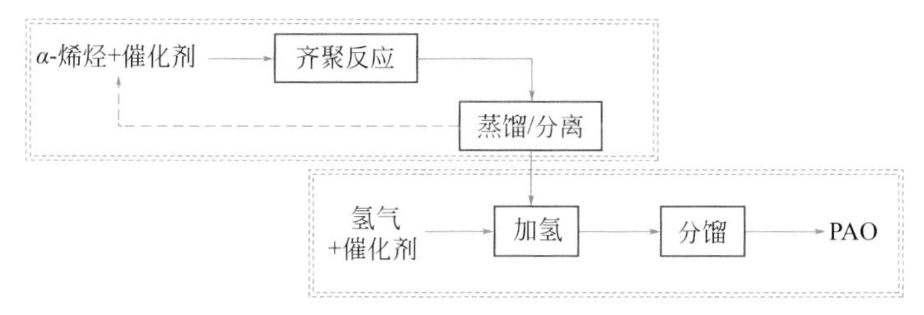

图3-17　PAO基础油合成流程简图

合成 PAO 基础油的催化剂主要包括三氯化铝[28,29]、三氟化硼（BF_3）等阳离子型催化剂[30,31]，齐格勒 - 纳塔[32,33]、茂金属等配位聚合催化剂[34,35]，分子筛催化剂以及其他类型催化剂如离子液体催化剂等[36,37]。根据催化剂的不同，所用的工艺有所区别，得到的产品黏度等级不同或产品质量有所区别。目前，低黏度 PAO 基础油，主要以三氟化硼为主催化剂，以水、醇或弱羧酸等作为助催化剂。低黏度 PAO 基础油合成过程的关键步骤除聚合外，催化剂的分离、脱除及循环利用也是核心，先进的催化剂分离工艺能够保证生产过程安全环保、产品质量优异；而中高黏度 PAO 基础油生产主要以 $AlCl_3$、铬系、茂金属为催化剂，其中茂金属催化剂合成的 PAO（mPAO）基础油性能突出，备受关注，该技术的关键是开发不同配体结构的催化剂，以调控产品分子聚合度等微观结构，获得黏度范围可调的 mPAO 产品，满足不同领域的需求。

一、国外PAO基础油技术

目前，世界 PAO 基础油生产商主要是国外的 Exxon Mobil、Chevron-Phillips、INEOS 等几家公司，产品涵盖低、中高黏度 PAO 基础油。

1．低黏度 PAO 基础油技术

（1）Exxon Mobil 公司是低黏度 PAO 基础油的生产商之一，该公司生产低黏度 PAO 基础油时采用了 BF_3 和 BF_3 配合物为催化剂，合成的低黏度 PAO 基础油产品为 Spectrasyn Plus ™ 系列。典型产品牌号有 PAO3，PAO4，PAO6，生产的产品能够满足飞机发动机在高温工况下的极限润滑性能要求，但其生产工艺流程一直处于保密状态。该公司曾公开了采用蒸馏 - 相分离工艺回收 BF_3 配合物技术[38]，其中涉及了 PAO 基础油生产的部分工艺流程，如图 3-18 所示。

由 Exxon Mobil PAO 基础油工艺流程可以看出，该技术采用的原料为 α- 烯烃，催化剂为 BF_3 及其配合物，反应器形式为 CSTR，在一定条件下发生聚合反应。聚合产物经过乙醇 / 乙酸配合后进入到真空蒸馏塔中经过真空蒸馏，塔底为聚合产品，经后续处理加氢分馏后得到目标产品。塔顶主要是配合物裂解生成的

自由态 BF_3、有机物，塔顶物料经冷凝器冷却及气 - 液接触器充分接触生成 BF_3 配合物，再经过相分离器分离，分离出来的 BF_3 配合物返回 CSTR 回用，未配合的气体 BF_3 进入真空体系收集。该工艺的核心步骤是真空蒸馏塔中 BF_3 配合物的裂解，再经冷凝器、气 - 液接触器、相分离器将 BF_3 配合物和 BF_3 气体从混合物中分离出来。此工艺操作步骤较烦琐，流程较复杂，效率较低。

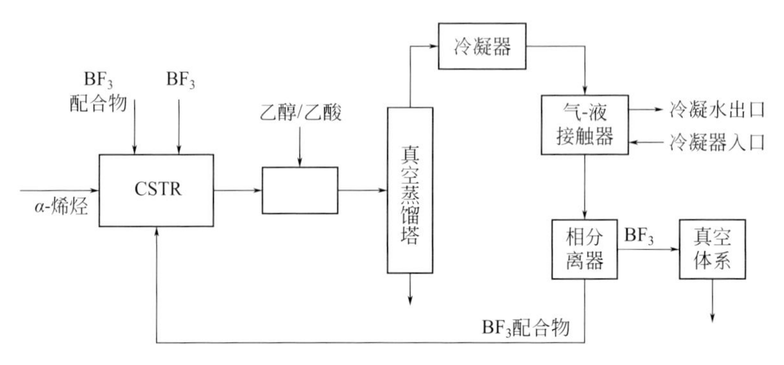

图3-18 Exxon Mobil PAO基础油工艺流程

（2）低黏度 PAO 基础油的另一生产商是 Chevron-Phillips 公司，生产的低黏度 PAO 基础油为 Synfluid ® 系列，此类产品 100℃运动黏度分别为 $4mm^2/s$、$5mm^2/s$、$6mm^2/s$、$7mm^2/s$、$8mm^2/s$、$9mm^2/s$。为了保证工艺环保，Chevron-Phillips 公司也开发了 BF_3 回收工艺，在专利 US6410821 中公开了制备低黏度 PAO 基础油的工艺流程，详细介绍了 BF_3 催化剂的分离回收利用技术。具体流程如图 3-19 所示。

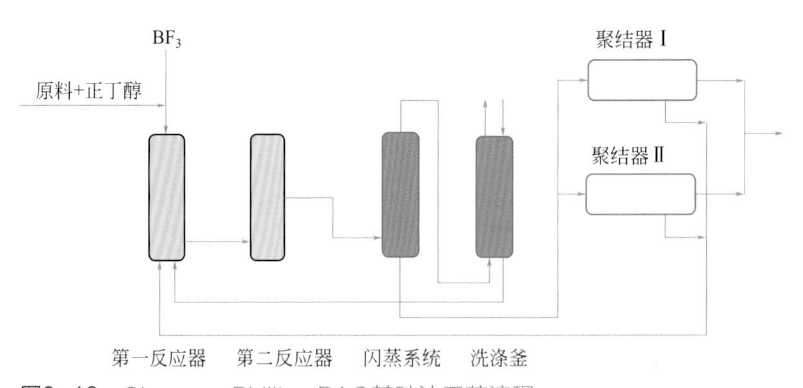

图3-19 Chevron-Phillips PAO基础油工艺流程

该技术采用两个串联的 CSTR 釜，原料为线型 α- 烯烃，优选 1- 癸烯，催化剂为 BF_3 气体，助催化剂配合剂为正丁醇。反应过程中，原料与助催化剂一同进入第一齐聚反应器中，BF_3 单独进入反应器，且 BF_3 催化剂过量，一部分 BF_3 与助催化剂形成配合物，而过量 BF_3 则保持蒸气平衡状态。经第一反应器齐聚后的所有物料一并进入第二反应器进一步聚合，两个反应器压力均保持 40psig（约 0.276MPa）。

第二反应器的物料进入闪蒸系统，经减压闪蒸，脱除物料中残余的 BF_3 气体以及一些含 BF_3 的配合物。脱除的 BF_3 气体和 BF_3 的配合物经闪蒸塔顶部进入到洗涤釜底部，洗涤釜中的液体正丁醇将 BF_3 吸附形成 BF_3 配合物。洗涤釜底部的 BF_3 配合物和正丁醇液体，经管线返回至第一齐聚反应器回用，其他没有经过正丁醇配合的惰性气体经釜顶排出。闪蒸系统减压蒸馏后液体物料经闪蒸系统底部导入 2 个并联的聚结器，物料通过重力沉降在聚结器中分成上下两层，底层为 BF_3/ 正丁醇催化剂配合物和未转化的 1- 癸烯原料，该层物料返回至第一齐聚反应器循环利用，聚结器上层是 PAO 产品。该工艺中 BF_3 催化剂得到有效脱除回收利用，与没有催化剂回收和再利用的技术相比，BF_3 消耗量降低了 35%，提高了经济性及环保性。

（3）INEOS 是低黏度 PAO 基础油的最大供应商，INEOS 公司是由 Ethyl 公司演变而来。截至 2016 年，INEOS 已经建成两个 PAO 基础油生产厂，其中一个位于美国得克萨斯州（LaPorte，Texas，USA），产能 7 万吨 / 年，另一个位于比利时（Feluy，Belgium），产能 12.5 万吨 / 年。该公司的 LaPorte 工厂也可以生产 2 万吨 / 年的 mPAO，包括三个高黏度等级的产品：100℃运动黏度为 50mm^2/s、100mm^2/s 和 135mm^2/s。INEOS 生产的低黏度产品牌号为 Durasyn®162，Durasyn®164，Durasyn®166，Durasyn®170，生产工艺处于未公开状态。INEOS 公司曾公开的相关专利[39]涉及部分工艺流程简图，如图 3-20 所示。

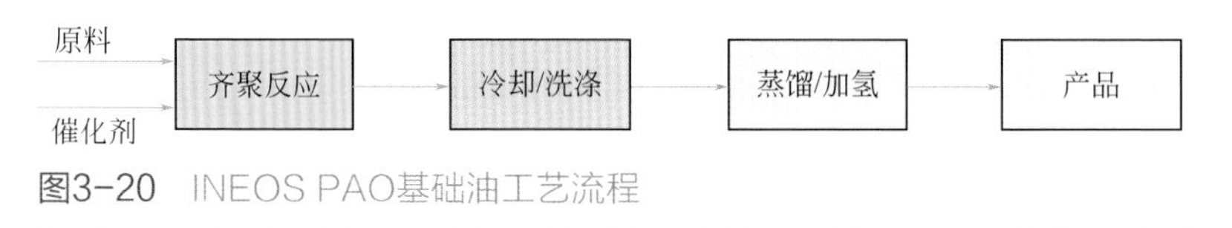

图3-20 INEOS PAO基础油工艺流程

单体原料及催化剂 / 助催化剂分别加入一个或几个串联反应釜，开始齐聚反应，反应后产物中加入淬灭剂灭活，粗产物经过系列水洗和净化分离，脱除废催化剂，水洗后的产品经真空蒸馏分离出不同黏度等级的产物，最后经加氢饱和，得到最终产品。该工艺涉及水洗工序，产生大量废水。

2. 中高黏度 PAO 基础油技术

目前工业上生产中高黏度 PAO 基础油的技术，根据催化剂不同可大致分为两类：一类是以传统催化剂（三氯化铝催化剂及铬系催化剂）进行中高黏度 PAO 基础油生产的技术，另一类是采用茂金属催化剂进行高黏度 PAO 基础油生产的技术。

采用传统催化剂生产中高黏度 PAO 基础油的企业主要包括 Exxon Mobil、Chemtura。

自 2010 年 Exxon Mobil 公司率先推出茂金属催化剂生产高黏度 PAO 产品（mPAO150）以来，mPAO 基础油备受青睐。与常规 PAO 基础油相比，mPAO 基础油具有更高的黏度指数，更加优异的低温性能、高热稳定性及剪切稳定性，对比指标见表 3-11。mPAO 基础油技术已经成为中高黏度 PAO 基础油技术发展的重要方向。目前，世界上拥有中高黏度 mPAO 基础油生产技术的企业主要有 Exxon Mobil、Chevron-Phillips、INEOS 三家公司，产品牌号包括 mPAO40、mPAO50、mPAO65、mPAO100、mPAO150、mPAO300，具体见表 3-12。

表3-11　mPAO与cPAO性能对比

性能	cPAO 100	mPAO100	cPAO150
运动黏度 @100℃/（mm^2/s）	100	101	150
运动黏度 @40℃/（mm^2/s）	1231	1023	1719
黏度指数	170	192	205
倾点/℃	−30	−42	−42

表3-12　世界各大公司茂金属PAO(mPAO)产品牌号

供应商	产品系列	牌号KV@100℃
Exxon Mobil	Spectrasyn Elite™	65,156,300
	Spectrasyn™	40,100
	Spectrasyn Ultra™	150,300,1000
Chevron	Synfluid®mPAO	65,100,150
INEOS	Durasyn®180R	100
	Durasyn®180I	137

（1）Exxon Mobil 铬系 PAO 基础油技术　Exxon Mobil 公司最早采用铬系催化剂生产 PAO 基础油，生产的产品牌号包括 Spectrasyn Ultra™150、300、1000。该技术以 C_6 ～ C_{20} 的 α- 烯烃为原料、硅胶负载铬系催化剂生产 PAO 基础油，反应过程中向齐聚反应器中通入 H_2 改进反应活性、产率及产物黏度。反应结束后，将产物进行过滤脱除催化剂，并通过蒸馏进行轻组分回收，经加氢饱和得到 PAO 产品。工艺流程如图 3-21 所示。

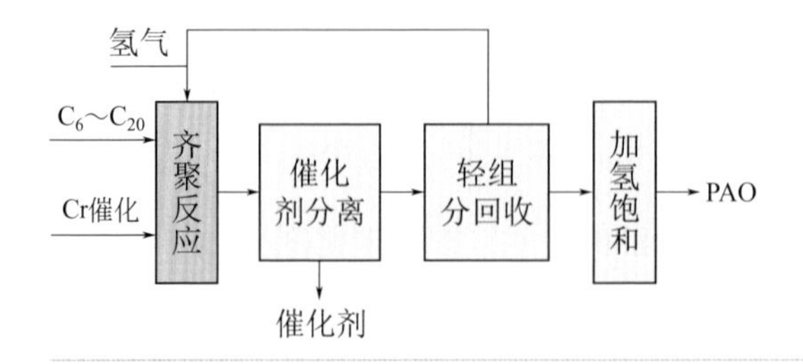

图3-21　Exxon Mobil铬系催化剂PAO基础油工艺流程

（2）Exxon Mobil mPAO 基础油技术　该技术是以 1- 辛烯和 1- 十二烯混合 α-烯烃作原料，以茂金属为主催化剂，以甲基铝氧烷（MAO）和有机硼化物作为助催化剂生产 mPAO 基础油。原料经预处理后进入齐聚反应器，主催化剂和助催化剂混合溶于甲苯溶剂后进入反应器中进行聚合反应，反应过程中向齐聚反应器中通入少量 H_2 以改进反应活性和产率。反应结束后，向反应液中加入苛性碱以终止反应，产生的废弃物主要为固体形式。生成的二聚产物经分离后与原料混合，在离子液体催化下进一步聚合生成碳数 30 以上的产品。经过减压蒸馏，分子量较小的馏分经加氢处理后得到不同牌号 mPAO 产品，黏度较大的馏分热裂解后再减压蒸馏，从而降低产品 mPAO 基础油的黏度。工艺流程如图 3-22 所示。

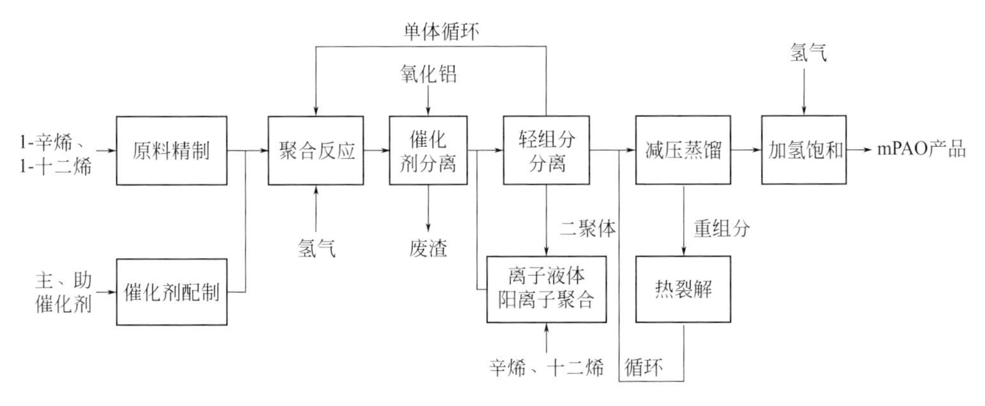

图3-22　Exxon Mobil mPAO基础油工艺流程

（3）Chevron-Phillips mPAO 基础油技术　该技术采用 1- 辛烯为原料、茂金属为主催化剂、甲基铝氧烷（MAO）和化学处理后的氟化氧化物为助催化剂生产 mPAO 基础油。反应物 1- 辛烯与在甲苯中混合的主催化剂和助催化剂在反应器进行齐聚反应。用水终止反应，产物进入分离单元进行减压蒸馏，不同馏分经加氢处理后得到不同牌号的 mPAO 产品。工艺流程如图 3-23 所示。

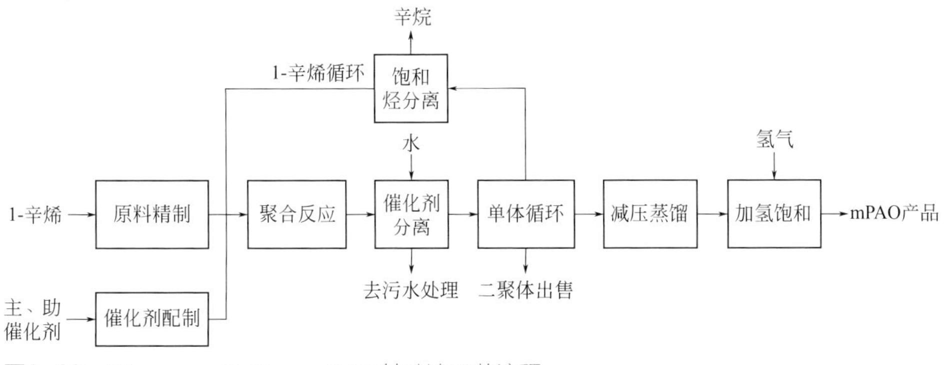

图3-23　Chevron-Phillips mPAO基础油工艺流程

（4）INEOS mPAO 基础油技术　该技术以 1- 癸烯作原料、茂金属为主催化剂、甲基铝氧烷（MAO）和三甲基铝（TMA）为助催化剂生产 mPAO 基础油。反应前先将主催化剂和助催化剂混合后溶于甲苯溶剂中，充分混合后将溶剂甲苯蒸干，得到干燥的催化剂混合物，然后将催化剂粉末送入反应器中催化 1- 癸烯进行齐聚反应。由于反应中的催化剂为固体且没有加溶剂，因此反应结束不需要加入淬灭剂终止反应，只需通过过滤器将固体催化剂与产物分离后即可终止反应。齐聚反应产物进入分离单元进行减压蒸馏，不同馏分经加氢处理后得到不同牌号的 mPAO 基础油产品。工艺流程如图 3-24 所示。

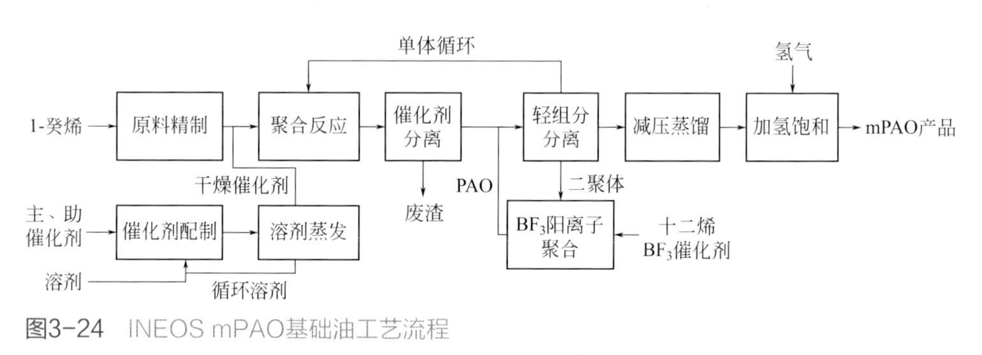

图3-24　INEOS mPAO基础油工艺流程

二、国内PAO基础油技术突破

近年来，我国润滑油行业发展有了长足进步，但仍存在明显短板，突出表现在超过 80% 的油品为低端产品；高性能基础油中 PAO 用量不到 1%，仅为欧美发达国家和地区平均水平的十五分之一、95% 需要进口；高性能产品严重依赖进口，制约国防、高端装备制造、民用工业等高质量发展。而高性能油品自主化定制技术是造成高性能合成润滑油受制于人的关键技术难题之一。

PAO 基础油的定制化生产存在油品分子结构设计、规整聚合催化剂研制、生产工艺节能环保、高收率连续工艺工程化、高黏物系强取热专有设备开发和产品提质等一系列技术难题，成套工艺集成度高、开发应用难度大。

本书著者团队从 2008 年开始针对高性能润滑油基础油进行技术攻关，先后开展了不同原料、不同催化体系合成 PAO 基础油的研究工作[40-42]，拓展了 5 条工艺技术路线，开发出绿色环保，收率高，性能可调，产品涵盖低、中、高全黏度等级的系列 PAO 基础油合成技术。

1．低黏度 PAO 基础油技术

2017 年，本书著者团队依托前期研究基础，成功申报了《高性能润滑油生产关键技术攻关及应用》国家重点研发计划项目，针对市场需求量最大却严重依赖进口的低黏度 PAO 基础油进行了多项技术攻关。从理论分析着手，指导设计开发了规整聚合催化剂、连续聚合工艺，攻克了清洁生产及产品提质等关键技术，开发了高效工业反应器，形成了具有完全自主知识产权的低黏度 PAO 基础油清洁生产成套技术，建成了产业化示范装置；同时依托 1- 癸烯低黏度 PAO 基础油成套技术，拓宽原料来源，探索开发了低成本 F-T 烯烃制备低黏度 PAO 基础油技术。

（1）1- 癸烯制备低黏度 PAO 基础油成套技术

① PAO 基础油结构与性能　基础油的结构组成与其性能关系十分密切，基础油的结构组成变化将直接影响到基础油的倾点、黏度指数、氧化安定性、高温剪切性等基本性能。基础油的理想组分是 $C_{30} \sim C_{50^+}$ 的长链异构烷烃，具有良好的黏温性能和低温流动性。军工、航天领域需要超低温性能、超高黏度指数的特种润滑油，只有特定结构的高品质合成润滑油才能满足要求。

本书著者团队开展了基础油构效关系、分子结构设计及性能调控研究，以不同链长的 α- 烯烃为单体，创新设计了多种类型催化剂，并通过优化工艺，获取了系列结构相对规整、组成相对简单的 PAO 基础油模型化合物。采用混合组分精细分离、多尺度分子结构表征、分子计算模拟辅助相结合的研究方法，从组成和结构两个层面，应用分子精馏等方法分离产品，利用红外、核磁、气相色谱、液相色谱、质谱等分析方法，测取了平均分子量（M_n）、平均支链碳数（L）、平均支链数目（n）等结构数据和基础油性能数据及理化指标（图 3-25）。研究发现，

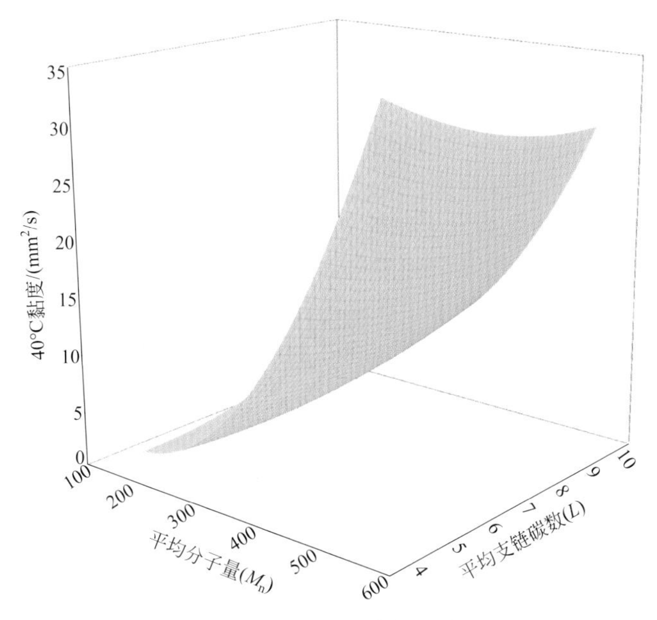

图3-25　M_n和L交互影响KV40℃的曲面图

齐聚所得二聚体、三聚体、四聚体均为头尾相连、结构规整的亚乙烯基双键的支链 α- 烯烃，且支链越多、黏度越大；支链越长、倾点越高。在低聚物碳数相近的条件下，1- 癸烯低聚物性能明显优于 1- 己烯和 1- 辛烯的低聚物。除 1- 十二烯低聚物之外，随着平均分子量的增加，黏度呈非线性关系增长，增长趋势都非常一致，而黏度指数先增大后降低。在同一平均分子量的情况下，随着支链碳数的增多，黏度增大，黏度指数下降。采用统计分析软件"Origin"对平均分子量、支链碳数、40℃运动黏度、100℃运动黏度、黏度指数进行多元回归分析，结果均为二次多项回归方程式 [43-46]。

基础油组分复杂、分子量大，构效关系研究难度较大，国内外鲜有论述。随着分析表征手段的日益丰富和理论基础研究的不断深入，研究人员能够获取丰富的结构参数和性能数据，不仅可以支撑高品质润滑油基础油技术开发，而且为未来实现高端油品的定制化和精细化打下了坚实的理论基础，对于润滑油技术发展、高档新牌号润滑油产品开发具有重要的学术价值和现实意义。

② 长链 α- 烯烃规整聚合的分子转化机理　低黏度 PAO 基础油的定向合成主要是以 BF_3 为催化剂的烯烃聚合反应，实质是以 BF_3 配合物为引发剂，产生碳正离子活性中心，并进行连锁反应。

a. 引发剂配合：

$$BF_3+H_2O \longrightarrow H^+BF_3(OH)^-$$

b. 原料烯烃质子化：

$$RCH_2CH=CH_2+H^+ \longrightarrow RCH_2C^+HCH_3$$

c. 质子化烯烃对其他烯烃分子的亲核攻击，得到质子化二聚体，循环往复，得到质子化三聚体、四聚体等。

$$RCH_2CH=CH_2+H^+ \longrightarrow RCH_2CH(CH_3)CH_2C^+HCH_2R$$

目前，BF_3 配合物催化的齐聚反应机理仍不完全清楚，本书著者团队研究了 α- 烯烃阳离子聚合反应机理、催化剂失活和激发机理。研究发现，BF_3 质量分数的变化影响着配合物的结构，通过分子表面静电势与电子结构分析，确定催化活性位点为 BF_3 配合物分子中羟基的氢原子。在确定催化剂活性组成的基础上，基于 α- 烯烃阳离子聚合反应动力学和分析表征结果，推测 1- 癸烯聚合制备 PAO 基础油的合成机理如图 3-26 所示。

第一步，阳离子催化剂 - 引发剂引发聚合反应，将 1- 癸烯质子化 (Ⅰ→Ⅱ)。第二步，1- 癸烯单体继续插入，得到二聚体活性物种 (Ⅱ→Ⅳ)。二聚体活性物种的生成是该反应的关键步骤，有两条反应路径：一是经过脱质子得到二聚体产物 (Ⅳ→Ⅴ)；二是质子化环丙基中间体得到更稳定的重排二聚体活性物种 (Ⅳ→Ⅵ→Ⅶ)。重排的二聚体活性物种继续接受 1- 癸烯单体插入，得到三聚体活性物种 (Ⅶ→Ⅸ)。三聚体活性物种有三条反应路径：一是可以经过脱质子得到三聚体产物(Ⅸ→Ⅹ)；二是可以继续进行1-癸烯单体插入，得到四聚体(Ⅸ→Ⅺ)；三是三聚体活性物种非常不稳定，为了继续进行链增长反应，三聚体活性物种更易先发生异构化再进行重排得到重排的三聚体活性物种。重排的三聚体活性物种可以继续进行链增长反应得到四聚体。在整个反应过程中，单体(Ⅲ)、二聚体(Ⅴ)和三聚体(Ⅹ)在催化剂的作用下能够发生双键迁移，形成非端烯烃产物；同时，由重排的活性物种得到的低聚物具有更多的甲基支链。

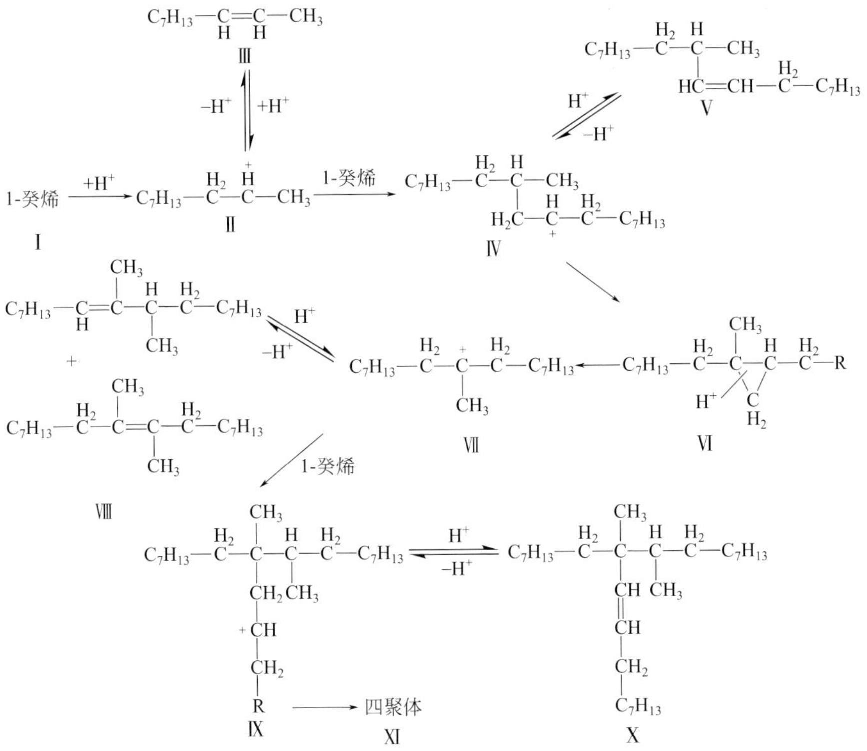

图3-26　1-癸烯合成PAO反应机理

③ 高活性规整聚合催化剂　PAO基础油的性能取决于原料特性、产物聚合度和分子量分布，而催化剂是其决定性因素，这就要求催化剂不仅具有较高的聚合活性，同时能够最小化异构、定向化聚合，实现长链α-烯烃规整齐聚，保证产物结构规整，提高目标产品的选择性。

由长链α-烯烃规整聚合的分子转化机理可知，BF_3进行烯烃齐聚时催化活性位点为BF_3配合物分子中羟基的氢原子。本书著者团队以此为指导，以BF_3为主催化剂，研究了引发剂对聚合性能和聚合产物分布的影响。开发了具有吸电子取代基的卤代烷基醇引发剂，通过引入卤素吸电子取代基，调节了引发剂电子特性，从而能够调控催化剂活性中心的酸性强度和稳定性，提高长链 α- 烯烃分子在活性位的规整聚合能力。该规整聚合催化剂为主催化剂 BF_3 和卤代烷基醇的复合物（图 3-27）。采用该催化剂催化 1- 癸烯齐聚，得到的主产品指标满足 PAO4 基础油的要求。

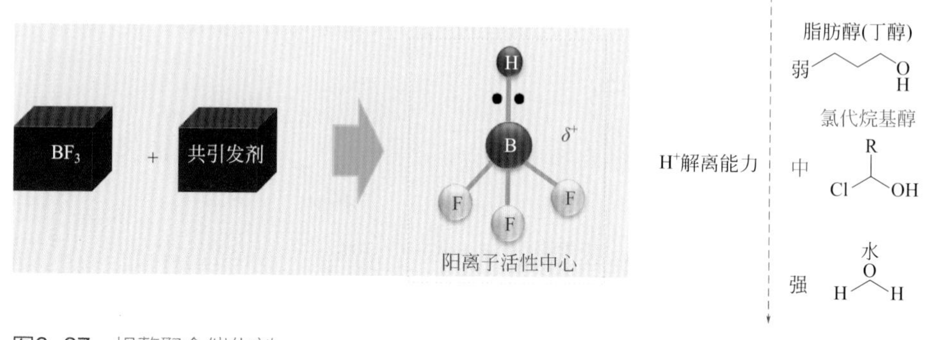

图3-27　规整聚合催化剂

该规整聚合催化剂由多组分复合而成，存在非稳态的形式，易失活。制备过程中，尤其是规模化生产过程控制要求苛刻，因此，需明确影响过程放大的关键因素，提出针对性的控制措施，才能够保证催化剂高效、安全生产，得到合格稳定的聚合催化剂。

本书著者团队对该催化剂进行了 10L 放大合成研究，考察了合成温度、体系压力、物料流速对催化剂颜色、密度等物性参数的影响，确定了催化剂放大过程的关键影响因素是合成温度，最佳温度控制范围为 −15 ～ −20℃。采用该催化剂进行聚合评价，评价结果如表 3-13 所示。

表3-13　规模化制备的聚合催化剂评价结果

项目	产物组成分布/%					单程转化率/%
	C_{20}	C_{30}	C_{40}	C_{50^+}	$C_{30}+C_{40}$	
批次1	9.52	48.89	32.13	9.47	81.02	95.51
批次2	9.24	48.13	32.85	9.78	80.98	95.67

由表 3-13 可以看出，催化剂性能稳定，癸烯单程转化率大于 95%，产物中目标组分 $C_{30}+C_{40}$ 选择性大于 80%。对聚合得到的主产品 PAO4 进行了性能测试，测试结果如表 3-14 所示。由表 3-14 可以看出，PAO4 产品 100℃运动黏度为 4.1 ～ 4.3mm^2/s，黏度指数高于 130，倾点低于 −54℃。利用自主设计建设的吨级规模催化剂连续生产装置（见图 3-28），生产出聚合催化剂 4.5t，并在低黏度 PAO 基础油工业示范装置成功应用。

表3-14 PAO4产品性能测试结果

序号	40℃运动黏度/（mm^2/s）	100℃运动黏度/（mm^2/s）	黏度指数	倾点/℃
1	18.97	4.26	134	−54
2	19.00	4.25	133	−54
3	17.90	4.11	134	−57

图3-28 催化剂放大合成装置

④ 高效连续聚合反应工艺　间歇聚合工艺PAO基础油产品质量不稳定、生产效率低。连续工艺不仅能够提高生产效率、保证质量，还可实现生产方案灵活切换。因此，开发连续聚合工艺是PAO基础油生产成套技术的重要环节。

本书著者团队从化学动力学的原始实验数据浓度c与时间t的关系出发，考察了反应体系中1-癸烯摩尔浓度随时间变化关系，结果如图3-29所示。通过数据归纳、拟合，确定了反应速率是关于原料浓度和催化剂浓度的一级反应，进一步确定了反应活化能和指前因子，得到反应动力学方程。

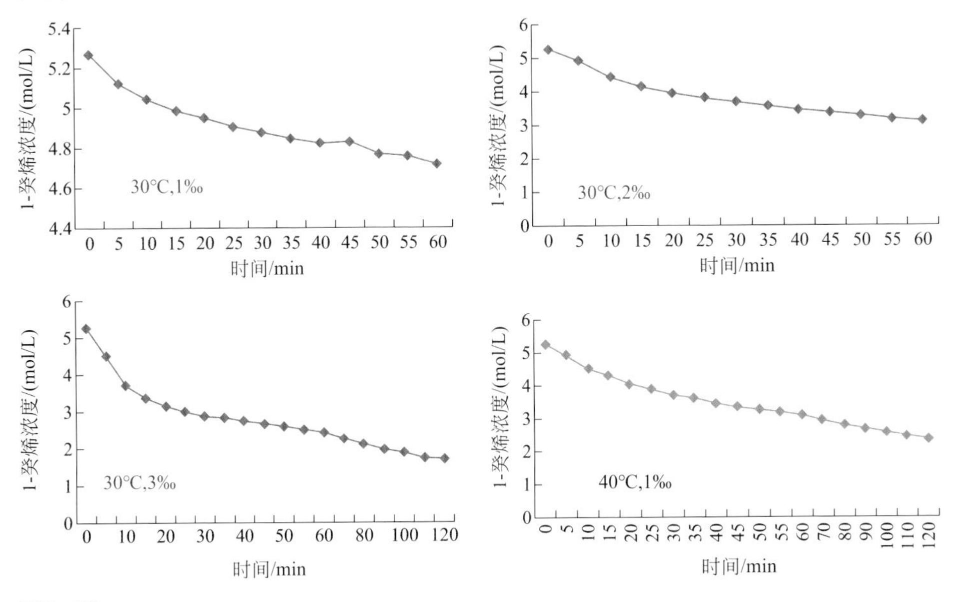

图3-29

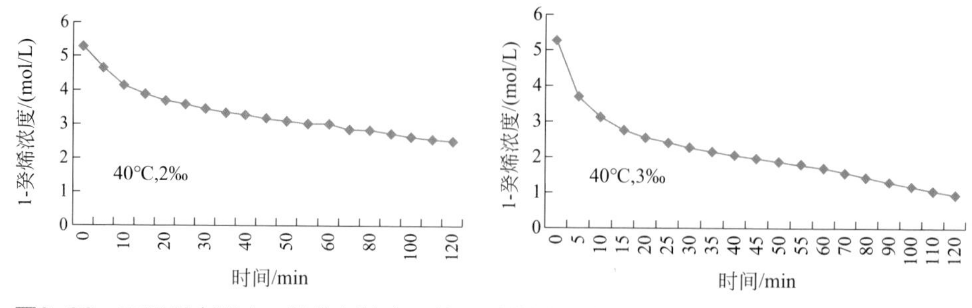

图3-29 不同反应温度、催化剂浓度下的1-癸烯浓度（mol/L）/时间（min）变化

结合动力学方程，采用CSTR反应器模型，在连续聚合工况下，进行物料衡算、热量衡算，确定反应器边界条件。该聚合反应工艺中反应器数目至少2个、停留时间1～2h（单反应器）、反应温度30～80℃、催化剂浓度1‰～3‰。以反应器模型为指导设计建设了PAO基础油中试聚合评价装置，进行连续聚合工艺优化及工艺规律验证，并在最佳工艺条件下进行了长周期试验，试验结果如图3-30所示，可以看出，中试装置连续运行1000h，运行平稳，1-癸烯单程转化率大于95%，产物中目标组分C_{30}+C_{40}选择性大于80%。

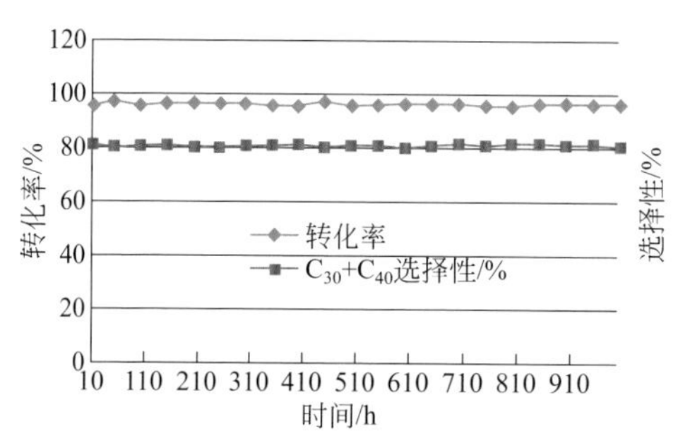

图3-30 长周期连续平稳运行结果

⑤ 聚合催化剂清洁回收工艺　聚合产物中存在的催化剂对加氢工艺有很大影响，在进入加氢单元之前须加以分离、脱除及回收，这样不仅可以提高PAO基础油的质量、节约催化剂成本，而且可以减少催化剂排放对环境的污染。

目前处理PAO基础油催化剂常用的方式有碱洗、白土处理、减压闪蒸等。碱洗即采用碱与阳离子催化剂配合物发生化学反应，破坏配合物，再经水洗和两相分离脱出催化剂，工艺流程如图3-31所示；白土处理即将聚合反应后的液体与固体粉末白土接触，其中BF_3配合物被吸附，经过滤从有机液体中分离出来；减压闪蒸就是对处理物进行减压蒸馏使配合产物分解、分离出催化剂。通过试验验证，前两者对基础油中BF_3配合物催化剂分离效果不明显，后者存在设备腐蚀问题。

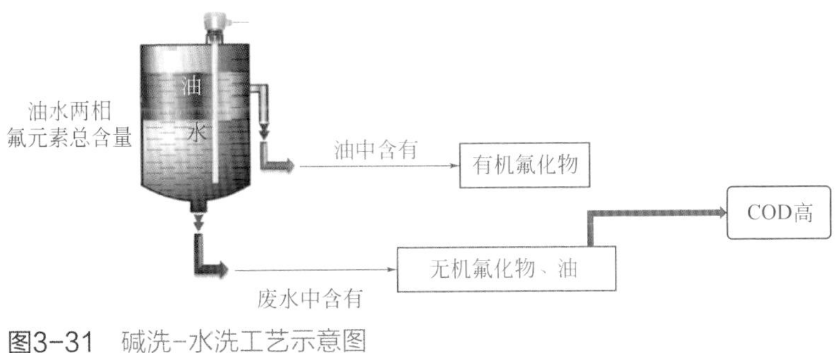

图3-31 碱洗-水洗工艺示意图

针对上述问题，本书著者团队研究了催化剂回收工艺，考察了连续工艺的不同单元对气态 BF_3 及配合 BF_3 催化剂的脱除率，提出了分级回收思路，开发出“闪蒸脱气 - 分离脱液 - 气提补充”的聚合催化剂清洁回收工艺，如图 3-32 所示。

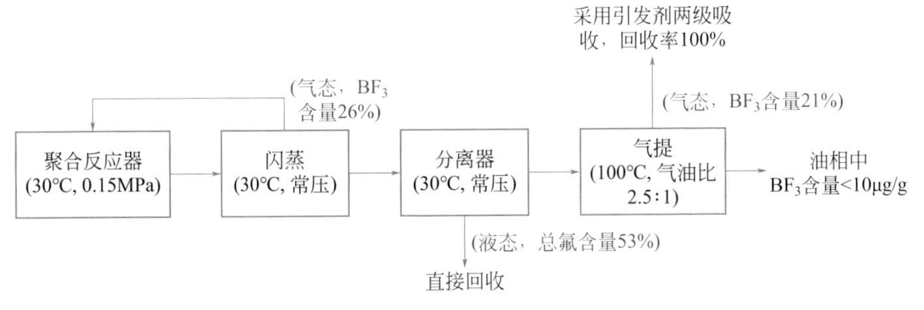

图3-32 催化剂分离回收工艺

聚合反应生成的物料经闪蒸分离，脱除溶解的气态 BF_3，返回聚合反应器，剩余物料进入分离器中，配合状态的催化剂在分离器被进一步分离，分离出的配合催化剂直接回用，含有残余配合催化剂的物料进入气提塔，在高温条件下经氮气气提脱除残余 BF_3，分离出的气态 BF_3 采用引发剂两级吸收。此时，聚合催化剂回收率接近 100%，油相中 BF_3 含量低于 10μg/g，实现了聚合催化剂的清洁回收。

⑥ 工业聚合反应器　1- 癸烯齐聚制备 PAO 基础油体系黏度大，且催化剂与物料存在气 - 液传递，因此对反应混合能力有较高的要求，高效的工业反应器应具有良好的功率特性、混合特性、气 - 液分散特性以及换热性能。

本书著者团队建立了 150L 规模的冷模实验装置，考察了气体在黏性流体中的分散特性和功率特性，以及该冷模实验装置中搅拌器的功率特性；提出了工业反应器设计方案，并对设计方案进行了换热能力的核算；利用 CFD 数值模拟的方法对设计方案进行了验证和优化，设计出高效聚合反应器，如图 3-33 所示。

反应器底部的径向流桨叶可形成典型的双循环漩涡结构，促进气体均匀分散；

轴向流桨在反应器内底桨上方区域形成了整体的轴向循环，有利于物料间传递和反应。CFD 模拟结果表明：反应器内速度分布比较均匀，在换热管附近的流体速度可达 2.3m/s，搅拌桨产生的循环流量大，可达 $0.91m^3/s$，循环五圈的理论混合时间为 19s，达到工业装置使用要求。该反应器已应用于工业试验装置，并达到预期效果。

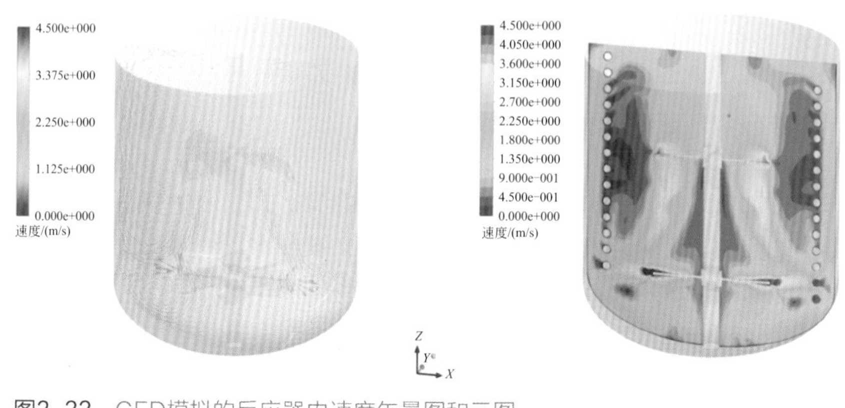

图3-33　CFD模拟的反应器内速度矢量图和云图

⑦ 基础油深度饱和加氢精制技术　通过聚合得到的 PAO 基础油粗产品中含有烯烃、芳烃等不饱和烃类，影响油品的氧化安定性，导致油品在使用或贮存过程中容易氧化变质、颜色加深、酸值增大、沉淀物多、黏度增长率大、寿命降低。加氢精制是 PAO 基础油生产过程中必不可少的加工步骤，通过加氢精制可对其中残余的微量烯烃、芳烃进行深度脱除，改善基础油的颜色和安定性，从而提高 PAO 基础油的产品质量。目前，国内市场没有针对 PAO 基础油加氢的专有催化剂，现有文献报道或工业装置上采用的 PAO 基础油加氢催化剂有三种：一种是以 Mo-Ni-P 作为活性金属，以 Al_2O_3 等作为载体的非贵金属加氢精制催化剂 [47,48]；一种是以 Ni 作为活性金属，以 Al_2O_3 作为载体的类贵金属苯加氢催化剂；另一种是以 Pd 作为活性金属，以 Al_2O_3 作为载体的贵金属加氢精制催化剂。PAO 加氢按工艺路线可分为两种：一种是一段加氢工艺，要求催化剂具有较高的芳烃饱和选择性；另一种是两段加氢工艺，其目的是将一段加氢作为预精制段，脱除原料中的部分杂质，防止二段高活性加氢催化剂中毒。

本书著者团队于 2015 年着手开展 PAO 基础油加氢催化剂的开发，围绕 PAO 基础油加氢机理进行了系统研究。根据 PAO 基础油原料性质、产品质量及使用要求，加氢精制催化剂要具有较强的烯烃、芳烃饱和性能，因而要有适宜的孔径分布和较大的平均孔径以降低扩散阻力。针对 PAO 基础油原料特点进行催化剂载体设计，同时采用活性金属的高效负载技术，开发了 PHF-501 型加氢催化剂，实现了 PAO 基础油的深度加氢精制 [49]。所开发的 PHF-501 加氢精制催化剂为完全硫化态催化剂，整个开工过程不产生硫化油，减少了环境污染，同时极大地缩短了开工时间。催化剂的物化性质如表 3-15 所示。

表3-15　PHF-501催化剂物化性质

项目	PHF-501
外观	三叶草条状
径向尺寸/mm	1.2～2.0
3.0～8.0mm长度分布（质量分数）/%	85.0
堆积密度/（g/cm^3）	0.72～0.88
比表面积/（m^2/g）	≥150
孔体积/（m^3/g）	≥0.35
径向抗压碎强度均值/（N/cm）	≥150

PHF-501 催化剂于 2020 年 12 月在兰州中石油润滑油添加剂有限公司 1 万吨 / 年低黏度 PAO 基础油生产装置上实现了工业应用，该装置加氢单元设有两个反应器，采用两段串联的方式，通过对烯烃齐聚得到的 PAO 基础油粗产品进行加氢精制来生产润滑油基础油。在装置平稳的运行工况下，加氢后产品的赛波特颜色为 30 号，产品的溴价、芳烃含量均较低，产品合格，说明该催化剂具有良好的加氢饱和性能。

⑧ 低黏度 PAO 基础油成套技术　本书著者团队在低黏度 PAO 基础油开发过程中，通过集成关键工艺过程，形成了集“规整聚合催化剂、高效聚合反应器、连续聚合工艺、催化剂清洁回收工艺、加氢精制催化剂及工艺”等关键技术于一体的成套技术，在兰州中石油润滑油添加剂有限公司建成 1 万吨 / 年规模的工业示范装置，如图 3-34 所示。

图3-34　1万吨/年低黏度PAO基础油工业示范装置

2020 年该装置开车成功，生产出 65t 基础油中间产品，主产品 PAO4 的核心性能如黏度指数、倾点、闪点、低温动力黏度等指标均优于国外同类产品，对比结果如表 3-16 所示。2021 开展工业试验，实现装置平稳运行，装置 72h 标定结果表明：催化剂分离效率达到 96.51%，产品单耗为 1018.63kg/t，基础油收率为 98.17%，主产品 PAO4 收率为 61.00%，装置生产能力为 10008t/a。该成套技术的成功应用，实现了我国在低黏度 PAO 基础油领域的重大技术突破，将加速高端润滑油技术提升，促进产品升级换代，为我国润滑油产业进步、支撑国防军工及高端制造领域发展提供坚实的技术保障。

表3-16 中国石油低黏度PAO与国外PAO产品指标对比

分析项目	单位	中国石油 PAO4	国外 PAO4
运动黏度（100℃）	mm^2/s	4.121	4.1
运动黏度（40℃）	mm^2/s	18.36	19
色度（Pt-Co）	—	＜0.5	＜0.5
黏度指数	—	128	126
闪点（开口）	℃	226	220
倾点	℃	＜-60	＜-60
蒸发损失（Noack法250℃，1h）（质量分数）	%	11	14
低温动力黏度（-35℃）	mPa・s	1424	1450

（2）F-T 烯烃制备低黏度 PAO 基础油技术　为拓展 PAO 基础油原料、降低生产成本，各大高校、企业纷纷以 1- 丁烯、1- 辛烯等低碳 *α*- 烯烃为原料开展 PAO 基础合成研究，比如：以 1- 丁烯与高碳 *α*- 烯烃为原料，在茂金属催化剂作用下共聚，制备低分子量的 PAO 基础油 [50-52]；以 1- 辛烯、1- 癸烯和 1- 十二烯的烯烃混合物为原料，制备性能优异的 PAO 基础油 [53]；以 1- 己烯、1- 十二烯和 1- 十四烯为原料制备 PAO 基础油 [54]，但这些技术目前处于摸索研究阶段。近年来，以 F-T 烯烃为原料制备 PAO 基础油 [55]，成为众多企业及高校争相研究的热点，而以 F-T 烯烃为原料制备 PAO 基础油面临的最大难题是杂质的深度分离及脱除。

本书著者团队在 2017 ～ 2020 年期间，通过分析 F-T 烯烃原料组成、开发杂质分离及脱除技术，完成了 F-T 烯烃原料合成 PAO 基础油研究。借助仪器分析手段，确定 F-T 烯烃中除含有不同碳数的直链 *α*- 烯烃和直链烷烃外，还含有带支链的 *α*- 烯烃、异构烷烃及内烯烃等，其含量约占 5%，另外，F-T 烯烃中还含有约 1% 的杂质，主要为醛、酮、醚、酯、水等含氧化合物，红外谱图如图 3-35 所示，经初步聚合分析，该杂质严重影响 F-T 烯烃的聚合。

针对 F-T 烯烃原料特点，基于强化极性分离原理，本书著者团队开发出了多元强极性溶剂，深度抽提出原料中含氧化合物，脱氧率≥93%、烯烃损失≤10%，精制后 F-T 原料中氧含量＜500μg/g，满足聚合原料要求。原料精制流程如图 3-36 所示。

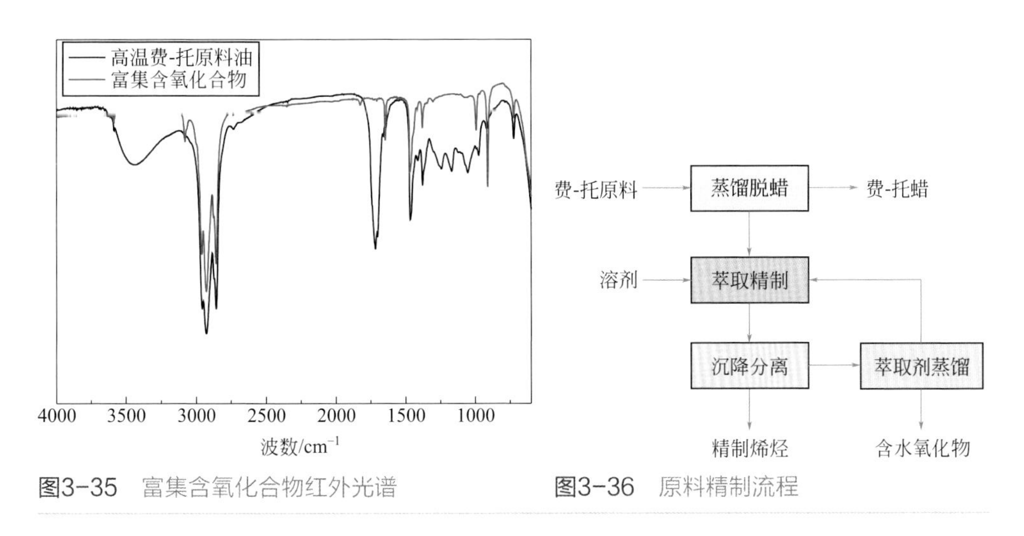

图3-35 富集含氧化合物红外光谱

图3-36 原料精制流程

本书著者团队集成原料精制工艺，开发出了F-T烯烃制备低黏度PAO基础油技术，完成了中试连续放大试验，工艺流程如图3-37所示。该工艺中溶剂、催化剂可循环回用，具有绿色清洁的优势，采用该技术得到的产品组成、性能与1-癸烯原料合成PAO产品相当，且低温性能优异，对比结果如表3-17所示。

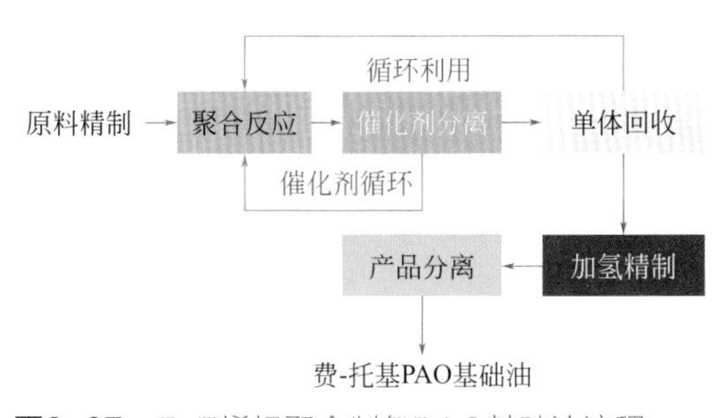

图3-37 F-T烯烃聚合制备PAO基础油流程

表3-17 F-T烯烃PAO基础油与1-癸烯PAO基础油组成对比

项目	产品性能				
	40℃运动黏度/（mm^2/s）	100℃运动黏度/（mm^2/s）	黏度指数	倾点/℃	转化率/%
F-T烯烃	25.03	5.079	136	−57	97
1-癸烯	22.46	4.763	136	−54	99

2. 中高黏度PAO基础油技术

（1）$AlCl_3$中高黏度PAO基础油合成技术　兰州中石油润滑油添加剂有限公司5000t/a合成油装置采用蜡裂解烯烃/1-癸烯为原料、三氯化铝为催化剂、间歇操作方式，主产中黏度 PAO 基础油，产品为 PAO20 及 PAO40，副产低黏度 PAO，产品为 PAO3 及 PAO8 基础油。生产工艺流程包括聚合、中和、加氢、蒸馏及分馏，如图 3-38 所示。

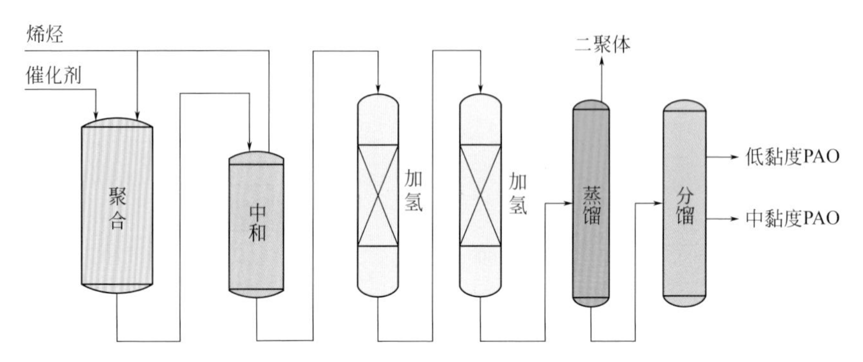

图3-38　中高黏度PAO基础油工艺流程

反应过程存在聚合反应器飞温现象，导致产品质量不稳定，影响装置生产。造成该问题的原因是该工艺一直采用间歇操作，生产过程中催化剂为一次加入，由于催化剂量偏高，加上引发阶段原料烯烃浓度较高，初始反应速率较快、放热集中，超出反应器取热能力后，造成热量累积，引起体系飞温，最终影响产物碳数分布。一直以来，该装置操作人员受反应过程难以控制的困扰。

2018 ～ 2019 年期间，本书著者团队通过小试试验，对能够影响反应放热强度的工艺参量进行了定性考察，确定了催化剂浓度、初始反应温度、搅拌强度、催化剂粒度、水含量以及气相空间 HCl 浓度等都能够影响反应引发速度和放热强度。为保证每次产品的稳定性和工艺的可控性，提出如下解决方案：将初始反应温度、搅拌强度、催化剂粒径分布、原料水含量以及气相空间 HCl 浓度设定固定参量，变化参量只有催化剂浓度，通过在引发阶段降低催化剂浓度，降低体系的反应放热强度，达到控制反应温度、实现平稳操作的目的。

此外，本书著者团队在制备中高黏度 PAO 领域不断探索，进行了催化剂的负载化及工艺研究，成功开发了负载化 $AlCl_3$ 催化剂，并研究了反应温度对聚合性能的影响规律 [56]：当反应温度由 40℃升高至 110℃时，产物中聚合度为 2 ～ 4 的聚合体含量逐渐增加，聚合度大于 4 的聚合物含量逐渐降低，黏度和黏度指数降低；利用 $AlCl_3$ 催化剂，催化 1- 癸烯聚合，合成出中黏度 PAO 基础油，100℃运动黏度为 11.0mm^2/s 左右，黏度指数为 140 左右，收率大于 70%[57]，并在反应温度 35℃、$AlCl_3$ 催化剂用量 3.5% 的条件下，制备的 PAO 基础油的 100℃运动黏度为 53.12mm^2/s，黏度指数为 153 [29]。

（2）茂金属中高黏度 PAO 基础油合成技术

① 1- 癸烯制备中高黏度 mPAO 基础油技术　针对性能最优、附加值最高的高黏度 mPAO 产品，本书著者团队设计开发了系列限制几何构型茂金属催化剂，如图 3-39 所示。该催化剂具有螯合双齿骨架结构，双齿螯合配体可以稳定金属中心的电子云，提高催化剂稳定性；键角 Cp—M—N 小于 Cp—M—Cp，限制链增长过程中单体进攻方向，可有效控制长链 α- 烯烃的定向插入，实现规整聚合，改善产品的黏温性能；设计应用新型苯氧基侧链取代基结构，调变茂基配体结构，改变催化剂电子效应及位阻效应，调控烯烃聚合度，制备不同黏度等级产品，实现产品定制化、可灵活调变。

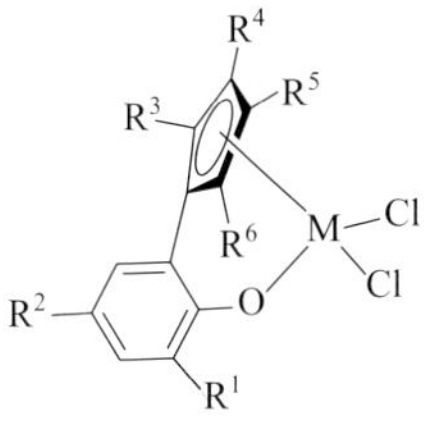

图3-39

含芳氧基侧链的茂催化剂结构

开发出高效多釜串联连续聚合工艺，规避了间歇聚合反应难控制、产品质量不稳定难题，实现 mPAO 基础油连续化制备；针对均相催化剂难分离、传统碱水洗涤工艺污染环境难题，开发出了高效终止 - 热处理 - 相分离组合工艺，实现了均相催化剂环保分离。采用该技术，以 1- 癸烯为原料，制备出 100℃运动黏度可调的 PAO 中高黏度产品，黏度范围 20 ～ 1000mm^2/s，关键性能指标见表 3-18。

表3-18　中高黏度mPAO产品性能

分析项目	单位	mPAO40	mPAO100	mPAO150	mPAO300	mPAO1000
运动黏度（100℃）	mm^2/s	38.9	118.9	148.5	305.5	994
运动黏度（40℃）	mm^2/s	294.8	1125	1491	3281	11530
黏度指数	—	185	208	213	243	309
倾点	℃	−45	−36	−33	−33	−21

② 混合癸烯制备中高黏度 PAO 基础油技术　目前 PAO 基础油生产企业多采用 1- 癸烯原料或 C_8 ～ C_{12} 线型 α- 烯烃为原料，但国内长链 α- 烯烃技术还未成熟，PAO 基础油原料基本依赖进口，限制了产业发展。混合癸烯作为 1- 己烯装置副产品，目前未见高值化利用途径，被作为燃料油、溶剂低价处理。混合癸烯中 α- 癸烯含量≥85%，理论上认为可以作为 PAO 基础油聚合原料，但 α- 癸烯中 90% 组分均为带有不同长度侧链的支化烯烃，规整聚合难度极大，采用传统催化剂极难制备出高性能 PAO 基础油产品。

本书著者团队针对混合癸烯原料结构特点，开发出规整聚合单中心催化剂，催化体系为茂金属化合物 / 烷基铝 / 有机硼化合物，主催化剂结构特点为大位阻配体限域、对原料分子具有选择性转化功能，通过选择性催化转化、定向规整聚合，实现了高支化混合癸烯的规整聚合。

通过优化多组分催化剂进料工艺，集成在线氢调工艺，开发出可控聚合工艺。采用该技术，以混合癸烯为原料，可制备出 100℃运动黏度 10 ～ 100mm²/s 的中高黏度 PAO 产品，结果见表 3-19。

表3-19 混合癸烯制中高黏度PAO产品性能

分析项目	单位	PAO10	PAO20	PAO40	PAO100
运动黏度（100℃）	mm²/s	12.8	19.91	38.65	112
运动黏度（40℃）	mm²/s	92.47	165.4	364	1271
黏度指数	—	135	140	156	184
倾点	℃	−48	−45	−39	−33
低温动力黏度(−20℃)	mPa・s	—	12405	39132	159464

（3）乙烯直接法合成中高黏度 PAO 基础油技术　乙烯直接合成终端产品——PAO，可以大幅度精简传统两步法工艺流程、降低产品成本、提高生产效率、摆脱国外原料垄断束缚，并将突破传统技术框架，颠覆现有技术路线。

本书著者团队以典型 PAO 分子多侧链长支链的结构为目标，设计出具有聚合 / 支化双特点的乙烯聚合催化剂，通过调控链行走效应强度，同步实现聚合链“择向转移”和“定向增长”，首次将链行走概念应用到 PAO 基础油合成领域，实现乙烯聚合直接制备出 100℃运动黏度范围 10 ～ 40mm²/s、黏度指数＞150、倾点达到 −36℃的 PAO 产品，性能与传统 PAO 基础油相当。相比传统 PAO 基础油合成工艺，乙烯聚合直接合成 PAO 基础油（图 3-40）在流程工序上，能够省去能耗最大的 α- 烯烃分离和油品切割步骤，同时原料成本能够节省 30% ～ 50%。

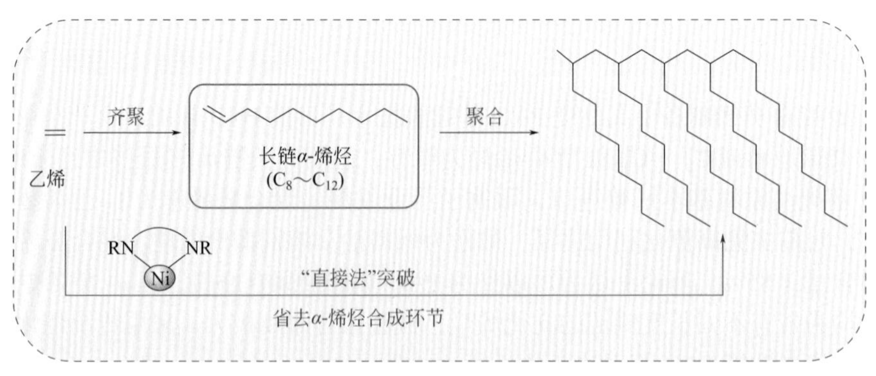

图3-40 乙烯直接法合成中高黏度PAO

研发过程中选用具有链锁特点并耐高温的后过渡镍系催化体系，以 C_2 为聚合单元，通过调控催化剂配体的位阻效应，控制链增长反应速率，进一步调控配体骨架的刚性强度，控制链行走效应的强弱，使链增长反应和链行走反应在分子链上交替进行，以保证侧链数量以及侧链长度，聚合设计路线如图 3-41 所示。

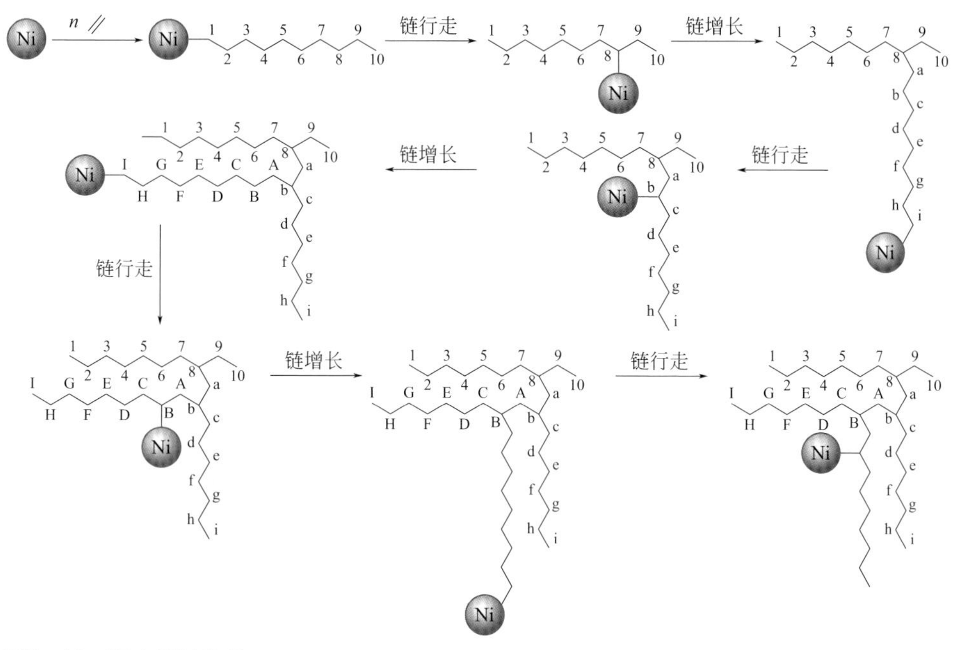

图3-41　聚合设计路线

采用新型链行走乙烯聚合催化剂，完成了反应温度、反应压力、停留时间、催化剂浓度 / 配比等工艺条件的优化，在 0.1 ～ 1.0MPa、0 ～ 80℃、反应 2 ～ 6h 的条件下，可定制合成出 100℃运动黏度范围 10 ～ 60mm^2/s 的油品。并归纳出产品黏度及黏温性受反应压力影响，低温性主要受反应温度影响，催化剂浓度及配比影响乙烯单程转化率的规律，乙烯聚合直接合成 PAO 基础油典型产品指标见表 3-20。

表3-20　直接法PAO基础油指标对比

项目	典型PAO产品		乙烯聚合直接合成PAO产品	
产品	PAO20	PAO40	PAO20	PAO40
100℃运动黏度/（mm²/s）	21.2	40.8	21.1	41.1
倾点/℃	−43	−36	−43	−36
黏度指数	130	145	153	173
低温动力黏度(−20℃)/mPa・s	13000	35000～40000	12438	38380

乙烯直接法合成 PAO 基础油技术的开发拓宽了 PAO 基础油合成原料的范围，以乙烯直接生产 PAO 基础油，可改变 PAO 产业格局，提高产品附加值，符合炼化产业的高质量发展趋势。

3. 知识产权保护

本书著者团队在 PAO 基础油技术开发过程中，形成了多项关键技术成果并进行了专利保护，申请了合成低、中高黏度 PAO 基础油专用催化剂、清洁分离工艺、高效聚合反应器等方面专利 15 件，如表 3-21 所示。

表3-21 PAO基础油专利技术

序号	专利名称	申请号/专利号	申请国别
1	一种α-烯烃聚合的催化剂组合物及其制备与应用	202110405183.5	中国
2	一种低粘度聚α-烯烃润滑油及其合成方法	201811531933.8	中国
3	一种烯烃聚合反应中催化剂的分离回收方法	202011399463.1	中国
4	一种润滑油基础油的合成方法	201811492496.3	中国
5	固载路易斯酸催化剂及其制备方法、利用该催化剂的α-烯烃齐聚反应	201811173539.1	中国
6	一种聚α-烯烃基础油及其制备方法	201811173560.1	中国
7	一种烯烃聚合催化剂的制备方法、聚α-烯烃基础油的制备方法	201811173559.9	中国
8	用于1-癸烯齐聚的催化剂及其制备方法和应用	201811173546.1	中国
9	一种聚α-烯烃基础油的制备方法	202011487143.1	中国
10	一种以C_8-C_{10} α-烯烃四聚体为主要组分的窄分布PAO基础油及其制备方法	202011491413.6	中国
11	一种窄组成分布的1-癸烯齐聚物基础油及其制备方法和应用	202011491442.2	中国
12	一种超高粘度指数聚α-烯烃基础油及其制备方法和应用	202011487142.7	中国
13	一种窄分布、低粘度和高粘度指数的PAO基础油及其制备方法	202011487096.0	中国
14	一种合成聚烯烃的反应釜	201921733653.5	中国
15	一种立式离心机	201921988676.0	中国

其中专利 1 公开了一种适合于低黏度 PAO 基础油聚合且目标产品选择性高的 α- 烯烃聚合催化剂及其制备与应用，对低黏度 PAO 基础油开发过程中关键技术催化剂进行保护；专利 2、3 公开了低黏度 PAO 基础油生产过程中催化剂分离回收工艺，对低黏度 PAO 清洁生产工艺进行技术保护；专利 4 是在完成多种原料合成 PAO 基础油研究过程中形成的工艺创新及技术保护；专利 5 ～ 13 是在开发系列 α- 烯烃聚合催化剂及原料拓展研究过程中形成的技术创新；专利 14、15 公开了适合烯烃聚合的反应釜及立式离心机，对 PAO 基础油技术开发过程形成的关键设备进行了保护。

第三节
技术发展趋势

中国润滑油行业已从高速增长阶段转向高品质发展阶段，正处在转变发展方式、转换增长动力的攻关期。市场对高端润滑油产品的需求将带动 PAO 需求的快速增长，与此同时，PAO 基础油供应受原料癸烯产能的限制未有明显提升。市场供不应求的态势，必然推动 PAO 基础油技术革新，而原料多元化，工艺连续、清洁化，产品定制化将是其主要的发展方向。

PAO 基础油生产关键之一是获取适宜的 *α*- 烯烃原料，而传统的乙烯齐聚产品多为装置联产品，存在 $C_8 \sim C_{12}\alpha$- 烯烃选择性较低（30% ～ 55%），宽分布 *α*- 烯烃扩能受限，高选择性 1-C_{10} 生产技术空白，优质原料依赖进口，价格昂贵等各方面的问题。随着我国煤化工产业获得国家政策支持，采用费 - 托合成技术生产的 F-T 烯烃制 PAO 基础油成为关注的焦点之一，攻克 F-T 烯烃中杂质脱除、异构烯烃的分离难题，开发 F-T 烯烃分离技术，可为市场提供 PAO 基础油优质原料。同时，随着炼油向化工转型，低碳烯烃产能过剩，如开发出低碳烯烃制备 PAO 基础油技术（如乙烯一步法技术），可拓宽 PAO 基础油原料来源。

随着人类对环境的日益关注，传统的均相催化体系受到严重的挑战，开发催化剂高效分离、脱除的清洁生产技术，实现均相催化剂生产 PAO 基础油过程“绿色、环保”；间歇聚合工艺存在生产效率低，产品质量不稳定、性能差的缺点，开发 PAO 基础油连续工艺不仅能够提高生产效率、保证质量，而且可针对不同产品的生产需求，进行生产方案灵活切换。

在经济增长、环保趋严、技术进步等因素的驱动下，PAO 基础油在中国汽车、风电、高速铁路、机器人等领域具有广阔的应用前景。而不同的应用领域，对 PAO 产品的性能要求不同，如航空发动机润滑油的超低温流动性能、风力发电用油的高抗剪切性能。因此，以市场对基础油性能需求为导向，研究基础油结构与性能关系，设计产品分子结构，开发与之匹配的催化剂和工艺，利用催化剂定向聚合、工艺高效分离、工程化放大可实现产品定制化生产。

参考文献

[1] 刘维民，许俊，冯大鹏，等．合成润滑油的研究现状及发展趋势 [J]．摩擦学学报，2013, 33(1): 91-104.

[2] 黄付玲，满艳茹，孙淑坤，等．α- 烯烃合成油技术进展 [J]．化工中间体，2007, 9(9): 21-23.

[3] 高飞，王秀绘，王文清，等．α- 烃合成油的应用及发展 [J]．化工中间体，2010, 6(2): 1-4.

[4] 杨晓莹，高宇新，曹婷婷，等．聚 α- 烯烃合成油生产工艺进展 [J]．精细石油化工进展，2012, 13(3): 40-43.

[5] 吴楠，费逸伟，张昊，等．国产与进口聚 α- 烯烃润滑油性能对比 [J]．石油炼制与化工，2017, 48(3): 90-93.

[6] 王建强，张荆清，包莉鸿，等．生物化学品制线性 α- 烯烃催化技术研究进展 [J]．化工进展，2016, 35(9): 2746-2751.

[7] Chatterjee A, Eliasson S H H, Jensen Vidar R. Selective production of linear α-olefins via catalytic deoxygenation of fatty acids and derivatives [J]. Catal Sci Technol, 2018, 8: 1487-1499.

[8] Skupinska J. Oligomerization of alpha-olefins to higher oligomers [J]. Chemical Reviews, 1991, 91(4): 613-648.

[9] Keim W. Oligomcrization of ethyene to alpha-olefins: discovery and development of the Shell Higher Olefin Process(SHOP) [J]. Angewandte Chemie-International Edition, 2013, 52(48): 12492-12496.

[10] Huang Y W, Zhang L, Wei W, et al. Nickel-based ethylene oligomerization catalysts supported by PNSiP ligands [J]. Phosphorus Sulfur and Silicon and The Related Elements, 2018, 193(6): 363-368.

[11] Meng X J, Zhang L, Chen Y H, et al. Silane-bridged diphosphine ligands for nickel-catalyzed ethylene oligomerization[J]. Reaction Kinetics Mechanisms and Catalysis, 2016, 119(2): 481-490.

[12] 李达刚，刘东兵．对 SHOP 法乙烯齐聚制 α- 烯烃催化剂的改进与创新 [J]．石油化工，1999 (5): 17-20.

[13] Christoffers J, Bergman R G. Zirconocene-alumoxane(1∶1)-acatalyst for the selective dimerization of alpha-olefins[J]. Inorganica Chimica Acta, 1998, 270(1-2): 20-27.

[14] Wang M, Shen Y M, Qian M X, et al. Oligomerization and simultaneous cyclization of ethylene to methylenecyclopentane catalyzed by zirconocene complexes [J]. Journal of Organometallic Chemistry, 2000, 599(2): 143-146.

[15] Siedle A R, Lamanna W M, Newmark R A, et al. Mechanism of olefin polymerization by a soluble zirconium catalyst[J]. Journal of Molecular Catalysis A-Chemical, 1998, 128(1-3): 257-271.

[16] Small B L, Brookhart M. Iron-based catalysts with exceptionally high activities andselectivities for oligomerization of ethylene to linear alpha-olefins [J]. Journal of the American Chemical Society, 1998, 120(28): 7143-7144.

[17] Britovsek G J P, Gibson V C, Kimberley B S, et al. Novel olefin polymerization catalysts based on iron and cobalt [J]. Chemical Communications, 1998(7): 849-850.

[18] Gibson V C, Redshaw C, Solan G A. Bis(imino)pyridines: surprisingly reactive ligands and a gateway to new families of catalysts [J]. Chemical Reviews, 2007, 107(5): 1745-1776.

[19] Dixon J T, Green M J, Hess F M, et al. Advances in selective ethylene trimerisation-a critical overview [J]. Journal of Organometallic Chemistry, 2004, 689(23): 3641-3668.

[20] Alferov K A, Belov G P, Meng Y Z. Chromium catalysts for selective ethylene oligomerization to l-hexene and 1-octene: recent results [J]. Applied Catalysis A-General, 2017, 542: 71-124.

[21] 于部伟，蒋岩，霍洪亮．乙烯三聚制 1- 己烯的工艺研究进展 [J]．化学工业，2018, 36(06): 17-20.

[22] 张宝军，姜涛，李建忠，等．一种乙烯低聚的催化剂组合物及其应用 [P]：CN 200610057254.2.2008-12-17.

[23] 于部伟，姜涛，王斯晗，等．一种乙烯选择性齐聚的方法及催化剂 [P]：CN 201810648359.8.2020-12-01.

[24] 王力搏，于部伟，孙恩浩，等．一种乙烯齐聚催化剂预混器 [P]：CN 201521128793.1.2016-08-10.

[25] 王斯晗，蒋岩，王玉龙，等．乙烯三聚反应中副产物癸烯的生成机理及控制工艺 [J]．石油学报（石油加工），2017, 33(2): 261-266.

[26] 王斯晗，褚洪岭，王力搏，等．催化剂及其应用 [P]：CN 201511021457 .1 .2019-10-11.

[27] 王亚丽，白玉洁，王秀绘，等．癸烯的制备方法 [P]：CN 201511026343 .6 .2019-12-06.

[28] 刘岳松，丁洪生，刘庆利，等．季戊四醇改性三氯化铝催化 C_{12} ～ C_{14} 烯烃齐聚反应的研究 [J]．当代化

工，2014, 43(5): 694-696.

[29] 李磊，王慧，何少飞．PAO40 合成过程中的影响因素探讨 [J]．石化技术，2016 (5): 25-26.

[30] 李洪梅，曹祖宾，石薇薇，等．1- 癸烯聚合制备高黏度聚 α- 烯烃合成油 [J]．石油炼制与化工，2019, 50(9): 81-85.

[31] 李登．α- 烯烃合成 PAO 润滑油基础油新技术研究［D］．上海：华东理工大学，2014.

[32] 蒋山，申志明，赫策，等．$(C_2H_5)_2AlCl/TiCl_4$ 催化 1- 癸烯聚合制备高黏度指数润滑油 [J]．工业催化，2009, 17(12): 32-36.

[33] 王斯晗，李磊，孙恩浩，等．双助催 Ziegler-Natta 体系用于混合癸烯制备润滑油基础油 [J]．石油化工，2017, 46(4): 433-438.

[34] 马跃锋，许健，蒋海珍，等．茂金属催化体系下煤制 α- 烯烃制备低黏度 PAO 基础油的工艺研究 [J]．石油炼制与化工，2016, 47(06): 32-36.

[35] 盛亚平，黄启谷，陈伟，等．茂金属催化剂 /MAO 催化 1- 癸烯齐聚合及其产物的结构与性能 [J]．化工学报，2007, 58(3): 759-764.

[36] 张耀，段庆华，刘依农，等．离子液体催化 1- 癸烯齐聚制备聚 α- 烯烃的研究 [J]．石油炼制与化工，2011, 42(11): 62-65.

[37] 吕春胜，颜子龙，许云飞，等．离子液体催化 1- 癸烯 - 苯烷基化合成高性能润滑油基础油 [J]．石油学报，2012, 28(6): 1025-1030.

[38] Yang N, Tirmizi S. Catalyst recovery process[P]: US 2006/0178545A1. 2006-08-10.

[39] Vahid B, Moore L D, Digiacinto P M. Low viscosity oligomer oil product, process and composition [P]: US 20130225459A1.2013-08-29.

[40] 王斯晗，王力搏，刘通，等．BF_3 催化混合 C_{10} 和 α- 烯烃制备聚 α- 烯烃润滑油基础油 [J]．化学反应工程与工艺，2016, 32(6): 528-535.

[41] 褚洪岭，马克存，王斯晗，等．BF_3/ 乙酸催化 1- 癸烯合成低黏度聚 α- 烯烃润滑油基础油 [J]．化工进展，2018, 37(8): 3016-3020.

[42] 王斯晗，曹媛媛，刘通，等．BF_3 催化 1- 癸烯制备聚 α- 烯烃合成润滑油基础油 [J]．化工进展，2016, 35(12): 3907-3912.

[43] Wang S H, Wang L B, Liu T, et al. Characterization and apparent kinetics of polymerization of 1-decene catalyzed by boron trifluoride/alcohol system [J]. China Petroleum Processing and Petrochemical Technology, 2017, 19(3): 16-22.

[44] Dong S Q, Mi P K, Xu S, et al. Preparation and characterization of single-component poly-α-olefin oil base stocks[J]. Energy & Fuels, 2019, 33 (10): 9796-9804.

[45] 曹媛媛，刘通，闫义斌．聚 α- 烯烃合成油基础油结构组成与性能关系研究进展 [J]．化工技术与开发，2015, 259(12): 41-44.

[46] Zhao R, Mi P, Xu S, et al. Structure and properties of poly-α-olefins containing quaternary carbon centers[J]. ACS Omega, 2020, 5(16): 9142-9150.

[47] 李鸿鹏，于廷云，陈平，等．中粘度聚 α- 烯烃合成基础油 Mo-Ni-P/γ-Al_2O_3 加氢催化剂的研究 [J]．工业催化，2006, 14(2): 17-20.

[48] 周美玲．于庭云，白君君．超硅负载铝浸 Mo-Ni-P-H 催化剂的聚 α- 烯烃合成基础油加氢性能 [J]．工业催化，2010, 18(1): 47-49.

[49] 倪术荣，王刚，吴显军，等．低粘度聚 α- 烯烃合成油加氢精制催化剂的制备及性能评价 [J]．石油炼制与化工，2020, 51(12): 45-49.

[50] Ray S, Rao P V C, Choudary N V, et al. Poly-α-olefin-based synthetic lubricants: a short review on various

synthetic routes[J].Lubrication Science, 2012, 24(1): 23-44.

[51] 林吉超. 1- 丁烯与 1- 十二碳烯共聚制备高级润滑油基础油 [D]. 天津：天津科技大学，2014.

[52] Shao H Q, Li H, Lin J C, et al. Metallocene-catalyzed oligomerizations of 1-butene and α-olefins: toward synthetic lubricants[J].European Polymer Journal, 2014, 59: 208-217.

[53] Clarembeau M. Co-oligomerization of 1-decene and 1-dodecene[P]: US 6646174. 2003-11-11.

[54] Kramer A I, Surana P, Nandpurkar P J, et al. Compiler: high viscosity poly-alpha olefins based on 1-hexene,1-dodecene and 1-tetradecene[P]: US 20070225533. 2008-06-03.

[55] 刘东阳，曹祖宾，石薇薇，等. 费 - 托蜡裂解混合 α- 烯烃齐聚制备润滑油基础油 [J]. 石油化工，2019, 48(6): 575-582.

[56] 王玉龙，高晗，梁宇，等. $AlCl_3$-H_2O 催化体系催化 1- 癸烯齐聚工艺研究 [J]. 精细石油化工进展，2017, 18(3): 51-53.

[57] 蒋岩，孙恩浩. $AlCl_3$ 催化剂催化 1- 癸烯齐聚及其黏温性与低温性的研究 [J]. 精细石油化工进展，2016, 17(1): 41-44.

第四章

生物基润滑油生产技术

生物基润滑油是指以改性的生物资源或可再生农业或林业资源等原料为基础油，与高性能复合添加剂复配而成的润滑油，其主要特征为无毒、可再生和可生物降解。生物基润滑油废弃、泄漏后在土壤和水中可降解成 CO_2 和 H_2O，释放的 CO_2 量等于植物最初从大气中吸收的 CO_2 量（图 4-1）。因此，生物基润滑油的降解对大气中的 CO_2 平衡没有影响，不会对环境造成污染和危害，在环境和经济可持续发展方面具有明显的优势，有助于我国早日实现“碳达峰、碳中和”的目标。

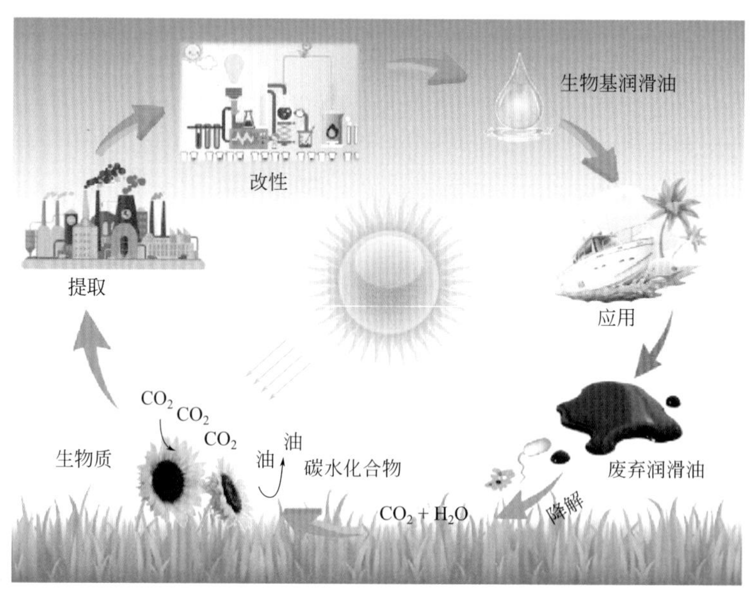

图4-1　生物基润滑油的全生命周期循环[1]

人类对生物基润滑油的使用和开发最早可以追溯到几千年前的古埃及，那时的人们将橄榄油运用到车轮等移动物体的轮轴润滑中[2]。进入 18 世纪，在工业革命的推动下，动物油、橄榄油、菜籽油等天然油脂广泛应用于工业机械的润滑。但是天然油脂的热氧化安定性和水解安定性较差，在使用过程中容易腐败变质，其低温流动性也较差，因此应用受限。到 19 世纪中期，矿物润滑油以其相对较好的热安定性、水解安定性和低温流动性等特点吸引了人们的广泛关注，并开始替代天然油脂。然而近些年来，人们逐渐意识到矿物润滑油对环境的不良影响，为改善环境问题，以天然油脂及其衍生物作为润滑油基础油的研究越来越受到重视。

早在 1991 年，美国就启动了对生物基润滑油广泛的基础研究和应用开发，包括美国大豆协会、玉米种植者协会、路博润、陶氏益农公司、美国国防部、内政部、能源部、农业部、瑞安勃润滑油、雪佛龙菲利浦化学、宾夕法尼亚州立大学和内布拉斯加州林肯大学等在内的国家机构、企业以及高校研究院所的通力合作，取得了一系列重要的研究和应用成果。据统计，美国有 19 种生物基润滑油产品已经通过国家卫生基金会和直接接触食品标准的认证。此外，马来西亚 Purdue University、加拿大 Trent University、英国 Croda 公司和荷兰 Nest 石油公司等研究机构 [3]，围绕生物质制备生物基基础油和润滑油开展了很多研究工作，如通过对植物油进行基因改性改善低温性能，通过油酸加成改善氧化安定性和低温流动性，通过植物油脂环氧化 - 开环提高分子支化度以及植物油脂复分解 / 糖分解制备多支链聚烯烃基础油等，其中相当一部分研究已顺利实现商业化，投入应用。

当前，我国生物基润滑油的开发和应用仍亟待发展，特别是在技术水平、环境效益和经济效益等方面，相较国外仍有巨大差距。例如，国内生物基润滑油的市场份额低于润滑油脂消费量的 1%，而西欧、北美等发达国家和地区已经高达 5% 以上。因此，寻求天然可再生资源，提升我国生物基润滑油的制造水平，改进制备技术，持续优化性能，将成为我国生物基润滑油行业未来的关键课题。

第一节 生物基润滑油基础油的生产技术

生物基润滑油原料来源很多，包括来源于所有动物、植物和微生物等生物体的有机物，它们的共同点是生物降解性强。测试结果表明，以羊油、牛油、猪油和鸡油等为主的动物油，以大豆、棕榈、椰子、油菜籽和向日葵等为来源的植物油，微藻、细菌、酵母和霉菌等微生物制造的微生物油，以木质纤维素及其衍生物为原料制备的碳氢化合物和多元醇酯，其润滑性能和可降解性都满足生物基润滑油的要求。因而，生物基润滑油按原料来源可分为植物油基润滑油、动物油脂基润滑油、微生物油基润滑油和木质纤维素基润滑油。

一、植物油基润滑油基础油的生产技术

1．植物油的种类

植物油基润滑油是最主要的一类生物基润滑油，植物油的主要成分为脂肪酸及甘油化合物，主要来源于植物的种子、果肉及其他部分。植物油按用途可分为两类：一类是主要用于烹饪、罐头食品和糕点等的食用植物油脂，是重要的副食品，还可以加工成烘烤油、人造奶油和菜油等；另一类是广泛应用于合成树脂、

肥皂、橡胶、油漆、油墨、制革、纺织、润滑油、蜡烛、化妆品及医药等工业的工业用植物油脂。

植物油来源广泛，存在于自然界各种植物中，受气候和地理因素的影响，用于生产生物基润滑油的植物油可能因国家而异[4]。例如，欧洲主要是使用油菜籽和向日葵油生产生物基润滑油，美国主要使用大豆油，而亚洲主要使用棕榈油和椰子油。我国植物油产业的油源作物既有大宗油料作物花生、油菜和大豆，也有芝麻、向日葵、胡麻和山茶等小宗油料作物，还有玉米、棉花和稻谷（米糠可以用于生产米糠油）等其他非油料作物。由于土地及水资源有限，我国仍大量依赖进口油籽进行榨油。因此，我国应主要使用不可食用油来生产生物基润滑油，不可食用油通常来自于废弃的植物以及其他油脂[5]，这样既可以变废为宝，又可以减小对可食用油种植业的压力。

2．植物油的改性

植物油的主要成分如表 4-1 所示，包括甘油三酯、油酸、亚油酸、亚麻酸、硬脂酸和棕榈酸等。最常见的甘油三酯是甘油三油酸酯，三油酸中的三个脂肪酸基团都是油酸。表 4-1 中的其他脂肪酸在生产商业生物基润滑油的植物油（例如，棕榈油、菜籽油和大豆油）中也比较常见，其相对含量取决于植物种类和品种，典型生物基润滑油原料中脂肪酸含量的分布图如图 4-2 所示。

表4-1　植物油的主要成分

名称	化学结构
甘油三油酸酯 $C_{57}H_{104}O_6$	H_2C—O, HC—O, H_2C—O, O, O, O
油酸（C18:1） $C_{18}H_{34}O_2$	HO, O
亚油酸（C18:2） $C_{18}H_{32}O_2$	HO, O
亚麻酸（C18:3） $C_{18}H_{30}O_2$	HO, O
硬脂酸/十八酸（C18:0） $C_{18}H_{36}O_2$	HO, O
棕榈酸/十六酸（C16:0） $C_{16}H_{32}O_2$	HO, O

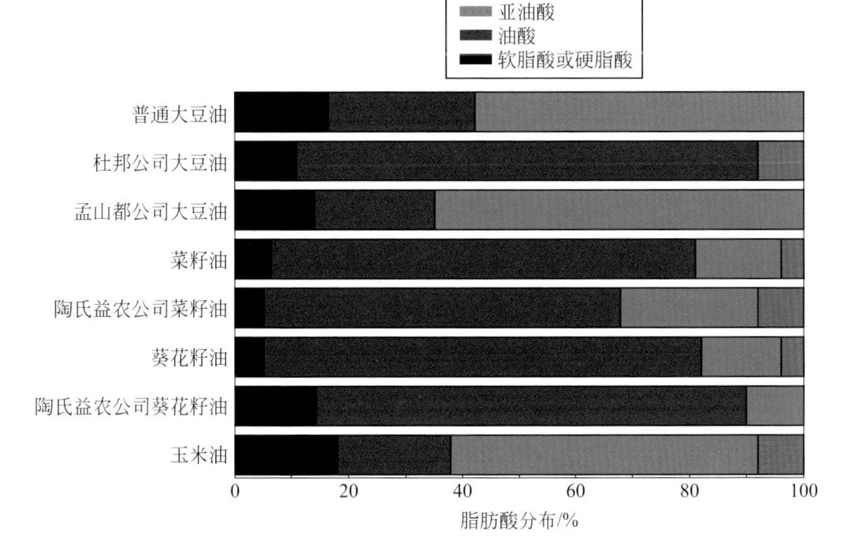

图4-2　典型生物基润滑油原料中脂肪酸含量分布图

植物油的主要成分甘油三酯（分子结构如图 4-3 所示）中存在大量不饱和双键（C═C 双键），C═C 双键具有反应活性并且容易与空气中的氧反应[6]，从而导致氧化不稳定性；而甘油中的 β-C 上的氢原子十分活泼，很容易从分子结构中脱去，导致甘油三酯高温分解，热安定性差。因此，植物油的改性主要是降低 C═C 双键的含量和去除甘油基团，改性方法主要有生物改性和化学改性。生物改性是利用生物遗传改良技术改变植物的基因和性状，改变植物油的脂肪酸组成，从而改善其物理化学性质。由于油酸分子中只含有一个双键，其氧化安定性高于多不饱和脂肪酸，同时其也保持了一定的低温流动性。生物改性主要是增加植物油中的油酸含量，使其具有良好的氧化安定性和低温流动性。例如，采用基因编辑技术可以培育出油酸含量高于 80% 的植物油[7]。但是，生物改性受限于改性周期长和生物遗传稳定性差等问题而难以快速发展。目前，化学改性是普遍采用的改性方法，主要分为以下三种：氢化[8-11]、酯交换[6,12-16]和环氧化[17-21]。化学改性的植物油拥有许多优点，例如良好的稳定性以及优异的磨损和摩擦特性[22]。

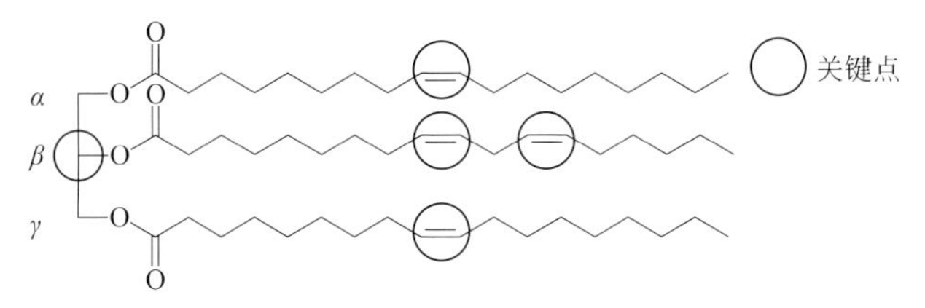

图4-3　植物油中由不同的脂肪酸组成的甘油三酯

（1）氢化　氢化是将氢加到甘油三酯的C═C双键上[8]。这种植物油改性的方法于1903年获得专利，于1911年首次由宝洁公司商业化。植物油的氢化过程涉及三个同时发生的化学反应：①双键饱和；②几何（顺式-反式）异构化；③位置异构化。氢化油的质量和物理性质受存在的双键数和脂肪酸的顺式-反式异构体的影响很大。在工业生产过程中，氢化反应常用的金属催化剂主要有Ni、Cu和Pd等，温度范围为150～225℃，压力范围为69～413kPa[8,9]。Pd与Ni相比具有更高的催化活性，因而以Pd为催化剂的氢化反应可以在更温和的条件下进行，其研究也得到越来越多的关注[6,10,11,23,24]。例如，Nohair等人[23]以负载在多种氧化物上的Pd为催化剂，在低温（40℃）条件下进行了葵花籽油在乙醇溶剂中的加氢反应，加氢过程如图4-4所示。

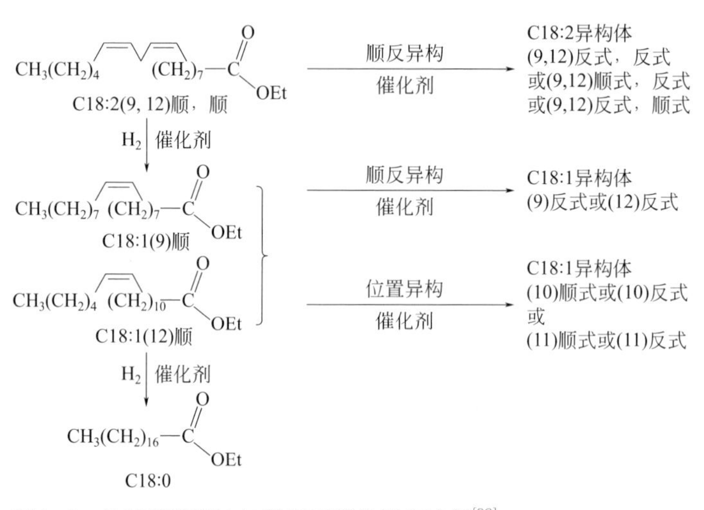

图4-4　传统葵花籽油加氢制乙酯的反应途径[23]

Toshtay等人[24]以活性硅藻土负载的纳米Pd为催化剂，在90℃和0.5MPa条件下进行了不同植物油（葵花籽油、亚麻籽油、红花籽油和菜籽油）的加氢改性研究。实验表明，Pd催化剂在低温下表现出比Ni催化剂更高的活性和选择性，大大降低了氢化脂肪中反式异构体的含量。不同植物油中不饱和脂肪酸的含量不同，其初始碘值和加氢深度也不同。从加氢动力学曲线（图4-5）比较可知，亚麻籽油加氢的吸氢量最大（2000cm^3），菜籽油的吸氢量最小（1000cm^3）。菜籽油的加氢速度比其他油慢，这是因为菜籽油分子中含有硫代糖苷（含有硫原子），不完全除去会毒害催化剂。由于催化剂上Pd含量较低（0.2%），即使少量的硫也会对其活性产生很大影响。图4-6显示了由核磁共振测定的加氢植物油中饱和脂肪酸的质量分数，所得氢化脂肪的熔融曲线斜率陡峭，证明了Pd催化剂在低温加氢时具有较高的选择性。

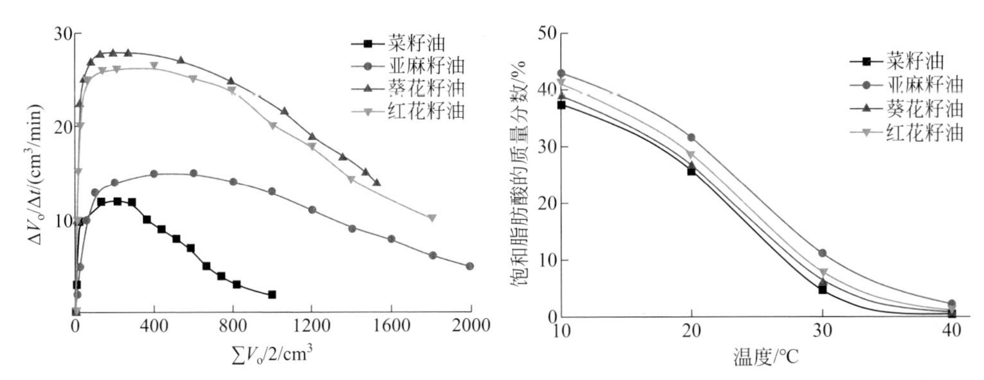

图4-5　不同植物油在Pd/活性硅藻土催化剂上的加氢动力学曲线[24]

图4-6　加氢油品中饱和脂肪酸的含量[24]

选择性氢化是指部分还原甘油三酯上不饱和烯烃链的C═C双键，既可以改善植物油的氧化安定性，又不破坏其低温性能[6,8,25]。例如，Shomchoam和Yoosuk[25]以Pd/γ-Al_2O_3为催化剂，通过选择性加氢反应降低了C═C双键的含量，从而提高棕榈油的氧化和热稳定性。在最佳工艺条件下，棕榈油的氧化安定性由13.8h提高到22.8h。不饱和脂肪酸转化为单不饱和脂肪酸，没有增加棕榈油中饱和脂肪酸的含量，因而其性质（如黏度、黏度指数和低温性能）得以保持。

（2）酯交换　酯交换反应是1mol甘油三酯分子在酸或碱催化剂作用下与3mol低碳醇反应，生成甘油和脂肪酸酯的反应[3,15]，反应方程式如图4-7所示。通过酯交换法，消除植物油中的甘油基团，既可以使植物油的氧化安定性得到改善，又由于引入低碳醇使植物油黏度降低、低温性能提高。例如，以植物油和甲醇为原料，以碱为催化剂经过酯交换反应可以生成具有较好氧化安定性和低温流动性的脂肪酸甲酯（Fatty Acid Methyl Esters，FAMEs）。甲醇廉价易得，并且当使用NaOH和甲基丙烯酸钠等廉价催化剂时，其与甘油三酯的反应仍然具有良好的反应活性，使得生产FAMEs的商业化酯交换过程可以在温和的条件下进行（大气压、60℃）。此外，由于甲醇的挥发性比反应混合物中的其他组分高得多，所以在FAMEs生产过程中比较容易回收未反应的甲醇。因此，甲醇在酯交换反应中非常具有优势。

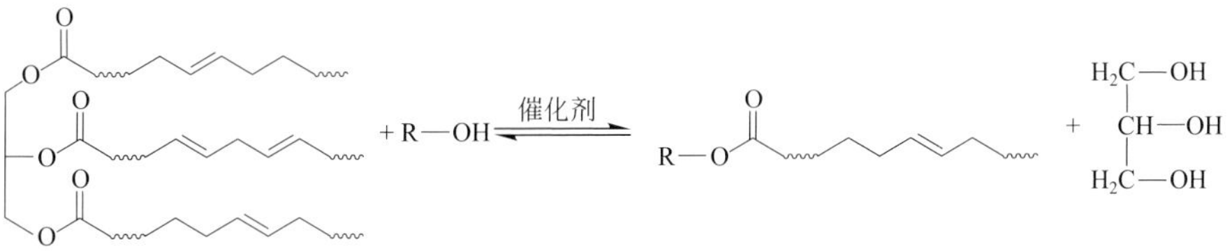

图4-7　甘油三酯分子与低碳醇酯交换反应式

以不含 β-H 的多元醇来代替甘油三酯中的甘油分子生成的多元醇酯具有更好的热稳定性和较好的润滑性能[26]。目前在酯交换过程中常用新戊二醇（Neopentyl Glycol，NPG）、三羟甲基丙烷（Trimethylolpropane，TMP）和季戊四醇（Pentaerythritol，PE）等多元醇[14,16,26]，分别含有不同数量的羟基官能团（—OH），其结构如图 4-8 所示。例如，以橄榄油、菜籽油和 NPG、TMP 为原料[26,27]，以甲氧基钙为催化剂可以得到 NPG 和 TMP 酯。研究结果表明，PE 酯具有更好的热稳定性，其次是 TMP 酯和 NPG 酯[28,29]。然而倾点随着多元醇中羟基数量的减少而降低[30]，同时因为 TMP 的熔点较 PE 低，对反应条件要求低，因而对 TMP 酯的研究更为普遍[31-33]。例如，Habibullah 等人[32]以海棠果籽油和 TMP 进行酯交换反应制备了 TMP 酯。研究结果表明，该 TMP 酯具有较好的润滑性能；在不同的测试温度下，与矿物油和工业润滑油相比，其摩擦系数最低（图 4-9）。

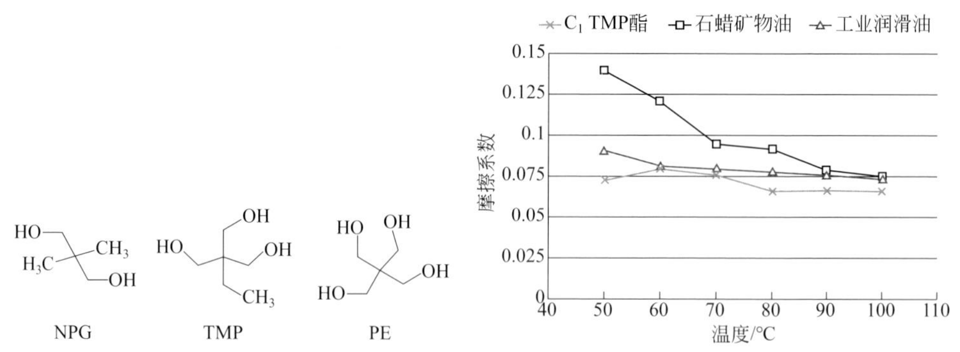

图4-8　新戊二醇（NPG）、三羟甲基丙烷（TMP）和季戊四醇（PE）的结构

图4-9　不同润滑油的摩擦系数随温度的变化[32]

（3）环氧化　环氧化反应通过转变植物油中的 C═C 双键为环氧基团来对其氧化安定性进行优化[20]。植物油的甘油三酯主要由油酸和亚油酸构成，不饱和酸的双键在催化剂作用下可与过氧有机酸发生环氧化反应，生成环氧植物油。植物油的环氧化反应如图 4-10 所示，反应温度为 60 ～ 80℃，常用的氧化剂包括过氧乙酸、过氧甲酸和双氧水等。目前环氧化大豆油已经实现了工业生产，此外，国内外还有很多利用有机酸、无机酸、杂多酸、相转移剂、钛硅分子筛、离子交换树脂和氧化铝等催化剂催化植物油环氧化的研究[21]。然而环氧基团具有较高的活性，环氧化植物油并不是最终产物。可以通过酯化、缩合、烷基化、酰化、酰氧基化、氨基烷基化、氢氨甲基化或氢甲酰化等反应对这些环氧化产物进行改性（图 4-11），并引入具有润滑或者抗氧性能的基团，使其成为性能优良的植物油基润滑油基础油（表 4-2）[34-36]。

$$CH_3COOH + H_2O_2 \xrightarrow{H^+} CH_3COOOH + H_2O$$

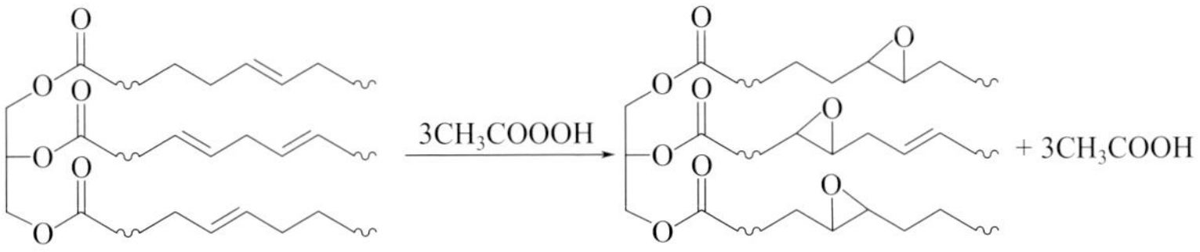

图4-10　环氧化反应示意图

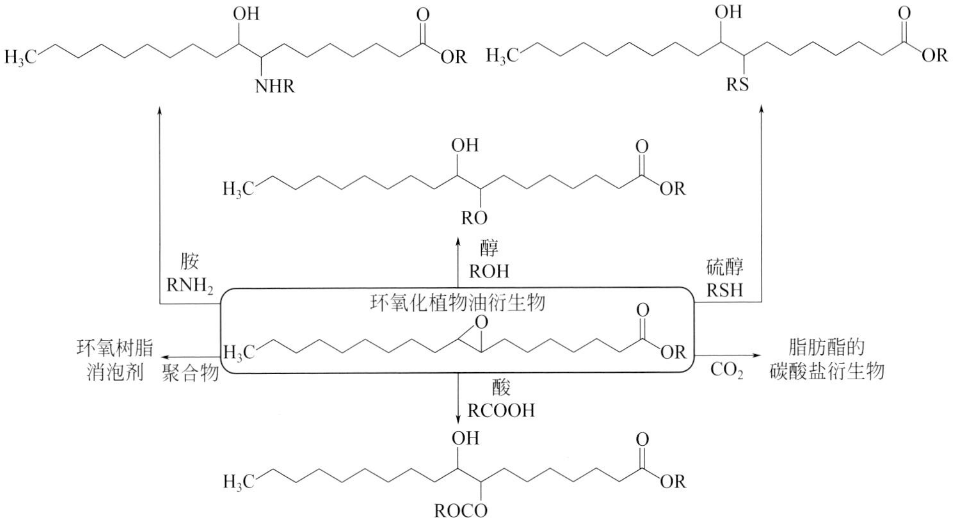

图4-11　对环氧化植物油进行改性[34]

表4-2　植物油和环氧化植物油的理化性质[34]

润滑油	黏度（40℃）/（mm²/s）	黏度（100℃）/（mm²/s）	黏度指数	倾点/℃
蓖麻油	220.6	19.72	220	−27
环氧化蓖麻油	95.15	16.5	189	<−36
麻疯果油	35.4	7.9	205	−6
环氧化麻疯果油	146.15	10.2	139	0
橄榄油	39.62	8.24	190	−3
环氧化橄榄油	—	—	95～215	−28～−11
大豆油	28.86	7.55	246	−9
环氧化大豆油	195.6～23.4	16.4～20.9	86～113	−18
葵花籽油	40.05	8.65	206	−12
环氧化葵花籽油	44.79	8.78	180	−9

环氧化 - 开环 - 酯化是当前对不饱和植物油脂进行官能团化改性的主要手段之一。英国 Croda 公司对植物油中提取的不饱和脂肪酸进行环氧化和开环 - 酯化，制备了植物基饱和多元醇酯基础油，其抗氧化和低温性能得到很大提高。Sharma 等人[35] 以 Ti-SBA-15 为催化剂，在乙酸酐存在下，环氧化菜籽油同时进行环氧化、开环和酯化反应，一步法制备了生物基润滑油，并测定了生物基润滑油的氧化诱导时间（56.1h）、浊点（−3℃）和倾点（−9℃）等摩擦学性能（表 4-3）。实验测得纯柴油的磨痕直径是 600μm，而掺入 1% 生物基润滑油后磨痕直径降至 130μm。由此可见，经过环氧化、开环和酯化改性的菜籽油具有良好的润滑性能。

表4-3　经环氧化、开环和酯化改性菜籽油的摩擦性能[35]

摩擦性能	生物基润滑油
黏度（100℃）/（mm^2/s）	670
浊点/℃	−3
倾点/℃	−9
氧化诱导时间/h	56.1

除上述三种常用的植物油改性方法之外，还有一些其他的化学改性方法，也能够改善植物油的润滑性能[36,37]。例如，通过与烷氧基进行自由基链反应生成的油酸甲酯的膦酸衍生物能够增加大豆基础油的黏度，改善其氧化安定性和低温性质及降低摩擦系数[36]。烷基支化也是一种非常有用的化学改性方法，由于支链的存在，生物基润滑油分子有序堆积的能力降低，从而可以影响其熔点和低温流动性。例如，油酸 -2- 乙基己酯（支化）和油酸甲酯（未支化）的倾点分别为 −33℃和 −12℃。此外，支链的位置也对低温性能有影响：靠近分子中心的支链能够使倾点降低得更多[38]。对于酯类生物基润滑油，在某些位置（例如，多元醇酯在相对于醇基的第二个碳上）进行烷基支化可以显著降低水解速率，从而增强其稳定性[39]。

此外，植物油中的脂肪酸还可以通过加氢脱氧、电化学脱羧和酮式脱羧（又称酮化）等化学改性方法[40-42] 得到烃类润滑油，它们具有优良的低温流动性、氧化和水解安定性等优良性能。烃类植物油基润滑油中 C_{24} ～ C_{50} 范围内的异构烷烃是一类理想的生物基润滑油，这是因为其独特的分子结构赋予了它们优良的性质：①由于没有不饱和位和酯键而具有优异的稳定性；②由于烷基支链而具有优异的低温流动性能；③由于没有极性官能团而具有与传统润滑油相容和互换的性能。

综上所述，经化学改性的植物油基润滑油具有良好的氧化稳定性和低温流动性。并且，随着研究的深入，植物油基润滑油基础油的相关研究和工艺收率都达到了一定的水平，大部分工艺的收率已能达到 90% 以上，这为将来的工业应用打下了坚实的基础。与传统石油基润滑油相比，化学改性植物油更适合作为高性能的润滑油，这是由于其生产原料相对纯净，因而没有多余的杂质。像 NPG 这样的酯类最初是为飞机喷气发动机的润滑而开发的，而 PE 酯则用于燃气轮机。TMP 酯在发动机润滑油、齿轮油、液压油、压气机润滑油、泵油和涡轮机油的应用中都具有相当重要的地位。高黏度指数和中等的热氧化稳定性使 TMP 酯成为往复式发动机中极具吸引力的润滑油，已在汽车和船舶发动机润滑中得到广泛应用 [43]。

二、动物油脂基润滑油基础油的生产技术

动物油脂主要来源于陆上动物、鱼类以及海兽。陆上动物油主要包括牛脂、羊脂、猪脂和马脂等，大部分存在于动物的皮下脂肪组织、肌肉脂肪组织和附着于内脏器官的纯脂肪组织中。鱼类的油脂大部分以脂肪的形式存储于其肝脏位置。海兽的油脂大部分存于皮下，例如海豹油、鲸鱼油等。

动物油脂可直接作为相关功能的润滑剂使用，有着悠久的历史，我国科研工作者也开展了相关方面的应用研究。例如，天津市石油公司加工厂生产的天津狮牌 7101 钟表油，是国内最早的动物油润滑油产品。该产品获得了天津市 1979 年优秀科研项目新产品奖及 1980 年天津市优质产品证书，填补了我国钟表油产品的空白 [44]。动物油脂的主要成分与植物油类似，以动物油脂为原料生产润滑油基础油的工艺技术过程基本相同。如典型的 Unichema 工艺，将各种天然植物和动物油及脂肪甘油三酯分解成粗脂肪酸和甘油，然后通过裂解、氢化、蒸馏、分馏和脱蜡工艺分离、精制和改性不同的脂肪酸，以生产所需的纯硬脂酸、油酸和其他脂肪酸。油酸二聚反应通过附加改性产生一元和二元羧酸，通过聚合产生长链二元和三元羧酸（图 4-12）。脂肪酸与胺反应生成酰胺，与醇特别是受阻多元醇反应生成酯。通过选择合适的脂肪酸和醇，可以制备出特定应用所需性能的酯。根据脂肪酸和醇的选择，这些单、双、多和复合酯的水溶性等性能与矿物油溶解性有着较大差异，可实现矿物油无法实现的特殊润滑功能和用途。直接分离得到的不同脂肪酸及后续的合成酯可用作动物油脂基润滑油，有着良好的性能和应用前景，非常适合于不太极端的应用，如二冲程机油、链条油和切削油。

除了天然动植物油脂外，人们日常生活中的各种废弃油、劣质油，统称为地沟油，其主要成分是甘油三酯，也是用来制备化工产品原料不可多得的价廉质优的原料。地沟油大致可分成三类：①简单加工下水道中油腻的漂浮物或餐饮业的剩饭菜所得；②加工劣质猪肉所得；③被重复使用的油。近年来，地沟油事件屡屡被新闻媒体曝光，引起了社会的高度重视，成为当前社会的热点问题之一。目前，我国已有利用餐饮废弃油及废动植物油为原料生产油酸、甘油和硬脂酸的新

工艺专利技术。该技术以其低廉的生产过程运转费用、可靠的生产运转流程以及稳定的产品质量，创造了显著的经济、社会和环境效益。此外，地沟油可以通过酯交换反应合成生物柴油用来代替普通柴油，生物柴油聚合可以生产高端润滑油脂，既能够回收利用地沟油，又具有重要的经济和环保意义。例如，在催化剂的作用下，地沟油油脂和乙醇或甲醇等醇类物质发生酯化反应，生成脂肪酸酯。其作用机理是：经过酯交换反应，使用甲醇取代地沟油甘油三酯里面的甘油，通过将大分子的油断裂成几个小分子的酯，让 1 个甘油三酯分子变成 3 个长链脂肪酸甲酯，反应物分子量降低，油脂的流动性提高，从而生成符合国家标准的生物柴油。据报道，新疆福克油品股份有限公司以自主研发新技术生产新型润滑油，实现了地沟油等废弃物的循环再利用。

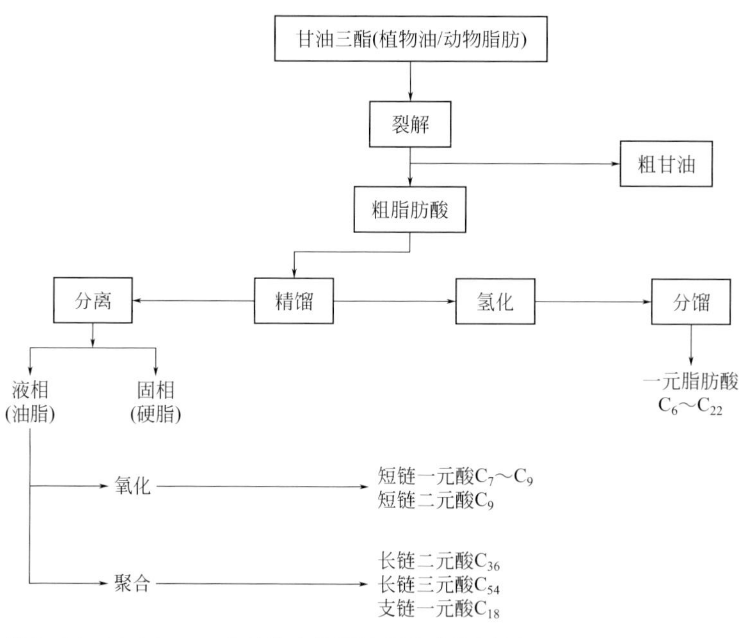

图4-12 Unichema工艺生产润滑油脂的典型过程

在一些发达国家，随着能源消费结构的进一步优化升级，地沟油经过一系列技术回收和处理，已成为日常生活的重要生物燃料。我国可以借鉴这些发达国家在处理地沟油方面的经验和做法，实现地沟油变废为宝。

三、微生物油基润滑油基础油的生产技术

微生物油脂是由藻类、酵母、细菌和霉菌等微生物在一定条件下利用碳水化

合物、碳氢化合物和普通油脂为碳源、氮源，辅以无机盐生产的单细胞油脂和另一些有商业价值的脂质。一般，真核酵母、真菌和微藻产生的油脂是甘油三酯，其与植物油的主要成分相似。微生物油脂与动植物油脂的存在形式也基本一致：主要存在于质膜等细胞结构中，或者以脂滴或脂肪粒的形式存在于细胞质中。累积占菌体干重 20% 以上油脂的微生物叫作产油微生物，分布广泛，包括多种细菌、霉菌、酵母菌和藻类。

产油藻类：某些自养藻类能够直接将二氧化碳转化为油脂，是藻类相较于其他产油微生物的最大优势。目前常见的产油藻类主要是微藻。不同种属的微藻油脂含量不同，大多含油量为 20% ～ 50%，某些微藻在最适条件下含油量高达 70% 以上甚至 90%。微藻具有与植物油十分相似的油脂成分，可以作为生物柴油的原料和植物油的替代品，具有极大的应用价值。其中，最理想的能源微藻为绿藻和硅藻，其油脂含量高，且培养相对简单，极富工业化生产潜力。尤其是绿藻中的小球藻，因其适于大规模培养可用于大规模生产生物柴油而得到了能源机构和能源公司的青睐。徐瀚等 [45] 利用异养细胞工程技术培育小球藻，制备了脂类含量高达 55% 的异养藻细胞，是小球藻在自养状态所累积油脂的 4 倍。借助分子生物学技术构建工程微藻具有巨大的工业潜力。美国可再生能源实验室培育出一种在实验室条件下能累积超过 60% 油脂的工程绿藻，即使在野外的自然条件下，该菌株累积的油脂也能达到 40% 以上，远优于在自然条件下仅有 5% ～ 20% 含油量的野生菌株。

产油细菌：多数细菌累积的油脂并不是其他微生物累积得到的甘油三酯，而是磷脂与糖脂等一些类脂，某些细菌还能在细胞内累积大量的聚羟基脂肪酸酯，只有少数细菌能累积三酰甘油，如浑浊红球菌和弧菌属、分枝杆菌属及诺卡氏菌属的一些菌株。近期研究表明，某些浑浊红球菌在最佳培养条件下可以累积得到能够达到自身干重 80% 的油脂，但生物量很低，仅为 1.88g/L。还有一种叫作 *Arthrobacter* ARl9 的细菌，可以在高葡萄糖浓度和低氮源浓度的培养基中累积大量的甘油三酯，但由于这些甘油三酯附着于细胞外膜之上，给提取造成了一定的困难。基于产油细菌具有遗传背景清晰和遗传操作简单的优势，科学家已经充分掌握细菌中脂肪酸的合成和调控体系，构建出针对细菌的基因敲除和基因表达体系。Kalscheuer 等 [46] 通过对大肠杆菌进行改造，使得甘油三酯在细胞中合成后直接完成甲酯化，省去了甲酯化过程，在分批发酵中脂肪酸甲酯的产量达到 1.28g/L。尽管产量较低，但该方法开辟了微生物利用糖质原料一步发酵原位制备其他化学品的新思路。

产油酵母菌：产油酵母种类繁多，来源广泛，并且能在油脂发酵过程中累积较大的生物量。目前已报道的累积油脂能力较强的酵母菌有普鲁兰短梗霉类酵母、季也蒙毕赤酵母、解脂亚罗威亚酵母、胶红酵母、斯达氏油脂酵母、圆红冬孢酵母和发酵丝孢酵母等。圆红冬孢酵母因能利用多种原料累积油脂而受到广泛关注，例如大连化物所的赵宗保研究员等[47]对其进行了系统的研究，发现给圆红冬孢酵母 Y4 菌株提供合适的培养条件，其能累积超过自身干重 70% 以上的油脂，连续补料培养能使菌体量达到 100g/L 以上。同时，圆红冬孢酵母 Y4 菌株对木质纤维素原料中的生长抑制剂有极强的耐受作用[48]。所以该酵母在生产可再生能源领域表现出巨大的潜力。赵宗保研究员等[49]对圆红冬孢酵母 Y4 菌株完成了全基因组测序，并通过分析转录组和蛋白组研究了其油脂累积的可能机理。解脂亚罗威亚酵母以甘油、葡萄糖和废弃油脂作为原料生产单细胞油脂，具有遗传背景清晰、易于进行遗传操作等优点。为探究酵母菌油脂代谢的机理，研究者已经以解脂亚罗威亚酵母为模型构建了成套的外源基因表达系统[50]。为了构建高产量的工程油脂酵母，就需要对油脂合成的关键影响因素进行探究，研究者通过对脂肪酸合成途径和三酰甘油合成途径进行了基因敲除或者超表达[51]。油脂酵母中的脂肪酸成分主要为棕榈酸、棕榈油酸、油酸、亚油酸、硬脂酸和亚麻酸。通过测定多株油脂酵母的脂肪酸成分发现，绝大部分为 C_{16} 和 C_{18} 系脂肪酸，其中油酸的含量最多，约占 50%，而亚油酸含量较少，并且一般不含多不饱和脂肪酸，是适宜的生物基润滑油原料。

目前，利用“相似相溶”原理的有机溶剂提取法在微生物油脂提取领域中的应用最为广泛。细胞内的油脂大部分为可与非极性有机溶剂（例如正己烷、氯仿等）相互作用的中性脂，因此非常容易被提取出来。但有一些在细胞质中与极性脂形成复合物的中性脂质除外，生成的复合物会与细胞膜上的蛋白形成氧键，相互结合，导致非极性溶剂与中性脂之间的作用力不足以破坏膜上的油脂 - 蛋白结合体。另外，甲醇或丙酮等极性有机溶剂会对油脂 - 蛋白结合体进行破坏，并且与复合体中的极性脂形成氧键。有机溶剂提取法提取油脂包括五个步骤：①有机溶剂（极性和非极性溶剂）穿透细胞膜进入细胞质；②与油脂进行相互作用；③非极性有机溶剂与中性脂之间相互作用，形成范德华力，极性有机溶剂与极性脂之间形成氧键；④有机溶剂 - 油脂复合体在浓度梯度的驱动下穿过细胞膜；⑤进入到大体积的有机溶剂中。提取完成后，一般会用水对油脂进行萃取。当两相分层完成后，有机相（非极性有机溶剂和极性有机溶剂组成的混合物）中主要包含中性脂和极性脂，非油脂类物质（蛋白和糖类）主要存在于水相（水和极性有机溶剂组成的混合物）中。相较于传统的有机溶剂，新兴的超临界流体萃取技术，以其绿色环保的特点而展现出巨大的发展潜力。当流体的温度和压力升高到超过它们的临界值时（T_c 和 p_c），流体进入超临界状态，超临界流体萃取能从微生物中有选择性地快速提取所需要的油脂成分，且对于湿物料而言提取效果仍旧有效。但目前将超临界流体萃取技术进行放大仍存在两大阻碍：提取压力容器的较高设备成本以及流体压缩和加热过程的超高能耗。此外，随着细胞破碎程度增大，微生物油脂的提取效率也随之提高，当完整的细胞破碎后，其中的油脂会从细胞释放到周围介质中。在之后进行脂质提取时，洗脱用的提取溶剂可直接和这些游离的油脂相互作用，而不必渗透到细胞结构中。因此，油脂提取也就不会被提取溶剂和油脂穿过细胞膜的运输阻力所限制。当前实验室应用最广泛的细胞破碎方法有高压匀浆法、超声破碎法和球磨法。

四、木质纤维素基润滑油基础油的生产技术

大多数动植物油脂为可食用油脂，如果大力开发和使用动植物油基润滑油，必然会影响可食用油的供求关系和市场价格。因此，亟需开发廉价易得、非食用的生物资源来制备高性能的生物基润滑油。木质纤维素是植物细胞壁的主要组成成分，广泛存在于自然界的植物中，是地球上最丰富的可再生生物质资源。

木质纤维素主要由纤维素（35% ～ 50%）、半纤维素（20% ～ 35%）和木质素（10% ～ 15%）构成。纤维素是植物细胞壁的主要成分，通式为 $(C_6H_{10}O_5)_n$，是由葡萄糖分子通过 β-1,4- 糖苷键连接而成的大分子多糖，纤维之间通过氢键相互作用，可以形成结晶区域和无定形区域。半纤维素是聚合度不高，相较于纤维素分子量很小的高分子物质，分子呈线型结构，主链上带有短而多的支链，且主链不超过 150 ～ 200 个糖基，在植物资源中的含量仅次于纤维素，是贯穿于木质素和纤维素纤维之间的多糖聚合物，主要由葡萄糖、半乳糖、木糖、甘露糖和阿拉伯糖等五碳糖和六碳糖组成，连接着纤维素和木质素，形成非常牢固的纤维素 - 半纤维素 - 木质素网络结构。木质素也是一类天然高分子物质，其含量仅次于纤维素，由羟基、甲氧基取代的苯丙烷构成，包含对羟苯基丙烷、愈创木基丙烷和紫丁香基丙烷 3 种苯丙烷结构单元（图 4-13）。这些结构单元通过 C—O 键（β-O-4、4-O-5 和 α-O-4 等）以及 C—C 键（β-5、β-1、β-β 和 5-5 等）结合。

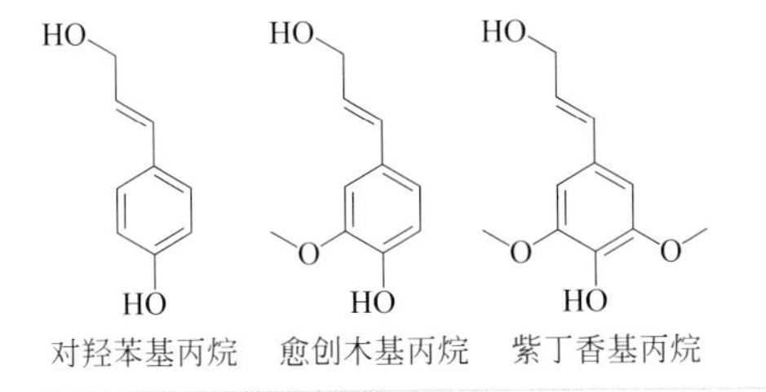

图4-13
木质素结构单元

目前，以木质纤维素及其衍生物为原料制备的生物基润滑油主要有两类：一是木质纤维素衍生物经碳 - 碳偶联、加氢脱氧等反应得到的烃类润滑油；二是木

质纤维素衍生物与多元醇进行酯化反应得到的多元醇酯类润滑油。

纤维素与半纤维素衍生物主要包括以下几类。①糖类：葡萄糖、果糖和木糖等；②糠醛类：5-羟甲基糠醛、糠醛等；③醇类：乙醇、丁醇和辛醇等；④酸类：乙酰丙酸、甲酸、丁酸和4-羟基戊酸；⑤呋喃类：2-甲基呋喃、2,5-二甲基呋喃、2-乙基呋喃、2-丁基呋喃和呋喃等；⑥四氢呋喃类：2-甲基四氢呋喃、2,5-二甲基四氢呋喃、3-甲基四氢呋喃、2-乙基四氢呋喃、2-丁基四氢呋喃和四氢呋喃；⑦醚类：乙基糠醛醚；⑧酯类：乙酰丙酸乙酯、乙酰丙酯、丁酰丙酸乙酯、γ-戊内酯和当归内酯等。这些衍生物含有丰富的官能团，可发生多种化学反应。

木质素解聚可得到含有单体、二聚体及多聚体的生物油，富含酚类单体（苯酚、愈创木酚、甲基愈创木酚、儿茶酚和丁香酚等）、芳香烃类单体（苯、二甲苯等）和萘类单体（萘、甲萘等），采用不同处理方式制备得到的生物油成分各有差异。这些生物油氧含量较高，稳定性、黏度及酸性等性质较差，可通过进一步提纯得到苯酚、愈创木酚和甲苯等木质素衍生物，再经碳-碳偶联及加氢脱氧制备性能更优的燃料和润滑油。

在烷烃类润滑油中，支链烷烃和长链异构烷烃是理想的生物基润滑油的基础油，与芳烃产品相比，它们具有更好的氧化安定性和润滑性能。例如，Gu等人[52]以木质纤维素衍生的糠醛和丙酮为原料，通过羟醛缩合、选择性加氢、二次羟醛缩合和全加氢脱氧四步反应，选择性催化合成了高度支化的C_{23}烷烃基础油。Norton等人[53]以木质纤维素衍生的糠醛和油脂衍生的长链酮类化合物为原料，通过羟醛缩合和加氢脱氧的方法制备了C_{28}和C_{33}长链异构烷烃基础油（图4-14），产率可达61%。所合成的基础油的综合性能，与高端矿物油和聚α-烯烃（Poly Alpha Olefins，PAO）合成油相当（表4-4）。

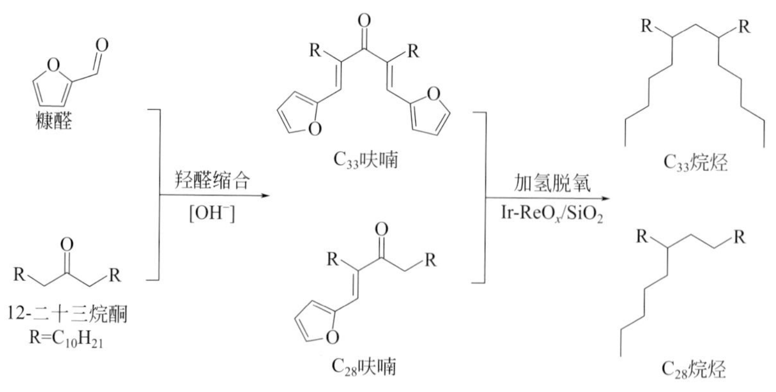

图4-14 C_{28}和C_{33}长链异构烷烃的制备过程[53]

表4-4 烷烃类润滑油与商业润滑油性能的比较[53]

基础油	黏度（100℃）/（mm^2/s）	黏度（40℃）/（mm^2/s）	黏度指数
C_{33}(50.5%)+ C_{28}(10.9%)	3.43	14.37	115
Phillips 66 Ultra-S 3（矿物油）	3.26	13.20	116
Exxon Mobil SpectraSyn Plus PAO3.6	3.6	15.40	120

乙酰丙酸是一种潜力巨大的新型木质纤维素衍生物，是结构中存在羰基和羧基的多官能团短链脂肪酸，可以发生一系列的氯化、氢化还原、缩合、酯化等反应，进而合成一系列工业化学品和材料。乙酰丙酸与多元醇的酯化反应很容易进行，生成的多元醇酯具有优良的润滑性能和良好的热稳定性。例如，Ji 等人[54]以木质素衍生的乙酰丙酸为原料，通过与 NPG、TMP 和 PE 等多元醇进行酯化反应来制备润滑油基础油。测试结果表明 TMP 酯具有较低的摩擦系数和磨痕直径，可作为生产高性能润滑油的潜在基础油。此外，Ji 等人[55]还以木质素衍生的乙酰丙酸和乙二醇、甘油等多元醇为原料，制备了一种新型水基润滑剂。测试结果表明，乙酰丙酸甘油酯具有优良的润滑性能、较强的抗水解能力和优异的抗磨性能，是一种潜在的水基润滑剂。

第二节 生物基润滑油的特点及应用

一、生物基润滑油的理化性能

润滑油的理化性能主要包括黏度、黏度指数、挥发性、闪点、倾点和氧化稳定性等，这些理化性能对于润滑性能有着非常重要的作用。与矿物油及合成酯类基础油相比，天然生物油倾点较高且氧化安定性较差（表 4-5），不适于低温环境中的应用和长期储存。如图 4-15 所示，甘油三酯分子在高温下容易被破坏，这是因为在甘油分子中，β-H 的存在使得分子的部分碎片化和不饱和化合物的形成加剧。形成的化合物发生聚合，造成液体黏度增加，并形成沉淀颗粒。此外，大多数生物油在 −10℃时会出现混浊、沉淀、流动不良和凝固等现象，这局限了它们在低温环境中的应用，特别是在汽车工业和工业流体领域。然而，经化学改性的生物基润滑油具有良好的氧化安定性和低温流动性，可广泛应用于工业、食品和化妆品等领域。

表4-5　植物油与矿物油及合成酯类基础油理化性能的比较

性质	矿物油	合成酯	植物油
密度（20℃）/（kg/m^3）	880	930	940
黏度指数	100	120～220	100～250
与矿物油混溶	—	良好	良好
水溶性	不互溶	不互溶	不互溶
氧化安定性	良好	良好	差
水解安定性	良好	差	差
生物可降解性/%	10～30	10～100	70～100

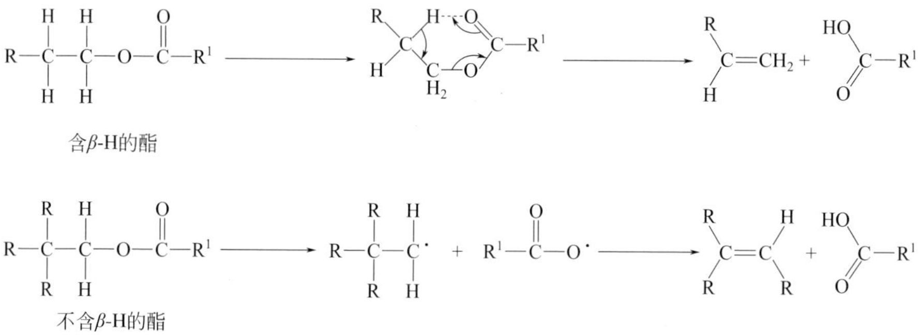

含β-H的酯

不含β-H的酯

图4-15　β-H对油脂氧化变质过程的影响

黏度是一种物质对流动阻力的量度，它对应于“厚度”这个非正式的概念。高黏度意味着该物质具有高的流动阻力，低黏度意味着低的流动阻力[56]。大部分的天然植物油在40℃的黏度范围为30～50mm^2/s。然而蓖麻油的黏度约为220mm^2/s，这是由于其高含量的长链脂肪酸（约95%）造成的。黏度是衡量润滑油品质的重要指标之一，过高的黏度会导致油温升高和阻力加大，而过低的黏度不仅起不到润滑作用，反而会增加运动部件之间的金属和金属的接触摩擦，黏度适宜的润滑油能够很大程度上减少摩擦磨损[57]。碳链长度是影响润滑油黏度的因素之一。有研究认为，随着脂肪酸链长度的增加，分子间的随机相互作用增加，提高了链的黏度[58]。然而，化学改性植物油中引入了支链，这大大降低了分子间的随机相互作用，从而使其黏度降低。不饱和度是影响润滑油黏度的另一个因素。Rodrigues 等人[59]认为，一个双键会增加润滑油的黏度，两个或两个以上的双键会降低黏度。

黏度指数是物质黏度随温度变化的量度。高黏度指数表明随着温度的变化，该物质的黏度变化很小。对于润滑油，高黏度指数是优质润滑油的基本特点之一，它意味着润滑油可以在保持油膜厚度的情况下适应很宽的温度范围。植物油类润滑油的黏度指数通常高于矿物油，使得生物基润滑油能够在更宽的温度范围内工作，这在某些应用中是非常必要的。

润滑油的高温性质包括挥发性和闪点。挥发性是润滑油汽化的倾向，而闪点是形成的蒸气在空气存在时可点燃的温度点。润滑油应具有较高的闪点，以保证安全操作，并在最高操作温度下挥发量最小[57]。一般来说，所有源于植物油的生物基润滑油都具有较高的闪点（＞200℃）。高闪点值也表明植物油的非挥发性，这可以归因于植物油中长链脂肪酸的存在。

虽然植物油具有润滑性能，并且其分子之间的强相互作用可以提供一个持久的润滑膜，但是这些相互作用也导致了较差的低温性能。对于润滑油来说，倾点是最重要的低温特性。倾点是指润滑油停止流动或倾入的温度，即能够流动的最低温度，此时润滑油变成半固体且失去流动特性。总的来说，高性能的润滑油需要有较低的倾点，以保证在极低温度下[60]以及在冷启动时[56]都能充分发挥作用。若倾点偏高，则会因流量不足导致系统内的摩擦、磨损加剧以及温度升高，致使设备损坏或故障。若不能保证润滑油在启动过程中的正常流动，则极有可能发生设备故障。椰油和棕榈油的倾点分别是 21℃和 23℃，这是由大量的饱和脂肪酸（＞50%）所导致的。引入高分子量的支链或芳烃分子通常可以通过阻止分子在冷却过程中的堆积来降低植物油的倾点[61]。一般来说，较高的不饱和度有利于润滑油的低温性能，但不利于其氧化安定性。

氧化是润滑油与氧气结合时发生的化学反应，氧化安定性是指润滑油抗氧化的能力。润滑油的氧化速率与温度、压力、水和污染物等多种因素有关[56]。高氧化安定性是润滑油的一个重要指标，低氧化安定性会导致润滑油在未经处理的情况下迅速氧化。植物油的氧化安定性普遍低于合成酯类，而影响植物油氧化的主要因素是不饱和脂肪酸的存在，尤其是亚油酸和亚麻酸等多不饱和化合物[17]，其烯基链上的双键很容易与氧反应生成自由基，自由基降解生成过氧化物和酸[62]。因此，氧化取决于脂肪酸链的不饱和程度。亚麻酸、亚油酸和油酸是主要的双键脂肪酸，氧吸收率为 800∶100∶1，较高的不饱和度会导致较高的氧化速率[9,63]。

如表 4-6 所示，不同类别的生物基润滑油往往具有不同的理化性能，这使得它们适用于不同的应用场合。此外，某些类别的生物基润滑油（如多元醇酯和复合酯）可以具有取决于分子结构的多种性质。因此，在实际应用中，可以根据具体的应用要求来定制具有特定理化性质的生物基润滑油。生物基润滑油的理化性质主要取决于其分子结构，如分子量、脂肪酸类型、不饱和度、支化度及所包含的官能团等。

表4-6 不同类别生物基润滑油的理化性质

性质	单酯	双酯	多元醇酯	复合酯	烃类
黏度（20℃）/（mm^2/s）	4.5～17	11～135	6～255	70～40,000	1～100
黏度（40℃）/（mm^2/s）	2～23	3～18	2～18	11～2000	1～15
黏度指数	159～233	126～169	46～229	119～278	107～172
倾点/℃	−46～20	−70～−40	−64～5	−45～6	−81～−27
闪点/℃	160～230	280～300	215～331	260～325	64～280
蒸发损失（质量分数）/%	—	0.8～29	1～32	—	5～14

较高的分子量可以通过增加黏度指数、润滑性和闪点以及降低挥发性来提高生物基润滑油的性能。然而，较差的低温流动性能也与较高的分子量有关[38]。黏度随着分子量的增加而增加，这可能是理想的，也可能不是，取决于预期的应用。调整生物基润滑油的分子量，特别是多元醇酯、复合酯及其他酯类化合物，可以使其获得适用于特殊应用的理想性能。低聚物酯（如复合酯）的一个缺点是，它们具有一个宽的分子量分布。如果生产过程没有得到适当的控制，可能会由于一些小分子的存在而对挥发性产生负面影响。

双键的存在（即润滑油分子中的不饱和位点）是导致植物油氧化稳定性不好的主要原因。通常可以对植物油基原料进行选择性加氢，将多不饱和脂肪酸基团转化为单不饱和脂肪酸基团[6]。如果将植物油分子的所有氢键全部饱和，会导致其低温性能变差。针对这个问题，可以通过其他分子修饰来提高其低温性能[64]。例如，各种商用的生物基异构烷烃在完全饱和的情况下，经过分子修饰，其倾点可低至−81℃。

如“植物油基润滑油生产技术”部分所述，烷基支化可以改善植物油的低温性质，降低其水解速率，从而增加生物基润滑油的稳定性。但是，支化也会带来一些负面影响。例如，与线型分子相比，支化分子较难形成单分子层，因此其润滑性能不如线型分子[39]。此外，支化会降低生物基润滑油的黏度指数[30,65]。生物基润滑油分子容易在叔碳原子的碳 - 氢键上发生氧化降解反应。因此，含有更多叔碳原子的支化分子，与相应的线型生物基润滑油分子相比，其氧化稳定性更低[39]。因此，要根据实际情况和应用的具体要求，来选择性地进行烷基支化。

生物基润滑油分子中存在的官能团的类型可以通过多种方式影响润滑油的性能。例如，分子中的极性官能团与金属表面产生物理接触和化学相互作用，非极性末端形成分子层或屏障，将摩擦表面隔开，从而阻止其直接接触[66]。润滑性能随官能团改变而增强的程度（按降序排列）为：COOH＞CHO＞OH＞$COOCH_3$＞CO＞COC[67]。羟基可以作为自由基的清除剂来改善润滑油的氧化稳定性。虽然极性有利于润滑，但它也会导致密封橡胶的膨胀。少量的膨胀可能有利于有效的密封，但是过多的膨胀会削弱和降低密封性。此外，植物油对极性污染物和添加剂分子有很强的增溶能力。然而，这导致了极性添加剂和润滑油分子之间的竞争，极性添加剂的存在可能会干扰极性润滑油分子附着在金属表面的能力。因此，选择合适的极性官能团和添加剂对润滑油的润滑性能有很大的影响。

二、生物基润滑油的应用

1．植物油基润滑油的应用

与矿物基润滑油产品相比，植物油基润滑油在经过化学改性之后，具有润滑性高、蒸发损失低、黏度指数高、闪点高和金属黏附性强等优点，可广泛应用于工业、食品、医药和化妆品等行业，表 4-7 展示了部分植物油在润滑油方面的主要应用。化学改性增强了植物油基润滑油产品的热氧化安定性，从而有助于植物油基润滑油在更广泛的工作条件下使用。

表4-7　植物油在润滑油方面的主要应用

植物油	应用
芥花籽油	金属加工业、液压油、渗透油、拖拉机传动液、链条润滑油、食品级润滑油
蓖麻油	齿轮润滑油、润滑脂
椰子油	燃气发动机油
橄榄油	车用润滑油
棕榈油	滚动润滑油、钢铁工业、润滑脂
菜籽油	可生物降解的润滑油、空气压缩机等设备用油、链锯机润滑油
红花油	浅色油漆、柴油、树脂、瓷漆
亚麻油	涂料、油漆、清漆
大豆油	液压油、润滑油、油漆、印刷油墨、生物柴油燃料、涂料、金属铸造/加工、香波、肥皂、洗涤剂、增塑剂、消毒剂、农药
霍霍巴油	润滑脂、化妆品行业
海石油	润滑脂、中间化学品、表面活性剂
葵花油	润滑脂、柴油替代物
萼距花属植物油	化妆品、摩托油
乌桕油	蒸汽气缸油、肥皂、化妆品、润滑剂、塑料

基于植物油提取脂肪酸制备的合成酯是目前在工业中应用最多的一类生物基润滑油，其最大优势在于可生物降解、低毒及原材料可再生，一直以来在环境敏感区域设备用油、食品级润滑油中大量使用。此外，其优异的润滑性、热氧化安定性、低挥发性和添加剂感受性等特性，更使其在航空润滑油、冷冻机油、压缩机油、高温链条油、变压器油、难燃液压油以及车用油和各类其他工业润滑油品中得到了广泛应用，已成为一类重要的合成基础油，被美国石油学会（American Petroleum Institute，API）归属成Ⅴ类基础油。据统计，目前 50% 左右的合成酯基础油主要应用于航空发动机油和环保型冷冻机油两大领域。表 4-8 列出了合成酯在工业润滑方面的主要应用。

表4-8 合成酯在工业润滑方面的主要应用

合成酯	应用
新戊二醇二油酸酯	金属加工液
油酸异辛酯	金属加工液
三羟甲基丙烷油酸酯	金属加工液、抗燃液压油、可生物降解液压油、食品级润滑油
三羟甲基丙烷辛癸酸酯	车用油、高温润滑脂、工业齿轮油、高温链条油、空气压缩机油
三羟甲基丙烷椰子油酸酯	金属加工液、化纤油剂
季戊四醇油酸酯	链锯油、发动机油、抗燃液压油、水上游艇用发动机油、轧制油
季戊四醇硬脂酸酯	脱模剂、钻井液、橡塑助剂
季戊四醇酯（C_4～C_{10}）	航空发动机油、冷冻机油、空压机油、高温链条油、工业齿轮油、变压器油
双季戊四醇酯（C_4～C_{10}）	航空发动机油、冷冻机油、空压机油、高温链条油、工业齿轮油

目前，基于三羟甲基丙烷油酸酯开发的抗燃液压油是生物基润滑油中的典型产品，是一种安全、低毒且可生物降解的绿色环保液压油，按照ISO 12922标准的划分，属于HFDU难燃液压油系列。因其具有优良的抗燃性、生物降解性、润滑性、橡胶相容性等综合性能，常被用于钢厂连铸、热轧线液压系统、机械行业淬火液压系统、传输机的液压系统等，中国石油化工集团有限公司（中国石化）开发的4632酯型难燃液压油即属于该类型产品。本书著者团队也开发了同类型产品，即生物基抗燃液压油46号和68号，其典型技术指标如表4-9所示。

表4-9 生物基抗燃液压油主要技术指标

项目	质量指标	
	46号	68号
外观	均匀透明液体	均匀透明液体
40℃运动黏度/（mm^2/s）	41.1～50.6	61.2～74.8
黏度指数	≥170	≥170
开口闪点/℃	≥290	≥290
燃点/℃	≥330	≥330
倾点/℃	≤-20	≤-20
水分/%	≤0.1	≤0.1
机械杂质	无	无
液相锈蚀（A法）	无锈	无锈
旋转氧弹（150℃）/min	≥100	≥100
铜片腐蚀（100℃，3h）/级	≤1b	≤1b
空气释放值（50℃）/min	8	10
泡沫特性（泡沫倾向/泡沫稳定性）/（mL/mL）		
24℃	≤150/0	≤150/0
93.5℃	≤75/0	≤75/0
后24℃	≤150/0	≤150/0
歧管着火试验（400℃）	通过	通过
FZG齿轮试验（A/8.3/90）/失效级	≥11	≥11

与之类似，以椰子油分离所得脂肪酸制备的三羟甲基丙烷酯，是一类市场认可度高、综合性能优异的饱和多元醇酯，其主要以 5% ～ 15% 的加量与矿物油、天然气合成油（Gas to Liquid，GTL）或 PAO 复配用于调和高档发动机油，可以显著改善添加剂溶解性问题和 PAO 对密封件的收缩效应，且具有良好的减摩效果，对发动机积炭也有一定的溶解清洁作用。此外，还可用于高温润滑脂、工业齿轮油、高温链条油、空气压缩机油等产品。本书著者团队开发的生物基三羟甲基丙烷酯典型技术指标如表 4-10 所示。

表4-10 生物基三羟甲基丙烷酯主要技术指标

项目	质量指标	典型值
外观	均匀透明液体	均匀透明液体
颜色（赛波特）/号	≥+18	+20
密度(20℃)/（kg/m^3）	940.0～943.0	941.6
运动黏度/（mm^2/s）		
−40℃	≤4500	3391
40℃	18.00～22.00	19.68
100℃	4.200～4.600	4.448
黏度指数	≥135	142
酸值（以KOH计）/（mg/g）	≤0.05	0.01
闪点（开口）/℃	≥250	272
燃点/℃	≥290	304
倾点/℃	≤−45	−51
蒸发损失（诺亚克法，250℃，1h）/%	≤2.5	1.8
水分/%	≤痕迹	痕迹
生物降解率（OECD 301F）/%	≥60	89.2

由于合成酯的生物降解率高，且对潮湿水汽的耐受性远优于矿物型绝缘油，更重要的是闪点和燃点显著高于矿物型绝缘油，合成酯型变压器油已被国际电工委员会（International Electrotechnical Commission，IEC）确认为可生物降解的高燃点变压器油，在防火等级要求较高的铁路电力机车牵引变压器，以及环境敏感区域如海上风力发电、水力发电等领域有广泛使用。合成酯型变压器油闪点高于 250℃，燃点高于 300℃，能保证在重大电气故障情况下变压器油不会被点燃；倾点低于 −45℃能保证牵引变压器在极端低温天气条件下依然正常工作，使机车冷启动顺畅且跨地域大范围运行不受环境温度影响；适宜的黏度在保证高闪点和高燃点的同时，赋予其良好的对流散热功效；良好的电气绝缘性能、化学稳定性和氧化安定性在保证变压器安全的同时，尽可能赋予变压器油更长的使用寿命。本书著者团队开发的 KI50EX 合成酯型变压器油已通过国际权威机构 Doble 实验室认证和 Siemens 认证，其典型技术指标如表 4-11 所示。

表4-11 KI50EX合成酯型变压器油主要技术指标

项目		IEC 61099指标	KI50EX合成酯型变压器油
外观		透明，无悬浮物，无沉淀物	透明，无悬浮物，无沉淀物
颜色（赛波特）/号		≥+18	+23
密度（20℃）/（kg/m^3）		≤1000	968.1
运动黏度/（mm^2/s）			
40℃		≤35	28.44
−20℃		≤3000	1302
闪点（闭口）/℃		≥250	255
燃点/℃		≥300	312
倾点/℃		≤−45	−60
酸值/（mgKOH/g）		≤0.03	0.01
水分/（mg/kg）		≤200	68
生物降解率（OECD 301F）/%		—	85.9
击穿电压/kV		≥45	74.3
介质损耗因数（90℃）		≤0.03	0.0176
体积电阻率（90℃）/Ω·m		≥2.0×10^9	11.2×10^9
氧化安定性（164h）	酸值/(mgKOH/g)	≤0.3	0.03
	油泥/%	≤0.01	0.009

在上述传统植物油改性产品及合成酯产品基础上，近年来对生物质资源的利用出现了一些新技术，中国石化石油化工科学研究院研究了由蔗糖制备碳四及碳四以下低碳烯烃的方法，可以以蔗糖为原料，高效率地制得低碳烯烃，而低碳烯烃正是PAO基础油的重要基础原料。该技术提高了对生物质资源的利用率和利用价值，同时也有效降低了低碳烯烃的生产中对石油原料的需求[68]。与之类似，近期出现了通过烯烃交叉复分解反应生产1-癸烯的技术[69-71]，其所用原料正是植物油经酯交换后生成的长链不饱和脂肪酸甲酯，而1-癸烯是当前齐聚法制备PAO基础油的原料。因此，利用植物油脂制备*α*-烯烃进而生产PAO基础油将是今后生产生物基润滑油的一个重要技术路线。当前世界上生产1-癸烯的主要路线是以不可再生的石化资源为原料，从人类环境可持续发展考虑，以可再生的植物油资源为原料，通过绿色工艺制备1-癸烯具有重要实际意义。

2．动物油基润滑油的应用

动物油脂的主要成分与植物油相类似，同样具有润滑性能，但在高温下动物油脂的黏度很低，必须与高黏度润滑油复配使用。如将牛油与机油复配后，油膜耐水性提高，对金属表面的附着力也大大增强，且机油的油腻性也得到了加强。但牛油在机油中的溶解度有限，一般不高于12%。这种加有动植物油的机油常称为复合油。动物油脂中，猪油是极佳的油腻剂，加入机油中后可增加对金属表面的附着力，减低机械摩擦系数。在纺织加工行业，机油中通常加用15% ～ 25%猪油，虽容易造成布匹污染，但极易清洗。在蒸汽气缸油中添加羊毛脂，可增加润滑油膜的韧度，提高其耐水性能，从而大大提高蒸汽机气缸在极高温度工况下的润滑性能。国内最早的动物油润滑油产品是天津市石油公司以羊、牛趾脚油为原料加工生产的天津狮牌7101钟表油，其具有防酸败、抗氧化和防锈蚀的特性。该产品因原料固定、配方稳定、工艺完整、技术可靠和使用性能良好等特性，在闹钟、木钟等物品的润滑中得到了广泛应用。

3．微生物油基润滑油的应用

德国在第一次世界大战期间面临着非常严重的油源匮乏问题，它们开始培育产脂内孢霉和镰刀菌属菌类来生产油脂，并进行研究，这是最早的关于微生物油脂的开发与应用。近年来，微生物油脂成为新的研究热点，研究者发现并培养了多种以葡萄糖等为碳源生产油脂类产物的微生物。目前，利用油脂生产高级化工原料和经济价值高的特殊功能油脂是微生物油脂研究的主要方向。微生物油可以通过与多元醇进行酯交换反应来制备生物基润滑油。微生物油脂具有区别于动植物油脂的独有特性：①微生物油脂的培养对于场地和气候的要求不高，易于大规模工业化生产；②微生物可以利用廉价原料和工农业废料生产油脂，防止油脂生产与人争粮、与粮争地等问题；③微生物具有简单的遗传结构，易于实现遗传改造从而生产特殊油脂或有效提高油脂产量。但是，微生物油脂的产量较低，很难应用于大规模生产。

4．生物基润滑油的市场

生物基润滑油市场虽然占整体润滑油市场的一小部分，但它的增速快于整体市场增速。生物基润滑油普及率最高的是北欧国家（丹麦、芬兰、冰岛、挪威和瑞典），德国和巴西，其次是美国、韩国和日本。早在2011年，Albemarle催化剂公司宣布，已与Novri公司（Amyris和Cosan公司的合资公司）签署制造协议，在世界上首次制造高性能的生物基润滑油基础油，这种基础油对环保的影响极小。按照协议，Albemarle公司在其美国南卡罗来纳州Orangeburg工厂利用Amyris提供的原料放大生产合成基础油，然后Novri公司负责把这种称为NovaSpac的可再生基础油在润滑油市场销售。

2013年，美国环保局颁布了在美国领海和五大湖地区运行的商用船舶的通用许可证，规定了用于润滑船尾轴管、可能浸入或与海水接触的其他设备的润滑油的非毒性和生物可降解要求。2014年初，美国加利福尼亚州生物合成技术（Biosynthetic Technologies）公司提出了一个法案，其中规定2016年起客车、轻型卡车和面包车等车型需使用生物合成发动机油。该法案还规定润滑油中生物基含量不少于25%，并且是可生物降解的，这是生物合成发动机油需要满足生物可降解性的最低要求，且 2017 年 1 月 1 日始，该州用于客车、轻型卡车或货车出售或分销的所有发动机油需要达到这一标准。此外，2016 年 1 月始该州的所有车辆和承包商使用的车辆要使用生物基发动机油。该法案还称，新技术如生物合成润滑油的引入，将治理雨水污染，减少温室气体排放，有利于改善加利福尼亚州的水和空气质量。

2016 年，美国几家政府机构针对生物基发动机油进行了一项测试，这项测试在美军后勤部等部门的资助和指导下进行，主要测试了这类油在非战术地面车辆发动机中的使用性能，油品来自 3 家独立供应商，车型任意选择，测试地点则选取了美国的 4 个代表性地点，性能评价和对比由第三方机构完成，目的是应对美军后勤部的“绿色产品和危险最小化指令”及 14 年前的“美国的生物优选计划”对发动机油中至少含 25% 的生物基化合物的强制要求。随后，美国政府和欧盟相继颁布法案，对生物基润滑油进行认证、分类，希望促进生物基润滑油的销售，鼓励企业优先购买生物基润滑油。美国孟山都公司已经开始用自主研发的 Vistive 黄金大豆油来合成生物基润滑油。这种黄金大豆油油酸含量超过 75%，降低了亚麻酸的含量，减少了后续的处理工艺，为合成酯类油提供了天然原料，具有极好的发展前景。

嘉实多润滑油公司于 2017 年在美国推出他们的第一批可再生润滑剂生物基发动机油（Edge Bio-Synthetic），这批产品以甘蔗作为基础油的原料，符合 APISN 和 ILSAC GF-5 标准，也满足对 25% 生物基化合物含量的要求，具有来自美国农业部的生物基产品认证。

如上所述，美国在环境保护方面的要求和法案推动了生物基润滑油需求的快速增长，进而推动了美国对生物基润滑油的基础研究与应用开发。目前市售的商业牌号生物基润滑油的产地主要是美国和英国（表 4-12）。

表4-12　几种市售生物基润滑油产品

厂商	商品名	产地	应用
Aztec Oils	Byohyd & Biochain	英国	液压油、链锯油
Bioblend Lubricants International	Bioblend	美国/英国	润滑油、液压油、齿轮油、链条油
Castrol	Castrol Biolube 2T	英国	二冲程机油
Fuchs	Locolub ECO	美国/英国	润滑油、液压油、齿轮油、链条油
Morris Lubricants	Supergreen Air-O-Lube	英国	润滑气雾剂
Mobil	Mobil EAL	美国/英国	润滑油、液压油、冷冻油
Shell	Ecolube	美国	液压油
Solar Lubricants	Arborol	英国	链条润滑剂
Renewable Lubricants	Biogrease/oil	美国	润滑油、液压油、切削油、传动油、齿轮油、金属加工油、链条油、真空泵油

我国生物基润滑油的相关研究与应用起步较晚，当前较为成熟的产品牌号较少。近年来，随着我国愈发重视和相关法律法规愈加完善，不可再生的纯矿物油型金属加工油也逐渐被市场淘汰。乳化型金属加工液成分以矿物油为主，难降解，产生的废液难以回收利用，但直接排放会污染环境，增加废液处理的成本。中国石化润滑油有限公司面对这些问题，发明了可生物降解轧制乳化油组合物，并于2015年申请了“可生物降解轧制乳化油组合物及用途”的发明专利。该组合物中的添加剂均为生物可降解，并且不含矿物油，大大降低了废液处理成本，同时易于生产与使用，适用于不锈钢板带冷轧工艺，是一种综合性能优秀的润滑剂。南开大学蓖麻工程中心选取多种非粮植物油（蓖麻油、桐油等）为主要原料，针对不同分子结构，综合采用化学、生物和物理改性技术，研究建立了“油脂基润滑油基础材料制备技术”，制备出了具有良好高低温性能、氧化安定性、生物降解性的生物基基础油产品，并以此为基础油通过调和复配梯次生产出了包含SL、SM、SN级别汽机油和CH-4、CI-4、CJ-4级别柴机油在内的多种牌号的具有节能环保性能的生物基发动机油。所开发的生物基发动机油通过了中国石化石油化工科学研究院的“节能台架认证”。行车实验表明，所开发的生物基润滑油可延长发动机使用寿命、节省燃料、提升动力、减排减噪（已获国家生态环境部节能减排认证）。北京润华源天生物科技有限公司在自主创新生物制备合成酯的基础上，经过多年的研发攻关，于2016年成功推出了新一代长寿命节能环保型的复合酯合成润滑油“源天1号”等系列产品。从分子结构来看，“源天1号”中含有较高活性的酯基基团，易于吸附在金属表面形成牢固的润滑油膜，有利于充分发挥润滑油的抗磨减摩性能，它的含水量、酸值水平等也远远低于其他工艺生产的酯类油。此外，它可以在超宽的温度范围内使用（−51～239℃），常温下稳定、不易燃，闪点可达到239℃以上。总体来说，“源天1号”各项主要技术指标均已达到或超过了欧美发达国家和地区的同类生物基润滑油产品，它的成功开发标志着我国在采用生物技术制备合成酯方面打破了西方国家的垄断地位，攻克了一项“卡脖子”技术，填补了我国在该领域的空缺。

第三节
生物基润滑油的发展趋势

生物基润滑油的基础油来源可再生、可降解，符合低碳、环保的可持续发展理念。此外，生物基润滑油还具有明显的节能降耗、润滑降磨、改善汽车尾气排放等功能。根据南开大学蓖麻工程研究中心的测算数据，以及市场的实践检验：使用一壶生物基润滑油，汽车的节油效果可以比使用普通润滑油提高 8% 左右。如果按照一辆汽车一年跑 20000km 计算，可减少 424kg 二氧化碳排放，相当于种 53 棵树。对比全国 1.8 亿的汽车保有量，推广使用生物基润滑油可助力我国早日实现“碳达峰、碳中和”的目标。但是，目前生物基润滑油在成品润滑油市场的占比仅约为 1%，仍属于新兴领域，还有很大的开发空间。所幸这类产品正逐步得到消费者的青睐，逐步提升的环保意识是推动消费模式转变的主要原因，再加上政策规范的引导作用，生物油作为润滑油的基础油已是必然的发展趋势。

党的十八大提出了实施创新驱动发展战略，引领经济转型升级的重大发展战略，解决生物基润滑油面临的资源瓶颈制约、经济效益差和过程污染等问题，围绕环保型生物基润滑油及基础油技术和产业升级的举措符合创新驱动发展战略目标，具体需要落实到政策、法律、技术和知识产权方面：

（1）在法律、政策方面，40 年前就有许多国家意识到了保护环境的重要性，以欧美和日本为代表的国家和地区出台并实施了强制性使用可降解生物基润滑油脂的法律。这些法律不但对生物基润滑油的可再生性、降解率等方面做出了明确规定，而且还强制要求森林开采业、机械加工业、食品加工业和船舶等领域使用生物基润滑油。而我国在这方面的法规、标准或政策仍有待完善，长此以往将不利于我国生物基润滑油行业的健康和快速发展，因此一方面亟需出台法律规范国内市场，另一方面还应通过税收减免、加大财政资金支持等政策鼓励有关企业创新和终端用户的使用。

（2）在技术方面，我国生物基基础油的传统路径是蓖麻油裂解和多元醇酯化，但这些方法存在收率低、成本高、产品性能差和原料依赖性强等显著缺点，逐渐被市场淘汰。除此之外我国生物基基础油还面临着非粮生物资源低成本开发、天然生物质的分子结构的重构以及生物基基础油的绿色合成等关键技术问题。对此，应学习国外的发展方式并结合实际情况，鼓励企业和高校发挥所长，结合我国生物质资源特点，应用先进技术探索植物基润滑油制备中的新原理、新方法、新技术和新工艺，实现生物质资源的多元化深度利用，重点解决“卡脖子”问题，合成结构新、成本低和性能高的系列生物基基础油，提升我国在基础研究方面的原始创新能力和国际竞争力。如规模化微生物发酵生物质制备烯烃技术、油酸甲酯烯烃复分解制备长链 α- 烯烃工艺等，可以解决当前我国聚 α- 烯烃合成油完全依赖进口原料的局面。此外，发展国内动植物油脂资源的高效加工利用技术，开发不同碳链长度的高纯度脂肪酸原料，对解决国内合成酯基础油缺乏上游脂肪酸原料、降低合成酯生产成本、提升合成酯型生物基润滑油在我国的推广应用具有重要意义。

（3）在知识产权方面，应该认识到润滑油的创新不能只依靠基础油的创新。

应当立足我国润滑油添加剂体系中成分难降解、生物毒性大等违背环保要求的实际情况，制定合理的产品标准，并在基础油分子创新的基础上，通过添加剂配方创新，构建环境友好、低毒和可降解的添加剂配方技术，形成自主知识产权的系列润滑油脂产品，提升我国高端生物基润滑油脂的国际竞争力。

参考文献

[1] 陆交，张耀，段庆华，等. 生物基润滑油基础油的结构创新与产业化进展 [J]. 石油学报（石油加工），2018, 34(2): 203-216.

[2] Norrby T. Environmentally adapted lubricants—where are the opportunities?[J]. Industrial Lubrication and Tribology, 2003, 55(6): 268-274.

[3] Sharma B K, Biresaw G. Environmentally friendly and biobased lubricants[M]. Boca Raton: CRC Press, 2016: 169-185.

[4] Zainal N A, Zulkifli N W M, Gulzar M, et al. A review on the chemistry, production, and technological potential of bio-based lubricants[J]. Renewable & Sustainable Energy Reviews, 2018, 82: 80-102.

[5] Atabani A E, Silitonga A S, Ong H C, et al. Non-edible vegetable oils: a critical evaluation of oil extraction, fatty acid compositions, biodiesel production, characteristics, engine performance and emissions production[J]. Renewable & Sustainable Energy Reviews, 2013, 18: 211-245.

[6] Wagner H, Luther R, Mang T. Lubricant base fluids based on renewable raw materials—their catalytic manufacture and modification[J]. Applied Catalysis A-General, 2001, 221(1-2): 429-442.

[7] Do P T, Nguyen C X, Bui H T, et al. Demonstration of highly efficient dual gRNA CRISPR/Cas9 editing of the homeologous GmFAD2-1A and GmFAD2-1B genes to yield a high oleic, low linoleic and alpha-linolenic acid phenotype in soybean[J]. Bmc Plant Biology, 2019, 19: 311.

[8] Echeverria S M, Andres V M. Effect of the method of preparation on the activity of nickel-Kieselguhr catalyst for vegetable oil hydrogenation [J]. Applied Catalysis, 1990, 66(1): 73-90.

[9] Ravasio N, Zaccheria F, Gargano M, et al. Environmental friendly lubricants through selective hydrogenation of rapeseed oil over supported copper catalysts[J]. Applied Catalysis A-General, 2002, 233(1-2): 1-6.

[10] Bouriazos A, Sotiriou S, Vangelis C, et al. Catalytic conversions in green aqueous media: Part 4. Selective hydrogenation of polyunsaturated methyl esters of vegetable oils for upgrading biodiesel[J]. Journal of Organometallic Chemistry, 2010, 695(3): 327-337.

[11] Pinto F, Martins S, Goncalves M, et al. Hydrogenation of rapeseed oil for production of liquid bio-chemicals[J]. Applied Energy, 2013, 102: 272-282.

[12] Sanli H, Canakci M. Effects of different alcohol and catalyst usage on biodiesel production from different vegetable oils[J]. Energy & Fuels, 2008, 22(4): 2713-2719.

[13] Salimon J, Salih N, Yousif E. Synthesis, characterization and physicochemical properties of oleic acid ether derivatives as biolubricant basestocks[J]. Journal of Oleo Science, 2011, 60(12): 613-618.

[14] Abd H H, Yunus R, Rashid U, et al. Synthesis of palm oil-based trimethylolpropane ester as potential biolubricant: chemical kinetics modeling[J]. Chemical Engineering Journal, 2012, 200: 532-540.

[15] Salimon J, Salih N, Yousif E. Triester derivatives of oleic acid: the effect of chemical structure on low

temperature, thermo-oxidation and tribological properties[J]. Industrial Crops and Products, 2012, 38: 107-114.

[16] Oh J, Yang S, Kim C, et al. Synthesis of biolubricants using sulfated zirconia catalysts[J]. Applied Catalysis A-General, 2013, 455: 164-171.

[17] Ahmed M S, Nair K P, Khan M S et al. Evaluation of date seed (*Phoenix dactylifera* L.) oil as crop base stock for environment friendly industrial lubricants[J]. Biomass Conversion and Biorefinery, 2021, 11: 559-568.

[18] Erhan S Z, Sharma B K, Liu Z S, et al. Lubricant base stock potential of chemically modified vegetable oils[J]. Journal of Agricultural and Food Chemistry, 2008, 56(19): 8919-8925.

[19] Tan S G, Chow W S. Curing characteristics and thermal properties of epoxidized soybean oil based thermosetting resin[J]. Journal of the American Oil Chemists Society, 2011, 88(7): 915-923.

[20] Armylisas A H N, Hazirah M F S, Yeong S K, et al. Modification of olefinic double bonds of unsaturated fatty acids and other vegetable oil derivatives via epoxidation: a review[J]. Grasas Y Aceites: International Journal of Fats and Oils, 2017, 68(1): e174.

[21] Sammaiah A, Padmaja K V, Prasad R B N. Synthesis of epoxy *Jatropha* oil and its evaluation for lubricant properties[J]. Journal of Oleo Science, 2014, 63(6): 637-643.

[22] Kotturu C M V V, Srinivas V, Vandana V, et al. Investigation of tribological properties and engine performance of polyol ester-based bio-lubricant: commercial motorbike engine oil blends[J].Proceedings of the Institution of Mechanical Engineers, Part D: Journal of Automobile Engineering, 2020, 234(5): 1304-1317.

[23] Nohair B, Especel C, Lafaye G, et al. Palladium supported catalysts for the selective hydrogenation of sunflower oil[J]. Journal of Molecular Catalysis A-Chemical, 2005, 229(1-2): 117-126.

[24] Toshtay K, Auezov A B. Hydrogenation of vegetable oils over a palladium catalyst supported on activated diatomite[J]. Catalysis in Industry, 2020, 12(1): 7-15.

[25] Shomchoam B, Yoosuk B. Eco-friendly lubricant by partial hydrogenation of palm oil over Pd/gamma-Al_2O_3 catalyst[J]. Industrial Crops and Products, 2014, 62: 395-399.

[26] Gryglewicz S, Piechocki W, Gryglewicz G. Preparation of polyol esters based on vegetable and animal fats[J]. Bioresource Technology, 2003, 87(1): 35-39.

[27] Nie J Y, Shen J H, Shim Y Y, et al. Synthesis of trimethylolpropane esters by base-catalyzed transesterification[J]. European Journal of Lipid Science and Technology, 2020, 122: 1900207.

[28] Konishi T, Perez J M. Properties of polyol esters-lubrication of an aluminum silicon alloy[J]. Tribol Trans, 1997, 40: 500-506.

[29] Zulkifli N W M, Azman S S N, Kalam M A, et al. Lubricity of bio-based lubricant derived from different chemically modified fatty acid methyl ester[J]. Tribology International, 2016, 93: 555-562.

[30] Eychenne V, Mouloungui Z. Relationships between structure and lubricating properties of neopentylpolyol esters[J]. Industrial & Engineering Chemistry Research, 1998, 37(12): 4835-4843.

[31] Zulkifli N W M, Kalam M A, Masjuki H H, et al. The Effect of temperature on tribological properties of chemically modified bio-based lubricant[J]. Tribology Transactions, 2014, 57(3): 408-415.

[32] Habibullah M, Masjuki H H, Kalam M A, et al. Tribological characteristics of calophyllum inophyllum-based TMP (trimethylolpropane) ester as energy-saving and biodegradable lubricant[J]. Tribology Transactions, 2015, 58(6): 1002-1011.

[33] Sharma U C, Sachan S, Trivedi R K. Viscous flow behaviour of Karanja oil based bio-lubricant base oil[J]. Journal of Oleo Science, 2018, 67(1): 105-111.

[34] Cecilia J A, Ballesteros P D, Alves S R M, et al. An overview of the biolubricant production process: challenges

and future perspectives[J]. Processes, 2020, 8(3): 257.

[35] Sharma R V, Dalai A K. Synthesis of bio-lubricant from epoxy canola oil using sulfated Ti-SBA-15 catalyst[J]. Applied Catalysis B: Environmental, 2013, 142-143: 604-614.

[36] Biresaw G, Bantchev G B. Tribological properties of biobased ester phosphonates[J]. Journal of the American Oil Chemists Society, 2013, 90(6): 891-902.

[37] Wang A L, Chen L, Jiang D Y, et al. Vegetable oil-based ionic liquid microemulsions and their potential as alternative renewable biolubricant basestocks[J]. Industrial Crops and Products, 2013, 51: 425-429.

[38] Knothe G, Dunn R O. A comprehensive evaluation of the melting points of fatty acids and esters determined by differential scanning calorimetry[J]. Journal of the American Oil Chemists Society, 2009, 86(9): 843-856.

[39] Boyde S. Hydrolytic stability of synthetic ester lubricants[J]. Journal of Synthetic Lubrication, 2000, 16: 297-312.

[40] Wang K, Tan L. Electrochemical synthesis to produce lube stock from renewable feeds[P]: US 9103042. 2015-08-11.

[41] Malevich D, Gibson G. Production of hydrocarbons from plant oil and animal fat [P]: US 9611554. 2017-04-04.

[42] Balakrishnan M, Arab G E, Kunbargi O B, et al. Production of renewable lubricants via self-condensation of methyl ketones[J]. Green Chemistry, 2016, 18(12): 3577-3581.

[43] Nagendramma P, Kaul S. Development of ecofriendly/biodegradable lubricants: an overview[J]. Renewable and Sustainable Energy Reviews, 2012, 16(1): 764-774.

[44] 胡建强，郭力，胡役芹．植物油化学改性研究 [C]// 中国润滑油技术经济论坛，2008-09-22.

[45] 徐瀚，缪晓玲，吴庆余．利用淀粉水解液发酵生产工程小球藻制备生物柴油 [C]// 中国生物质能技术与可持续发展研讨会，2005-07-01.

[46] Kalscheuer R, Stolting T, Steinbuchel A. Microdiesel: *Escherichia coli* engineered for fuel production[J]. Microbiology (Reading), 2006, 152(9): 2529-2536.

[47] Li Y, Zhao Z, Bai F. High-density cultivation of oleaginous yeast *Rhodosporidium toruloides* Y4 in fed-batch culture[J]. Enzyme and Microbial Technology, 2007, 41(3): 312-317.

[48] Hu C, Zhao X, Zhao J, et al. Effects of biomass hydrolysis by-products on oleaginous yeast *Rhodosporidium toruloides*[J]. Bioresource Technology, 2009, 100(20): 4843-4847.

[49] Zhu Z, Zhang S, Liu H, et al. A multi-omic map of the lipid-producing yeast *Rhodosporidium toruloides*[J]. Nature Communication, 2012, 3: 1112.

[50] Madzak C, Gaillardin C, Beckerich J M. Heterologous protein expression and secretion in the non-conventional yeast *Yarrowia lipolytica*: a review[J]. Journal of Biotechnology, 2004, 109(1-2): 63-81.

[51] Beopoulos A, Chardot T, Nicaud J M. *Yarrowia lipolytica*: a model and a tool to understand the mechanisms implicated in lipid accumulation[J]. Biochimie, 2009, 91(6): 692-696.

[52] Gu M, Xia Q, Liu X, et al. Synthesis of renewable lubricant alkanes from biomass - derived platform chemicals[J]. Chem Sus Chem, 2017, 10: 4102-4108.

[53] Norton A M, Liu S, Saha B, et al. Branched bio-lubricant base oil production through Aldol condensation[J]. Chem Sus Chem, 2019, 12(21): 4780-4785.

[54] Ji H, Wang B, Zhang X, et al. Synthesis of levulinic acid-based polyol ester and its influence on tribological behavior as a potential lubricant[J]. RSC Advances, 2015, 5(122): 100443-100451.

[55] Ji H, Zhang X, Tan T. Preparation of a water-based lubricant from lignocellulosic biomass and its tribological properties[J]. Industrial & Engineering Chemistry Research, 2017, 56(27): 7858-7864.

[56] Mobarak H M, Mohamad E N, Masjuki H H, et al. The prospects of biolubricants as alternatives in automotive

applications[J]. Renewable & Sustainable Energy Reviews, 2014, 33: 34-43.

[57] Salimon J, Salih N, Yousif E. Biolubricants: raw materials, chemical modifications and environmental benefits[J]. European Journal of Lipid Science and Technology, 2010, 112(5): 519-530.

[58] Knothe G, Steidley K R. Kinematic viscosity of biodiesel fuel components and related compounds. influence of compound structure and comparison to petrodiesel fuel components[J]. Fuel, 2005, 84(9): 1059-1065.

[59] Rodrigues J D, Cardoso F D, Lachter E R, et al. Correlating chemical structure and physical properties of vegetable oil esters[J]. Journal of the American Oil Chemists Society, 2006, 83(4): 353-357.

[60] Benchaita M T, Lockwood F E. Reliable model of lubricant-related friction in internal combustion engines[J]. Lubrication Science, 1993, 5(4): 259-281.

[61] Erhan S Z, Sharma B K, Perez J M. Oxidation and low temperature stability of vegetable oil-based lubricants[J]. Industrial Crops and Products, 2006, 24(3): 292-299.

[62] Fox N J, Stachowiak G W. Vegetable oil-based lubricants - a review of oxidation[J]. Tribology International, 2007, 40(7): 1035-1046.

[63] Krzan B, Vizintin J. Tribological properties of an environmentally adopted universal tractor transmission oil based on vegetable oil[J]. Tribology International, 2003, 36(11): 827-833.

[64] Reaume S J, Ellis N. Use of isomerization and hydroisomerization reactions to improve the cold flow properties of vegetable oil based biodiesel[J]. Energies, 2013, 6(2): 619-633.

[65] Schneider M P. Plant-oil-based lubricants and hydraulic fluids[J]. Journal of the Science of Food and Agriculture, 2006, 86(12): 1769-1780.

[66] Jiang S S, Li S Z, Liu L X, et al. The tribological properties and tribochemical analysis of blends of poly alpha-olefins with neopentyl polyol esters[J]. Tribology International, 2015, 86: 42-51.

[67] Knothe G, Steidley K R. Lubricity of components of biodiesel and petrodiesel. the origin of biodiesel lubricity[J]. Energy & Fuels, 2005, 19(3): 1192-1200.

[68] 张兆斌，王国清，李蔚，等. 一种由蔗糖制备低碳烯烃的方法 [P]: CN 201410590013.9. 2016-06-01.

[69] 舒恒毅，郑志锋，刘守庆，等. 油酸甲酯烯烃复分解制备长链终端烯烃化学品探究 [J]. 林业工程学报，2021, 6(4): 80-86.

[70] 舒恒毅，郑志锋，刘守庆，等. 亚油酸甲酯烯烃复分解制备长链终端烯烃化合物 [J]. 中国油脂，2021, 46(10): 51-57.

[71] 舒恒毅，郑志锋，李水荣，等. 油酸甲酯烯烃复分解合成 1- 癸烯的工艺优化 [J]. 生物质化学工程，2021, 55(5): 8-14.

第五章

高性能润滑油添加剂技术

随着现代汽车工业的迅速发展以及排放法规的日益严格，发动机技术进步和油品清洁化的需求在不断增长，合理使用润滑油除了可以提供润滑保证外，还是减少排放、提高油品节能效率的有效措施之一。润滑油质量的保证离不开添加剂产品，添加剂是提高润滑油质量、扩大润滑油品种的主要途径，也是改进润滑油性能、节能及减少环境污染的重要手段。

20 世纪 30 年代以前，发动机润滑油中很少使用添加剂，一般用直馏的矿物油就能满足使用要求。直到 1935 年，美国 Caterpillar Tractor 公司研制的较大功率的中速柴油机，在使用时发现活塞沉积物较多，导致粘环，发动机无法正常工作，通过加入有机酸盐于柴油机油中，解决了这些问题，从此发动机油进入了使用添加剂的时代。从 20 世纪 30 年代起，国外各大石油公司相继研制开发了烷基萘降凝剂、聚异丁烯黏度指数改进剂、各种羧酸盐（皂）、烷基酚盐和硫化烷基酚盐、磺酸盐、水杨酸盐等添加剂产品，以及二烷基二硫代磷酸锌抗氧抗腐剂等多种润滑油添加剂产品。20 世纪 60 年代初，国外开发应用了丁二酰亚胺无灰分散剂产品，有效地解决了油品低温油泥分散的问题，并且通过丁二酰亚胺无灰分散剂与金属清净剂的复配使用，在提高了油品使用性能的同时，降低了油品中添加剂总用量，是润滑油添加剂技术领域的一大突破。20 世纪 60 年代后期，形成了以金属清净剂、无灰分散剂、二烷基二硫代磷酸锌抗氧抗腐剂为主的内燃机油添加剂体系，随后润滑油添加剂的发展进入了平稳时期，添加剂发展主要是改进添加剂产品结构、添加剂产品系列化、提高添加剂产品性能，以及研究添加剂产品的复合效应。20 世纪 80 年代以后，国际市场上润滑油添加剂主要以复合剂的形式出售。进入 21 世纪以来，机械设备制造的精细化程度进一步提高，对润滑油性能的要求更加苛刻，低 SPAS、节能、环保型添加剂是解决润滑问题的主要研究和应用方向。

我国自 20 世纪 50 年代开始开发和使用润滑油添加剂，形成了从 T1×× ～ T10×× 牌号的 10 大类添加剂单剂。近年来，国际上根据添加剂使用体系，将润滑油添加剂分为四大类，分别为占添加剂总量 60% 左右的沉积物控制添加剂（含金属清净剂、无灰分散剂、抗氧抗腐剂、无灰抗氧剂等），占添加剂总量 25% 左右的高分子添加剂（黏度指数改进剂、降凝剂等），占添加剂总量 10% 的成膜添加剂（极压抗磨剂、摩擦改进剂等）以及剩余 5% 的其他小品种添加剂（腐蚀抑制剂、防锈剂、抗泡剂等）。根据国际分类，本章用四个小节分别对润滑油添加剂进行阐述。

第一节
沉积物控制添加剂

沉积物控制添加剂主要解决润滑油在厚油层（油池或曲轴箱）中的氧化降解、极性物质团聚、酸性物质总量增多等一系列问题。该类添加剂主要通过无灰分散剂和金属清净剂、抗氧剂的协同作用，达到效率最大化。其中金属清净剂主要有抗氧化、分水性好的水杨酸盐，胶束稳定、性能平衡的磺酸盐，可以降低低速早燃频次和降低灰分的镁盐等。无灰分散剂由于芳胺、受阻酚、杂环等结构引入丁二酰亚胺中可以赋予该分子优异的极性物质分散性能，而硼、磷、氮、钼等元素引入，也能使无灰分散剂结构和性能达到平衡。抗氧抗腐剂基于传统二烷基二硫代磷酸锌产品结构改进和性能优化，重点解决油品过氧化物分解、抗腐蚀、抗磨损等综合问题，氨基甲酸化合物可以作为补强 ZDDP（二烷基二硫代磷酸锌）用量降低带来的抗磨损问题。无灰抗氧剂主要是酚类、胺类、杂环类和多功能化结构，不同作用机理的抗氧剂复配使用能获得优异的协同作用。总体而言，沉积物控制添加剂在大多润滑体系中需要共同作用，平衡性能需求，避免沉积物产生，使油品保持稳定状态。

一、清净剂

1．概述

清净剂的发展始于 20 世纪 30 年代中期。当时柴油机向大功率发展，卡特彼勒公司的中速柴油机出现了活塞沉积物增多和粘环等问题，后来通过加入油溶性羧酸盐使此类问题得以解决。由于柴油机油中添加油溶性脂肪酸或环烷酸的金属皂可以解决粘环问题，因此借用水溶性肥皂具有的“清净性”这一术语，将此类油溶性金属皂称为清净剂（detergent）。随后出现了各种酚盐、磺酸盐、水杨酸盐及硫代磷酸盐等类型的金属清净剂。由于内燃机油中清净剂加入量大，清净剂的产量增长很快，带动了润滑油添加剂工业大规模地发展起来。

20 世纪 50 年代，研究人员开发出含有碱性金属（呈胶体碳酸盐）的“高碱度”金属清净剂。在此后的 30 年里，金属清净剂的发展趋于稳定。几大国际添加剂公司相应开发了低、中、高及超高碱值的磺酸盐、酚盐及水杨酸盐系列产品，以适应各级油品的质量要求。到 80 年代，由于汽车发动机的小型化、大功率及环保方面的限制，一些引起三元催化剂中毒，灰分高，含有氯、硫、磷及钡盐添加剂的应用受到限制，钡盐清净剂、硫代磷酸盐清净剂逐渐被淘汰。

进入 21 世纪后，随着清净剂合成原料品质的提升、合成工艺的持续优化，清净剂产品种类虽没有大的变化，但产品质量逐步得到提升，产品具有了更高的使用温度，具备了更好的配伍性，并形成了系列化、定制化产品，以满足润滑油迭代升级的需求。

2．研究现状

清净剂从脂肪酸皂和环烷酸皂开始，发展到如今的磺酸盐、烷基酚盐及硫化烷基酚盐、烷基水杨酸盐等种类，也从最初的中性盐开始向碱式盐或高碱性盐方向发展，逐渐形成了低、中、高及超高碱值等系列化和定制化的清净剂产品，以适应各级油品的质量需求。如今清净剂是现代润滑油中最关键的添加剂之一[1]。

（1）清净剂产品类型　清净剂是有机酸的金属盐。有机酸包括：烷基苯磺酸、烷基萘磺酸[2-4]、烷基酚[5-7]、烷基水杨酸、环烷酸[8-11]、烯基硫代磷酸[12]等。这些酸与无机碱（Ca、Mg、Na、Ba 等金属的氧化物或氢氧化物）反应生成盐。当金属以化学计量形式反应生成的中性盐，称为中性清净剂。如果金属以过量形式存在，称为碱性、过碱性或超碱性清净剂[13]。碱性清净剂中过量的金属是以碳酸盐胶核形式存在[14]。金属清净剂载荷胶团如图 5-1 所示。

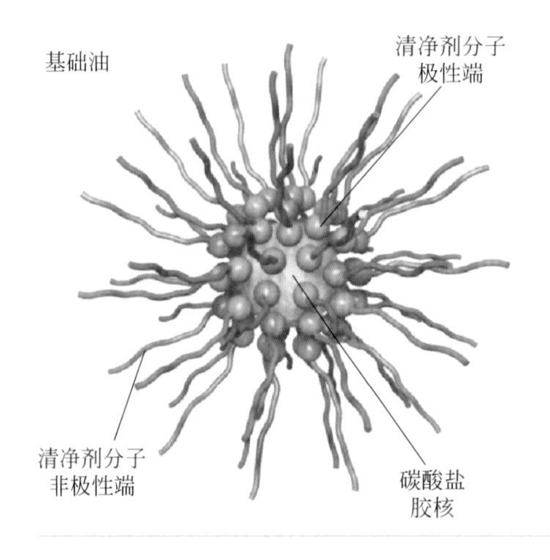

图5-1
金属清净剂载荷胶团

烷基苯磺酸盐、硫化烷基酚盐和烷基水杨酸盐是目前使用量最大、使用范围最广的三类金属清净剂。

① 磺酸盐　磺酸盐是使用较早、应用较广和用量最大的一种清净剂。按照原料来源不同，可分为石油磺酸盐和合成磺酸盐；按碱值分有中性或低碱值磺酸盐、中碱值磺酸盐、高碱值磺酸盐以及超高碱值磺酸盐；按金属种类分有磺酸钙盐、磺酸镁盐、磺酸钠盐和磺酸钡盐，以磺酸钙盐用量最大。钡盐是重金属盐，

应用量越来越少。

中性或低碱值磺酸盐具有更好的分散作用，高碱性磺酸盐则具有更优异的酸中和能力和高温清净性。磺酸盐能牢固地吸附在金属表面形成不透水的保护膜，因此它兼具一定的防锈性能。磺酸盐在使用性能方面的主要缺陷是其无抗氧化性能。总之，磺酸盐具有高温清净性好，酸中和能力强，防锈性能好，并有一定的分散性，原料易得，价格相对便宜等优点，可与其他添加剂复合调制各种内燃机油和船用油。磺酸盐清净剂的制备过程如图 5-2 所示。

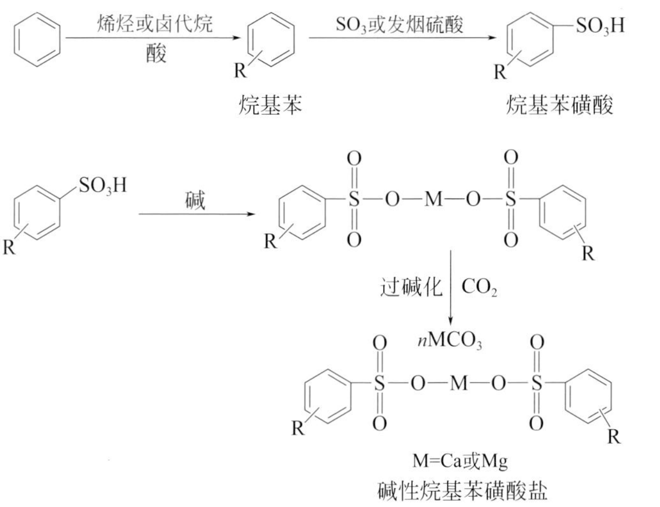

图5-2 磺酸盐清净剂的制备

中国石油相继开发了 RHY104（低碱值合成磺酸钙）、RHY105（中碱值合成磺酸钙）、RHY106（高碱值合成磺酸钙）、RHY107（超高碱值合成磺酸钙）、RHY107M（合成磺酸镁）等系列产品，产品在昆仑高档内燃机油、气缸油和抗低速早燃发动机油中表现出优异的使用效果，满足了发动机油规格的变化和自主润滑油品的迭代升级需求。

② 硫化烷基酚盐　烷基酚盐清净剂是 20 世纪 30 年代后期出现的润滑油添加剂。单纯烷基酚盐性能较差，且难于金属化成高碱性产品，硫化烷基酚盐应运而生，成为应用最广泛的清净剂之一，用量仅次于磺酸盐。

硫化烷基酚盐具有很好的抗氧化和抗腐蚀性能，与磺酸盐具有良好的协同效应，磺酸盐较差的抗氧化性能可由硫化烷基酚盐来弥补，而硫化烷基酚盐较差的增溶和分散作用则可由磺酸盐来弥补。硫化烷基酚盐与其他清净剂、分散剂及抗氧抗腐剂复合后，可以广泛用于各种内燃机油中，减少活塞顶环槽的积炭；此外由于它的碱保持性较好，在船用气缸油中也得到了良好的应用，是目前最主要的清净剂品种之一。

硫化烷基酚盐制备过程如图 5-3 所示。

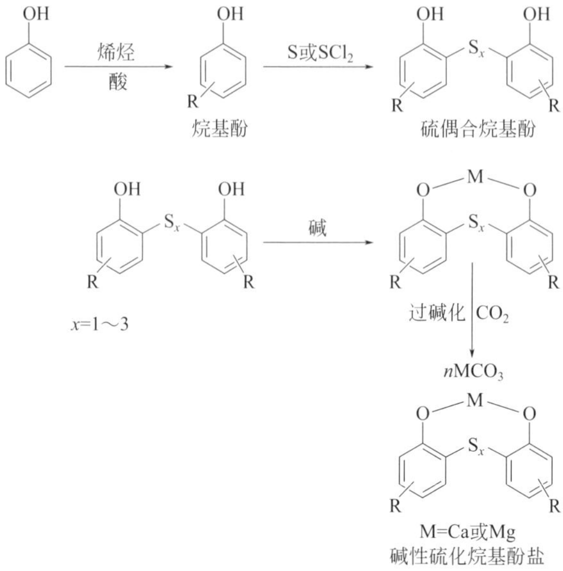

图5-3
硫化烷基酚盐的制备

③ 烷基水杨酸盐　烷基水杨酸盐是含羟基的芳香羧酸盐，从化学结构特性和使用性能来看，它是在烷基酚盐的苯环上引入羧基，并将金属由羟基位置转到羧基位置。由于结构的转变使烷基水杨酸盐分子极性增强，高温清净性大为提高，并超过烷基酚盐，但其抗氧化、抗腐蚀性能又不及硫化烷基酚盐。在 20 世纪 50 年代开始工业生产和实际应用，已形成了低碱值、中碱值、高碱值等系列化产品。中国石油 1978 年开始工业生产烷基水杨酸盐，随后付兴国等 [15] 开发了低碱值水杨酸钙、高碱值水杨酸钙、高碱值水杨酸镁等系列烷基水杨酸盐产品。姚文钊等 [16,17] 通过改进水杨酸盐合成工艺，研制了碱值 350mgKOH/g 的烷基水杨酸钙和碱值 400mgKOH/g 的烷基水杨酸镁清净剂。

烷基水杨酸盐的清净性优异，酸中和能力强，在高温下稳定，并具有一定的抗氧化和抗腐蚀性能，适用于各类内燃机油、船用油等领域。烷基水杨酸盐制备过程如图 5-4 所示。

2010 年后中国石油全面优化升级了烷基水杨酸盐清净剂工艺 [18]，以水杨酸和烯烃为原料，经烷基化反应直接制备烷基水盐酸，开发出合成烷基水杨酸盐的全新工艺，推出了 RHY109A（低碱值烷基水杨酸钙）、RHY109（中碱值烷基水杨酸钙）、RHY109B（高碱值烷基水杨酸钙）、RHY109C（超高碱值烷基水杨酸钙）等系列产品，在中国石油自主车用发动机油、船用中速机油中得到了良好的应用。RHY109 和 RHY109B 用于柴油机油，形成了昆仑润滑 12 万公里长换油期柴油机油，RHY109A 用于昆仑 RHY3160 复合剂中，形成了中国石油第一款低 SAPS 柴油机油复合剂，应用全球最高规格 CK-4 柴油机中。

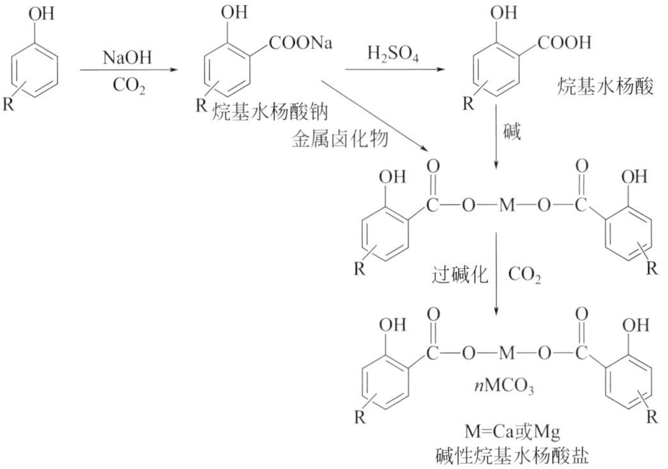

图5-4
烷基水杨酸盐的制备

（2）作用机理

① 酸中和作用　清净剂具有碱性，一般用总碱值（Total Base Number，TBN）进行表述。高碱性清净剂是将碳酸盐（$CaCO_3$、$MgCO_3$、$BaCO_3$、Na_2CO_3）和金属氢氧化物的超粒子状态的胶体均匀分散在正盐胶束中，高碱性清净剂具有较大的碱储备，能够持续地中和润滑油和燃料油氧化生成的有机酸，阻止它们进一步氧化缩合，从而减少漆膜的产生。同时也可以中和含硫燃料燃烧后生成的二氧化硫、亚硫酸、硫酸等，防止这些酸性物质对发动机金属部件的腐蚀。

② 洗涤作用　在油品中呈胶束的清净剂对生成的漆膜和积炭有很强的吸附性能，它能将黏附在活塞上的漆膜和积炭洗涤并分散在油中。通常分散性能越强洗涤作用就越强。

③ 分散作用　清净剂能将已经生成的胶质和炭粒等固体小颗粒吸附并分散在油里，防止它们之间凝聚起来形成大颗粒而黏附在气缸上或沉淀为油泥。

④ 增溶作用　所谓增溶作用，就是本来在油中不溶解的液体溶质，由于加入少量表面活性剂而溶解的现象。清净剂是一类特殊的表面活性剂，常以胶束分散于油中，它可溶解含羟基、羧基的含氧化合物，含硝基化合物和水分等。这些物质是生成漆膜的中间体，被增溶到清净剂胶束中心，外面包裹了形成此胶束的清净剂分子，因而阻止了此类物质进一步氧化和缩合，减少了漆膜和积炭的生成（图 5-5）。

（3）性能特色　主流三大类型金属清净剂的性能对比见表 5-1。

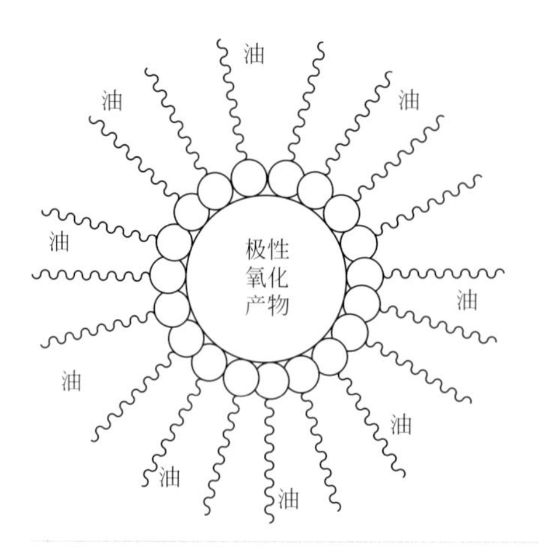

图5-5
金属清净剂的作用

表5-1 主要金属清净剂性能比较

类别	分散作用	酸中和作用	增溶作用	防锈作用
中性、碱性磺酸盐	中	中	中	有
高碱性磺酸盐	中	大	中	有
中性、碱性酚盐	小	中	小	无
高碱性酚盐	小	大	小	无
中性、碱性水杨酸盐	小	中	小	无
高碱性水杨酸盐	中	大	小	无

金属清净剂在发动机油包括轿车、重型柴油机、船用柴油机和固定式燃气发动机油中发挥着重要的作用。往复式活塞内燃机中，燃料气体在高压下经活塞颈部窜入曲轴箱，和润滑油发生相互作用。燃烧气体和副产物中含有硫的氧化产物，这些氧化硫和燃料油以及机油中的氧化组分相互作用，就会生成硫酸和有机酸等腐蚀性产物[19]，中国石油开发的高碱性清净剂（RHY109B、RHY107 等）能很好应对此类问题。

此外，清净剂可以有效防止发动机沉积物的生成，特别是活塞和活塞环这类在高温下工作的部件（图 5-6），起到保证发动机内部清净、减少积炭、延长发动机寿命的作用。

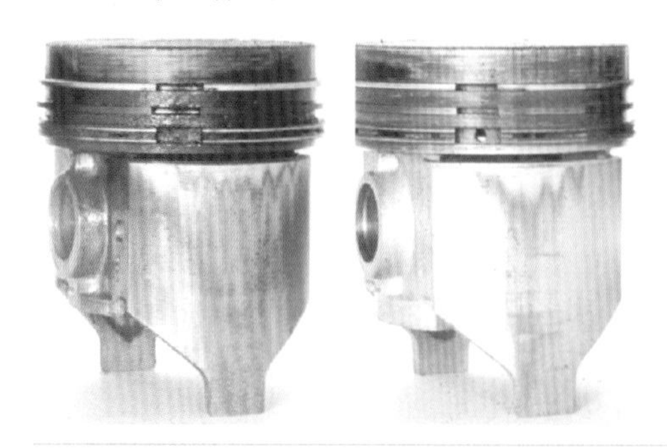

图5-6
不同油品发动机台架试验后活塞清净性对比

3．发展趋势

近年来，随着能源节约和环境保护要求的逐渐提高，发动机设计日益向小型化、大功率、高速方向发展，低 SPAS 润滑油[20]将是未来发展的方向，此外，对高温清净性的要求也越来越严苛，烷基水杨酸盐清净剂系列产品在未来金属清净剂的发展中具有天然的优势。中国石油低碱值烷基水杨酸盐 RHY109A 已成功用于昆仑 CJ-4 以上级别的柴油机油中。

清净剂的发展方向还在于其多效性及更高碱性储备，如 TBN400、TBN500 等更高碱值的清净剂产品的应用，以提升油品的经济性。

此外，随着内燃机油规格的发展，提升燃油经济性的需求越来越高，发动机小型化、涡轮增压和缸内直喷等新技术的发展（图 5-7），发动机出现低速早燃（LSPI）甚至超级爆震现象，ILSAC GF-6 规格中已明确将 LSPI 作为新规格油品性能的强制要求。镁盐清净剂是解决直喷增压发动机在低速、大扭矩下发生低速早燃的一个有效途径之一，未来应具有较好的发展态势。

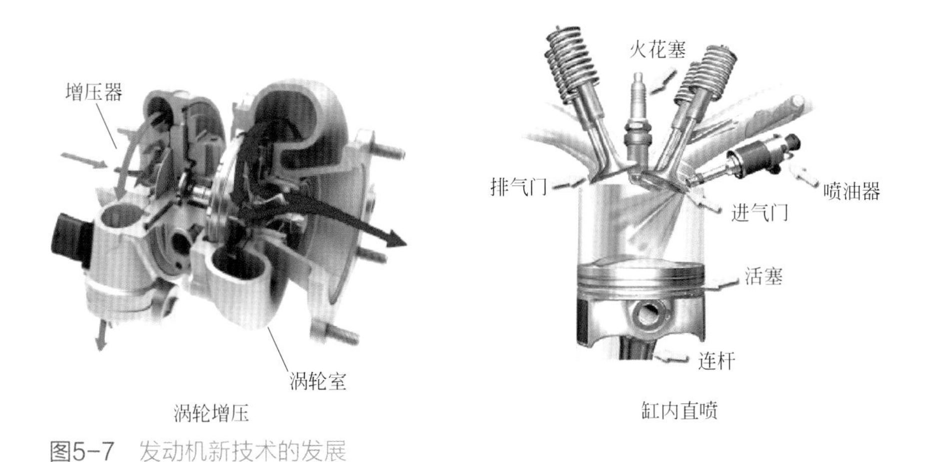

图5-7　发动机新技术的发展

二、无灰分散剂

1．概述

无灰分散剂是一类不含金属，可以有效使油品生成的油泥、漆膜和淤渣等物质分散在油品中的添加剂。小轿车和轻型车一般采用汽油机作为动力源，发动机多在停停开开、低速低温的城市路况下运行，容易产生低温油泥。低温油泥在城市间长时间高温行驶条件下，会脱水形成高温油泥，附着在部件上，因此汽油机油在具备良好的清洁性和高温氧化安定性的基础上，还应具备分散低温油泥和抑制其生成的能力。大中型载重货车多采用柴油机作为动力源，运行工况多为重负荷高速行驶，会造成烟炱污染，因此它对润滑油的烟炱分散性和高温清洁性有更高的要求[21]。在众多添加剂中，无灰分散剂的主要作用是使在油品使用过程中由于氧化或其他化学作用形成的不溶物质保持悬浮，并防止油泥凝聚和不溶物沉积；其另一个作用是防止烟炱颗粒团聚，并降低润滑油使用过程中的黏度增长[22]。正因为有这样的作用，无灰分散剂才成为无论汽油机油还是柴油机油都必不可少的主要添加剂之一。

无灰分散剂的分子由三个不同结构的基团组成：油溶性基团、极性基团和一个连接基团（见图 5-8）。油溶性基团通常是聚合物，如聚异丁烯、聚 α- 烯烃及其混合物等，其中使用聚异丁烯制备的无灰分散剂是最常见的。适宜的聚异丁烯的数均分子量在 500 ～ 3000 之间，数均分子量在 800 ～ 2300 是最典型的，其中用数均分子量约为 1000 的聚异丁烯制备的无灰分散剂被称为低分子聚异丁烯丁二酰亚胺，用数均分子量约为 2000 的聚异丁烯制备的无灰分散剂被称为高分子聚异丁烯丁二酰亚胺。极性基团通常是含氮或含氧的衍生物，含氮的极性基团是由胺类化合物制备，通常显碱性。含氧的极性基团是由醇类化合物制备，一般为中性。常用的胺类化合物是多烯多胺，如二亚乙基三胺、三亚乙基四胺和四亚乙基五胺等，常用的醇类化合物为多元醇，如季戊四醇。连接基团通常为马来酸酐、苯酚等。

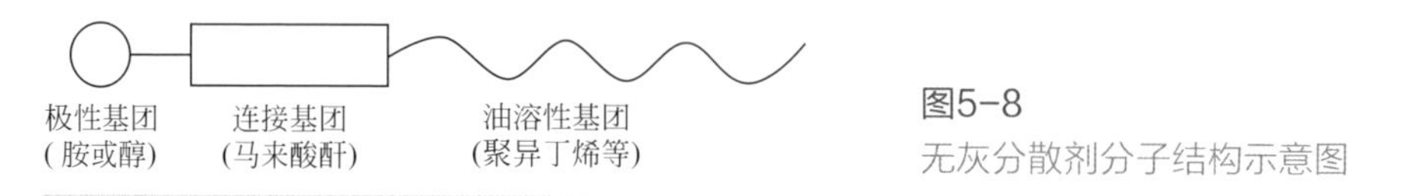

图5-8
无灰分散剂分子结构示意图

在 20 世纪 40 年代，内燃机油中由于过多使用金属清净剂，会产生大量灰分，造成排气阀门等部件过度磨损、燃烧室沉积物过多，此外，不完全燃烧的燃料和水不能从润滑油中排出，使油泥沉积物增加[23]。针对上述问题，迫切需要一类无灰且对沉积物有显著悬浮作用的分散剂。1955 年美国杜邦公司研究出含有碱性氮基团的甲基丙烯酸酯类聚合型分散剂，这种无灰分散剂使低温油泥问题得到解决，但效果不够明显；20 世纪 60 年代初问世的各种丁二酰亚胺类无灰分散剂迅速得到推广，成为迄今仍最广泛使用的无灰分散剂。之后研究者们也开发了酯型[24]、曼尼希碱型[25,26]、硼化、磷硼化等类型的无灰分散剂。

近年来，环保法规对柴油机氮氧化物排放量的限制越来越严格。为了降低柴油机尾气中氮氧化物的排放量，发动机制造商普遍采取了活塞顶环位置提高技术、延迟喷射技术、发动机尾气再循环技术等一系列新技术来降低氮氧化物的排放。这些技术的应用同时也加剧了柴油不完全燃烧的程度，导致重负荷柴油机油中烟炱污染物的含量增加，烟炱分散问题日益突出[27]。1998 年，API 发布了 CH-4 柴油机油规格，改善了烟炱的控制。2002 年，API 推出了 CI-4 柴油机油规格，在抗氧化、烟炱分散、烟炱磨损以及酸中和等方面提出了更加严格的要求。2007 年美国推出了 CJ-4 柴油机油，对油品的烟炱分散性、抗氧化性又提出了更加严格的要求[28]。2016 年推出的 CK-4 和 FA-4 则对油品氧化、发动机磨损、高速剪切、活塞积炭处理等方面又进行了提升。整体来看，为了解决烟炱引起的黏度增长和磨损问题，是近 20 年来的主要研究方向。

2．研究现状

常见的无灰分散剂主要有聚异丁烯丁二酰亚胺、聚异丁烯丁二酸酯、聚异丁烯基苄胺、硼化聚异丁烯丁二酰亚胺、磷硼化聚异丁烯丁二酰亚胺等[23]。

（1）聚异丁烯丁二酰亚胺　聚异丁烯丁二酰亚胺的制备过程[24]如下：顺丁烯二酸酐（MA）同聚异丁烯（PIB）发生反应，形成聚异丁烯丁二酸酐（PIBSA），聚异丁烯丁二酸酐同多胺发生酰胺化反应得到聚异丁烯丁二酰亚胺分散剂，合成工艺见图 5-9。

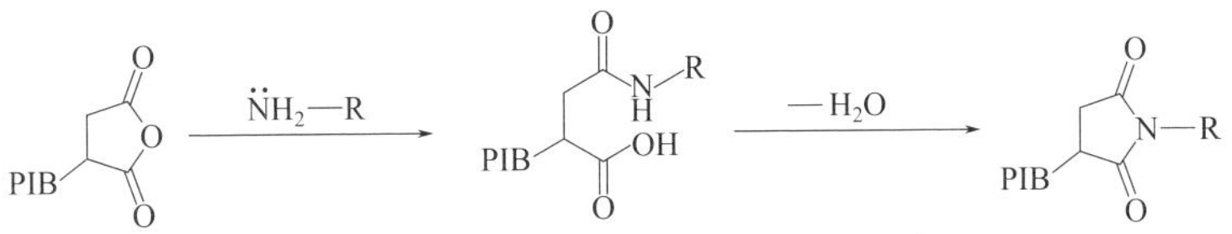

聚异丁烯丁二酸酐 —— $\ddot{N}H_2$—R ——→ —— $-H_2O$ ——→ 聚异丁烯丁二酰亚胺分散剂

图5-9　聚异丁烯丁二酰亚胺的合成工艺

聚异丁烯丁二酰亚胺类无灰分散剂市售产品主要有：单挂低分子聚异丁烯丁二酰亚胺 T151、双挂低分子聚异丁烯丁二酰亚胺 T152、双挂高分子聚异丁烯丁二酰亚胺 T161 等。中国石油润滑油公司开发的聚异丁烯丁二酰亚胺类无灰分散剂 RHY162 具有优异的烟炱分散性，可用于 CI-4 以上级别的柴油机油，另一类产品 RHY153 则具有较好的低温油泥分散性。

（2）聚异丁烯丁二酸酯　聚异丁烯丁二酸酯型无灰分散剂多采用数均分子量 1000 的聚异丁烯，连接基为马来酸酐，和多元醇反应得到的聚异丁烯丁二酸酯，极性基为羟基。聚异丁烯丁二酸酯型分散剂具有很好的抗氧和高温稳定性，在高强度发动机运转中可有效控制沉淀物的生成。其缺点是分散性较差，故而在应用中多与聚异丁烯丁二酰亚胺型无灰分散剂复合使用。聚异丁烯丁二酸酯型无灰分散剂的合成如图 5-10 所示。

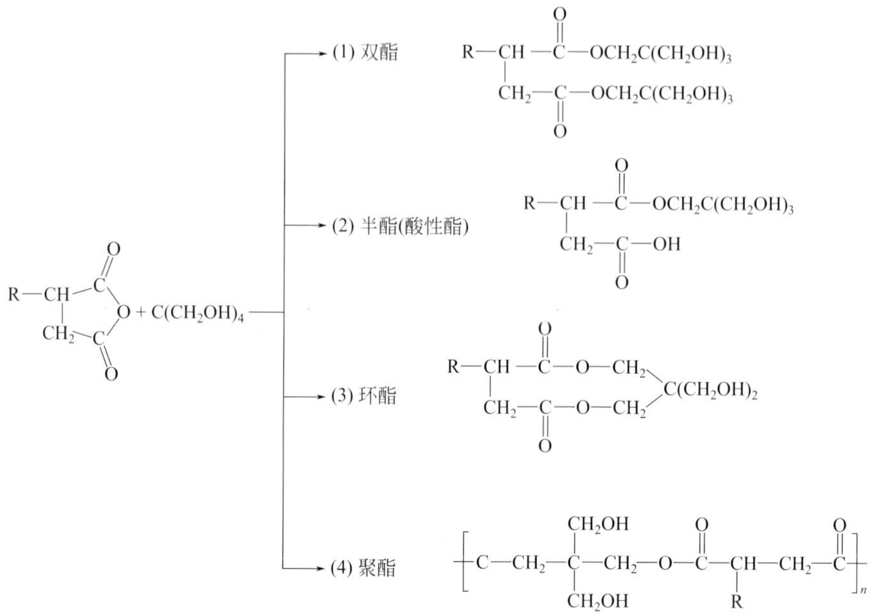

图5-10 聚异丁烯丁二酸酯型无灰分散剂的合成

（3）聚异丁烯基苄胺 聚异丁烯基苄胺型无灰分散剂是酚醛胺型缩合物，由烷基酚、甲醛和胺进行曼尼希碱反应制得，在汽油机油、柴油机油中具有较好的清净分散性和沉积控制性能，以及一定的抗氧化性，可以用作汽油清净剂。其合成反应如图 5-11 所示。

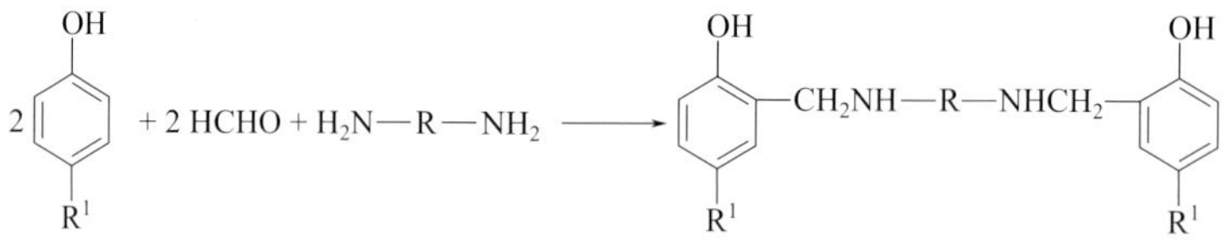

图5-11 聚异丁烯基苄胺无灰分散剂的合成

（4）硼化聚异丁烯丁二酰亚胺 硼化聚异丁烯丁二酰亚胺是在聚异丁烯丁二酰亚胺上引入硼元素而形成的硼化无灰分散剂。硼化无灰分散剂具有较好的分散性能、抗氧化性能和高温清净性能，可以有效地防止金属表面的拉伤和擦伤，同时可以改善与橡胶密封件的相容性。市售硼化聚异丁烯丁二酰亚胺产品主要有：T154B 低硼化聚异丁烯丁二酰亚胺（硼含量 0.3% ～ 0.6%）和中国石油润滑油公司的 RHY155B 高硼化聚异丁烯丁二酰亚胺（硼含量 1.0% ～ 1.5%）等。将 T151、T154B 和 RHY155B 进行高温清净性评价，见图 5-12，从左到右依次为 T151、T154B 和 RHY155B，可见 RHY155B 的成焦量最少，高温清净性最好。

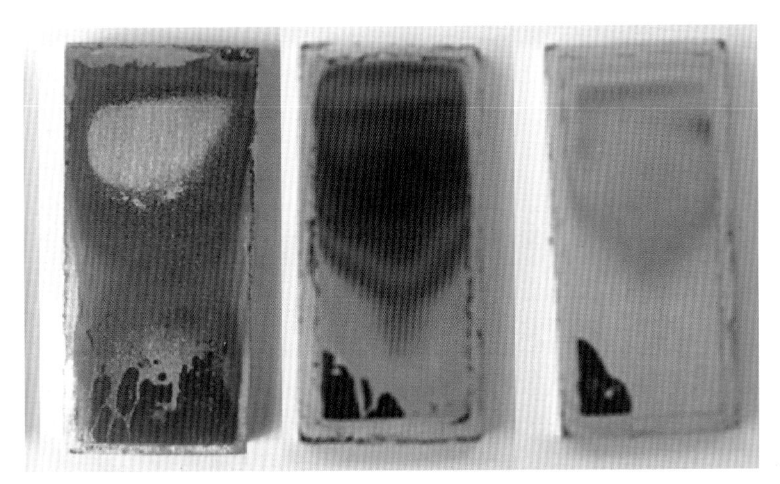

图5-12 高温清净性对比

（5）磷硼化聚异丁烯丁二酰亚胺 磷硼化聚异丁烯丁二酰亚胺是在硼化聚异丁烯丁二酰亚胺上引入磷元素而形成的无灰分散剂[25]。磷硼化无灰分散剂具有较好的分散性能、抗氧化性能，且具有较好的极压和抗磨性能，同时具有较好的动静摩擦特性，是一种多功能无灰分散剂。中国石油开发的高性能产品 RHY151PB 就具有以上特点。RHY151PB 与 T151 和 T161 的动静摩擦特性曲线对比见图 5-13。T151 和 T161 的摩擦系数随着转速的增大下降速度较快，RHY151PB 的摩擦系数保持相对比较稳定。

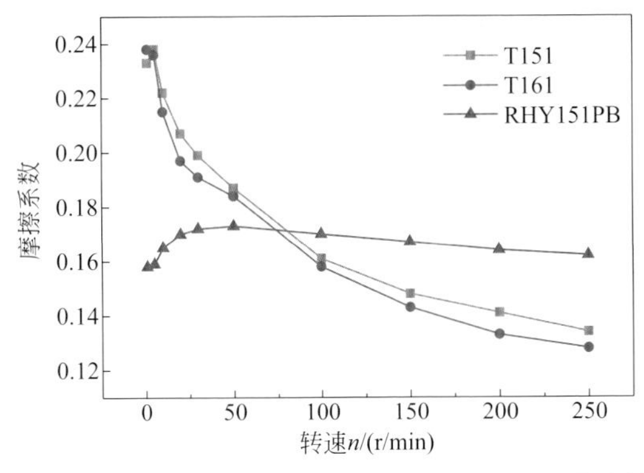

图5-13 RHY151PB与T151和T161的动静摩擦特性曲线对比

不同无灰分散剂主要性能区别见表 5-2。“+”号越多，代表该性能越好。

表5-2 不同无灰分散剂的主要性能区别

项目	低温油泥分散性	烟炱分散性	高温清净性	摩擦特性
T151	+++	+	+	+
T152	++	+	++	+
T153	+++	+	++	++
T161	++	+	++	+
RHY162	+++	++	++	+
RHY163	+++	+++	++	+
RHY154B	+	+	+++	++
RHY155B	+	+	+++	++
RHY151PB	+++	+	+++	+++

上述无灰分散剂中，RHY162 以 4.0% 的加剂量调制的 CI-4 级柴油机油通过了 Mack T-8E 台架试验；RHY163 以 6.2% 的加剂量调制的最高规格的 CK-4 级柴油机油通过了 Mack T-11 台架试验，表现出相对优异的烟炱分散性能。RHY151PB 具有较好的摩擦特性，能够有效改善油品的动静摩擦系数，使用 RHY151PB 调制的液力传动油通过了 NO.2 摩擦特性试验。

（6）关键无灰分散剂产品开发　无灰分散剂的主要作用是提高润滑油的油泥和烟炱分散能力，中和油品中的酸性化合物及提高油品的高温清净性，高性能的无灰分散剂成为目前高档内燃机油配方研发的关键技术，尤其是具有优异烟炱分散性的无灰分散剂，成了研究的热点[26-30]，特别是随着国家第六阶段机动车污染物排放标准对汽油机和柴油机的排放提出了严格的要求。

柴油和进入燃烧室的润滑油，在空气不足的条件下，经不完全燃烧或热裂解而产生的不定形炭，表现为烟炱[31]。影响烟炱的生成因素有空气温度、氧浓度和燃料的种类等。当空气的预热温度越高，空气中的氧含量越低，燃料和氧化剂混合越不均匀，燃料就越容易发生裂解，生成的烟炱就越多。烟炱是由多种物质组成的混合物，其主要成分为石墨化炭黑。Hu 等[32]采用高分辨率透射电镜（HRTEM）观察到烟炱在柴油机油中以固体不溶物的形式存在，其初始大小约 45nm（如图 5-14 所示）。刘琼等[33]采用 HRTEM 考察了烟炱炭条纹（carbon fringe）结构的长度、条纹相互间距和条纹弯曲度，出现烟炱初级粒子的外层炭条纹具有明显的取向性，炭条纹之间近似平行结构，这些炭条纹可能通过分子间相互作用，相互凝聚达到平衡状态，内层炭结构为短链，且呈无序状态（图 5-15）。

Esangbedo 等[34]认为，在重负荷柴油机中会产生“惰性”烟炱，这种“惰性”烟炱不易被分散剂分子吸附，从而导致聚集发生（如图 5-16 所示）。“惰性”烟炱分为两种：一类是石墨化的烟炱，这类烟炱的空间结构决定了其不易与分散剂作用，烟炱的石墨化程度决定了烟炱的活性；另一类是表面氧含量低的烟炱，一般认为烟炱表面的含氧化合物与分散剂具有相互作用。

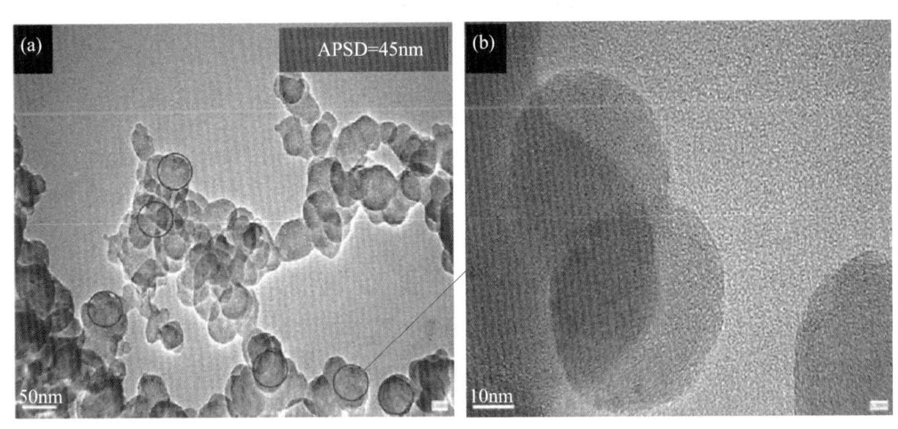

图5-14 柴油机中烟炱分散情况的HRTEM图像

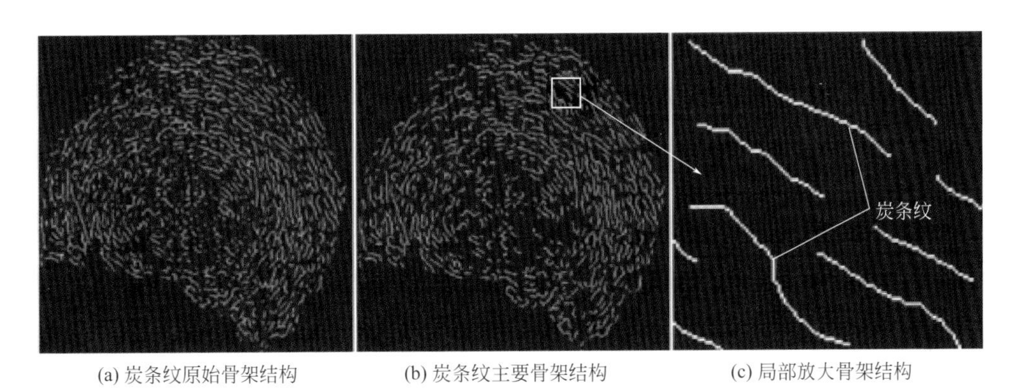

图5-15 烟炱粒子炭骨架结构TEM图像

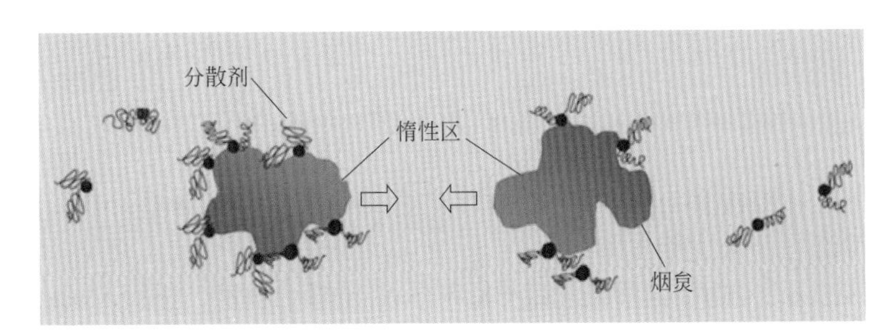

图5-16 没有被分散剂完全吸附的烟炱之间发生聚集示意图

发动机油中的烟炱作为单独的小颗粒均匀分散在油中时，一般不会引起黏度明显地增加。当烟炱粒子增加到一定程度时发生凝聚，烟炱与形成胶质的氧化物凝聚成高黏度的网状结构[35]。其主要危害为：①大颗粒会造成滤网堵塞，影响供油；②使润滑油黏度增大，流动性变差；③加剧磨损。烟炱本身是一种磨料，造成磨料磨损，同时它吸附一些燃烧产生的酸性物质，产生腐蚀磨损，最终影响发动机正常工作和寿命[36]。

分散剂与烟炱的相互作用是决定体系分散性能的关键，烟炱聚集颗粒的大小与分散剂的种类和结构有直接关系。通常认为，烟炱颗粒越小，在润滑油中的分布越均匀，则该分散剂的分散性能越好。魏克成等[37]利用耗散离子动力学模拟方法研究分散剂与烟炱的作用关系，认为分散剂的分散性能随分散剂极性端的极性增强而提高；分散剂非极性端存在最佳链长。他们利用类似的方法研究了丁二酰亚胺类分散剂在伪烟炱表面的吸附行为[38]，结果表明，分散剂极性基团与烟炱表面的极性基团形成氢键，发生强吸附作用，分散剂的非极性链与伪烟炱表面发生弱吸附作用。极性基团在伪烟炱表面的结合能有可能决定其在烟炱表面的吸附强度和分散剂的性能，即结合能越小，吸附越强烈，分散性能越好。

Esangbedo 等[39]认为烟炱中碳元素含量占 80% ～ 90%，其他元素的含量比较低，但是这些少量元素主要集中于烟炱表面，为烟炱颗粒提供了极性。

中国石油润滑油分公司对不同结构的无灰分散剂进行研究，发现对聚异丁烯丁二酰亚胺分散剂进行后交联反应，在分子中引入胺类、酚类或醚类化合物，可以有效地提高烟炱分散性。其中以甲醛、酚类物质和聚异丁烯丁二酰亚胺交联反应形成的 RHY163 添加剂具有优异的烟炱分散性能。其主要理化分析和性能评价结果与传统的 T161 的区别见表 5-3。

表5-3 RHY163分散剂的主要性质

项目	RHY163	T161
密度(20℃)/（g/cm^3）	0.9153	0.9042
w（氮）/%	1.91	1.15
碱值(以KOH计)/（mg/g）	44.0	22.2
酸值(以KOH计)/（mg/g）	0.75	1.69
SDT/%	78.3	67.6
成焦量/mg	19.7	26.3

从表 5-3 可见，RHY163 与 T161 相比具有更高的碱值和氮含量，其低温油泥分散性和高温清净性均优于 T161。

将 RHY163 以 6.2% 的加剂量调和成 CK-4 15W-40 柴油机油，进行 Mack T-11 台架试验，结果见表 5-4 和图 5-17。

表5-4 RHY163烟炱无灰分散剂的Mack T-11试验结果

项目	指标	结果
100℃黏度增长4mm^2/s时的烟炱含量/%	≥3.5	4.31
100℃黏度增长12mm^2/s时的烟炱含量/%	≥6.0	6.19
100℃黏度增长15mm^2/s时的烟炱含量/%	≥6.7	>7.04

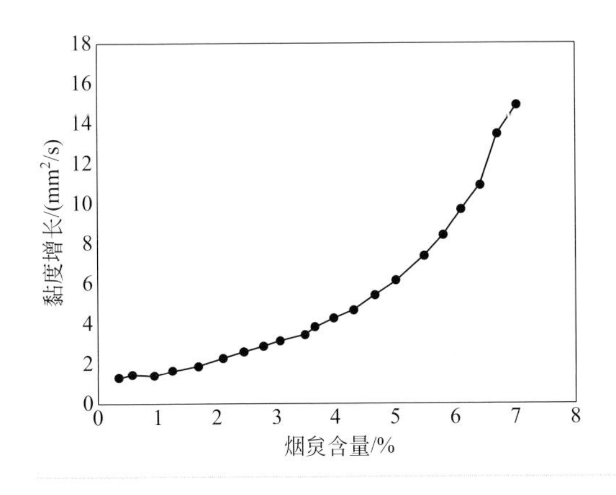

图5-17
Mack T-11试验结果

从表 5-4 和图 5-17 可见，RHY163 调和的 CK-4 15W-40 柴油机油能够有效地控制烟炱含量增大引起的油品黏度增长，该油品通过了 Mack T-11 发动机台架试验。与原使用分散性补强剂的配方相比，分散剂的总加量由 12% 降低到 6.2%，降量 48%，提高了 CK-4 柴油机油复合剂的市场竞争力。

3．发展趋势

目前，无灰分散剂的主要市场需求仍然为聚异丁烯丁二酰亚胺类无灰分散剂。在性能方面，对烟炱分散性、高温清净性、摩擦特性等提出了更高的要求。在无灰分散剂的分子中引入硼、磷、硫等元素，以及引入酚、芳香胺、多元醇等结构，赋予了无灰分散剂新的功能。在无灰分散剂的生产工艺方面，使用热加法制备聚异丁烯马来酸酐的生产工艺因不使用氯气，产品中不含氯，得到了越来越多的应用。在未来一段时间内，无灰分散剂仍将是内燃机油中重要的添加剂，其中烟炱分散型无灰分散剂、抗磨型无灰分散剂、抗氧型无灰分散剂、多功能型无灰分散剂等是未来的研究重点。

三、抗氧抗腐剂

1．概述

润滑油在使用过程中，高温条件下，与氧气接触时不可避免地发生氧化，使油品变质，缩短使用寿命，氧化后产生的酸、油泥和沉淀腐蚀磨损机件，造成故障。在油品中加入抗氧抗腐剂的作用在于抑制油品氧化，钝化金属催化作用，延缓氧化速度，延长油品的使用寿命。常用的抗氧抗腐剂是各种金属（如 Cu、Zn、Mo、Sb 等）的烷基硫代磷酸类化合物和氨基甲酸类化合物，还有一些有机磷、有机硫化合物也是较好的抗氧抗腐剂。

最典型的烷基硫代磷酸类化合物是二烷基二硫代磷酸锌（ZDDP），它是一种兼有抗氧化、抗磨、抗极压以及抗腐蚀等优异性能的有灰型多效润滑油添加剂。它因性能优良、成本低廉，自20世纪40年代以来，一直是内燃机油等油品中不可缺少的添加组分，并在齿轮油、液压油等工业用油中也得到了广泛的应用。能有效防止发动机轴承腐蚀，抑制因高温氧化而引起的油品黏度增长，因而在润滑油添加剂中占有重要地位。目前及以后发展的高档内燃机油中，ZDDP系列抗氧抗腐剂通常是和无灰型辅助抗氧剂配合使用，而且是目前最有效的抗氧化作用体系，且近期和不远的将来，仍不可能为其他体系取代。其他如二烷基二硫代磷酸铜、二烷基二硫代磷酸铅也有相关的文献报道，但其应用研究方面报道较少。

由于ZDDP的优越性能，在过去的六十多年中，人们投入大量精力研究ZDDP的抗氧化、抗磨及抗腐蚀机理。尽管在过去的二十年中，人们对ZDDP替代物的研究开发做了大量的工作，也取得了一些成果。但综合起来，在已有的研究结果中，并没有发现一种添加剂能够真正全面地取代ZDDP。

其他诸如硫代氨基甲酸酯（盐）、有机铜、有机硫、有机磷化合物也有用作抗氧抗腐剂使用的报道，但使用量和发展有限。

2．研究现状

（1）产品类型

① 二烷基二硫代磷酸锌　各种金属（如Cu、Zn、Mo、Sb等）的烷基硫代磷酸类化合物都具有一定的抗氧化能力，多用于内燃机油中，主要起抗磨、减摩、抗氧和抗极压作用。ZDDP产品是一种多效石油添加剂，具有良好的抗氧抗腐性能及一定的抗磨性和抗极压性能。表5-5所示为不同烷基醇合成的ZDDP的结构和性能的关系[40]。

表5-5　不同烷基ZDDP的特性

ZDDP的类型		仲烷基	短伯烷基	长伯烷基	烷芳基	混合烷基（2～3种）
特性	抗氧化性	优	好	优	好	好
	极压抗磨性	优	好	好	差	优
	热安定性	差	好	优	优	差
	水解安定性	优	好	优	差	好
发动机油性能	汽机油抗氧与抗磨	优	好	优	好	优
	柴机油抗氧与抗磨	—	好	优	优	好

ZDDP的结构取决于ZDDP的状态是晶体还是液体、ZDDP在基础油中的浓度等。碱式ZDDP的结构以O原子为中心，四个Zn原子位于四面体的四个顶角位置，六个硫磷酯基分别桥联两个金属中心，最终每个金属中心与三个S原子相

连，形成一个具有稳定骨架的化合物[41,42]，该结构具有更好的高温稳定性。其结构见图 5-18。

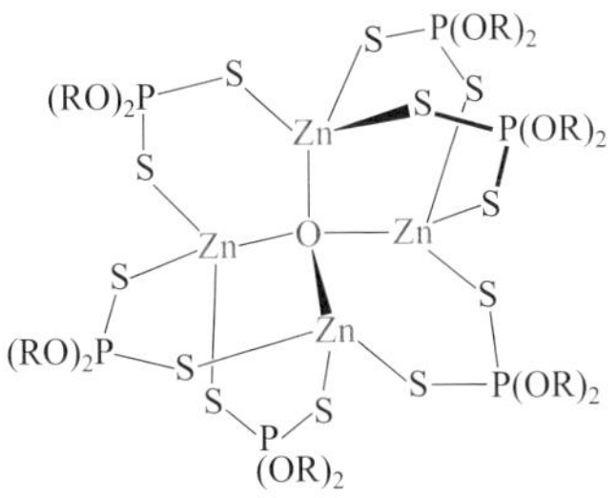

图5-18
碱式ZDDP结构示意图

② 有机铜盐　有机铜盐化合物有时也会用作抗氧抗腐剂使用，主要有有机羧酸铜盐、硫代磷酸铜盐、硫代氨基甲酸铜盐、硫化烃硼酸铜盐等[43]。如二烷基二硫代磷酸铜抗氧剂具有较好的高温抗氧化性能，是一种加剂量低、高温抗氧化性能好的润滑油抗氧剂。它能有效地控制因氧化引起的油品黏度增长，与高温清净剂及无灰分散剂具有良好的配伍性，是调制高档内燃机油重要的添加剂。有机铜盐能消除活泼烷基自由基和过氧自由基，但铜离子在一定程度上也会对氢过氧化物的分解起到催化作用[44]，因此该类抗氧剂的应用至今仍有争议。

③ 氨基甲酸酯（盐）　烷基硫代氨基甲酸化合物用作润滑油抗氧抗腐剂的主要有二烷基二硫代氨基甲酸锌、二烷基二硫代氨基甲酸钼、二烷基二硫代氨基甲酸锑和二烷基二硫代氨基甲酸镉等。如二烷基二硫代氨基甲酸锌是一种多效添加剂，在高温条件下抗氧化效果尤其突出。二烷基二硫代氨基甲酸铜除具有很好的高温抗氧化性能外，还具有良好的减摩性能和抗腐蚀特性[45]。不含金属的二烷基二硫代氨基甲酸酯也是一种重要的无灰过氧化物分解型抗氧剂，它与屏蔽酚型自由基清除剂和胺型抗氧剂有很好的复配效果，能够有效地抑制油品由于高温氧化引起的黏度增长，也能控制油泥的形成。二烷基二硫代氨基甲酸酯与许多添加剂共同使用时有较强的协同效应，能够提高其他添加剂的效率，在高温条件下不易失去活性；同时在较高含量下具有良好的极压效果，可以部分替代 ZDDP，作为抗氧剂使用时的质量分数为 0.1% ～ 1.0%，作为极压剂使用时的质量分数为 2.0% ～ 4.0%。主要应用于汽轮机油、液压油、齿轮油和内燃机油中，能提高油品的抗氧化、抗磨损性能[46]；在润滑脂中能提高 Timken OK 负荷[47]。

（2）主要作用机理

① 抗氧化机理　此类抗氧抗腐剂的抗氧化作用机理主要是分解过氧化物，也有研究认为是由于氢过氧化物可按均解 [见式（5-1a）] 以及杂解 [见式（5-1b）] 方式分解[48]。

$$ROOH \longrightarrow RO\bullet + \bullet OH \qquad (5\text{-}1a)$$

$$ROOH \longrightarrow ROO\bullet + H^+ \quad (5\text{-}1b)$$

在上式中，自由基均解的活化能较低（E=175.56kJ/mol），润滑油中的氢过氧化物总是按自由基方式均解，从而引起自由基加速自氧化反应。过氧化物分解型抗氧剂可使润滑油中的氢过氧化物按离子型机理分解，通过这种分解作用，防止了自由基链反应的传递，最终形成稳定的物质。不同烃基 ZDDP 产品的相对抗氧化性能顺序为：仲烷基＞伯烷基＞芳基。

中国石油开发了不同烷基的 ZDDP 产品，用旋转氧弹法评价其抗氧化性能，结果见表 5-6。中国石油也开发了不同碱式盐含量的 ZDDP 产品，考察了其抗氧化性能，结果见表 5-7。

表5-6　不同ZDDP抗氧化性能及热分解温度（0.25%加入125N基础油中）

编号	结构	氧化诱导期/min	热分解温度/℃
1	丁基辛基	92	215
2	碱式双异辛基	253	218
3	双异辛基	86	228
4	异丙基辛基	77	213
5	双仲戊基	58	203
6	异丙基仲辛基	128	209

可以看出，不同烷基结构的 ZDDP，抗氧化性能相差较多，结合油品开发需求，通常在汽油机油中选择热分解温度较低的 ZDDP，在柴油机油中选择抗氧化性能较好的 ZDDP。

表5-7　双辛基ZDDP产品中碱式盐与中性盐的抗氧化作用（0.3%添加量）

编号	ZDDP产品和组成/%			基础油	旋转氧弹值/min
	碱式盐	中性盐	其他		
1	18.67	68.51	12.82	125N	48
2	55.74	31.95	12.31	125N	190
3	18.67	68.51	12.82	200SN	68
4	55.74	31.95	12.31	200SN	235

从表 5-7 结果可以看出：无论是在 125N 加氢基础油中，还是在 200SN 基础油中，ZDDP 产品中的碱式盐都具有突出的抗氧化作用，所以，对高温抗氧化性能要求较高的润滑油中，会选择碱式盐含量更高的 ZDDP。

② 抗磨损机理　通过使用原子力显微镜（AFM）和纳米压痕技术对含 ZDDP 油品试验后的摩擦表面观察发现，在摩擦表面形成的摩擦膜最初似岛状结构，然后逐步延伸至形成完整的膜。通过纳米压痕技术发现，膜的硬度及刚度决定于温度与载荷，并且膜的硬度和弹性模量有所增加（残余应力）。通过 X 射线

吸收精细结构（XANES）发现，摩擦膜最下层是ZnS/FeS，下层为短链的聚磷酸盐、正磷酸盐，上层是长链的聚磷酸盐玻璃材质。

ZDDP的热稳定性对其抗磨损性能影响巨大，ZDDP的各种摩擦学特性能够用它所产生的分解产物的效果来解释。ZDDP在矿物油中的热分解极其复杂。ZDDP分解产物由次级脂肪醇、直链为主的脂肪醇和支链为主的脂肪醇组成[40]。通常，伯烷基ZDDP分解速度较慢，仲烷基ZDDP与伯烷基ZDDP的分解过程比较类似，但仲烷基产品分解产生的烯烃量较多。叔烷基ZDDP的分解方式也是相似的，但分解产物很容易产生更多的烯烃，这样的情况甚至在中等的温度条件下都会发生，因而基本没有商业化产品。

③ 水解稳定性　ZDDP的水解稳定性同样也是其重要的性能，由于部分含锌的润滑油是在有水条件下使用的。其机理主要是从硫代磷酸酯上碳氧键的分裂开始的，同时伴随氢氧根阴离子取代硫代磷酸盐阴离子离去基团。中间体烷基阳离子的稳定性决定了断键的难易程度。仲烷基阳离子较伯烷基阳离子具有更高的稳定性，并且更易于形成；因此，仲烷基ZDDP水解比伯烷基ZDDP水解更容易发生，而芳基ZDDP的碳氧键不能被打开，水解反应在磷氧键上进行，苯酚阴离子被氢氧根离子取代。因此，水解稳定性的顺序是：伯烷基＞仲烷基＞芳基[49]。

（3）性能特点及应用　ZDDP一般是用于发动机油中作为抗磨剂和抗氧抗腐剂使用。伯烷基ZDDP和仲烷基ZDDP均可以用于发动机油，一般仲烷基ZDDP在凸轮挺柱的磨损保护中较伯烷基ZDDP性能更佳。在发动机油中，ZDDP一般与清净剂和分散剂、黏度指数改进剂、抗氧剂、降凝剂共同使用。国际润滑剂标准化和认可委员会（ILSAC）近期的GF-5和最新的GF-6规格对磷含量都有了限制（磷含量0.06%～0.08%之间），因此，在发动机油中ZDDP的用量限制在0.5%～1.0%之间，这取决于使用的烷基链的长度。特别是在GF-5以上的规格中，磷保持性是一个重要的考虑因素，这对配方设计也是一个挑战，需要在较低ZDDP添加剂的条件下，发动机油保持一个良好的抗磨损水平且油品的磷元素维持一个稳定的含量。

ZDDP在液压油中也是作为抗磨剂和抗氧剂使用。在液压油中ZDDP的用量比在发动机油中要低一些，比较典型的用量在0.2%～0.7%之间。它们与清净剂、分散剂、抗氧剂、黏度指数改进剂、降凝剂、腐蚀抑制剂、消泡剂、破乳剂等一同使用，总量在0.5%～1.25%之间[49]。伯烷基ZDDP要优于仲烷基ZDDP，因为它们具有较好的热稳定性和水解稳定性。相关配方设计时需要考虑高压力下旋转叶轮泵和轴向活塞泵的油液需求。高压力叶轮泵要求一种含有抗磨损成分和氧化稳定性的油液，通常利用ZDDP得以实现。由于普通的ZDDP在水存在时产生的副产物容易堵塞过滤器，通常需要采用水解稳定性好的碱式ZDDP，来克服潮湿条件下过滤性比较差这一问题[50]。中国石油开发的RHY214碱式ZDDP产品在液压油中具有突出的性能，见表5-8。

表5-8 RHY214碱式ZDDP在液压油中的主要性能

检验项目	GB 11118.1—2011	HM46-4（1#）	HM46-4（2#）	试验方法
抗乳化性（54℃）/min	≤30	6	5	GB/T 7305
液相锈蚀试验（合成海水）	无锈	无锈	无锈	GB/T 11143
铜片腐蚀（100℃，3h）/级	≤1	1b	1b	GB/T 5096
热稳定性（135℃，168h） 铜棒失重/（mg/200mL） 钢棒失重/（mg/200mL） 总沉渣重/（mg/100mL） 铜棒外观 钢棒外观	 ≤10 报告 ≤100 报告 不变色	 0 0.1 1.40 4级 1级	 0.3 0 6.95 6级 1级	SH/T 0209
水解稳定性 铜片失重/（mg/cm^2） 水层总酸度(以KOH计)/mg 铜片外观	 不大于0.2 不大于4.0 无灰黑	 0.03 0.14 无灰黑	 0.01 0.14 无灰黑	SH/T 0301
过滤性 F1 F2	 报告 不小于50	 89 60	 80 72	SH/T 0805
旋转氧弹（150℃）/min	报告	293	301	SH/T 0193

从表 5-8 中结果可以看出，1# 和 2# 区别在于基础油差别，RHY214 都具有优异的防锈、抗乳化、热稳定性、水解稳定性、过滤性、抗氧化等液压油的综合性能，远高于国标要求，是中国石油高档液压油中的关键组分。

3．发展趋势

经过几十年的发展，ZDDP 系列抗氧抗腐剂还是处于无法替代的地位，但由于其较高的灰分和磷含量所带来的负面影响，在今后的开发中，加入高温抗氧化性能好的辅助抗氧剂，是解决低 ZDDP 用量的低磷发动机油抗氧化性能不足的主要手段。同时对于 ZDDP 系列产品的开发也有几个方向：首先是长链 ZDDP 产品的研究，因为碳链越长，ZDDP 越稳定，挥发性就越低；其次是开发具有分支碳链的 ZDDP 产品，含有支链的产品在热分解后生成短碳链的含磷化合物，可满足抗磨的需要；再次是在碳链中引入比碳原子大的原子，可增大 ZDDP 分解后含磷有机化合物的分子量，改善其性能。

四、无灰抗氧剂

1．概述

在高档润滑油品的研制中，随着性能要求的提高，添加剂的加入量也在不断增加，从而导致油品灰分上升，而高灰分油品将更容易造成发动机燃烧室沉积物增加，影响活塞表面及燃烧室内部的清洁性。因此，要降低油品灰分，必须使用低灰分或无灰分润滑油添加剂。而油品的低 SAPS 发展需求将会一直持续下去，对配方整体的配伍性上升到新的高度，因此一方面需要添加辅助抗氧剂来弥补油品中由于 ZDDP 添加量限制而造成的抗氧化性能变差的问题；另一方面要满足苛刻的规格要求。2004 年，ILSAC 将 SAPS 限值引入 GF-4 汽油机油规格中，GF-4 和 API PC-10 油品需要通过程序Ⅲ G 台架试验，提高了润滑油的抗氧化能力；使用Ⅲ G 代替Ⅲ F，其苛刻度相当于两倍的Ⅲ F，使得 GF-4 油比 GF-3 油抗氧能力大为增强，这就需要使用抗氧化能力更强的抗氧剂[51]。2009 年公布的 GF-5 轿车发动机油规格标准以及 2020 公开的 GF-6 规格，将发动机油的磷含量范围控制在 0.6% ～ 0.8%，同时对发动机油的高温抗氧化能力提出更高的要求，因此，无灰抗氧剂在发动机油中的用量得到前所未有的增加[52]。在三大功能添加剂中，清净剂和抗氧抗腐剂都含有 SAPS。为了满足新的环境法规及排放要求，添加剂公司须进一步开发新配方技术，以降低 SAPS 含量，减少对后处理设备的潜在负面影响，这就促进了各种性能优异的无灰抗氧化剂的迅速发展[41]。

2．研究现状

（1）产品类型　无灰抗氧剂的分类及其代表性的化合物见表 5-9。

表5-9　润滑油抗氧剂类型及其功能

官能团分类	典型化合物	作用机理分类	作用功能
有机磷抗氧剂	烷基/芳基磷酸酯、磷酸胺、亚磷酸酯	过氧化物分解剂	抗氧抗腐剂
有机硫抗氧剂	磺酸类或硫醚、含硫芳香族化合物	过氧化物分解剂	抗氧抗腐剂
酚型	受阻酚、含硫酚型、酚胺型	自由基清除剂	抗氧剂
胺型	烷基化苯二胺、烷基化二苯胺、*N*-苯基-*α*-萘胺、烷基吩噻嗪	自由基清除剂	抗氧剂
杂环型	苯并三氮唑衍生物、巯基苯并噻唑衍生物、噻二唑衍生物	金属钝化剂	金属钝化剂

酚类抗氧剂是最先用于润滑油中的组分之一。酚类抗氧剂与 ZDDP 复合具有很好的协同效应，因为酚类化合物为自由基清除剂，ZDDP 为过氧化物分解剂，酚类化合物能大大延长 ZDDP 氧化诱导期，从而大大提高润滑油的抗氧化性能。国内外研制的酚类抗氧剂很多，已应用于润滑油且具有较好热稳定性的产品有不同烷基的受阻酚酯型抗氧剂、含硫醚结构的受阻酚型抗氧剂、多环受阻酚型抗氧剂、烷基硫代受阻酚型抗氧剂等。如屏蔽酚类无灰抗氧剂 [3-（3,5- 二叔丁基 -4- 羟基苯基）丙烯酸异辛酯] 是一种油溶性好、高温抗氧化性能优异的无灰抗氧剂，它不但有较好的抗氧化性能，而且具有优良的控制油泥形成的能力，与其他润滑油添加剂具有良好的相容性和配伍性。与胺类无灰抗氧剂复合使用，可调制各级内燃机油。近年来，国内外添加剂公司还开发了一些多环受阻酚结构的抗氧剂，

这类化合物分子量较大，挥发性低，有较高的热分解温度，在使用温度较高的最新一代发动机油、工业用油中的抗氧化性能突出，和其他抗氧剂共同作用时协同效应明显，在润滑油沉积物控制方面的效果也很优秀。

芳胺类抗氧剂也是最早用于润滑油的抗氧组分之一。近10年来，随着人们对油品氧化机理研究的深入和芳胺类抗氧剂产品的开发及应用研究，认识到芳胺类抗氧剂与ZDDP复合可以在高温情况下使用，并且有效地控制了油品黏度和酸值变化。也能增加各种添加剂间的协同效应，提高了添加剂的使用效率，从而达到了提高油品质量和减少添加剂用量的目的。

有机磷化合物是一类重要的润滑油添加剂，如酸性亚磷酸十二烷基酯，除具有较好的抗磨减摩性能外，同时具有较好的热安定性、防腐性及抗磨耐久性。亚磷酸酯能消除过氧自由基和烷氧自由基，并抑制光降解。磷酸胺是一种具有良好抗腐蚀、抗磨、减摩特性的多功能添加剂，它被广泛应用于工业用油、润滑脂以及车辆齿轮油中。

有机硫类抗氧剂最重要的特点是作为酸催化分解剂消除过氧化物，如RSO_3H或SO_2均能起到这种作用，可以与氢过氧化物反应生成砜或者亚砜，这类物质较为稳定。还有一些芳香族和脂肪族硫化物，可用于抑制油品的氧化和腐蚀。其中含硫芳香族化合物包括联苄基硫化物、二甲苄基二硫化物或十六烷基硫化物；此外，烷基酚硫化物也有很好的抗氧化性能，可用金属对烷基酚硫化物中的羟基进行处理，形成油溶性的金属酚盐，这些金属酚盐起到了清净剂和抗氧化剂的双重作用[53]。β-硫代二烷醇衍生的含硫化合物是自动传动液极好的抗氧化剂[54]。

（2）作用机理　抗氧剂在润滑油中的主要作用是减缓油品的老化。要了解抗氧剂的作用机理，必须先从润滑油的氧化机理入手，润滑油的主要组分是基础油（主要是烃类化合物），润滑油的氧化机理是遵循烃类物质的氧化机理，现代的烃类氧化机理概念是以巴赫-恩格勒的过氧化物理论和谢苗诺夫的自由基反应理论为基础，其理论已被普遍接受，根据该机理，在分子氧的存在下，反应遵循自由基链反应机理进行[55,56]，烃类氧化形成了自由基和过氧化物：

$$RH \xrightarrow{h\upsilon\text{或热}} R\bullet + H\bullet \tag{5-2}$$

$$RH + O_2 \longrightarrow R\bullet + HOO\bullet \tag{5-3}$$

$$R\bullet + O_2 \longrightarrow ROO\bullet \tag{5-4}$$

$$ROO\bullet + RH \longrightarrow ROOH + R\bullet \tag{5-5}$$

自由基R•与氧分子的加成反应发生得很快，其反应活化能接近于零，而ROO•与烃分子的反应则慢得多，两者的速度相差很大。随着反应的进行，反应产物的积累，ROO•不仅与原始物质反应，而且更容易与氧化产物进行反应，使氧化反应不断深化。所生成的过氧化物又分解为其他基团或转化成各种含氧化合物。由上述链式反应可看出，要想减缓或防止润滑油的氧化，必须在其中引入某些化合物，这些化合物应能与所形成的 R• 或 ROO• 基团或过氧化物相互作用，从而中断氧化的链锁过程。

（3）关键性能及应用　中国石油的研究人员[57]用旋转氧弹法（SH/T 0193）考察了自主开发的不同酚型结构的抗氧剂在基础油中的抗氧化效果（剂量为0.25%），结果见表 5-10。

表5-10　酚型抗氧剂在基础油中的抗氧化效果（旋转氧弹试验诱导期）　单位：min

添加剂结构	125N	HVIW H150
基础油	27	34
T501抗氧剂	257	289
含硫双酚型抗氧剂	310	358
含硫醚双酚型抗氧剂	233	234
含硫醚单酚型抗氧剂	363	301
酚酯型抗氧剂	50	119
高分子量酚酯型抗氧剂	163	134

可以看出，在两种基础油中，含硫醚结构的单酚、双酚抗氧剂的效果最好，T501 在同样添加量的条件下，因为所含有效作用的分子个数多，所以其旋转氧弹试验诱导期也较长，酚酯型抗氧剂也有优良的抗氧化性能。将无灰抗氧剂以0.25% 的剂量添加到不同基础油中，用 PDSC 法评价其抗氧化性能，试验结果见图 5-19。不同基础油对无灰抗氧剂的感受性都比较好，酚型抗氧剂 a、胺型抗氧剂和酚胺型抗氧剂可将基础油的起始氧化温度提高 15 ～ 25℃左右，3 个基础油对含硫醚结构的酚型抗氧剂 b 的感受性较差，只能将基础油的起始氧化温度提高

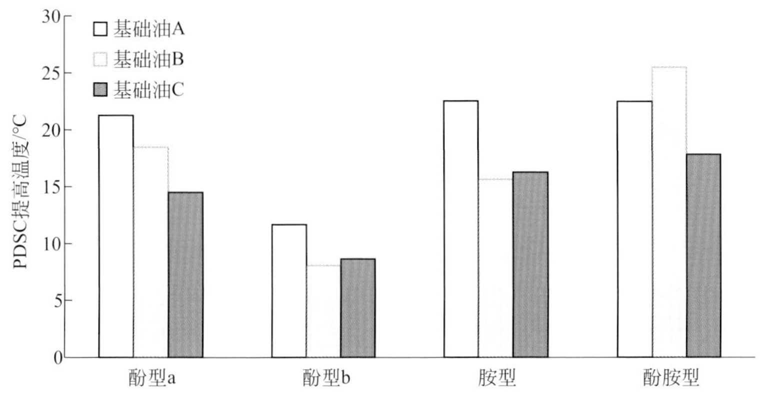

图5-19　基础油对抗氧剂的感受性PDSC试验结果

10℃左右，这可能是该抗氧剂在较高温度下发生了分解，降低了抗氧化效果所致。总体来看，PDSC 法测试的基础油对抗氧剂的感受性与旋转氧弹试验结果相一致，PDSC 法测试的基础油对抗氧剂的感受性试验中，抗氧剂的作用机理与旋转氧弹试验一样，只是试验条件不同。

将两种无灰抗氧剂以 0.25% 的总剂量（各含 50%）添加到不同基础油中，用 PDSC 法评价其抗氧化性能，试验结果见图 5-20。可以看出：不同基础油对酚、胺复合的抗氧剂体系的感受性都比较好，普遍可将基础油的起始氧化温度提高 17 ～ 25℃左右。

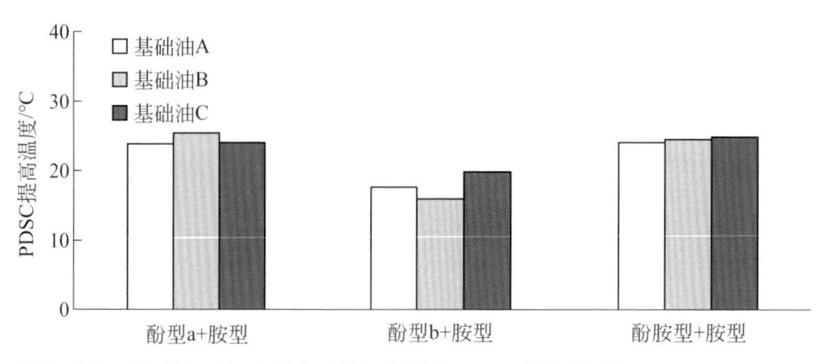

图5-20　基础油对复合抗氧剂的感受性PDSC试验结果

N- 苯基 -*α*- 萘胺类化合物的高温抗氧化效果很好。报道较多的是烷基化生产二苯胺和 *N*- 苯基 -*α*- 萘胺的混合物的工艺，经过烯烃加成反应的烷基芳胺混合物具有突出的抗氧化性能、很好的油溶性 [58,59]。Braid 和 Milton 将二异辛基二苯胺与烷基化 *N*- 苯基 -*α*- 萘胺（APANA）的系列衍生物复合，可作为酯类合成航空润滑油的主抗氧剂 [60]。结果见表 5-11。

表5-11　*N*-苯基-*α*-萘胺及其衍生物与二异辛基二苯胺复合后的抗氧化效果

项目	PAN+DODPA	PAN-A+DODPA	PAN-B+DODPA	PAN-C+DODPA
酸值增加/%	5.35	2.09	2.10	2.0
黏度增加/%	98	64	33	53
质量损失/mg	13.6	2.0	14.3	0.0
沉积物/mg	痕量	无	无	无

中国石油研究了目前性能优异的丁辛基二苯胺抗氧剂结构与性能关系 [61]，结果见表 5-12。研究表明，液体丁辛基二苯胺中组分 C_4/C_8 取代基二苯胺和双 C_8 取代基二苯胺在该物质的抗氧化性能方面具有突出的贡献，是抗氧化作用的重要组分。抗氧化性评价结果表明，取代基的个数越多、链长越长，抗氧化性能越好。为保证产品液态性状，双 C_8 取代基二苯胺需控制在 20%。

表5-12 不同组分和产品的抗氧化性能测定

组分及产品	RPVOT/min	PDSC(180℃)/min
二苯胺	563	15.2
Ⅰ	438	17.3
Ⅱ	422	18.5
Ⅲ	465	17.8
Ⅳ	550	23.1
产品	544	21.6
基础油	33	3.2

总体来看，在API SN和SP级别汽油机油和CI-4、CK-4的发动机油中，依然会使用大分子酚、胺复配体系来提升油品的抗氧化性能，通过程序Ⅲ台架试验，延长润滑油的使用寿命。

3．发展趋势

油品的升级换代，润滑油规格的变化，对润滑油质量的要求越来越高，对润滑油抗氧剂的要求也越来越高。发动机的功率越来越大，要求油品具有良好的高温使用性能；换油期的延长，要求油品有更好的氧化安定性。这些要求都表明未来润滑油抗氧剂的发展必须紧跟油品发展的脚步。

（1）高温抗氧剂　胺型抗氧剂由于具有较高的热分解温度、优秀的控制油泥生成和控制黏度增加的能力，可以作为高温抗氧剂使用；氨基甲酸盐（酯）类化合物由于具有较高的热分解温度，在高温下也具有较好的抗氧化效果。

（2）复合型抗氧剂　酚型和胺型抗氧剂共同使用，具有明显的协同效应，同时，各种酚型抗氧剂之间按比例复合，也具有协同效应，不同作用机理的两种抗氧剂之间，如自由基清除剂和氢过氧化物分解剂，具有更好的抗氧化协同效果。不同抗氧化机理的三种抗氧剂复合，如胺类抗氧剂、锌盐和有机钼化合物组成的三元复合抗氧剂，不仅具有优异的抗氧化性能，还可获得优秀的极压、抗磨和减摩性能，抗氧剂和金属减活剂之间的复配也有突出的抗氧化协同效果。

（3）高效多效型抗氧剂　高效型、多效型抗氧剂的研究一直备受人们的关注。为了提高抗氧剂的效果，在合成时制成多种官能团集于一体的抗氧剂，如酚胺结构的抗氧剂有优异的抗氧化性能；含酚-硫磷酸盐和酚-二硫代氨基甲酸盐抗氧剂兼具自由基清除剂和过氧化物分解剂的功能，抗氧化效果明显。一些有机钼化合物也具有减摩、抗磨及抗氧等多种功效。最近研究者们关注较多的是将抗氧化官能团引入杂环类化合物中，能获得抗氧化、抗腐蚀、极压、抗磨性能都比较好的多功能添加剂。

第二节
黏度控制添加剂

润滑油黏度是体现润滑油性能一项重要指标，也是其分类的主要依据。黏度越大，在机件运转过程中形成的油膜越厚，机油不能快速流动到摩擦副表面，从而造成机件的磨损。黏度过小，形成的油膜太薄，就会因润滑不足而加速机件的磨损。因此，保持一定黏度是机件维持正常运转的首要因素。然而，润滑油的黏度是会随温度的变化而变化的，温度升高而黏度减小，温度降低而黏度增大，为了解决这个问题，需要向润滑油中加入黏度指数改进剂。润滑油品的低温性能也是一项关键性能，为改善低温流动性，通常需要加入一定的降凝剂来解决该问题。降凝剂是一类高分子有机化合物，通常是通过共晶作用改变润滑油中蜡的晶型，使其生成均匀松散的晶粒，从而延缓或防止油品中网状结晶的形成。

一、黏度指数改进剂

1．概述

黏度指数改进剂（Viscosity Index Improver，VII），通常是一种油溶性的高分子聚合物。这种高聚物在低温状态下，是以紧缩的线团状存在的，这样其流体力学体积较小，内摩擦力也就小，因此对油品黏度的影响并不大；在高温状态下，高聚物线团逐渐膨胀伸展，从而不断增大其有效容积，液体的内摩擦也会随之增大，进而阻碍油品的流动，同时也会增大油品的黏度，因此可以补偿油品由于温度升高而导致黏度的降低。如图 5-21 所示，黏度指数改进剂可以增加油品

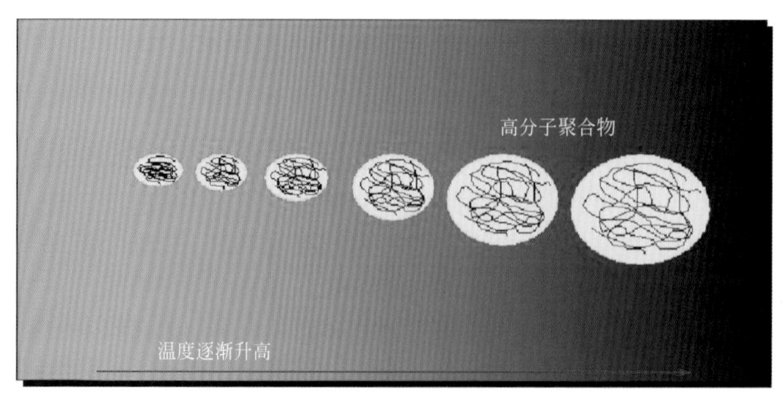

图5-21　黏度指数改进剂在不同温度下的形态

的黏度，同时改善油品的黏温性能，正是基于高分子聚合物在不同温度下所呈现的不同形态，从而影响油品的黏度。黏度指数改进剂的加入，可使油品具有较高的黏度指数、良好的低温性能及黏温性能，能够满足发动机四季通用的要求。

2．研究现状

（1）黏度指数改进剂的性能要求　VII 的关键特征主要为增稠能力、黏度指数、剪切稳定性；好的黏度指数改进剂一般要求具有合适的 HTHS（高温高剪切）黏度，较高的增稠能力、黏度指数，良好的剪切稳定性，较低的 CCS（低温动力黏度）、MRV（低温泵送黏度），同时不影响油品的氧化安定性和高温清净性。因此，在给定的使用环境中，VII 的选用取决于该条件下起最关键作用的特征属性。

① 增稠能力　增稠能力（thickening power）是黏度指数改进剂的重要性能之一。黏度指数改进剂的增稠能力主要取决于其分子量的大小和分子中的主链碳数及其在基础油中的形态。增稠能力一般与黏度指数改进剂的分子量是一种正比关系，这主要是因为聚合物分子主链上的碳数起重要作用。聚甲基丙烯酸酯（简称 PMA）黏度指数改进剂只有较少部分（约 15%）在主链上，而乙烯丙烯共聚物（简称 OCP）黏度指数改进剂主链的分子量能占到 80% ～ 90%。

黏度指数改进剂增稠能力不仅关系到配方成本，更关系到油品低温性能和高温清净性，需要强调的是，正确地评价增稠能力的方法应该以一定量干胶来计算（如 1%），这是因为各液胶中干胶含量是不同的。

② 剪切稳定性　剪切稳定性是黏度指数改进剂的一个重要使用性能，它直接影响多级发动机油黏度级别稳定性。以剪切稳定指数（SSI）表示剪切稳定性。若将剪切稳定性差的黏度指数改进剂加入到油品中，则高分子化合物在受到剪切应力的作用下，聚合物分子的主链会断裂，进而导致油品的黏度下降，同时油品的黏度级别也会降低，从而出现对发动机产生磨损、增加油耗等不利的影响（见图 5-22）。

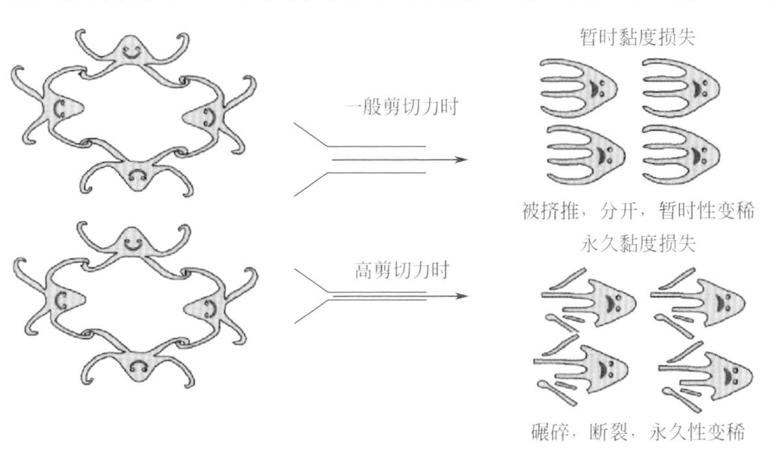

图5-22　剪切力对黏度指数改进剂的影响

黏度指数改进剂在溶液中的流体力学体积与黏度指数改进剂的分散度（分子量分布）和聚合度（分子量）有关[62]。改善黏度指数改进剂的剪切稳定性，主要有两种方法：一种是通过降低黏度指数改进剂的分子量或者使黏度指数改进剂的分子量分布变窄；另一种是通过提高聚合物的结构稳定性。

③ 低温性能　黏度指数改进剂的低温性能包括低温启动性和低温泵送性两个方面，其不仅与黏度指数改进剂类型有关，也与加入量有关。以 OCP 为例，不同分子量产品对低温启动性能的敏感性各不相同，用数均分子量表征低温性能与分子量的关系较为合理。随着数均分子量的增加，CCS 黏度呈下降趋势，即分子量的增加对低温性能有利。产生这一现象的原因可能是分子量分布越宽，增稠能力下降，加入量要比分子量分布窄的要多，故低温启动性能变差。低温泵送性能和分子量、分子量分布、序列分布的关系与低温启动性能正好相反。产生这一结果的原因可能是低温启动性能与加入量关系较大，而低温泵送性能则与分子内部的一些特性关系较大。当乙烯序列单元增多，分子链之间的吸引占主导地位，分子间的吸引使得分子的流动发生困难，泵送起来就困难。当乙烯含量增加到一定数量时，乙烯 - 丙烯共聚物的结晶度会增加，低温时易产生结晶，堵塞发动机滤网，造成发动机泵送失败[63]。

④ 热氧化安定性　黏度指数改进剂在经受高温热氧化分解后，会导致油品的黏度下降、酸值增加、环槽积炭增加以及粘环等诸多问题。黏度指数改进剂的热氧化安定性与其结构有关。其中有 3 种结构的聚合物容易发生氧化降解：其一是叔碳上的氢容易受到氧的进攻，OCP 属于这种结构；其二是芳基上的 α-氢原子容易受到氧的进攻，氢化苯乙烯双烯共聚物（简称 HSD）黏度指数改进剂含有这种结构；其三是与双键共轭的氢原子容易受到氧的进攻，HSD 也含有这种结构。由此看来，OCP 和 HSD 的热氧化安定性都不好，对比几种黏度指数改进剂的热氧化安定性，顺序为：OCP＜HSD＜PIB＜PMA（注：PIB 为聚异丁烯）。

⑤ 高温高剪切（HTHS）黏度　黏度对润滑作用有决定性意义。低剪切毛细管测定的黏度并不能反映发动机实际工作条件下的黏度，因而引入了 HTHS，该测试条件下的表观黏度与发动机处于高温高剪切速率下运转部件的磨损有较好的相关性。埃克森公司的 Richard A.Demmin 等人考察黏度与摩擦之间的关系发现，提高润滑油清净剂的质量和数量对减少磨损只起很小的推动作用，远远小于黏度的作用，活塞表面油膜厚度与 HTHS 黏度成线性关系，HTHS 黏度与连杆磨损程度的关系如图 5-23 所示[64]。

研究发现，当 HTHS 黏度高于 2.6mPa·s 时才能有效地减少磨损，加入黏度指数改进剂的润滑油在相同 HTHS 下油膜厚度稍大一些，对发动机保护更好一些。

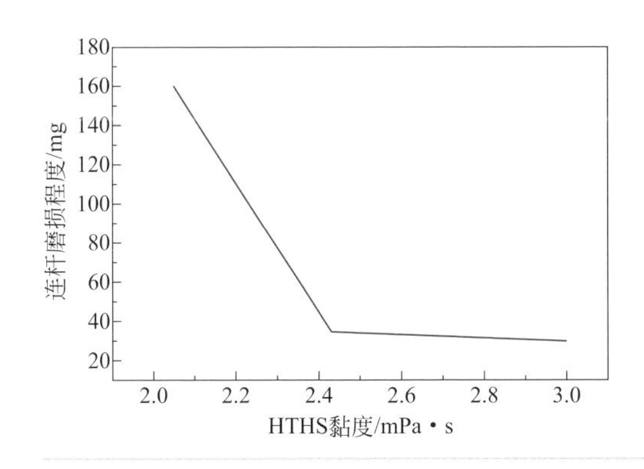

图5-23
HTHS黏度与连杆磨损程度的关系

⑥ 其他功能　虽然 VII 主要用于提高润滑油的高温黏度，但研究也证明了其作为摩擦改性剂、倾点抑制剂和分散剂所展现出的有效性。能够实现其中一个或多个附加功能的 VII 聚合物称为多功能黏度调节剂。VII 最经常被研究的次要作用是其减少摩擦或磨损的能力。早期研究发现，作为摩擦改进剂时，边界润滑中 VII 的有效作用比预期的更大。在摩擦和磨损的情况下，VII 溶液与黏度的增加无关。这证明了该行为是由于在极性表面聚合物的物理吸附形成了边界膜，该薄膜由密度大、黏性强的聚合物层组成（其厚度与聚合物的特性链团尺寸相关），而接触入口处的黏性聚合物层能够使边界润滑膜变厚，从而减少摩擦。对包括 OCP、PIB 和 PMA 在内的多种 VII 化学反应的研究中，已经观察到了边界润滑中对摩擦行为的改进。这些研究表明，分子结构、功能特性和分子量是决定 VII 边界层有效性的关键因素。低分子量聚合物也被证明有利于边界润滑。也有研究表明，VII 可以影响传统添加剂如 ZDDP 所形成的边界膜的厚度。然而，虽然 VII 具有其他添加剂的一定功能，但也可能对某些分散剂或缓蚀剂的性能产生不利影响，这可能是这些添加剂争夺表面吸附位的结果。目前正在进行的研究主要集中在新型 VII 的研究上，这些 VII 可以补充或潜在地替代润滑油配方中的传统摩擦改进剂[65-67]。

（2）关键产品开发　聚异丁烯（PIB）类黏度指数改进剂是最早被开发出，但是其黏度在低温时增长过快，低温性能较差，不能将其用于配制跨度较大和黏度级别较低的多级内燃机油，目前在润滑油中用量很少。近年来，陆续研究开发出了聚甲基丙烯酸酯（PMA）、乙烯 - 丙烯共聚物（OCP）以及氢化苯乙烯双烯共聚物（HSD）等高分子化合物。目前，OCP 占据着主导地位，PMA 其次。分散型的 DOCP 和 DPMA 等研究日趋活跃，其实质上属于一种多功能黏度指数改进剂，可根据接枝物类型提供低温油泥分散、烟炱分散和抗磨等其他附加功能。

① 乙烯 - 丙烯共聚物（OCP）　OCP 分为二元和三元共聚物，目前国内外市场多采用钒催化剂生产二元乙丙橡胶，优点是生产工艺性价比高，缺点是所得

OCP 为无规共聚物；也有部分生产商采用茂系催化剂，优点是所得 OCP 结构可控，缺点是催化剂价格较高，另外对乙烯、丙烯中的水分含量要求较为苛刻。

OCP 黏度指数改进剂的性能差异源于其结构、分子量、分子量分布、乙烯（E）和丙烯（P）的比例关系，这些参数对产品的物化性能有着深远的影响，在分子量近似的情况下，线型烯烃共聚物增稠效率要高于支化型；具有窄分子量分布（M_w/M_n）的聚合物比具有宽分子量分布的聚合物具有更低的剪切稳定指数；高乙烯含量的共聚物比高丙烯含量的共聚物具有更好的氧化安定性；分子量低的聚合物具有较高的 HTHS 黏度。润滑油用黏度指数改进剂多为无定形聚合物，产品类型通常按照剪切稳定指数（SSI）来分类。也可按照功能来分类，如黏度指数改进剂、分散型黏度指数改进剂、分散抗氧型黏度指数改进剂、烟炱分散型黏度指数改进剂等[68]。

市场主流产品有两种，一种是 SSI 为 23% 左右的 T614（J0010、LZ7067C、Paratone8900E）；另一种是 SSI 小于 20% 的 T615。近年来，随着油品向长周期、节能化方向发展，SSI 低于 20% 的 OCP 产品越来越受到市场的青睐。中国石油润滑油公司采用催化降解工艺开发了 RHY615 和 RHY616，具有较低的色度、较高的增稠能力和优异的抗剪切能力；分子量及分子量分布合理，低温性能 CCS、MRV 和高温清净性优异，特别适用于高端内燃机油配方和长周期油品配方，表 5-13 为 RHY615 和 RHY616 添加剂典型数据和关键性能特点。

表5-13　RHY615和RHY616黏度指数改进剂典型数据

项目		RHY615	RHY616
M_n		68400	48600
M_w		120400	85100
M_w/M_n		1.757	1.751
起始分解温度/℃		450.58	454.99
终止分解温度/℃		487.07	488.23
基础油中成焦量/mg		112	72
CCS（−20℃）/mPa・s		2250	1960
增稠能力/(mm^2/s)		7.25	6.2
黏度指数		162	154
SSI/%	30次循环（100℃）	15.9	12.1
	90次循环（100℃）	20.9	14.7
	250次循环（40℃）	26.4	18.6

OCP 黏度指数改进剂产品开发重点关注改变聚合工艺或方式，如嵌端共聚、引入第三单体等，目的是获得好的增稠能力、低温性能，同时还不影响产品高温清净性。另外，长寿命、低黏度油品的发展加速了 OCP 黏度指数改进剂向着高增稠能力、低剪切稳定性方向发展，如 SSI 小于 12% 或者更低的产品、OCP 与

PMA 的接枝共聚物等，目的是让油品在长期运行过程中黏度保持得更为持久。

具有 OCP/ 聚甲基丙烯酸酯共聚结构的产品具有良好的增稠能力，剪切稳定性好，兼具降凝效果，具有很好的低温性能，如低倾点和边界泵送温度，用量只为普通 OCP 溶液的 25%，该产品可满足 API、ACEA 和 OEM 的最新规格要求，其产品典型值如表 5-14 所示。

表5-14　具有OCP/聚甲基丙烯酸酯共聚结构产品性能典型值

项目	典型值	测试方法
运动黏度（100℃）/(mm^2/s)	7200	GB/T 265
增稠能力（100℃）/(mm^2/s)	16	GB/T 265
闪点（开口）/℃	150	GB/T 3536
剪切稳定性，柴油喷嘴法（100℃） 剪切稳定指数SSI/%	7.8	SH/T 0622附录C
黏度指数	165	GB/T 1995

② 聚甲基丙烯酸酯　PMA 一般是由丙烯酸、甲基丙烯酸和醇进行酯化反应，然后经聚合得到的。PMA 的烷基侧链 R 中，所含的碳数对产品的性能产生很大的影响。要获得一些不同性能以及不同用途的 PMA，可以通过改变 R 中的平均碳数和碳数分布，或者控制聚合物的分子量，产品结构见图 5-24。

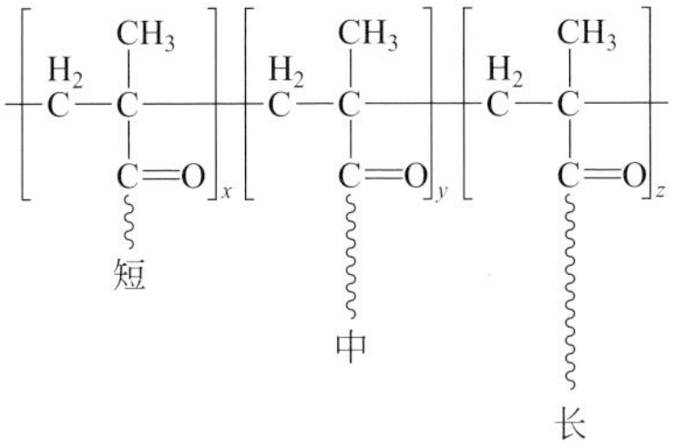

图5-24
聚甲基丙烯酸酯黏度指数改进剂结构通式

按照其单体侧链长度对溶解性的影响程度，可将侧链分为短、中、长三类。短侧链 C_1 ～ C_7 单体，尤其是 C_1 ～ C_4 单体，主要用以实现提升油品黏度指数，因此，在黏度指数改进剂的分子结构设计中，通常会有短侧链单体，如甲基丙烯酸甲酯、甲基丙烯酸丁酯等。中侧链 C_8 ～ C_{13} 单体，主要用以增强聚合物在矿物油中的溶解性，一般是 PMA 产品配方的必要组分。长侧链 C_{14} ～ C_{18} 单体，主要用于调控蜡晶的生长行为，改进油品的流动性，但过高烷基碳数的侧链单体，其溶解行为异常，尤其在低温条件下自身容易凝结析出，因而在各类 PMA 润滑油添加剂较少使用[69]。需要注意的是，尽管这些 PMA 类 VII 具有 PPD（降凝剂）活性，但通常会在润滑油配方中添加专门的 PPD，以期更有效地达到使用要求。

国外 PMA 产品的研究起步较早，形成了系列化或特色化 PMA 产品，以赢创为代表。近年来，国内部分公司开展了 PMA 型润滑油添加剂的自主研发工作，通过产品分子结构和分子量的优化，纷纷推出了具有自主知识产权的PMA产品。PMA的产品数量众多，根据油品需要的关键特征，如BV（布氏黏度）、VI（黏度指数）、增稠能力、剪切稳定指数等进行选择。中国石油润滑油公司开发了RHY640、RHY641和RHY642等高性能黏度指数改进剂，其具有优异的低温性能和抗剪切能力，可应用于液压油、齿轮油、工业油等，表5-15为其典型数据。

表5-15 典型PMA产品在重负荷车辆齿轮油GL-5 75W/90中的作用性能

项目	RHY640	RHY641	RHY642	试验方法
色度/号	0	0	0	GB/T 6540
闪点（开口）/℃	194	201	198	GB/T 3536
增稠能力（100℃）/（mm^2/s）	2.91	3.45	6.84	GB/T 265
倾点①/℃	−45	−42	−42	GB/T 3535
黏度指数	166	172	178	GB/T 1995
布氏黏度①(−40℃)/ mPa・s	108000	112000	—	GB/T 11145
相对黏度损失①（100℃）/%	11.2	16.4	24.3	NB/SH/T 0845

① GL-5 75W/90重负荷车辆齿轮油配方中测试。

得益于PMA黏度指数改进剂结构可调性灵活多变，PMA分子结构设计可赋予产品所希望的性能，该类型产品种类和数量较多。梳状PMA、分散型PMA、低空间位阻PMA、节能型PMA、多功能型PMA，嵌段共聚、活性共聚技术（见图5-25～图5-27）研究日趋活跃，出现了多种分散系数的窄分子量的专利和产品，剪切稳定性和低温性能显著提高。随着节能、低黏度润滑油的发展，加速推动了高黏度指数、节能型PMA在内燃机油中的应用[70,71]。

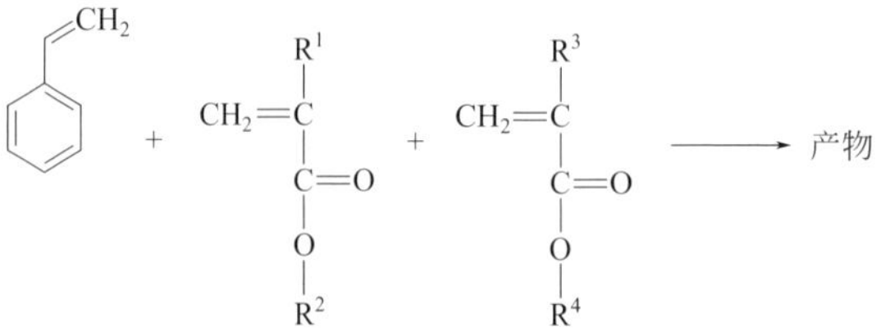

图5-25 高黏度、低剪切PMA合成示意图

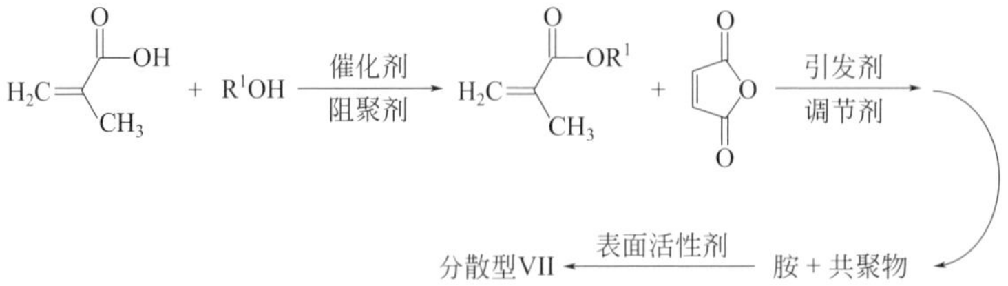

图5-26 分散型PMA合成示意图

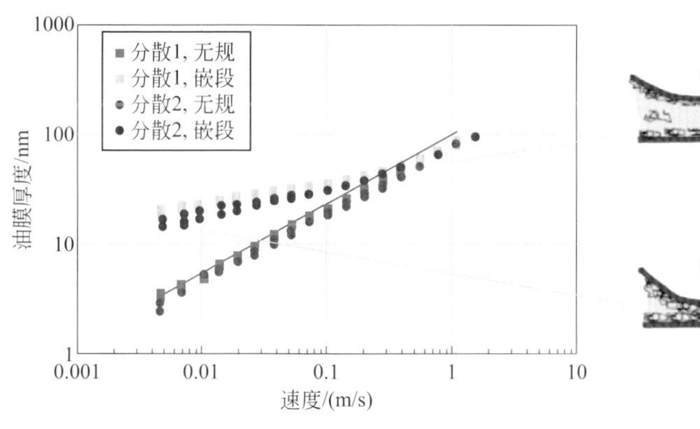

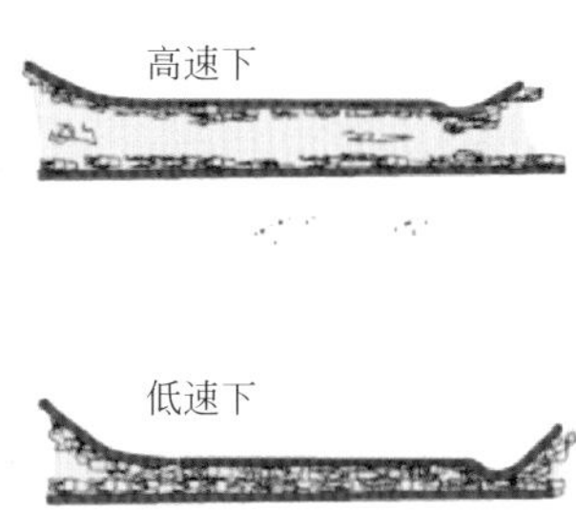

图5-27 嵌端共聚与传统聚甲基丙烯酸酯性能对比

③ 氢化苯乙烯双烯共聚物（HSD） HSD 有无规共聚物、嵌段共聚物和星形共聚物三种类型。它在基础油中可以形成胶束，因而具有很强的增稠能力。所形成的胶束，在受到剪切应力的作用时，能够散开，同时单个的化学键也不发生断裂，能够在剪切应力消失的同时，重新形成胶束，因此，它的剪切稳定性很好。由于它具有较好的增稠能力及剪切稳定性，所以能够满足多级内燃机油的使用要求，特别适用于调配大跨度的多级内燃机油[65,66]，表 5-16 为星形 HSD 化合物在不同基础油中的基础数据。

表5-16 星形HSD在不同基础油中的性能

干胶+基础油	增稠能力/（mm^2/s）	黏度指数	SSI/%	低温动力黏度（-20℃）/mPa·s
HSD+HVI150	8.83	150	8.48	2950
HSD+HVIH6	9.07	150	8.35	2910
HSD+Yubase6	8.86	152	8.26	2780
HVI150	5.29	106	—	1870

HSD 类黏度指数改进剂从结构上可划分为线型结构和星形结构（见图 5-28 和图 5-29），其中星形结构聚合物以中心核作为缠结点，可避免高温剪切作用下的解缠结作用，因而具备较好的增黏能力和较好的抗剪切能力。随着汽车行业的快速发展，润滑油市场对黏度指数改进剂的性能要求也越来越高。星形 HSD 类黏数指数改进剂作为综合性能优异的产品，在国际市场占有率逐步提高。对于线型聚合物而言，聚合物的分子量对这两项性能的作用是相矛盾的：分子量增加时，聚合物增黏能力提升但抗剪切性能下降；分子量减小时，聚合物抗剪切性能提升但增黏能力变差。星形聚合物由于具有独特的支化结构，在同分子量时拥有更小的流动力学体积，与线型聚合物相比能更好地兼顾增黏能力和抗剪切能力[72-77]。

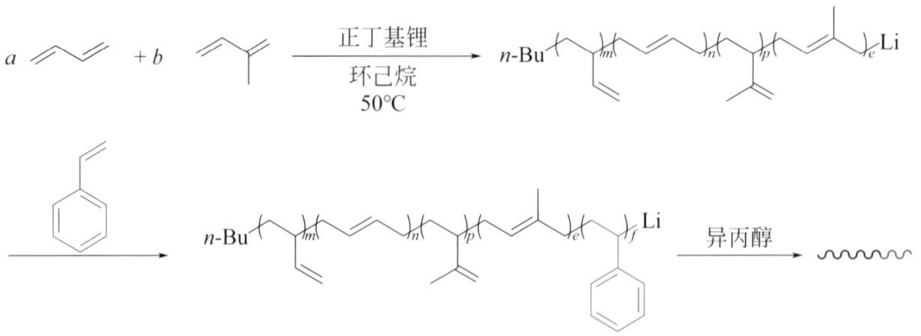

正丁基锂
环己烷
50℃
异丙醇

图5-28　线型HSD的合成示意图

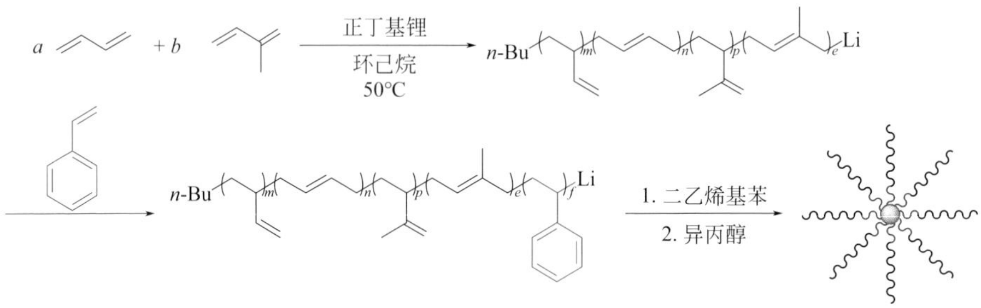

正丁基锂
环己烷
50℃
1. 二乙烯基苯
2. 异丙醇

图5-29　星形HSD的合成

星形聚合物易于合成、结构新颖、性能独特，具有良好的应用前景，受到科学界和工业界的广泛关注。目前经过多年的发展，已有大量关于星形聚合物的论文发表，国内众多研究者在这一领域也做了富有特色的工作，这个结构的化合物如果在长周期剪切稳定性上进行深入研究并加以很好地解决，未来将具有广阔的发展空间。

3．发展趋势

黏度指数改进剂的功能与其聚合物本身的性质直接相关，特别是其分子量大小、化学组分和结构等，这些特性也决定了 VII 聚合物改善润滑油黏度的作用机理。随着发动机和机械设备高转速、低容量、大功率的发展方向以及环保节能日益严苛的标准，对黏度指数改进剂的性能提出了更高的要求。黏度指数改进剂除了能稠化基础油、改善油品的黏温性，使油品具有良好的高温润滑性和低温流动性外，还需对油品的抗氧化安定性、清净性不产生明显的有害影响，并要求稠化油在机械剪切作用下黏度损失适度。在实际应用中，这几种性能需依据实际情况进行平衡，以更好地发挥黏度指数改进剂的作用。展望未来，黏度指数改进剂的生产过程应更注重过程环保，通过不断优化生产工艺来减少副反应产物和残留物的生成，以此实现原料最大转化率。同时为满足在更广泛的操作条件下提供更好的使用性能，应朝着开发新型黏度指数改进剂和分子设计定向合成多功能黏度指数改进剂的方向发展。

二、降凝剂

1．概述

20 世纪 30 年代以前，国外润滑油中很少使用添加剂。随着车辆发动机及传动系统设计的进步和机械设备的发展，对润滑油的性能提出了越来越高的要求，这一时期降凝剂的研究处于探索阶段，着重开发适合于馏分油的降凝剂（简称 PPD），产品主要是均聚物。在 20 世纪 50 ～ 60 年代添加剂得以迅速发展，随后的几十年，添加剂的种类也日益完善，效用也逐渐改善，人们不断开发新型降凝剂以及采用共聚等方法对已有的降凝剂进行改性，使降凝剂的适应性越来越广。我国石蜡基润滑油比例较大，降凝问题较严重，降凝剂相对用量大一些。降凝剂的种类繁多，主要有烷基萘类、聚烯烃类和聚（甲基）丙烯酸酯类。聚甲基丙烯酸酯类降凝剂是研究较多的一类降凝剂，用于润滑油、柴油中都会显著降低凝点，对此种降凝剂进行改性可以使其对不同油源的油品有很好的感受性，同时也可以在不降低其性能的前提下降低其生产成本。

2．研究现状

（1）降凝剂种类

① 烷基萘　烷基萘类是世界上最早使用的添加剂产品，代号为 T801。烷基萘降凝剂呈深褐色，对中质及重质润滑油的降凝效果较好，但由于其颜色较深，不适用于浅色油品，多用于单级内燃机油、齿轮油和全损耗油中。

② 聚 *α*- 烯烃　聚 *α*- 烯烃是我国自主开发的高效降凝剂，产品包括 T803A 和 T803B。该产品最大的特色就是充分利用了原油性质，裂解得到 C_7 ～ C_{28} 的单体，与基础油组成匹配度高，可匹配油品中分布范围很宽的蜡，因而适用范围广，降凝效果好。当然，国内原油来源是多元化的，如果裂解的单体不理想，降凝效果是会受到影响的，表 5-17 为 0.3% 的中国石油 T803B 在不同基础油中的降凝效果。

表 5-17　T803B 在不同基础油中的降凝效果

项目		T803B	空白
基础油HVI150	倾点/℃	−33	−12
	降凝度/℃	21	
基础油HVIP8	倾点/℃	−39	−18
	降凝度/℃	21	
基础油Yubase6	倾点/℃	−36	−15
	降凝度/℃	21	
基础油PAO10	倾点/℃	−51	−51
	降凝度/℃	0	

③ 聚（甲基）丙烯酸酯　PMA 降凝剂是目前使用最为广泛的产品，由于其结构灵活可调，可根据油品属性，进行有针对性的选择。近年来，国内市场在该领域取得了突破，纷纷推出了多款 PMA 降凝剂，其产品性能与国外同类产品基本相当，表 5-18 为中国石油润滑油公司开发的 RHY808，可适用于各类基础油。

表5-18　RHY808在不同基础油中的降凝效果（加入量0.3%）

基础油	倾点/℃	降凝度/℃
MVI150	−30	21
MVI500	−21	15
150BS	−15	3
HVIP6	−39	21
Yubase6	−39	24

其他产品还有乙烯 - 醋酸乙烯酯共聚物、马来酸酐类聚合物等，由于其只在一些特殊油品中使用，在此不一一赘述。

（2）降凝剂的选用原则　降凝剂的选用，主要有三个原则：一是要考虑油品的配方主体基础油；二是要考虑配方整体的协同性；三是要考虑 PPD 配方在运行过程中的实用性。

首先，油品的配方主体是基础油。原油的多样性，处理工艺的多样性，使得市场基础油分类越来越广，加氢Ⅱ类基础油和加氢裂化异构的Ⅲ类基础油逐渐普遍使用，传统的溶剂脱蜡工艺依然存在，蜡处理问题变得复杂，不同基础油蜡质特征对 PPD 反应不固定，目前市场痛点是没有通用型产品，需要根据不同油品进行开发或选择应用。通常可以通过不同基础油比例间的调配来达到要求。

其次，PPD 一般是在油品配方中使用，配方整体的协同性就尤为重要。除了基础油中的蜡源，黏度指数改进剂、无灰分散剂、金属清净剂和 PPD 中均含有数量不等的蜡源，因而，在基础油中降凝效果很好的 PPD，在整体配方中不一定可行，尤其是一些高乙烯含量 OCP 黏度指数改进剂配方中，正确地选择和复配合适的降凝剂是很重要的。同时，降凝剂的加入量与油品低温性能之间存在较大的关系，需要合理地选择添加量，具体关系见图 5-30 所示。

最后，是 PPD 的实用性。油品在运行过程中，会不可避免地产生氧化衰败，一个比较典型的案例就是某油品在出厂时各项指标合适，但在运行一段时间后，发现低温启动困难。事实上，这是典型的降凝剂选用不当所致，见图 5-31。

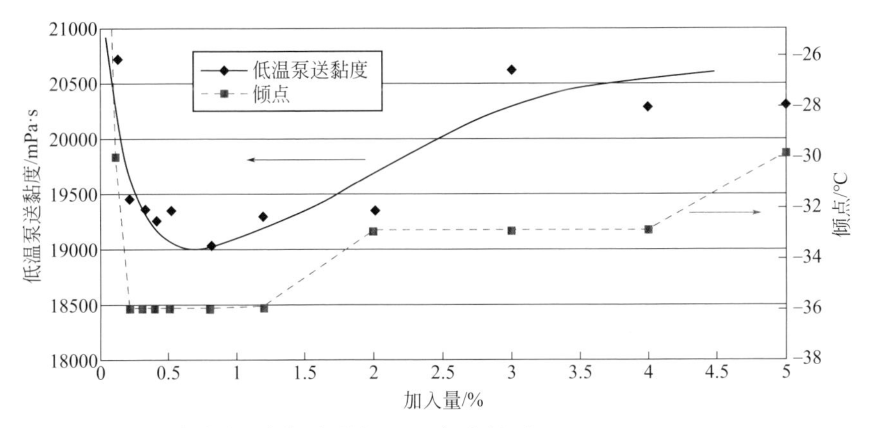

图5-30 同配方中降凝剂加入量与MRV间的关系

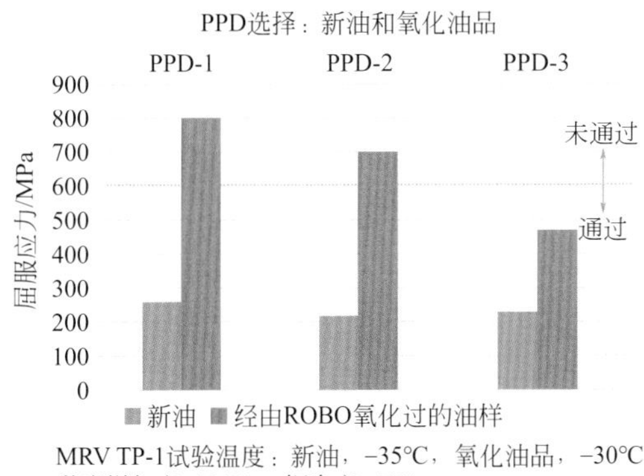

图5-31 新油和氧化油品对降凝剂的选择性

3．发展趋势

对于重质和高蜡含量基础油，单一物质的降凝剂降凝效果不明显，不同原油的物性差距很大，对降凝剂有很强的选择性，国内外纷纷在这方面开展了大量的工作，如引入 C_{20} 以上的碳链来和蜡进行匹配等，开发纳米降凝剂，多支链、空间结构对称型降凝剂，多元共聚接枝等。老化油、氧化油品、重质油品的降凝性能均为市场痛点，科研工作者正在试图通过新的化合物来解决上述问题，中国石油开发的新型聚甲基丙烯酸酯降凝剂的典型结构如图 5-32 所示。

对降凝剂机理的研究还未达成真正的共识，对降凝机理的研究仍未完善，阻碍了对新型降凝剂的深入研究。目前无法根据现场情况选择针对性的降凝剂，大多数情况下是根据实验数据来进行降凝剂的筛选，因此，对降凝剂分子结构的作用机理的探究有待进一步加强。在科学高度发达的今天，科研工作者可利用流变学、胶体化学、热力学等多种学科对降凝机理进行深入研究，亦可结合现有的计算机分子模拟技术研究蜡晶与降凝剂的相互作用。

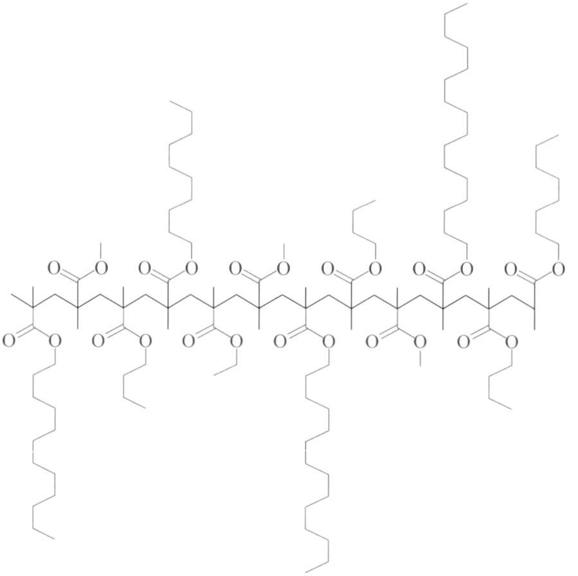

图5-32
聚甲基丙烯酸酯降凝剂典型结构示意图

第三节
成膜添加剂

成膜添加剂简而言之就是在摩擦表面能形成保护膜的添加剂品种，有抗磨剂、减摩剂、极压剂、油性剂等，通常同一种成膜添加剂会兼具以上几种功能。从目前使用情况来看，极压抗磨剂和有机减摩剂是用量较大的两类。成膜添加剂的成膜状态也有很多种，有沉积成膜、吸附成膜、反应成膜，也有二维或三维的堆积成膜等。因此，本节重点介绍不同种类高性能添加剂产品的结构特点、成膜状态和实际效果等，从研究和应用角度来阐述成膜添加剂的特点。

一、极压抗磨剂

1．概述

在润滑油脂中起减少摩擦磨损、防止烧结的添加剂统称为载荷添加剂，按其作用性质又可细分为油性剂、极压剂和抗磨剂。其中，极压剂和抗磨剂的区分并不明显，甚至很多时候难以区分，因此国内一般统称为极压抗磨剂。极压抗磨剂主要赋予油品高扭矩低速承载性能和高速冲击抗擦伤性能，多用于重负荷齿轮油。根据元素类型，极压抗磨剂主要分为硫型、磷型和硫-磷复合型极压抗磨剂。一般来说，硫型产品极压性能优于磷型极压抗磨添加剂，而磷型产品的抗磨性能要优于硫型极压抗磨添加剂，硫-磷复合型则两种表现较为均衡。实际使用中，多将硫型和磷型产品复配使用，以满足实际工业应用的需要[78,79]。

极压抗磨剂是伴随齿轮尤其是双曲线齿轮的应用发展起来的，早期多使用元素硫。随着有较大负荷传递能力、滑滚相结合的准双曲线齿轮的应用，含硫极压剂的润滑油已无法解决准双曲线齿轮的润滑问题，从而引起了硫化猪油、环烷酸铅等极压抗磨剂的开发。之后又开发了硫-氯型极压抗磨剂，但它只能满足轿车润滑需求，在重负荷卡车中，特别是在低速高扭矩条件下仍有严重磨损。随后开发了硫化鲸鱼油和铅皂配制的硫-铅型极压抗磨剂用于工业齿轮的润滑。硫化鲸鱼油虽然性能优异，但受捕鲸限制逐渐被硫化烃类，特别是硫化异丁烯替代。环烷酸铅也由于环保原因逐渐被淘汰。到20世纪50年代在硫-氯型添加剂中引入含磷化合物开发的硫-磷-氯-锌型极压抗磨剂，既能满足轿车又可以满足卡车的润滑需求，但其热稳定性和氧化安定性不佳，60年代后被第一代硫-磷极压抗磨剂所取代，随后又发展了第二代硫-磷添加剂。因为硫-磷型极压抗磨剂在高速抗擦伤性、热氧化稳定性和防锈性能方面均优于硫-磷-氯-锌型极压抗磨剂，80年代后，磷型极压抗磨剂逐渐发展为磷酸酯、磷酸酯胺盐、硫代磷酸酯、硫代磷酸酯胺盐等多种类型。进入21世纪，不含氯、硫、磷等活性元素的硼酸酯/盐和高碱值磺酸盐以及近期出现的纳米粒子、离子液体等极压抗磨剂成了研究热点。

2．研究现状

（1）含氯极压抗磨剂　含氯极压抗磨剂价格低、性能好，与含磷和含硫添加剂具有良好的复配效果，是润滑油中最早使用的极压抗磨剂之一，主要有脂肪族氯化物和芳香族氯化物，其性能主要取决于分子结构和氯原子的化学活性。氯原子在脂肪烃末端时活性最高，极压抗磨性能最佳；氯原子在碳链中间时，活性次之；当氯原子在碳环上时活性最差，相应的极压抗磨性最弱。脂肪族氯化物如氯化石蜡，化学活性强、极压抗磨性能好，但稳定性差，易引起金属腐蚀；芳香族氯化物如五氯联苯，稳定性好、化学活性低、腐蚀性较小，但极压抗磨性较差。

随着环保意识的不断加强和环保法规的日益严格，含氯添加剂因毒性和腐蚀性问题使用量逐渐减少。在切削液、不锈钢丝拉拔油或其他工况苛刻的金属加工油（液）中使用氯含量为42%（T301）和52%（T302）两种氯化石蜡，齿轮油等其他油品中已不再使用氯化石蜡。

（2）含硫极压抗磨剂　含硫极压抗磨剂的性能与其分子结构中 C—S 键能密切相关，C—S 键能越小，在摩擦过程中就越易断裂形成保护膜，产生较好的极压抗磨效果。其作用机理首先是吸附在摩擦副表面降低摩擦，随着载荷的增大，摩擦副间的接触温度迅速升高，含硫化合物与金属反应形成硫醇铁膜，从而起到抗磨效果；随着载荷的逐渐增加，C—S 键开始断裂，生成 FeS 化学反应膜，起到抗擦伤和抗烧结的作用[80]。以二硫化物为例，含硫化合物的极压抗磨机理见式（5-6）和式（5-7）。

$$\mathrm{Fe + R—S—S—R \longrightarrow R—S—Fe—S—R} \tag{5-6}$$

$$\mathrm{R—S—Fe—S—R \longrightarrow FeS + R—S—R} \tag{5-7}$$

由于硫化亚铁膜的熔点高（1193 ～ 1199℃），耐热效果好，所以具有很高的烧结负荷。但硫化亚铁膜没有层状结构，故其减摩性能较差。此外，硫化亚铁膜硬度高、脆性大，故其抗磨性能也较差。

典型的含硫极压抗磨剂为硫化烯烃，是齿轮油中不可缺少的主剂。其具有稳定性高、油溶性好、极压性能优异的特点，迄今为止尚无其他化合物可以完全取代。国外对含硫极压抗磨剂的开发始于硫化鲸鱼油的替代物研究，开发出了不同类型、不同系列的商品化产品，包括硫化异丁烯、硫化脂肪酸酯、烷基多硫化物、烃基硫代磷酸盐、硫代氨基甲酸盐等，具有低气味、低腐蚀、浅色泽的特点。国内使用的含硫极压抗磨剂主要为硫化异丁烯、硫化棉子油、二烷基二硫代磷酸酯胺盐等，性能侧重于极压性能，但存在臭味大、腐蚀性强的缺陷。目前对含硫添加剂的研究仍在持续，主要以低气味的烷基多硫化物和硫醚类为主。如图 5-33 所示的硫醚化合物，其对卡兰贾脂肪酸异辛酯和癸二酸二辛酯烧结负荷的改善较为明显[81]；图 5-34 所示的巯基羧酸酯二聚形成的硫醚化合物不仅减摩性能突出，而且还表现出与 ZDDP 相同的极压和抗磨性能[82]；二（异丁基）多硫化物在不同矿物型基础油中的极压性能列于表 5-19[83]，可以看出，二（异丁基）多硫化物在同等剂量下与硫化异丁烯性能基本一致，且气味远低于硫化异丁烯。此外，也有研究表明高碱值磺酸盐有一定的极压性能[84]。

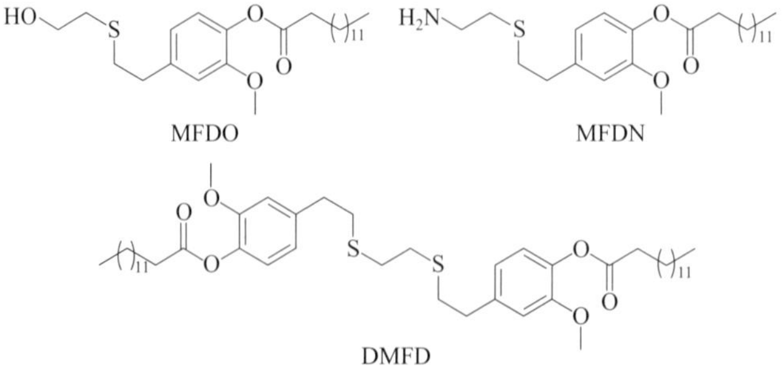

MFDO　　MFDN

DMFD

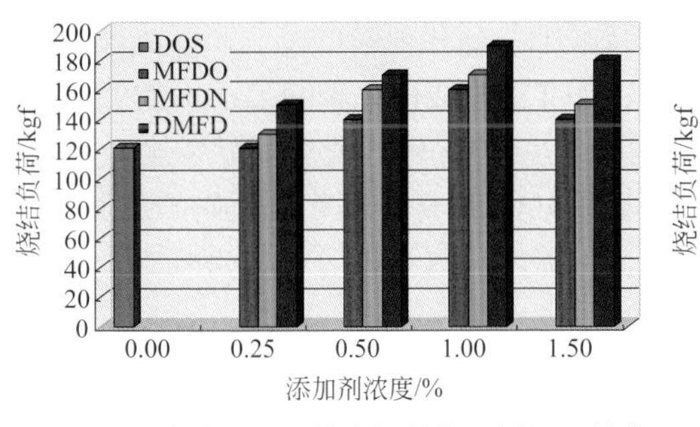

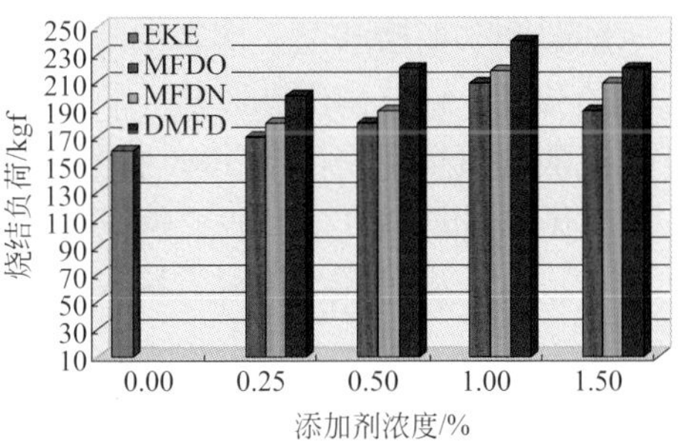

图5-33 硫醚型极压抗磨剂结构及其极压性能

1kgf=9.80665N，下同

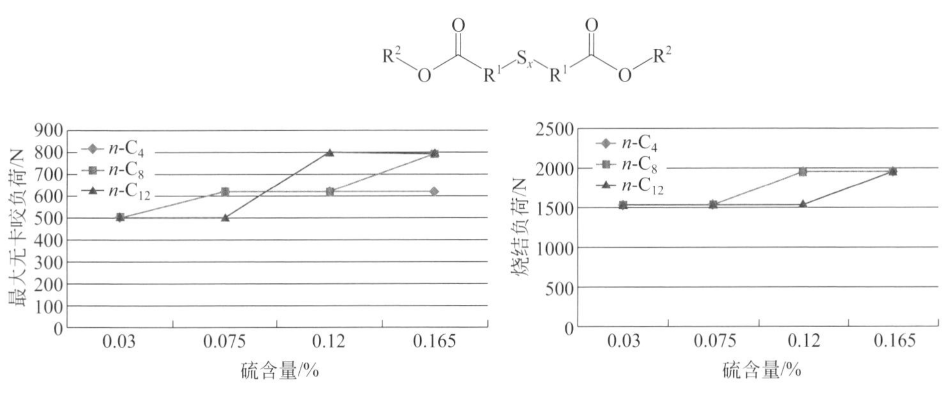

图5-34 硫醚羧酸酯极压抗磨剂结构及其极压性能

表5-19 二（异丁基）多硫化物在不同基础油中的极压性能

油样	最大无卡咬负荷/N	烧结负荷/N
100% MVIS600基础油	509.6	1568.0
1.0%硫化异丁烯+99.0% MVIS600基础油	735.0	6076.0
3.0%二（异丁基）多硫化物+97.0% MVIS600基础油	784.0	＞6076.0
3.0%硫化异丁烯+97.0% MVIS600基础油	784.0	＞6076.0
100% VHVIS500基础油	509.6	1568.0
1.0%二（异丁基）多硫化物+99.0% VHVIS500基础油	784.0	6076.0
1.0%硫化异丁烯+99.0%VHVIS500基础油	784.0	3920.0
3.0%二（异丁基）多硫化物+97.0% VHVIS500基础油	980.0	＞6076.0
3.0%硫化异丁烯+97.0% VHVIS500基础油	980.0	＞6076.0

（3）含磷极压抗磨剂　含磷极压抗磨剂具有极压、抗磨、减摩等多种功能，可以有效降低添加剂用量，提高润滑油生产效益。含磷极压抗磨剂以有机磷酸酯和亚磷酸酯为主，有的还含有S、N等活性元素。常见的有磷酸酯、亚磷酸酯、

膦酸酯、亚膦酸酯、次膦酸酯、硫代磷酸酯、硫代亚磷酸酯、磷酸酯胺盐、膦酸酯胺盐、硫代磷酸酯胺盐、膦酸盐等，如 T304(酸性亚磷酸二正丁酯)、T305(硫磷酸含氮衍生物)、T306(磷酸三甲酚酯)、T307(硫代磷酸复酯胺盐)、T308(酸性磷酸酯胺盐)、T309（硫代磷酸三苯酯）和 T310（硼化硫代磷酸酯胺盐），基本上可以满足润滑油对含磷极压抗磨剂的需求。表 5-20 为常见磷型极压抗磨剂。

表5-20 主要的磷型极压抗磨剂

磷型极压抗磨剂类型	化合物名称	化学结构
亚磷酸酯	亚磷酸二正丁酯	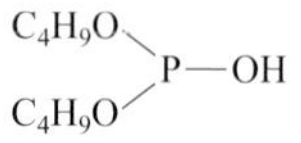 $(C_4H_9O)_2P—OH$
磷酸酯	二月桂基磷酸酯	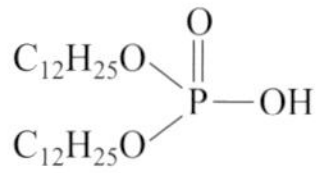 $(C_{12}H_{25}O)_2P(=O)—OH$
	二油基磷酸酯	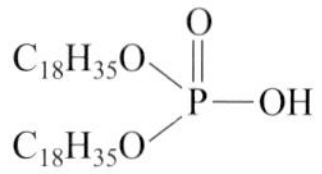 $(C_{18}H_{35}O)_2P(=O)—OH$
	二十八烷基磷酸酯	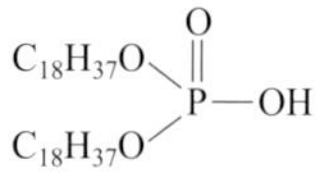 $(C_{18}H_{37}O)_2P(=O)—OH$
磷酸酯胺盐	磷酸酯胺盐	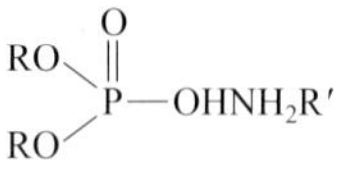 $(RO)_2P(=O)—OHNH_2R'$
硫代磷酸酯胺盐	硫代磷酸-甲醛-胺缩合物	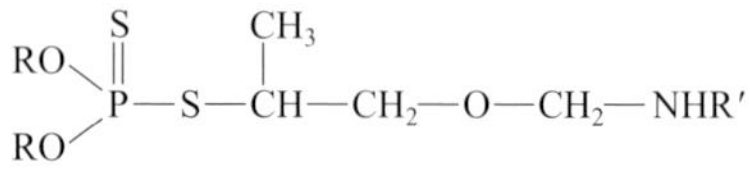 $(RO)_2P(=S)—S—CH(CH_3)—CH_2—O—CH_2—NHR'$
	硫代磷酸复酯胺盐	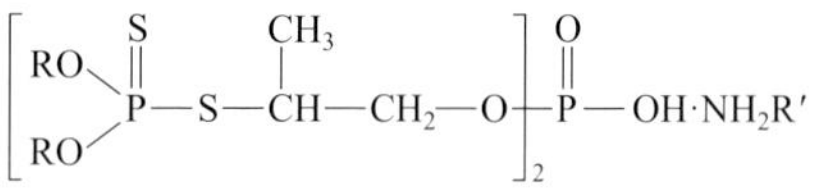 $[(RO)_2P(=S)—S—CH(CH_3)—CH_2—O]_2P(=O)—OH \cdot NH_2R'$
芳基亚磷酸酯	亚磷酸三壬苯酯	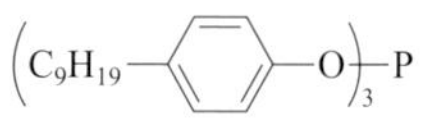 $(C_9H_{19}—C_6H_4—O)_3P$
芳基磷酸酯	磷酸三甲酚酯	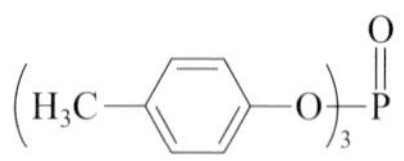 $(H_3C—C_6H_4—O)_3P=O$

关于含磷极压抗磨剂的作用机理，早期认为含磷化合物是在摩擦表面凸起点处瞬时高温的作用下分解，与铁生成磷化铁，它再与铁生成低熔点的共熔合金流向凹部，使摩擦表面光滑，防止磨损，这种机理被称为“化学抛光”。但近年来有学者认为在边界润滑条件下，含磷极压抗磨剂首先在铁表面上吸附，然后在边界条件下发生 C—O 键断裂，生成亚磷酸铁或磷酸铁有机膜起抗磨作用；在极压条件下，有机磷酸铁膜进一步反应，生成无机磷酸铁反应膜，使金属之间不发生

直接接触，从而保护了金属，起极压作用[85,86]。

为了进一步提高添加剂的极压抗磨性能，可以在磷型极压抗磨剂的分子结构中引入活性更高的硫元素，从而得到硫 - 磷 - 氮型的添加剂。1946 年，有专利[87]报道了结构 $(RO)_2PS—ONH_3R'$ 的单硫代磷酸酯胺盐的制备，具有良好的抗磨性能。

中国石油经过多年研究，开发了系列高性能磷型极压抗磨剂，形成了多个复合剂技术，并在 2009 年获国家技术发明二等奖。典型的如硫代磷酸酯胺盐添加剂 RHY310A，它具有优良的极压、抗磨、减摩性能，且同时具有优良的热稳定性、防锈性及耐久性。特别是与溶剂精制基础油、加氢精制基础油、合成基础油等具有好的相容性；以 RHY310A 复合其他添加剂研制的 RHY4208 齿轮油复合剂以 4.2% 的加剂量应用于加氢精制基础油中，调制的 80W/ 90 重负荷车辆齿轮油通过了 CRC L-42、L-37、L-33、L-60-1 全尺寸齿轮台架试验，质量达到且超过 API GL-5 水平[88]。后经过配方优化，调制的 RHY4208A 以 3.8% 的加剂量同样通过了苛刻的台架试验。2020 年，RHY331 含磷剂的开发成功，以其为关键添加剂研制的 V4210 齿轮油复合剂以 3.18% 的加剂量调制的 API GL-5 规格车辆齿轮油适用于商用车驱动桥，加剂量处于国际领先水平，与市场同类产品相比，试验后黏度增长仅为 2.74%，具有优异的抗氧化稳定性，具体见图 5-35，试验后试验件的外观图见图 5-36。

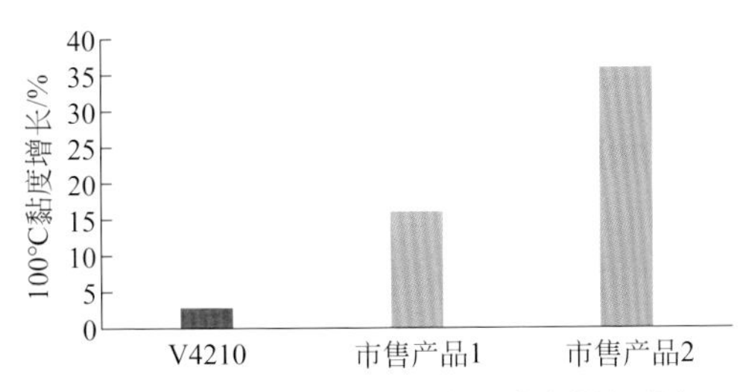

图5-35 V4210复合剂试验后黏度增长数据

图5-36 试验后齿轮表面状态（清洁、无磨损）

中国石油开发的另一种酸性磷酸酯胺盐极压抗磨剂 RHY315 应用于金属加工油（液）中，在保证良好极压性能的同时还具有优异的退火清净性，可解决金属加工退火后成品表面光洁度问题，以满足现代金属加工液的清洁、健康、环保的要求，可适用于轻金属轧制油、无渍液压油等油品配方中。图 5-37 所示 RHY315 添加剂与其他商用添加剂相比具有优异的退火清净性 [89]。针对第Ⅴ类基础油 PAG 的特殊性能要求，中国石油兰州润滑油研究开发中心开发了 RHY322 添加剂，该款极压抗磨剂在 PAG 油品中具有优异的适配性，在不同 EO/PO 的 PAG 油品中均具有优异的溶解性，与传统极压抗磨剂相比，RHY322 添加剂在 PAG 油品中具有更优异的极压抗磨性能和突出的减摩性能 [90]。图 5-38 所示 RHY322 添加剂，在 PAG 体系中表现出优异的减摩性能。

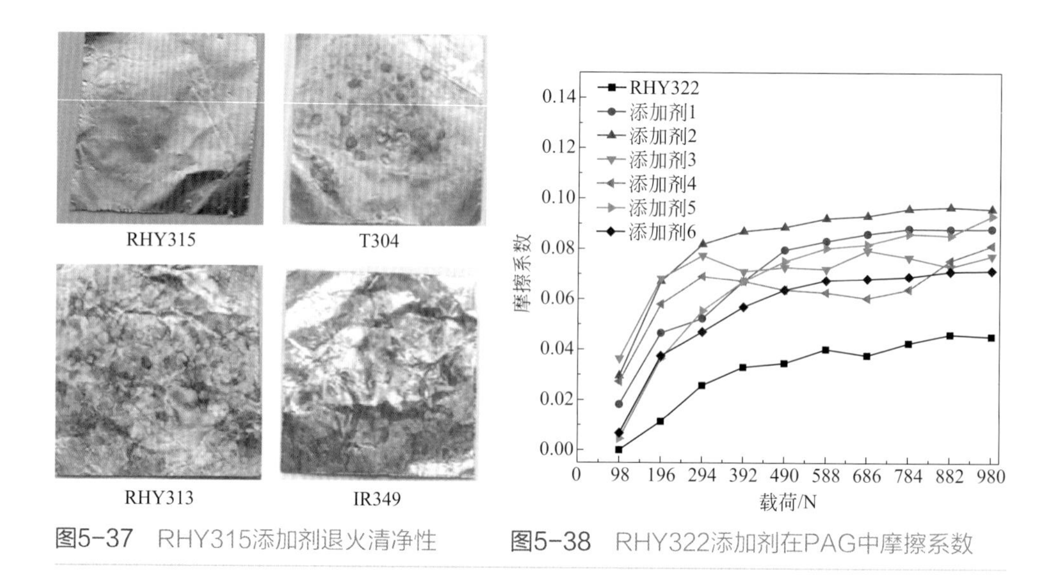

图5-37　RHY315添加剂退火清净性

图5-38　RHY322添加剂在PAG中摩擦系数

在硫 - 磷型极压抗磨剂分子结构中进一步引入硼、氮元素，可进一步提升其极压抗磨性能，同时还能赋予一定的减摩、抗氧、防锈、腐蚀抑制等性能 [87]，使之成为多功能添加剂，这类添加剂的结构设计及性能研究是目前的研究热点 [91]；图 5-39 所示含苯硼酸基团的硫 - 磷型极压抗磨剂在 PAO6 基础油中表现出优异的综合性能 [92]，且硼的引入不仅提升了极压抗磨和减摩性能，且能有效减缓添加剂的过快消耗以及硫 - 磷活性元素导致的过度腐蚀磨损；图 5-40 所示含硼酸酯基团的硫磷酸酯水基添加剂，在水 - 乙二醇体系中表现出优异的极压性能 [93]。

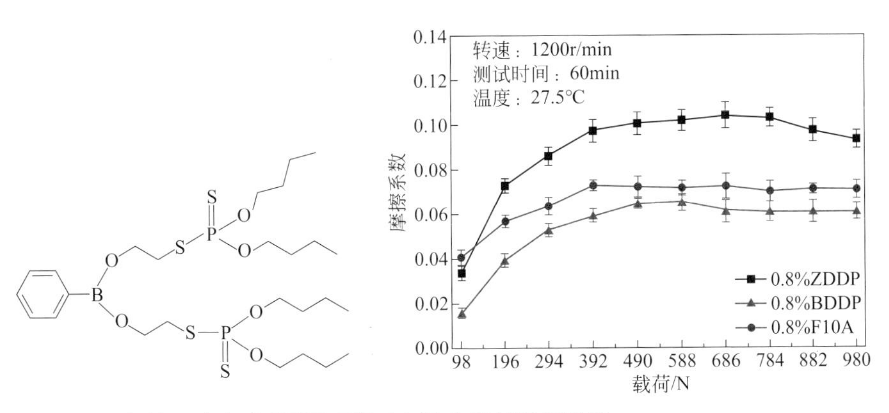

图5-39　含苯硼酸硫磷酸酯极压抗磨剂结构及其极压性能

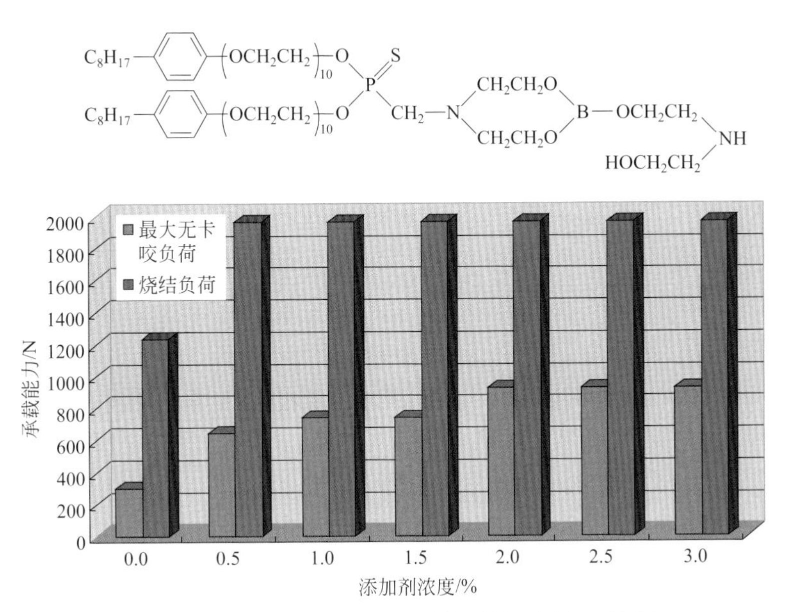

图5-40　含硼酸酯硫-磷型水基极压抗磨剂结构及其极压性能

此外，含硫 - 氮杂环物质的衍生物在克服其油溶性差的固有缺陷之后，不仅有优异的铜腐蚀抑制功能，而且还表现出良好的极压抗磨性能，尤其对烧结负荷的改善极为显著。此类物质以二巯基噻二唑、苯并巯基噻唑衍生物为主。图 5-41 所示含杂环二硫醚硼酸酯极压抗磨剂对菜籽油极压性能的改善优于传统硫 - 磷型添加剂 T202[94]；图 5-42 所示噻二唑衍生物对锂基润滑脂极压性能有显著提升，且以短链结构表现最优[95]。此类添加剂虽然极压表现优异，但由于杂环物质成本较高，更多以铜腐蚀抑制剂的形式应用于润滑油脂。

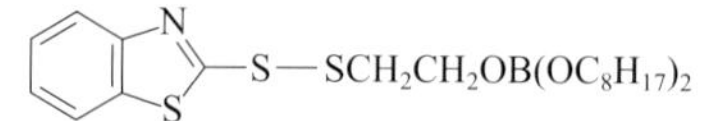

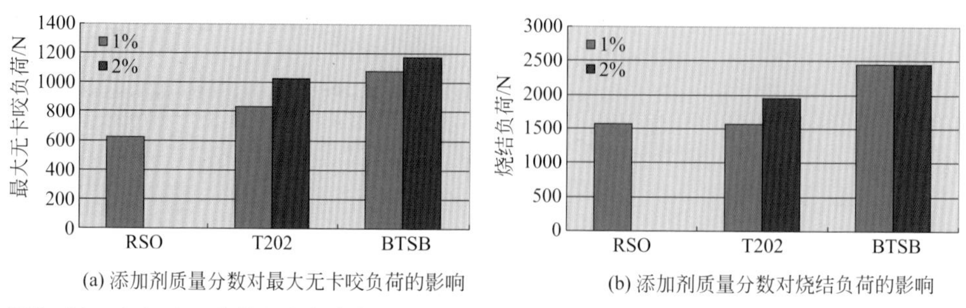

(a) 添加剂质量分数对最大无卡咬负荷的影响　　(b) 添加剂质量分数对烧结负荷的影响

图5-41　含杂环二硫醚硼酸酯结构及在菜籽油中的极压抗磨性能

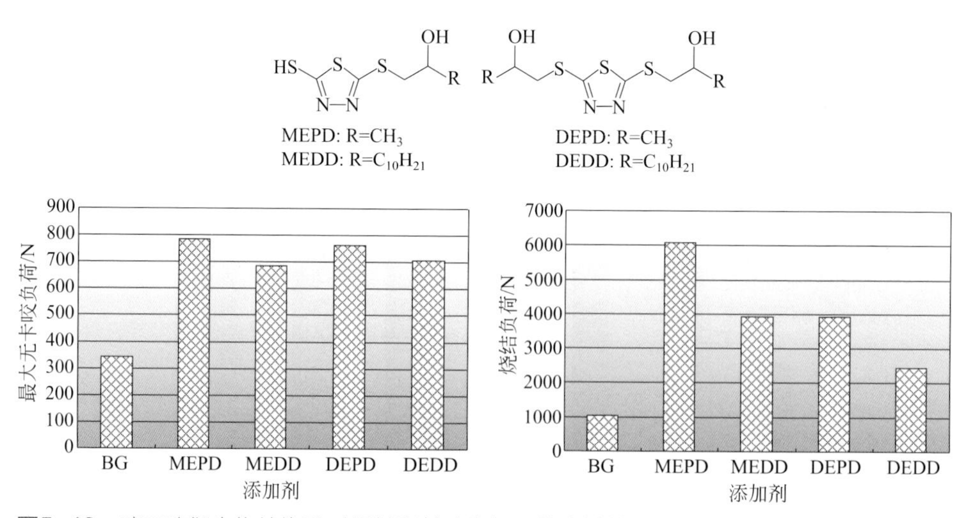

图5-42　噻二唑衍生物结构及对锂基脂基础脂极压抗磨性能的改善

离子液体自从被发现有优异的摩擦学性能后，除将其作为润滑油添加剂研究外，已有大量研究表明油溶性离子液体以添加剂形式应用到油品中，其对极压抗磨以及减摩性能的改善同样非常显著[96-98]。图 5-43 所示油溶性离子液体可以显著提升 PAO10 基础油的最大无卡咬负荷，降低磨损[99]。但离子液体添加剂目前仍处于实验室研究阶段，未工业化应用。

纳米颗粒作为润滑油添加剂的研究始于 2000 年左右，国内外的研究者将制备出来的各种纳米颗粒，如金属、金属盐、非金属的纳米颗粒以及富勒烯、碳纳米管乃至石墨烯等都作为添加剂在油品中进行了摩擦学性能评价，结果表明都有良好的减摩抗磨性能，还对磨损表面有一定的修复作用。如图 5-44 所示的硼酸钙 / 乙酸十二酸纤维素纳米复合材料（CB/AL）相比于纳米硼酸钙（CB）和纳米乙酸十二酸纤维素（CAL），在 PAO 基础油中表现出更好的极压性能[100]。但纳米材料至今仍未突破在油中稳定分散的难题，绝大多数仅为实验室研究，未见成熟市场化产品。

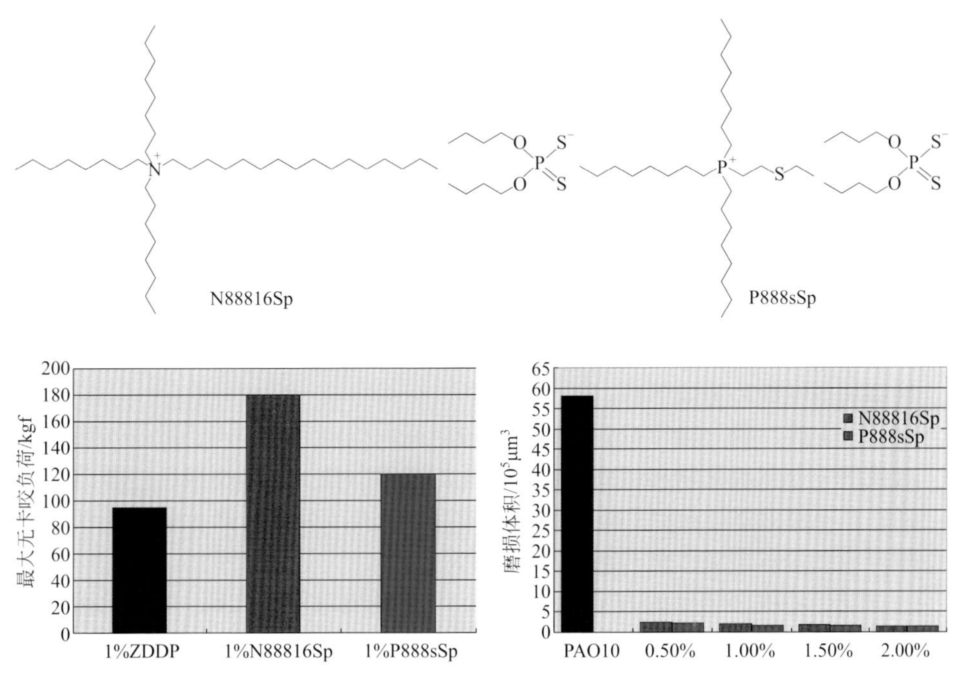

图5-43　油溶性离子液体结构及其极压性能

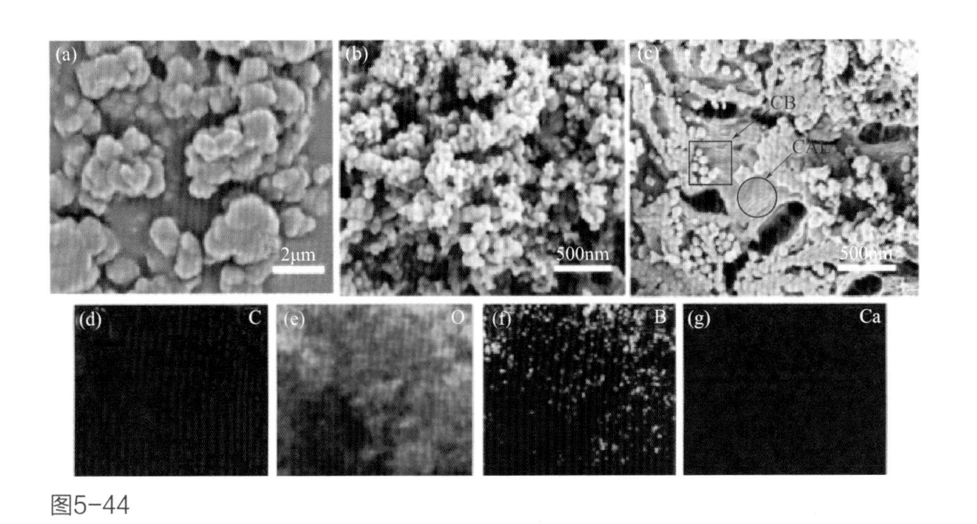

图5-44

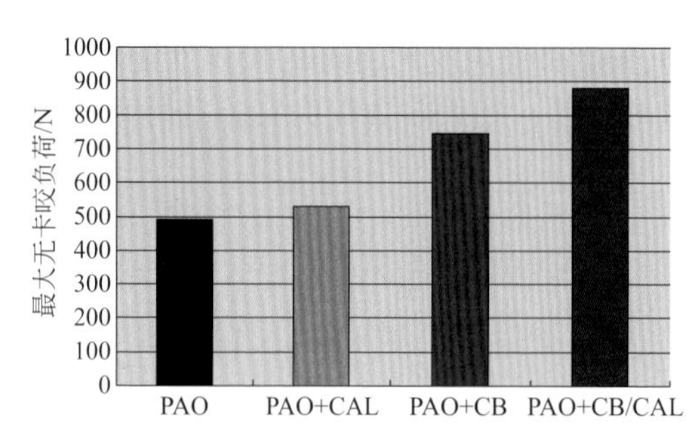

图5-44 硼酸钙/乙酸十二酸纤维素纳米复合材料及其极压性能

扫描电镜图像：(a) 乙酸十二酸纤维素；(b) 硼酸钙；(c) 硼酸钙/乙酸十二酸纤维素纳米复合材料；(d) ～ (g) 硼酸钙/乙酸十二酸纤维素纳米复合材料中C、O、B、Ca的元素面扫描图

3. 发展趋势

随着润滑油使用工况条件的日益苛刻以及油品规格的不断发展，未来极压抗磨添加剂发展趋势如下：

（1）硫、磷型极压抗磨剂在近一段时间内仍将大量使用，但低气味、环保型含硫剂（如多硫化物和超高碱值的硫化烷基磺酸盐）是硫型极压抗磨剂的发展方向；在不降低极压抗磨性能前提下，提高热氧化安定性，降低磷消耗以延长其使用寿命则是磷型极压抗磨剂的发展方向。

（2）环境问题已成为全球性课题，开发环境友好的无硫 - 磷或低硫 - 磷极压抗磨剂是今后的重要研究方向。离子液体、纳米等新材料在克服现有缺陷的基础上，突破生产成本过高的门槛后具有较大的应用前景。

二、有机摩擦改进剂

1. 概述

目前把能降低摩擦面摩擦系数的物质称为摩擦改进剂（Friction Modifier，FM）。也有人根据在摩擦面上形成膜的摩擦系数值来区分摩擦改进剂与抗磨剂和极压剂的差别，形成的膜其摩擦系数小于 0.01 的添加剂称 FM，摩擦系数大于 0.1 的添加剂定义为抗磨剂和极压剂。通常来说，有机摩擦改进剂范围更宽，既可以降低摩擦，也会增加摩擦；减摩剂是有机摩擦改进剂中最重要的一种，也是润滑材料中常用的添加剂。早期减摩剂多使用动植物油脂，从 1973 年第一次石油危机以后，在润滑油领域开始重视节能问题，因而进行了通过发动机油的低黏度化来改善燃油经济性的研究，同时也研究了通过添加摩擦改进剂来降低边界润滑领域的摩擦。目前以汽车发动机油为中心，已积极推行润滑油的节能政策，采用低黏度化、多级化及添加摩擦改进剂的办法来提高能效。因此，摩擦改进剂得到了广泛重视和研究。进入21世纪，有机摩擦改进剂的发展更加快速，有机酸、有机磷、有机硼酸酯/盐、有机酰胺、有机酯、有机钼、稀土有机化合物等产品研究应用层出不穷，有机减摩剂的复配可以获得更好效果，不同类型的产品有不同的性能，伴随着润滑条件变得更加苛刻，对有机摩擦改进剂的性能也提出了更高的要求。

对于汽车行业来说，采用润滑油节能技术减少燃料消耗和改善排放已成为业内共识。因此，美国API和ILSAC推出了系列节能型机油规格，并随着油品级别的升级，燃油经济性要求不断提高。经过二十多年的发展，ILSAC颁布的节能发动机油的规格已经从GF-1发展到GF-6。表5-21是评价发动机油的节能台架程序Ⅵ的发展过程。

表5-21　评价发动机油的节能台架

ILSAC规格	台架名称	推出时间
GF-1	Ⅵ	1993年
GF-2	ⅥA	1996年
GF-3	ⅥB	2000年
GF-4	ⅥB	2004年
GF-5	ⅥD	2009年
GF-6	ⅥE	2020年

使用润滑油节能技术提高燃油经济性的两个主要途径：一是适当降低油品黏度，在流体润滑和弹性流体润滑状态下减少流体动力学阻力，降低能耗。二是采用添加摩擦改进剂，在边界润滑和混合润滑状态下减少摩擦来提高燃料效率。以表5-22中所列程序ⅥE在FEI 1和FEI 2两个试验过程为例，可以看出，剔除黏度级别影响，在新油试验中，SAE XW-20比SAE XW-30的低黏度对节能贡献为0.7%，基础油和添加剂的节能贡献共达到3.1%；在油品老化后的试验中，添加剂对节能贡献更大。因此，研究有机减摩剂在润滑油中的应用对节能发动机油的开发有着重要意义[41,101]。

表5-22　节能油品要求的程序ⅥE燃油经济性指数FEI

ⅥD台架试验	FEI 1/%	FEI 2/%	FEI (SUM)/%
SAE XW-20	≥2.6	≥1.8	≥3.8
SAE XW-30	≥1.6	≥1.5	≥3.1
SAE XW-30	≥1.5	≥1.3	≥2.8

2．研究现状

（1）摩擦改进剂分类

① 脂肪酸、脂肪醇及其盐类　脂肪酸，如油酸和硬脂酸，对降低静摩擦系数效果显著，可以防止导轨在高负荷及低速下出现黏滑。但其缺点是油溶性差，长期贮存产生沉淀，且对金属有一定的腐蚀作用。硬脂酸铝用来配制导轨油，防爬行性能比较好，但长期贮存易出现沉淀。脂肪醇、脂肪酸酯在铝箔轧制油中有

较好的减摩性能，如辛醇、癸醇、月桂醇、油醇等。对相同系列油性剂而言，随碳链增长，摩擦系数逐渐减小。

② 二聚酸类及衍生物　二聚酸是由油酸或亚油酸在催化剂作用下加压热聚而制得，其不但有减摩性，而且有一定的防锈性；其与乙二醇反应生成的二聚酸乙二醇酯，有良好的减摩性和一定的抗乳化性，可用于冷轧制油。

③ 有机钼化合物　有机钼化合物有很好的减摩性，能降低运动部件之间的摩擦系数，是很好的摩擦改进剂。有机钼化合物与其他的 FM 相比，其节能效果较好。研究表明 MoDTC（二烷基二硫代氨基甲酸钼）的 Mo 含量添加到 200 ～ 250mg/L 时开始发挥其效果。检测分析市场出售的有机钼化合物的发动机油，其 Mo 含量也集中于 200 ～ 400mg/L。MoDTC 一般比锌、铁、铅的热分解温度高。MoDDP（二烷基二硫代磷酸钼）与作为抗氧抗腐剂使用的二烷基二硫代磷酸锌的热分解温度大致相同。

氨基甲酸钼一般在添加 0.5% ～ 2.0% 于内燃机油中作减摩剂；在润滑油、润滑脂中加 0.5% ～ 1.0% 时作抗氧剂；添加 1.0% ～ 3.0% 作极压抗磨剂。为了克服对铜的腐蚀性，必须与金属减活剂复合使用。

④ 有机硼酸酯和硼酸盐　有机硼酸酯早期是作为抗氧剂加到润滑油中的，用作润滑油减摩抗磨添加剂始于 20 世纪 60 年代。21 世纪以来，硼酸酯减摩抗磨添加剂研究较多。烷基只含碳和氢的硼酸酯具有一定的减摩抗磨效果，若硼酸酯与有机胺反应，产物具有更好的抗磨性和极压性能，在四球机上其承载能力比硼酸酯高 6 倍以上。含咪唑啉、唑啉及酰胺的硼酸酯比含 *S*- 十二烷基、巯基乙酸丙三醇硼化物及二甘醇单二（2- 乙基己基）磷酸酯硼化物具有更好的减摩抗磨效果。

⑤ 含磷摩擦改进剂　从国外研究现状来看，自动变速箱油、牵引液、无级变速箱油、双离合自动变速箱油、农用拖拉机油及限滑差速器油中都用到提高油品动摩擦系数的摩擦改进剂，其中含磷化合物作为摩擦改进剂可以有效提高油品的动摩擦系数，预防因摩擦力减小而引起的黏 - 滑振动和噪声。含磷摩擦改进剂的主要类型有长链膦酸酯、磷酸酯、亚磷酸酯等。

（2）性能特点及应用　在发动机油中常用的减摩剂产品有无灰型、油溶性有机金属化合物（包括油溶性纳米金属颗粒）等。无灰有机减摩剂主要有脂（酯）类化合物、含氮化合物、硫磷酯化合物和含硼化合物等；如长链脂肪酸、脂肪酸酰胺等。无灰减摩剂大多通过物理吸附在摩擦表面形成易于剪切的吸附膜来达到降低摩擦的目的，在使用过程中消耗较少，因此具有较强的减摩保持能力。油溶性金属化合物中最常用的是有机钼减摩剂，它具有优秀的改善摩擦系数能力和抗磨作用，可以显著降低摩擦部件之间的摩擦系数，比较有代表性的是二烷基二硫代氨基甲酸钼（MoDTC）。在 ILSAC GF-5/GF-6 的发动机油中通常使用该类化合物来帮助油品通过节能台架试验程序Ⅵ台架试验，达到降低摩擦和节油的目的。

油溶性的纳米金属颗粒尽管在发动机油中使用时能在摩擦表面沉积成膜，降低摩擦，如油溶性的二硫化钼纳米颗粒、稀土氧化物纳米颗粒、表面修饰的纳米铜、纳米二氧化钛、纳米二氧化硅等都有较多的文献报道和专利保护，但由于其制备成本高、储存稳定性差、分散性影响因素多等缺点，使得该类型的添加剂在润滑油中实际使用较少，不能作为主流的发动机油节能减摩剂使用。

中国石油研究人员[101]在API SM油品中考察了不同有机减摩剂的效果。RHY420有机酯减摩剂（OFM-1）为淡黄色油状液体；RHY421有机酯减摩剂（OFM-2）为浅黄色液体（略浊）；脂肪胺减摩剂（OFM-3）为浅棕色膏状物；RHY405有机钼减摩剂（OFM-4）为二烷基二硫代氨基甲酸钼。在SRV摩擦磨损试验机上考察减摩剂单剂、减摩剂复配后的减摩性能，实验结果见图5-45、图5-46。可以看出，OFM-1在SRV试验机上没有减摩效果，OFM-2、OFM-3这两种无灰类型的减摩剂有一定的减摩作用，OFM-4有机钼减摩的效果非常好，可以将摩擦系数从0.15～0.16降低至0.06左右。

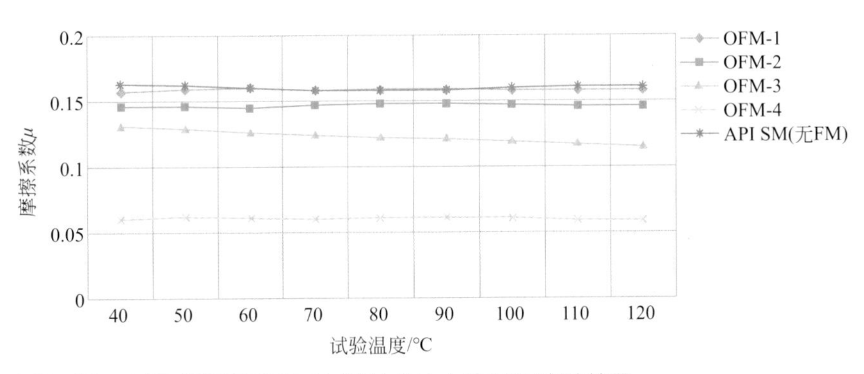

图5-45　不同减摩剂在API SM汽油机油中的SRV实验结果

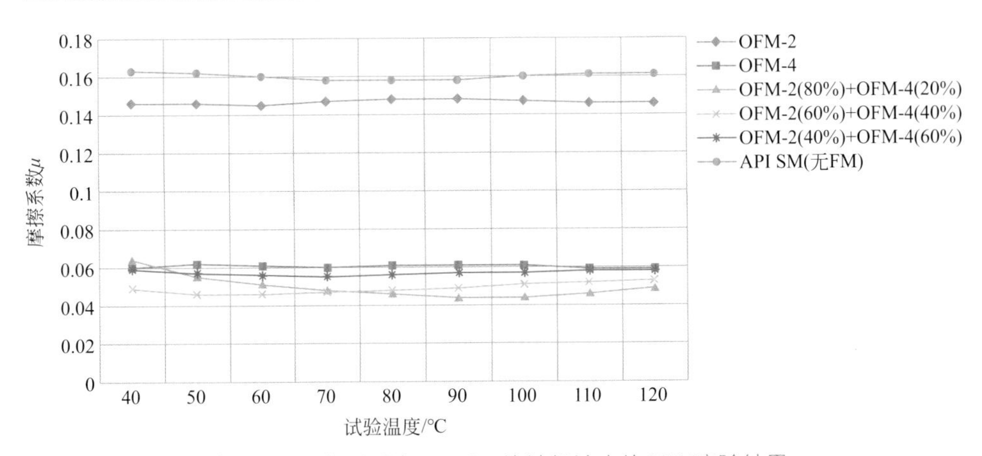

图5-46　OFM-2与OFM-4复配后在API SM汽油机油中的SRV实验结果

从图 5-46 中的结果可以看出，OFM-2 与 OFM-4 以各种比例复配后减摩效果都很好，特别是 OFM-2 与 OFM-4 比例为 8∶2 时，其摩擦系数降低至 0.04 附近，其结果远优于两种减摩剂单剂的减摩效果，表现出较好的减摩协同效应。在 HFRR 实验中，较好的配比为 OFM-2∶OFM-4 为 4∶6，这不仅体现了方法的差异性，也体现出两种添加剂作用机理的不同，根据不同工况条件，可以通过调整二者比例能获得更宽范围的减摩效果。

中国石油开发的系列有机减摩剂在节能发动机油中具有优异的减摩效果，在自主开发的 API GF-6 油品的程序ⅥE 台架试验中有 4.44% 总燃油经济性表现（具体见第六章表 6-28）。

3．发展趋势

减摩剂在边界润滑至混合润滑区域起到支配作用。因此，选择用于发动机油的减摩剂体系必须综合考虑减摩剂的各项物理和化学性质。在研究中须重点考虑有机减摩剂分子中的极性基团的类型、性质、位置、个数，极性基团必须具有很好的氢键结合力，极性基团的位置和个数又能决定分子间吸附偶合的方向和强弱。理想状态是有机减摩剂分子整齐地排列成类似于分子刷的形状结构，与金属表面垂直，形成减摩剂分子的多层矩阵，在摩擦过程中，多层矩阵易于被剪断，但由于减摩剂分子中极性基团的强定向力的作用，被剪断的分子簇层很容易恢复到初始状态，从而达到降低摩擦的目的。对于反应成膜型减摩剂的研究重点是有机钼化合物的钼核类型、活性元素位置、烷基结构和理化性质的关系，研究该类添加剂与摩擦表面经过化学反应形成的化合物、沉积膜的组成、膜的厚度和易剪切层的关系；有机钼分子结构与分解温度、分解产物、消耗周期等的关系。部分活性较低的偏酯和甘油酯类减摩剂在摩擦过程中产生热量发生原位聚合，形成热稳定性好的低聚物，它们通过化学键或吸附作用与金属表面产生较强的结合，起到减摩的效果。

第四节
其他类型添加剂

其他类型添加剂如腐蚀抑制剂、防锈剂、抗泡剂、表面活性剂等在润滑油脂中也会起到重要的作用，但其用量较小，且使用灵活，对各类基础油（酯）感受性差异很大，因此，要结合实际工况、温度、湿度、金属离子等方面的影响来综合考虑。总体而言，这些添加剂是为解决油品使用过程中一些特殊问题而开发的，具有很大的选择性，对于一些高性能润滑油的生产，这些添加剂也是必不可少的品种。

此外，随着“双碳”（碳达峰与碳中和）目标的确定，生物基润滑油会有更多的使用场合，也会做更多的研究。由于生物基润滑油源自有生命的有机体，而后与添加剂合理复配后就能得到生物基润滑油，其最大特点在于可再生性、可生物降解性或低毒性。受到环保政策以及消费偏好改变的影响，生物基润滑油的市场不断扩容和走向规范化，在行业内享有越来越高的地位。无论是技术研发还是产品性能上，均取得显著的进展。统计表明，生物基润滑油的复合年增长率大约为 5%，呈稳定增长势头，市场潜力巨大。未来随着生物基润滑油技术的不断进步，必将成为润滑材料的重要组成部分。

一、腐蚀抑制剂和防锈剂

1．概述

金属的锈蚀现象很早就被人们所发现，文献记载公元前 4 世纪就有人发现浸泡在海水中的金属物件容易受到盐水侵蚀的现象，但人们对金属腐蚀的机理并不清楚。直到近代才认识到腐蚀是一种化学和电化学现象。目前，金属及其制品在使用或储存过程中，受到大气和所处环境中水分、二氧化碳、氧气及其他腐蚀性介质的影响，发生化学或电化学作用而引起的腐蚀或变色被定义为锈蚀[102]。20 世纪早期一般采取在金属表面涂覆凡士林、蜡、脂肪酸皂和松香等天然产物的方法来应对金属锈蚀。随着石化行业的发展，人们发现石油炼制产生的副产品——石油磺酸盐对金属具有优异的腐蚀抑制效果[103,104]。之后，在水溶液体系中，发现亚硝酸钠、铬酸盐和多聚磷酸盐具有优异的防锈性能[105,106]。直到现在，磺酸盐、亚硝酸钠等依然在防锈油脂及水性防锈体系中使用。在润滑油领域，金属锈蚀也是一个无法回避的问题。润滑油品使用过程中，由于自身氧化和添加剂降解产生的小分子酸性物质以及外界水分、盐分等腐蚀性介质侵入润滑油脂系统，都会引起金属部件的腐蚀，严重时可导致设备寿命缩短甚至损坏等不良后果。在金属加工环节，水基金属加工液和清洗剂的大量使用，也对金属件及机床造成锈蚀威胁。金属制品加工成型后或零部件生产完成后都存在储存和运输环节发生锈蚀的风险，由此产生了专门用于提供防锈保护的防锈油。润滑油属于配套材料，无法改变所接触金属材料本身的抗腐蚀性能，只能通过功能性添加剂来防止油品使用过程中锈蚀的发生。这些添加剂则统称为防锈剂（针对黑色金属）和腐蚀抑制剂（针对有色金属）。

2．研究现状

（1）油溶性防锈剂

① 有机磺酸盐　有机磺酸盐是最常用的油溶性防锈剂，其具有良好的防锈性、油溶性和稳定性以及较好的抗盐雾和水置换性能，是防锈油脂的首选添加剂。

a. 石油磺酸钡（T701）　石油磺酸钡能吸附于金属表面形成牢固的吸附膜，阻止腐蚀介质对金属的侵蚀，具有优良的抗潮湿、抗盐雾、抗盐水性能和良好的水置换性和酸中和性。可调和各种类型的防锈油脂，视所需防锈周期不同，加量一般在3%～20%。

b. 石油磺酸钠（T702）　石油磺酸钠有防锈型产品和乳化型产品。一般来说，平均分子量400～500的石油磺酸钠多用做金属加工液乳化型产品，平均分子量500～600的石油磺酸钠则多用于防锈油脂。因为平均分子量越大其防锈性能越好[58]。但实际应用中，石油磺酸钠更多还是在水性金属加工液中使用，起防锈和乳化作用。

c. 二壬基萘磺酸钡（T705、T705A）　二壬基萘磺酸钡（T705）具有防锈、防腐蚀、酸中和和水置换等作用，对钢铁等黑色金属及黄铜具有良好的防锈防腐蚀效果。后期发现中性或低碱值的磺酸盐防锈性能更佳，又开发了中性二壬基萘磺酸钡（T705A），其不仅防锈性能优异，还具有良好的抗乳化和抗泡性能，还可用于液压油、汽轮机油等工业油品中。

d. 二壬基萘磺酸钙　磺酸钡盐虽本身无毒，但散落于自然环境中，会分解成有毒的可溶性钡盐，对环境和人体存在严重危害[107]。磺酸盐的防锈性能随其阳离子半径增大而增强，所以毒副作用小、离子半径仅次于钡的磺酸钙盐逐渐成为一类重要的防锈剂。二壬基萘磺酸钙防锈性能虽然不及二壬基萘磺酸钡，但通过与其他类型防锈剂复配也能实现良好的防锈效果，可用于调制各类防锈油脂。

除上述磺酸盐外，还有二壬基萘磺酸锂盐、二壬基萘磺酸锌盐、二壬基萘磺酸铵盐等产品，在不同类型的防锈油脂和工业油品中也有一定的应用。

② 有机羧酸及其酯　有机羧酸有较好的抗乳化性能及一定的水置换性，油溶性好，常用的有烯基丁二酸及其半酯（图5-47），如十二烯基丁二酸（T746），以及在其基础上改进形成的不同酸值的T746A、T746B、T746C及低酸值半酯型的T747、Irgacor L 12等。这些产品可以形成牢固油膜，并能置换水、气体等小分子腐蚀介质，与磺酸盐复配具有显著的协同增效作用，主要用于调配汽轮机油、液压油及防锈油脂。中国石油润滑油公司开发的RHY753十二烯基丁二酸半酯型防锈剂，通过独有技术设计的半酯结构，平衡了酸值与防锈性能间的矛盾，能以极低的添加量解决汽轮机油、液压油等工业油品的锈蚀难题，防锈性能持久，同时能保证油品酸值在较低水平，且不劣化油品的储存稳定性、抗乳化、空气释放等性能，具体见表5-23和表5-24。

表5-23 RHY753十二烯基丁二酸半酯型防锈剂指标

项目	RHY753	试验方法
外观	黄色透明液体	目测
色度/号	＜3.0	GB/T 6540
酸值/（mg KOH/g）	153	GB/T 4945
水分（质量分数）/%	0.55	GB/T 260
运动黏度（100℃）/(mm^2/s)	28.97	GB/T 265
开口闪点/℃	160	GB/T 3536
液相锈蚀试验[①]	无锈	GB/T 11143（B法）

① 0.02%（质量分数）样品调入 HVI150 中测试。

表5-24 RHY753与传统T747的液相锈蚀试验（海水）对比结果

项目	0.03%（质量分数）	0.05%（质量分数）	0.07%（质量分数）
RHY753	无锈	无锈	无锈
T747	重锈	中锈	重锈

注：基础油为 HVI150。

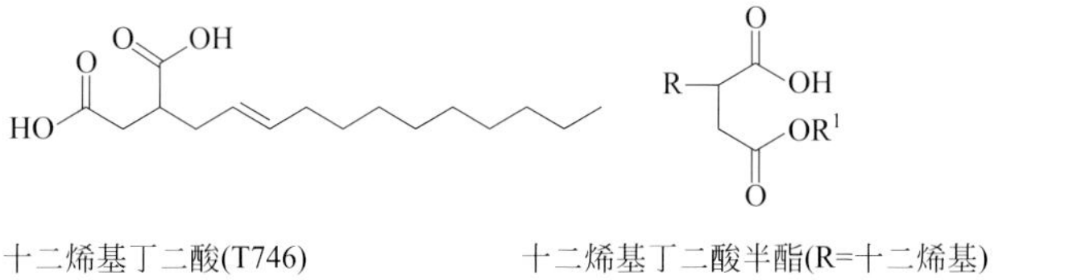

十二烯基丁二酸(T746)　　十二烯基丁二酸半酯(R=十二烯基)

图5-47 十二烯基丁二酸和十二烯基丁二酸半酯化学结构式

酯类添加剂防锈性能一般，多作为防锈油脂中的辅助防锈剂使用。常见的有羊毛脂、山梨醇酐单油酸酯（Span 80）以及邻苯二甲酸酯等。羊毛脂黏附性强，不易被水洗脱，多以成膜剂与磺酸盐复配使用。Span 80 以及邻苯二甲酸酯则更多的是在防锈油脂中起增溶作用。

③ 有机胺类　有机胺类物质本身为碱性，具有酸中和能力和一定的防锈性。但油溶性较差，一般与脂肪酸中和后使用。常见的有油酸十八胺盐、硬脂酸环己胺盐等。此外，*N*-油酰基肌氨酸十八胺盐（T711）（图 5-48）以及类似的 *N*-酰基肌氨酸有机胺盐也是一类常用的防锈剂，油溶性好且毒性低。

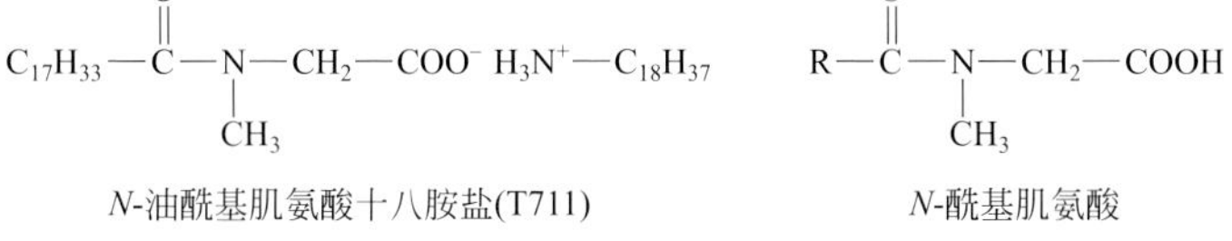

$C_{17}H_{33}-C(=O)-N(CH_3)-CH_2-COO^- \; H_3N^+-C_{18}H_{37}$

N-油酰基肌氨酸十八胺盐(T711)

$R-C(=O)-N(CH_3)-CH_2-COOH$

N-酰基肌氨酸

图5-48 *N*-油酰基肌氨酸十八胺盐（T711）和*N*-酰基肌氨酸化学结构式

④ 咪唑啉类　咪唑啉类物质热稳定性好、毒性低，与十二烯基丁二酸、磺酸盐复配使用能以低剂量大幅提升油品的防锈性能，还可用于油田、酸洗、水处

理、管道防腐、机械加工等领域。国内典型产品为十七烯基咪唑啉烯基丁二酸盐（T703），国外产品有BASF公司的Amine O（图5-49）。咪唑啉类防锈剂性能突出且低毒，但限制其使用的主要因素是生产工艺对设备要求较高导致其价格偏高。中国石油润滑油公司开发的RHY752新型咪唑啉型防锈剂，设计出双子咪唑啉结构，解决了咪唑啉型防锈剂油溶性不佳的缺陷，在Ⅰ、Ⅱ、Ⅲ类基础油中溶解性良好，能以极低的添加量解决汽轮机油、液压油等工业油品锈蚀不合格的难题，同时能保证油品酸值在较低水平，其性质见表5-25。

表5-25　RHY752双子咪唑啉型防锈剂指标

项目	RHY752防锈剂	试验方法
外观①	红棕色液体	目测
运动黏度（100℃）/（mm^2/s）	38.93	GB/T 265
氮含量（质量分数）/%	2.05	SH/T 0656
酸值（以KOH计）/（mg/g）	33.7	GB/T 4945
闪点（闭口）/℃	131.0	GB/T 261
水分（质量分数）/%	0.60	GB/T 260
机械杂质（质量分数）/%	0.05	GB/T 511
液相锈蚀②	无锈	GB/T 11143（B法）

①样品注入150mL烧杯中，在20～30℃下观察。
② RHY752以0.07%（质量分数）调入HVI150基础油中进行测试。

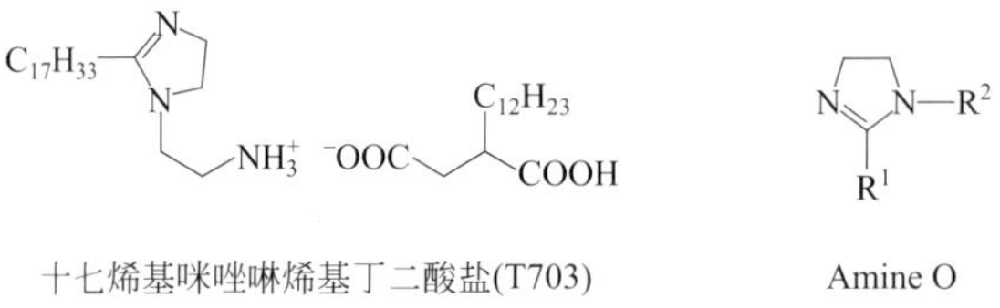

$C_{17}H_{33}$　N　N　NH_3^+　^-OOC　$C_{12}H_{23}$　COOH

十七烯基咪唑啉烯基丁二酸盐(T703)

N　N—R^2　R^1

Amine O

图5-49
十七烯基咪唑啉烯基丁二酸盐和烷基咪唑啉化学结构式

⑤ 皂类　皂类防锈剂主要有环烷酸锌（T704）、氧化石油脂钡皂（T743）、氧化石油脂钙皂、羊毛脂镁皂、羊毛脂钙皂和羊毛脂钡皂等，对钢、铸铁及铜等金属有良好的防锈性及突出的耐大气腐蚀性和抗湿热性，且有增强黏附性的作用，与磺酸盐有显著的协同作用。多用于防锈油脂，在工业油品中使用较少。

（2）油溶性腐蚀抑制剂　铜腐蚀抑制剂可以与铜发生螯合吸附，从而有效降低润滑油品中所含添加剂对铜的腐蚀，降低铜对润滑油的催化氧化作用。常用的有苯三唑衍生物和噻二唑衍生物（图5-50）等，如苯并三氮唑（T706）等。2-巯基苯并噻唑、噻二唑等本身就可作为铜腐蚀抑制剂，但为了改善油溶性，应用更多的是它们的衍生物。

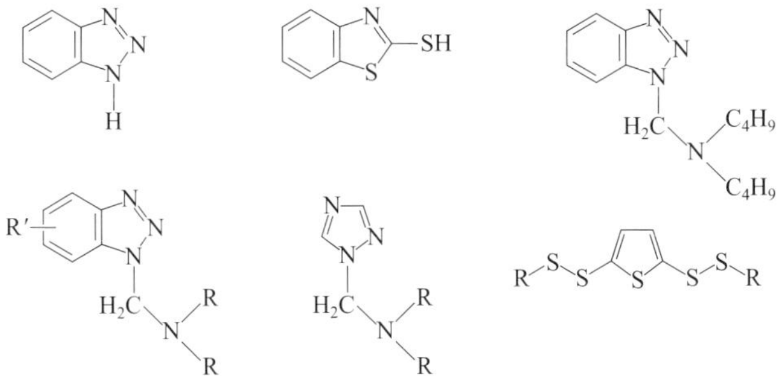

图5-50
苯三唑型和噻二唑型铜腐蚀抑制剂化学结构式

（3）水溶性防锈剂及腐蚀抑制剂　水基金属加工液中含有大量水，在使用过程中容易引起加工设备及工件的锈蚀。因此，水基金属加工液的防锈性能是关乎工件加工成败的重要性能。传统水基防锈剂多使用亚硝酸盐、铬酸盐等，但研究表明铬酸盐易致癌，亚硝酸盐在使用过程中与二元胺形成的亚硝胺则是强致癌物质。因此这些传统水基防锈剂已逐步被禁用或限制使用，诸如长链二元羧酸[108-111]、有机硼酸酯[112,113]、多元羧酸、*N*-酰基氨基酸[114]等低毒型防锈剂相继成为水基金属加工液中的主流防锈添加剂。水溶性铜腐蚀抑制剂为苯并三氮唑、巯基苯并噻唑、噻二唑等杂环化合物的衍生物，为保证其水溶性，多使用钠盐或铵盐的水溶液。

（4）作用机理　目前认为大部分防锈剂和腐蚀抑制剂的作用机理是在金属表面形成较为牢固的吸附膜（物理吸附膜或化学吸附膜），阻止氧、水、小分子有机酸（油品氧化降解产物）等与金属表面的接触，从而抑制锈蚀；也有些防锈剂能捕捉或者增溶油中分散的微量水、酸性物质等，将其包容在胶束或胶团内部，或将其中和，从而起到防锈效果。此外，有些防锈剂分子具有对水的置换性能，当吸附有水的金属浸入油中以后，防锈剂分子的极性基团吸附在金属表面，能够将水从金属表面置换掉，从而起到防锈效果[115]。

对水溶性防锈剂而言，传统的亚硝酸钠或铬酸盐等均属于阳极钝化型腐蚀抑制剂，即它们能在金属表面形成一层致密的氧化层，这层氧化层钝化了金属从而防止了腐蚀的发生。但长链有机二元酸、*N*-酰基氨基酸、硼酸酯等有机型水溶性防锈剂，尚未研究透彻其作用机理，较普遍的是吸附膜与电化学作用协同发挥作用的说法。

3．发展趋势

防锈剂市场发展的动力无疑是对环境和健康的持续关注，环保、易生物降解、低毒都是今后重点关注的性能。对于钡盐，人们期望能用一些低毒的金属（如钠、钙或镁）取代重金属钡。对于亚硝酸钠和六价铬类产品而言，严格禁用已成为共识，长链有机二元酸、*N*-酰基氨基酸、硼酸酯等低毒、易降解的替代防锈剂将得到更为广泛的使用。

二、表面活性剂

1．概述

表面活性剂是在基质中加入很少量即能显著降低基质表面张力，改变体系界面状态，从而产生湿润或反湿润、乳化或破乳、分散或凝聚、起泡或消泡、增溶等一系列作用的一类物质[116]。其用途广泛，在润滑油领域应用最多的即水基金属加工液乳化剂和工业油品的破乳剂。

乳化型和微乳型金属加工液都是由基础油、水、乳化剂以及包含多种功能性添加剂组成的[117]，其中乳化剂占据非常重要的地位，其类型和用量不仅决定配方的整体稳定性，而且对产品的使用寿命也有着显著的影响。

破乳剂多用于液压油、齿轮油、汽轮机油、油膜轴承油等工业油品中，以避免油品受到外界水污染后形成乳状液，造成润滑性降低，引起磨损和腐蚀。

2．研究现状

表面活性剂根据亲水基团的结构和性质，分为阴离子型、阳离子型、非离子型和两性表面活性剂四类。在润滑油领域应用较多的为阴离子型和非离子型。

（1）阴离子型表面活性剂　阴离子型表面活性剂在水中电离成为阴、阳离子后，其活性成分为由长链亲油基团和短链亲水基团组成的阴离子，阳离子则多为无表面活性的金属离子。常见的有羧酸盐、磺酸盐、硫酸酯盐、磷酸酯盐等，其中磺酸盐，特别是石油磺酸钠是水基金属加工液产品广泛使用的乳化剂。

（2）非离子型表面活性剂　非离子型表面活性剂不会电离，以分子或胶束状态存在于溶液中，不会与二价金属离子形成沉淀，耐硬水性优于阴离子型表面活性剂。主要有聚氧乙烯型、多元醇型和烷醇酰胺型。聚氧乙烯型为亲水性表面活性剂，在水基金属加工液中使用普遍；多元醇型非离子表面活性剂多为亲油性乳化剂，在部分润滑油品中起增溶作用；烷醇酰胺型在水基金属加工液中也作为乳化剂广泛使用，且具有一定的防锈性。作为破乳剂使用的表面活性剂主要为有机胺与环氧化合物的缩合产物，也有环氧乙烷、环氧丙烷的嵌段共聚物[118]，如四聚氧亚丙基衍生物（T1001）和环氧乙烷、环氧丙烷嵌段共聚物（T1002），在润滑油中都具有良好的破乳效果，多用于工业齿轮油、汽轮机油、液压油等。

此外，近期开发的醇醚羧酸[119]兼具非离子和阴离子表面活性剂的特点，在碱性环境下，对水基金属加工液中的钙、镁离子具有很好的配合分散能力，在铝、镁加工液中使用广泛。

乳化剂的作用机理就是降低油 - 水两相之间的界面张力，从而使乳化体系稳定存在。对于破乳剂而言，其作用机理恰好相反，即破乳剂能增大油 - 水界面的表面张力，使得已形成的乳化颗粒变得不稳定，从而使乳化体系被破坏，重新回归油、水两相。

3．发展趋势

乳化剂的使用有助于形成稳定的乳化型和微乳型金属加工液产品，但废液处理时过于稳定的乳液体系又难以处理。为此，今后将更侧重于乳化剂的环保特性，特别是在环境中的分解能力，如一些源自植物油的自乳化酯[120]等。破乳剂在润滑油中用量不多，种类少且产品单一，应注重润滑油用高效破乳剂的开发。

三、抗泡剂

1．概述

第二次世界大战中军事工业突飞猛进，促进了润滑油的迅速发展，但润滑油在军用飞机、车辆等装备中也暴露出了不少使用问题，泡沫就是其中之一。因为润滑油在使用过程中由于循环输送或润滑部件的剧烈搅动等原因，会使油品有生成泡沫的倾向，而且润滑油品中加入的各种功能性添加剂具有一定的表面活性，会增加油品泡沫生成的趋势和泡沫的稳定性。而稳定的泡沫不仅会削弱润滑油的润滑和密封作用[121,122]，还会降低冷却散热效果。因此，抗泡剂对润滑油而言是必不可少的。在水基金属加工液中，乳化剂的大量使用和循环供液使其具有极高的发泡倾向，而泡沫易导致刀具寿命短、加工部件缺陷等问题。因此，各国技术人员对润滑油泡沫成因及解决对策进行了大量研究，发现有机硅油是非常有效的抗泡剂，极低的剂量就可以抑制润滑油起泡。直到现在，硅油及其衍生物仍是主要的润滑油抗泡剂。但有机硅油抗泡剂存在对调和技术十分敏感、抗泡耐久性欠佳等缺陷。于是对非硅型抗泡剂的研究逐渐开展并取得了进展，丙烯酸酯或甲基丙烯酸酯的均聚物或共聚物的非硅型抗泡剂也已成为一类重要的润滑油抗泡剂。二者组合使用有明显的协同增效作用，由此又产生了复合抗泡剂。

2．研究现状

（1）硅型抗泡剂　硅型抗泡剂的主要成分是聚二甲基硅氧烷（T901），又称二甲基硅油，其化学结构如图 5-51。

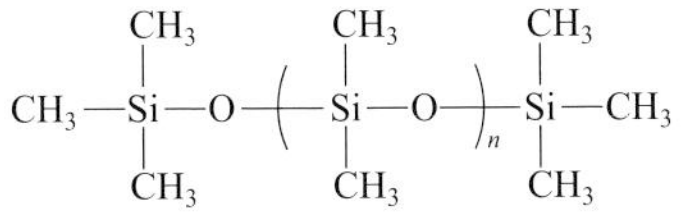

$$CH_3-\overset{CH_3}{\underset{CH_3}{\overset{|}{\underset{|}{Si}}}}-O-\left(\overset{CH_3}{\underset{CH_3}{\overset{|}{\underset{|}{Si}}}}-O\right)_n-\overset{CH_3}{\underset{CH_3}{\overset{|}{\underset{|}{Si}}}}-CH_3$$

图5-51

硅型抗泡剂化学结构式

二甲基硅油具有用量少（0.0001% ～ 0.001%）、抗泡性好的特点。但缺点是对调和技术十分敏感，加入方法不同，其抗泡效果和消泡持续性存在很大差异；

且二甲基硅油在酸性介质中不够稳定，储存一段时间后，抗泡效果会变差。

（2）非硅型抗泡剂　非硅型抗泡剂主要是聚丙烯酸酯（T911 和 T912），其化学结构式如图 5-52。

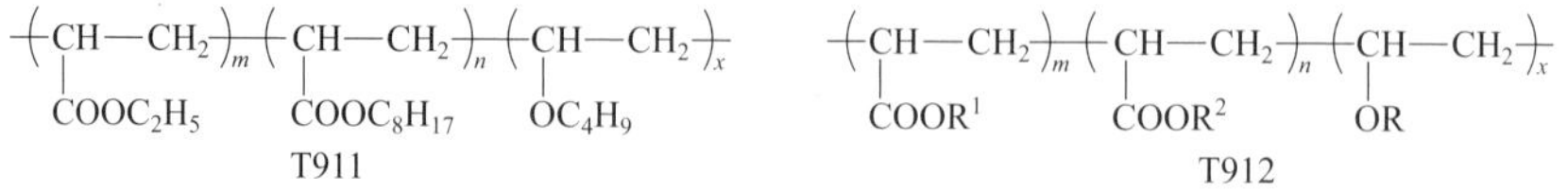

$$-\!\!\left[CH-CH_2\right]_m\!\!-\!\!\left[CH-CH_2\right]_n\!\!-\!\!\left[CH-CH_2\right]_x\!\!-\quad \text{(side groups: } COOC_2H_5,\ COOC_8H_{17},\ OC_4H_9)$$

T911

$$-\!\!\left[CH-CH_2\right]_m\!\!-\!\!\left[CH-CH_2\right]_n\!\!-\!\!\left[CH-CH_2\right]_x\!\!-\quad \text{(side groups: } COOR^1,\ COOR^2,\ OR)$$

T912

图5-52　非硅型抗泡剂化学结构式

聚丙烯酸酯具有用量少（0.005% ～ 0.1%）、油中空气释放性好的特点，而且对调和方式不敏感，在酸性介质中除泡效率高，对空气释放值的影响比硅油小，长期贮存后抗泡性不下降[123]。但不足之处是对清净剂较为敏感。

（3）复合抗泡剂　复合抗泡剂是将硅型和非硅型两类抗泡剂按适当的比例和工艺加以复合，平衡它们的优缺点研制而成。已研制出 1 号（T921）、2 号（T922）和 3 号（T923）三种复合抗泡剂。1 号复合抗泡剂主要用于对空气释放值要求高的抗磨液压油；2 号复合抗泡剂主要用于含有大量合成磺酸盐清净剂的内燃机油和发泡严重的齿轮油中；3 号复合抗泡剂主要用于船用油品。

（4）水基金属加工液用消泡剂　目前水基金属加工液中的消泡剂主要有硅油消泡剂和有机改性硅氧烷消泡剂[124]。硅油消泡剂与润滑油抗泡剂相同，但由于其水不溶性，一般以乳化剂将其与水乳化成乳液后使用，长期储存易出现析出现象；有机改性硅氧烷消泡剂通过嵌段共聚或接枝共聚，在聚硅氧烷链上引入聚醚链段，增加了其在水中的分散性，结合了聚醚与有机硅消泡剂的优点，加量少，消泡效果好。

（5）作用机理　目前对于发泡原因及抗泡剂的作用机理研究并不透彻，泡沫问题仍然在很多工况下困扰着使用者和配方研究者。具有代表性的抗泡机理观点主要有降低部分膜表面张力、扩张和渗透三种观点[121]。

① 降低部分膜表面张力的观点　认为抗泡剂的表面张力要小于发泡基质，当分散在油中的抗泡剂与泡沫外膜接触后，就会吸附在泡沫膜上继续侵入泡沫膜内，使泡沫部分膜的表面张力显著降低，而泡沫其余部分膜仍保持着原有较大的表面张力。同一泡沫膜上显著的表面张力差异，使得较强表面张力的膜牵引表面张力较弱的部分膜，使泡沫膜在表面张力的拉扯作用下破裂。

② 扩张观点　认为当抗泡剂吸附到泡沫表面膜上时，抗泡剂侵入泡沫的膜表面，并成为泡沫膜表面的一部分，然后在泡沫膜上开始扩张。随着抗泡剂在泡沫膜上的扩张，抗泡剂最初进入泡沫的那部分膜开始变薄，最后导致泡沫破裂。

③ 渗透观点　认为抗泡剂的作用是增加气泡壁对空气的渗透性，从而加速泡沫的合并，减少泡沫膜的强度和弹性，达到破泡的目的。

3．发展趋势

抗泡剂在润滑油和金属加工液中的用量极低，但对实际使用性能有重要影响。现有抗泡剂虽然在新油中表现良好，但随油品老化及外界物质对油品污染的加剧，加之抗泡剂不断消耗，泡沫问题仍是困扰设备润滑中的难题。未来的期望无疑是具有更持久、更长效抗泡性能的抗泡剂，所以仍需从泡沫成因、抗泡持久性、抗泡机理等多方面开展研究，进行新型抗泡剂的研制开发。

四、可生物降解或“绿色”润滑油添加剂

1．概述

可生物降解润滑油添加剂目前没有严格或确切的定义，但共性的认识是其能在自然环境中通过微生物作用分解成低毒或无毒的物质。添加剂虽然在润滑油中占比较低，但由于其组成中往往含有锌、钙甚至钡、铅等重金属，以及硫代磷酸酯、磺酸盐、酚类、芳胺类等物质，它们对环境的不利影响及毒性要高于基础油。但添加剂的作用是为了改善或弥补基础油的性能不足，其所含功能元素或其特殊化学结构往往是实现其性能所必需的，且多数添加剂在水中溶解性小，限制了它们与微生物接触进而被降解的可能。因此，目前可用的可生物降解添加剂少之又少，大部分处于实验室研究阶段。

2．研究现状

目前可生物降解添加剂主要是以动植物油脂为基础原料，以一定的化学手段改性后形成的，品种以硫化脂肪酸酯极压抗磨剂为主，其他类型添加剂较少。

硫化动植物油脂很早就被发现具有优异的极压抗磨性，早期大量使用的硫化鲸鱼油就是优异的极压添加剂，但由于捕鲸禁令，硫化鲸鱼油已被硫化猪油、硫化棉籽油、硫化烯烃棉籽油、硫化甘油三酯等取代。虽然最初使用这些硫化动植物油脂的本意在于其极压抗磨性能，而非其生物降解性。但近来研究表明，这些硫化脂肪酸酯具有良好的生物降解性，按 CEC-L33-T82 生物降解性测试方法，其生物降解性均高于 80%。除此之外，有测试表明丁二酸半酯型防锈剂，如十二烯基丁二酸半酯，生物降解性也高于 80%，可作为可生物降解防锈剂使用。*N*-酰基氨基酸类物质的制备原料氨基酸及脂肪酸均源自天然物质，具有良好的润滑性、防锈性和一定的表面活性[125-127]，是一类值得推广的多功能添加剂。Mainul 等人[128]合成了蓖麻油均聚物及蓖麻油与苯乙烯的共聚物，将其作为可生物降解的黏度指数改进剂 (VII)、降凝剂 (PPD) 和抗磨剂在 SN150 基础油中进行了评价，如图 5-53 所示。

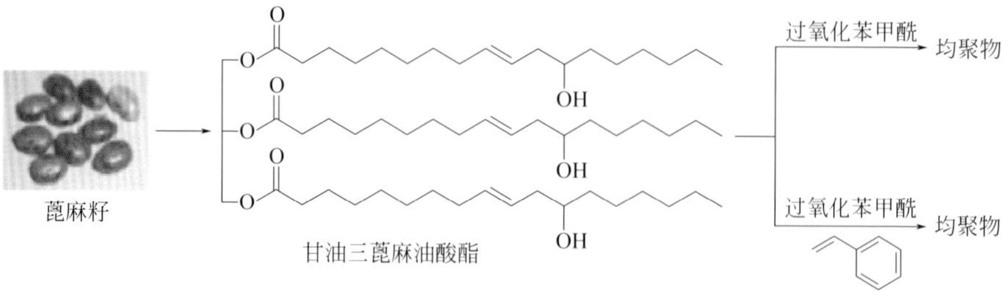

图5-53 可生物降解添加剂的典型制备过程

此外，有研究表明，哌嗪衍生物[129]和噻二唑衍生物[130]等物质在植物油中也具有良好的生物降解性。

3．发展趋势

当前可生物降解添加剂品种少，难以满足可生物降解润滑油品的需求，特别是抗氧剂、黏度指数改进剂、分散剂等，由于化学结构的原因，难以做到可生物降解。因此，今后需大力研究开发低毒、可生物降解的添加剂，同时应注重研究现有添加剂对生物降解性的潜在不利影响，以及如何平衡诸如抗氧剂、黏度指数改进剂、分散剂等难生物降解添加剂对油品性能和生物降解性的影响关系。

参考文献

[1] Rizvi S Q A. Lubricant additives and their functions. [J] Metals Handbook, 1992, 18(10): 98-112.

[2] Rolfes A J, Jaynes S E. Process for making overbased calcium sulfonate detergents using calcium oxide and a less than stoichiometric amount of water [P]: US 6015778.2000-05-30.

[3] Moulin D, Cleverley, J A Bovington C H. Magnesium low rate number sulphonates [P]: US 5922655.1999-08-02.

[4] Sabol A R. Method of preparing overbased barium sulfonates [P]: US 3959164.1976-03-15.

[5] Jao T C, Esche C K ,Black E D , Jenkins R H Jr. Process for the preparation of sulfurized overbased phenate detergents [P]: US 4973411.1990-11-06.

[6] Liston T V. Methods for preparing group II metal overbased sulfurized alkylphenols [P]: US 4971710.1990-06-07.

[7] Burnop V C E. Production of overbased metal phenates[P]: US 4104180.1978-09-03.

[8] Shiga M, Hirano K, Matsushita M. Method of preparing overbased lubricating oil additives. [P]: US 4057504.1977-10-22.

[9] 付兴国，曹镭. 一种烷基水杨酸盐添加剂的制备方法 [P]: CN 94106384.4.1994-06-10.

[10] Ali W R. Process for preparing overbased naphthenic micronutrient compositions [P]: US 4243676.1981-01-16.

[11] 姚文钊，付兴国，杜军. 超高碱值烷基水杨酸钙的制备方法 [P]: CN 97116375.8.1997-06-03.

[12] Van Kruchten M G A, Van Well R R. Prepartion of basic salt [P]: US 4810398.1989-07-12.

[13] King L E. Basic alkali metal sulfonate dispersions, process for their preparation, and lubricants containing same[P]: US 5037565.1991-08-11.

[14] Koch P, Serio A Di. Compounds useful as detergent additives for lubricants and lubricating compositions[P]. US 5021174.1991-11-09.

[15] 付兴国，牛成继，曹镭. 烷基水杨酸盐系列产品的研制 [J]. 润滑油，1996, 11(3): 38-43.

[16] 姚文钊，付兴国，李群芳. 超高碱值烷基水杨酸钙盐的制备与性能研究 [J]. 石油炼制与化工，1999, 30(12): 6-10.

[17] 姚文钊，付兴国，李群芳. 超高碱值烷基水杨酸镁盐的制备与性能研究 [J]. 石油炼制与化工，2001, 32(11): 32-35.

[18] 姚文昭，汤仲平，刘雨花，等. 烷基水杨酸盐作为柴油机油清净剂的性能特点研究 [J]. 润滑油，2006, 21(2): 47-52.

[19] 姚文钊，薛卫国，刘雨花，等. 低硫酸盐灰分、低磷和低硫发动机油添加剂的发展现状及趋势 [J]. 润滑油，2009, 24(1): 48-53.

[20] 姚文钊，李建明，刘雨花，等. 内燃机油添加剂的研究现状及发展趋势 [J]. 润滑油，2007, 22(3): 1-4.

[21] 姜凤阁. 汽车内燃机润滑油的发展现状及趋势 [J]. 中国石油和化工标准与质量，2011, 31(8): 101.

[22] 王辉，邓远利. 润滑油无灰分散剂发展概况 [J]. 润滑油，2007, 22(5): 39-43.

[23] 刘智峰，许文德，黄卿，张荷，周旭光. 聚异丁烯及其衍生物的结构分析与性能评价 [J]. 石油炼制与化工，2020, 51(10): 81-88.

[24] 张荷，黄卿，周旭光. 无灰分散剂的合成现状及研究进展 [J]. 润滑油，2017, 32(06): 26-33.

[25] 黄卿，张荷，刘智峰，李小刚，周康. 磷硼化无灰分散剂的性能研究 [J]. 润滑与密封，2021, 46(04): 152-155.

[26] 李桂云，汪利平，金理力，等. 汽油机油的发展及应对措施 [J]. 润滑油，2017, 32(04): 1-5.

[27] 刘飞磊，郭昌维. 国六排放标准对润滑油行业的影响 [J]. 润滑油，2020, 35(01): 46-49.

[28] 张倩，孙文斌，武志强. 高档柴油机油的分散性能研究 [J]. 石油炼制与化工，2017, 48(06): 93-97.

[29] 郭鹏，黄卿，周旭光，等. 烟炱分散剂及其研究进展 [J]. 精细与专用化学品，2013, 21(1): 28-31.

[30] 黄小珠，邓诗铅，王明，黄波. 柴油机油规格的发展及高档柴油机油配方研究进展 [J]. 石油商技，2016, 34(05): 23-27.

[31] 张春辉，朱建华. 柴油发动机油对烟炱的处理能力要求及评定 [J]. 润滑与密封，2003(06): 33-36.

[32] Hu E, Hu X, Liu T, et al. The role of soot particles in the tribological behavior of engine lubricating oils[J]. Wear,2013, 304(1): 152-161.

[33] 刘琼，武志强，钟锦声. 柴油机油烟炱化学性质研究进展 [J]. 润滑油，2017(02): 13-19.

[34] Esangbedo C, Boehman A L, Perez J M. Characteristics of diesel engine soot that lead to excessive oil thickening[J]. Tribology International,2012, 47: 194-203.

[35] 王丹，刘宏业. 柴油机机油外来污染物——烟炱的分析 [J]. 内燃机车，2002(09): 5-7.

[36] 赵刚，冯新泸，何奇. 柴油机润滑油中烟炱的危害及检测方法 [J]. 计量与测试技术，2006(03): 14-16.

[37] 魏克成，陆冬云，周涵，等. 丁二酰亚胺类分散剂体系的介观模拟研究 [J]. 物理化学学报，2004, 20(6): 602-607.

[38] 魏克成，温浩，周涵，等. 丁二酰亚胺类分散剂在伪烟炱表面吸附行为的分子动力学模拟 [J]. 计算机与应用化学，2005, 22(1): 11-15.

[39] Esangbedo C, Boehman A L, Perez J M. Characteristics of diesel engine soot that lead to excessive oil thickening [J]. Tribology International, 2012, 47: 194-203.

[40] 黄文轩. 润滑剂添加剂应用指南 [M]. 北京：中国石化出版社，2003: 39-42.

[41] Rudnick L R. 润滑剂添加剂化学与应用 [M].《润滑剂添加剂化学与应用》翻译组译. 北京：中国石化出版社，2016: 175-186.

[42] Xue W G, Fu X S, Tang Z P, et al. Computational studies on the effects of substituents on the structure and property of zinc dialkyldithiophosphates[J]. Computational and Theoretical Chemistry,2017(1): 195-202.

[43] 张俊彦，刘维民，薛群基. 有机铜盐抗氧剂及其作用机理 [J]. 润滑与密封，2000, 25(2): 5-7.

[44] 王丽娟，刘维民. 润滑油抗氧剂的作用机理 [J]. 润滑油，1998, 13(2): 55-58.

[45] Zhang R M. Multifunctional lubricant additives[P]: US 5885942.1997-01-30.

[46] Waynick J A. Cruise missile engine bearing grease[P]: US 5133888.1990-08-26.

[47] Waynick J A. Railroad grease[P]: US 5158694.1991-05-11.

[48] 王刚，王鉴，王立娟，等. 抗氧剂作用机理及研究进展 [J]. 合成材料老化与应用，2006, 35(2): 38-39.

[49] Brown S H. Hydraulic system using an improved antiwear hydraulic fluid [P]: US 5849675. 1998-10-15.

[50] Ryan H T. Hydraulic fluids [P]: US 5767045.1998-6-16.

[51] 薛卫国. 润滑油抗氧剂研究现状 [R] 上海：第四届润滑油添加剂研讨会 (大会报告)，2012.

[52] 薛卫国，李建明，周旭光. 加氢异构基础油的氧化安定性研究 [J]. 润滑与密封，2012, 37(8): 142-145.

[53] Richardson R W. oxidation inhibitor[P]: US 2259861.1941-07-24.

[54] Salomon M F. Antioxidant composition[P]: US 4764299.1987-03-09.

[55] Jezl J L, Stuart A P, Schneider A .Interrelated effects of oil componentson oxidation stability [J]. Ind En Chem, 1958, 50(6): 947-950.

[56] Hsu S M, 徐明炯，盛希罗. 润滑油的氧化变质机理 [J]. 润滑与密封，1989, 14(6): 122-123.

[57] 薛卫国，周旭光. API Ⅲ类基础油对无灰抗氧剂的感受性研究 [J]. 石油商技，2012(18): 10.

[58] 张少丰. 二异辛基二苯胺聚合体的新合成方法 [J]. 合成润滑材料，1990, 17(3):l-5.

[59] 罗意，徐瑞峰，汤仲平，薛卫国. 合成润滑油添加剂的烷基化催化剂研究进展 [J]. 润滑油，2017, 33(3): 44-47.

[60] Braid. Lubricants containing amine antioxidants[P]: USRE 28805.1976-05-11.

[61] 罗意，徐瑞峰，汤仲平，薛卫国. 丁辛基二苯胺的结构组成与性能测试 [J]. 精细石油化工，2017, 34(2): 71-74.

[62] 郭文娟. 发动机用润滑油添加剂的研究进展 [J]. 合成材料老化与应用，2020, 49(3): 121-123.

[63] 曾守东. 聚甲基丙烯酸酯类润滑油粘指剂制备及其润滑特性研究 [D]. 青岛：青岛理工大学，2018.

[64] 郭程，马宗立，等. 聚丙烯 / 丙烯 - 乙烯共聚物共混体系的流变行为研究 [J]. 中国塑料，2020, 34(5): 16-20.

[65] Li Y, Li Y, Han C, et al. Morphology and properties in the binary blends of polypropylene and propylene-ethylene random copolymers [J]. Polymer Bulletin,2019, 76(6): 2851-2866.

[66] Qi L, Wu L, He R, et al. Synergistic toughening of polypropylene with ultrahigh molecular weight polyethylene and elastomer olefin block copolymers [J]. RSC Advances,2019, 9(41): 23994-24002.

[67] Ying J, Xie X, Peng S, et al. Morphology and rheology of PP/POE blends in high shear stress field [J]. Journal of Thermoplastic Composite Materials,2018, 31(9): 1263-1280.

[68] 黄卿，金鹏，冯振文，南慧芳，周旭光. 聚异丁烯丁二酰亚胺 - 芳香胺分散剂的考察 [J]. 合成润滑材料，2019, 1(46): 7-9.

[69] 李黔蜀. 聚甲基丙烯酸酯三元共聚物降凝剂 [D]. 西安：西北大学，2014.

[70] 魏观为，连玉双，等. 聚甲基丙烯酸酯 (PAMA) 黏指剂的分子量分布对于黏度和剪切稳定性的影响研究

[J]. 润滑油，2016, 31(1): 37-39.

[71] Leslie R R. Lubricant additives chemistry and application [M]. New York: Marcel Dekker Inc,2017.

[72] Prodip K G, Monsum K, et al. Poly (glycidyl methacrylate-co-octadecyl methacrylate) particles by dispersion radical copolymerization[J]. Journal of Dispersion Science and Technology,2020, 41(12): 1768-1776.

[73] Kang M J, Byung H C, et al. Synthesis of methacrylate copolymer and their effects as pour point depressants for lubricant oil[J]. Journal of Applied Polymer Science,2011, 120: 2579-2586.

[74] 钱伯章. 万吨级氢化苯乙烯 / 异戊二烯共聚物成套技术通过验收 [J]. 橡胶科技，2018 ,49(1): 49.

[75] 李林，周涛，等. 黏度指数改进剂 HSD 的增粘机理 [J]. 高分子材料科学与工程，2012(1): 48-51.

[76] Marx N, Ponjavic A. Study of permanent shear thinning of VM polymer solutions [J].Tribol Lett, 2017, 65 (4): 106.

[77] Len M , Ramasamy U S, Lichter S, Martini A. Thickening mechanisms of polyisobutylene in polyalphaolefn[J]. Tribology Letters,2018 (67): 15-20.

[78] 孙令国. 极压抗磨剂的种类及作用机理 [J]. 合成润滑材料，2016, 43(3): 29-34.

[79] 伏喜胜，张龙华，李雪静，含磷添加剂结构及其性能关系研究应用 [D]//2003 年润滑油科技情报站论文，2003: 194-204.

[80] 鱼鲲，李云鹏. 硫系极压抗磨剂研究进展 [J]. 石化技术，2007, 14(4): 56-60.

[81] Venkateshwarlu K, Korlipara V P, Devarapaga M. Synthesis and tribological investigation of 4-vinyl guaiacol-based thioether derivatives as multifunctional additives and their interactions with the tribo surface using quantum chemical calculations[J]. Journal of Saudi Chemical Society, 2020, 24: 942-954.

[82] Katafuchia T, Shimizu N. Evaluation of the antiwear and friction reduction characteristics of mercaptocarboxylate derivatives as novel phosphorous-free additives[J]. Tribology International , 2007, 40: 1017-1024.

[83] Fu X S, Shao H Y, Ren T H, et al. Tribological characteristics of di(*iso*-butyl) polysulfide as extreme pressure additive in some mineral base oils[J]. Industrial Lubrication and Tribology, 2006, 58(3): 145-150.

[84] 张二水. 高碱磺酸盐型极压剂的性能及应用 [J]. 润滑油，2001, 16(5): 40-45.

[85] 唐晖，李芬芳. 国内外润滑油添加剂现状与发展趋势 [J]. 合成润滑材料，2010, 37(4): 28-33.

[86] 王小雄. 含磷抗磨剂的研究进展 [J]. 润滑油，2000, 15(4): 59-61.

[87] 陈静，严正泽. 磷系极压抗磨剂的发展动态 [J]. 石油商技，1998, 16(2): 16-18.

[88] 伏喜胜，张龙华，刘维民. T310A 硫代磷酸酯胺盐抗磨添加剂的合成与应用 [J]. 石油炼制与化工，2005(36): 52-56.

[89] 孙令国，等. 一种具有低污渍特性磷 - 氮剂的性能及应用研究 [J]. 润滑油，2011, 26(4): 30-32.

[90] 范丰奇. 不同极压抗磨剂的研究发展 [J]. 润滑油，2018, 10(4): 30-35.

[91] 李久盛，孙令国，苏刚. 一种新型硼 - 磷 - 氮润滑油添加剂的摩擦学性能研究 [J]. 润滑油与燃料，2010, 20(1): 27-30.

[92] Wang L P, Wu H X, Zhang D Y, et al. Synthesis of a novel borate ester containing a phenylboronic group and its tribological properties as an additive in PAO 6 base oil[J]. Tribology International, 2018, 121: 21-29.

[93] Wang J M, Wang J H, Li C S, et al. A high-performance multifunctional lubricant additive for water-glycol hydraulic fluid[J]. Tribology Letters, 2011, 43: 235-245.

[94] 王永刚，楚希杰，何忠义，等. 一种含杂环二硫醚硼酸酯衍生物的摩擦学行为 [J]. 润滑与密封，2010, 35(9): 36-39.

[95] Chen H, Jiang J H, Ren T H, et al. Tribological behaviors of some novel dimercaptothiadiazole derivatives containing hydroxyl as multifunctional lubricant additives in biodegradable lithium grease[J]. Industrial Lubrication and Tribology, 2014, 66(1): 51-61.

[96] Cai M R, Zhao Z, Liang Y M, et al. Alkyl imidazolium ionic liquids as friction reduction and anti-wear additive in polyurea grease for steel/steel contacts[J].Tribology Letters, 2010, 40: 215-224.

[97] Qu J, Bansal D G, Yu B, et al. Antiwear performance and mechanism of an oil-miscible ionic liquid as a lubricant additive[J]. Applied Materials and Interfaces, 2012, 4: 997-1002.

[98] Schneider A, Brenner J, Tomastik C, et al. Capacity of selected ionic liquids as alternative EP/AW additive[J]. Lubrication Science, 2010, 22: 215-223.

[99] Huang G W, Yu Q L, Ma Z F, et al. Oil-soluble ionic liquids as antiwear and extreme pressure additives in poly-α-olefin for steel/steel contacts[J]. Friction, 2019, 7(1): 18-31.

[100] Yang M N, Fan S L, Huang H Y, et al. In-situ synthesis of calcium borate/cellulose acetate-laurate nanocomposite as efficient extreme pressure and anti-wear lubricant additives international[J]. Journal of Biological Macromolecules,2020, 156: 280-288.

[101] 薛卫国，金志良．有机减摩剂在汽油机油中的性能研究 [J]．润滑油，2018, 33(3): 24-31.

[102] 黄永昌．金属腐蚀与防护原理 [M]．上海：上海交通大学出版社，1989.

[103] Baker H R, ZismanW A. Polar-type rust inhibitors: theory and properties[J]. Journal of Industrial and Engineering Chemistry, 1948, 40: 2338-2347.

[104] Baker H R, Jones D T ,Zisman. W A. Polar-type rust inhibitors. methods of testing the rust-inhibition properties of polar compounds in oils[J]. Journal of Industrial and Engineering Chemistry, 1949, 41: 137-144.

[105] Wachter A, Smith S S. Preventing internal corrosion—sodium nitrite treatment for gasoline lines[J]. Journal of Industrial and Engineering Chemistry, 1943, 35: 358-367.

[106] Kalman E. Routes to the development of low toxicity corrosion inhibitors for use in neutral solutions[J]. European Federation of Corrosion Publications, 1994, 11: 12-38.

[107] 姚景文，窦志刚，徐欣轶．环保无钡触变性防锈油的研制 [J]．材料保护，2008(41): 37-38.

[108] 刘镇昌．切削液技术 [M]．北京：机械工业出版社，2008.

[109] 李广宇，孟瑶，马先贵．脂肪酸对微乳化切削液防锈性能影响的研究 [J]．润滑与密封，2008, 33(10): 45-48.

[110] Falla D J, Berchtold P H. Heat transfer fluids containing dicarboxylic acid mixtures as corrosion inhibitors[P]: US 4946616.1990-11-14.

[111] Triebel C A, Darden, J W, Peterson, E S. Non-borate, non-phosphate antifreeze formulations containing dibasic acid salts as corrosion inhibitors[P]: US 4588513.1986-02-14.

[112] 王亚杰，仲剑初，王洪志．三乙醇胺硼酸酯的合成及其防锈性能 [J]．材料保护，2013, 46(11): 29-31.

[113] 袁昊，高桂兰．环保型油酸二乙醇酰胺硼酸酯制备及其在切削液中的防腐抗锈性能研究 [J]．上海第二工业大学学报，2005, 22(1): 36-39.

[114] 王俊明，徐小红，段况华，周旭光，张翔．*N*- 酰基氨基酸型防锈剂在金属加工液中的研究与应用进展 [J]．润滑油与燃料，2015, 25(6): 7-10.

[115] 王先会．润滑油脂生产原料和设备 [M]．北京：中国石化出版社，2006.

[116] 周波，赵跃翔，吴英绵．表面活性剂 [M]．2 版．北京：化学工业出版社，2012.

[117] 杰里·P·拜尔斯．金属加工液（第二版）[M]．傅树琴译．北京：化学工业出版社，2011.

[118] 揭斌华，吴晓涛，谢颖，覃雪梅，王雪梅．220 号油膜轴承油破乳化性能的优化研究 [J]．润滑油，2018, 33(6): 30-34.

[119] 李团乐，王俊明，周旭光，马书杰．醇醚羧酸型乳化 / 抗硬水剂在水基金属加工液中应用进展 [J]．润滑油，2016, 31(6): 17-21.

[120] 王俊明，徐小红，张翔，段况华，祁有丽，周旭光. 自乳化酯在乳化型金属加工液中的应用研究进展[J]// 第四届全国金属加工润滑技术学术研讨会文集. 北京，2013.

[121] 郭力，胡建强，姚婷. 润滑油抗泡沫添加剂 [J]. 化工时刊，2015, 29 (11): 27-29.

[122] 周婷，魏浩然，李木青，辛玲. 船用中速筒状活塞柴油机油抗泡性能研究 [J]. 科技风，2019(2): 140.

[123] 岑志源，陈炳耀，杨善杰. 浅谈润滑油中的抗泡剂 [J]. 山东工业技术，2019(6): 33, 38.

[124] 杨俊杰，伏喜胜，翟月奎. 润滑油脂及其添加剂 [M]. 北京：石油工业出版社，2011.

[125] 邓长江. 可促进润滑油生物降解的 *N*- 脂肪酰基氨基酸润滑添加剂的性能研究 [D]. 重庆：重庆理工大学，2011.

[126] 蒋海珍. 新型水溶性防锈抗磨多功能添加剂的研究 [D]. 上海：上海大学，2006.

[127] 黄伟九. 可促进润滑油生物降解的新型润滑添加剂研究 [J]. 润滑与密封，2009, 34(11): 5-8.

[128] Mainul H, Sujan P, Pranab G. Castor oil based eco-friendly lubricating oil additives[J]. Journal of Macromolecular Science, Part A Pure and Applied Chemistry,2020, 58(5): 329-335.

[129] 刘艳丽，陈鹏，熊婷，姜佳伟，刘拥君. 可生物降解润滑油添加剂哌嗪衍生物的合成及性能评定 [J]. 石油炼制与化工，2018, 49(11): 86-90.

[130] 刘艳丽，庞化吉，陈鹏，姜佳伟，周振宇. 可生物降解润滑油添加剂噻二唑衍生物的合成与性能研究 [J]. 湖南工程学院学报，2018, 28(1): 65-69.

第六章

高性能内燃机油产品技术

第一节
发动机油发展概述

一、汽油机油主要性能指标

轿车发动机技术的持续进步虽然大幅度提高了发动机的燃烧效率，改善了燃油经济性和尾气排放，但使轻负荷发动机油的工作环境趋于恶化，对轻负荷发动机油提出了许多新的和更苛刻的要求，由此推动发动机油规格的不断发展。对润滑油的性能要求主要体现在以下几个方面。

1．延长发动机油换油期的要求

发动机制造商从保护发动机、降低维护成本、方便用户的角度不断提出延长换油期的要求，要求发动机油具有长期有效的润滑能力，使新一代发动机油各种性能的要求不断提高，特别是抗氧化、抗磨损性能的提升。要求使用性能更优的基础油，使用性能优异的新型添加剂，增大复合剂加剂量等。

2．提高尾气处理装置的兼容性

为减少排放，汽车制造商在汽车上都安装了尾气处理装置。如在轿车上安装三元催化转化器（TWC）、汽油颗粒捕集器（GPF）装置，因为尾气处理装置的使用，在发动机工作过程中，将会有少量机油被带入燃烧室参与燃烧并通过排气系统排出，发动机油的组分将会对尾气处理装置和排放产生一定的影响。发动机油中的硫、磷元素会使三元催化转化器催化剂中毒，降低三元催化转化器的活性；发动机油燃烧产生的灰分会部分堵塞尾气处理装置，造成尾气处理装置效率的降低。为防止尾气处理催化剂中毒、尾气处理装置堵塞和降低排放，要求限制发动机油中硫、磷元素和灰分含量（表 6-1）。

表6-1　不同后处理装置对润滑油硫、磷、灰分的控制要求

项目	灰分	磷	硫
GPF/DPF	敏感，需严格限制	适当控制	适当控制
TWC	适当控制	敏感，需严格限制	敏感，需严格限制

SN/GF-5 规格首先肯定了当前汽油机油中的硫、磷浓度水平对催化剂的损害。SP/GF-6 规格延续了对硫、磷浓度的要求，对于 SP/GF-6 油品，出于对磨损问题的考虑，磷含量与 SN/GF-5 保持一致，在 0.06% ～ 0.08% 之间。但是对磷

元素保持性测试提出了更高的要求，要求不低于81%的磷含量的保持性，以减少离开发动机进入尾气后处理装置中的磷含量。ZDDP种类、烷基结构与分子量对磷元素保持性有决定性影响，这意味着在SP/GF-6开发过程中需要进一步平衡ZDDP种类、烷基结构和分子量与油品抗磨损性能的关系，也可以通过添加其他类型的抗磨剂来弥补抗磨性能的不足。

发动机油对油品中的硫、磷元素和灰分含量的限制越来越严格，一定程度上限制了传统抗氧抗磨剂ZDDP的用量，为了提高油品的抗氧抗磨性能，必然需要使用非磷抗氧抗磨的新型添加剂复配技术来保证发动机油的使用要求。

3．提高燃油经济性的要求

为减少二氧化碳的排放量，各国对汽车的燃油经济性提出了越来越高的要求。随着规格的不断更新，2020年颁布的GF-6规格在GF-5基础上提出了更苛刻的节能性要求。随着汽车发动机设计及制造技术的提升，为了最大限度地提高燃油经济性，以日本汽车厂商为代表的企业已经在探索和使用低黏度油品，例如0W-16/12/8等。可见，随着业界对燃油经济性的追求，低黏度化和高燃油经济性会不断地出现在未来的油品规格中。而使用低黏度油品必须考虑的就是在保证燃油经济性的同时不会造成抗磨性能的降低，在配方研发中需要提高抗磨减摩剂的用量，进行各添加剂间优化复配，并使用性能更优的合成基础油。

4．满足涡轮增压汽油缸内直喷（TGDI）技术的要求

涡轮增压汽油缸内直喷即TGDI技术，使用该技术的发动机与以往发动机相比，可显著提高扭矩，降低怠速燃料消耗，提高加速性能，由此而来也提高了发动机的升功率，机械负荷和热负荷更高。其对发动机油的性能要求主要有两个方面，一个来自涡轮增压器的要求，另一个来自GDI的要求。需要油品具有更高的抗氧化性能、高温清净性能、抗磨损性能、油膜强度以及抗剪切性能。同时研究表明，增压直喷汽油机在低速大负荷下容易出现超级爆震现象，主要原因是在低转速工况下，燃油已经提前燃烧，简称低速早燃。超级爆震被认为是缸内高温气体与燃油、机油混合液滴之间发生复杂的相互作用，并最终在热空气区域着火而引发，发动机厂尝试从工艺参数、工况条件、发动机油组成等方面进行解决。

5．中混/全混式油电混合、插电式混动车对油品性能要求

混动发动机长期处于经济转速区，整体机油和冷却液温度要比传统内燃机更低，在发动机低温运行时，会导致较多的水和燃油混入油底壳，造成低温油泥增多、低温磨损大、燃油稀释大及锈蚀严重等问题。同时发动机碰撞比的增大和频繁启动，使得发动机产生干摩擦和边界摩擦的频率增大，异常磨损很容易产生，这就要求机油具有更好的低温抗磨性能、油泥分散性、乳液稳定性和防锈性。

6．提高油品的抗氧化性能和活塞清净性的要求

SP/GF-6 规格对于油品的抗氧化性有了更高的要求，主要表现为程序ⅢH 测试评分的提高和 TEOST 33C 测试标准。SP/GF-6 程序对 SN/GF-5 中的ⅢG 测试进行了全面升级，对于活塞沉积物评分方面，同样的程序ⅢH 测试，评分由 3.7 调高到 4.2。TEOST 33C 最初设计用来对 GF-2 油品进行涡轮增压器沉积物的评定，但是在后来的 SL/GF-3 和 SM/GF-4 的油品中并没有继续使用该试验方法。OEM 厂商在大量的试验中发现润滑油容易在涡轮轴上发生氧化老化和热结焦形成沉积，而这些沉积物导致发动机性能下降和失效。因而 ILSAC 应 OEM 厂商要求将 TEOST 33C 继续作为 SP/GF-6 规格的测试方法，主要用来模拟增压涡轮沉积物生成情况。在 GF-2 规格中要求沉积物不大于 60mg，而在 SP/GF-6 中继续沿用 SN/GF-5 的规格，不大于 30mg。

图 6-1 为 GF-6 与 GF-5 油品性能的网格图。从中可以看出，相比 GF-5，GF-6 规格油品性能有了全面的提升，特别是燃油经济性以及油品抑制油泥和高温清净性方面提高的幅度较大，还新增了油品对低速早燃和正时链条磨损的保护。

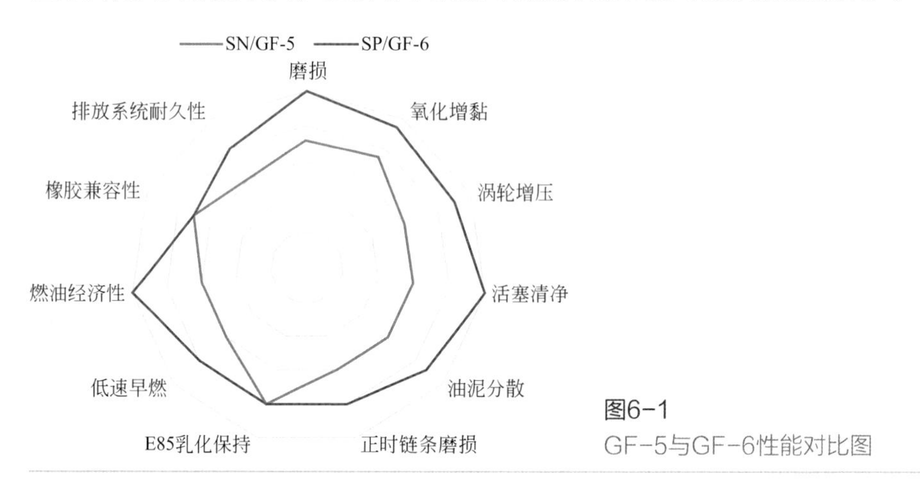

图6-1
GF-5与GF-6性能对比图

二、重负荷柴油机油发展趋势

2021 年 7 月，我国全面实施国六排放法规，进一步严格控制 PM 和 NO_x 的排放限值，减少空气污染。为满足国六排放法规，发动机厂商采用了多个发动机机内净化技术和尾气后处理技术。发动机机内净化技术包括活塞顶环槽提升、高压共轨、延迟喷射等，但是单独的发动机机内净化技术难以达到国六以及更高级别排放法规的控制要求，通常还需要配合尾气后处理技术来实现减排，常见的发动机尾气后处理技术包括 SCR（选择性催化还原器）、DPF（颗粒捕集器）、

DOC（氧化催化转换器）、EGR（废气再循环）、POC（颗粒氧化型催化剂）、LNC（NO_x 吸附技术）和 LNT（稀燃 NO_x 捕集技术）。

发动机新技术旨在通过提高燃烧效率、动力输出、减少污染物排放等途径最终实现节能、减排，面临苛刻的国六排放限值，不得不采用多个发动机技术共同改善发动机内部燃烧效率、减少机外排放物，作为柴油发动机将主要采用 EGR+DPF+SCR 技术路线。但发动机新技术的采用也会带来一些副作用，例如柴油发动机常见的烟炱的产生和聚集、活塞 - 缸套磨损加剧、机内温度高导致润滑油快速衰败等，特别是颗粒捕集器（DPF）的使用，要求润滑油产品降低油品中的硫、磷和硫酸盐灰分，以防止 DPF 堵塞、失效。

基于排放、节能和延长换油期三大推动力，促进了发动机技术的革新，也推动了发动机油规格的发展。我国重负荷柴油机油主要沿用 API 规格，2016 年 12 月，API 公布了最新的柴油机油规格 API CK-4 和 FA-4。其中 API CK-4 规格为低灰分、低磷和低硫含量的柴油机油，并进一步提升了油品的抗氧化、高温清净性，可满足国五、国六发动机技术的润滑需求；FA-4 规格为节能型、低黏度柴油机油规格，可进一步提升油品的燃油经济性。

第二节 SN/GF-5汽油机油开发

一、评价方法

研究过程中所使用的模拟评定和发动机试验方法见表 6-2。

表6-2 主要试验方法

序号	试验项目	要点	试验方法
1	热管氧化	油品高温清净性和抗氧化性	NB/SH/T 0906
2	MTM Stribeck曲线	节能试验	—
3	润滑油氧化诱导期测定试验法	抗氧化性	SH/T 0719
4	发动机油成焦试验法	油品高温清净性和抗氧化性	RH01ZB 4111
5	发动机油适度高温活塞沉积物的测定 热氧化模拟试验法（TEOST MHT）	油品高温清净性	NB/SH/T 0834
6	发动机油高温氧化沉积物测定法（热氧化模拟试验法）	油品对涡轮增压器的保护性	SH/T 0750

续表

序号	试验项目	要点	试验方法
7	EOFT过滤性试验	油品过滤性	SH/T 0772
8	EOWTT过滤性试验	油品在有水情况下过滤性	SH/T 0719
9	乳液保持性	油品抗水性及添加剂稳定性	ASTM D7563
10	发动机油高温氧化和轴瓦腐蚀试验（程序Ⅷ）	油品抗剪切及轴瓦腐蚀	SH/T 0788
11	BRT汽油机油锈蚀保护性能评定法	锈蚀性能	SH/T 0763
12	MS程序ⅣA发动机台架试验	磨损性能	NB/SH/T 0897
13	MS程序ⅤG发动机台架试验	油泥分散及清净性能	NB/SH/T 0898
14	MS程序ⅢG发动机台架试验	抗氧化性能、清净性能	ASTM D7320
15	MS程序ⅥD发动机台架试验	新油及老化后油品节能性能	NB/SH/T 0926

二、主要原材料

SN/GF-5 5W-30采用VHVI6、VHVI4 Ⅲ类基础油，基础油、黏度指数改进剂、降凝剂基本理化性能及规格见表6-3～表6-5。

表6-3 加氢Ⅲ类基础油规格及性质（Q/SY 04044—2018）

项目	VHVI4		VHVI6			试验方法
	质量指标	实测值	质量指标	实测值		
				Yubase6	大庆VHVI6	
运动黏度（100℃）/（mm^2/s）	3.50～<4.50	4.252	5.50～<6.50	6.361	5.901	GB/T 265
运动黏度（40℃）/（mm^2/s）	报告	19.58	报告	35.22	33.33	GB/T 265
外观	透明	透明	透明	透明	透明	目测
闪点（开口）/℃	≥200	217	≥210	249	236	GB/T 3536
密度（20℃）/（kg/m^3）	报告	813.8	报告	839.2	845.9	SH/T 0604
倾点/℃	≤−18	−18	≤−18	−18	−18	GB/T 3535
色度/号	≤0.5	0.0	≤0.5	0	0	GB/T 6540
酸值/（mgKOH/g）	≤0.01	0.01	≤0.01	0.01	0.01	GB/T 4945
黏度指数	≥120	124	≥120	133	122	GB/T 1995
蒸发损失（质量分数）/%	≤15	14.38	≤9	7.77	7.60	SH/T 0059
CCS(−20℃)/mPa·s	—	506	报告	1650	1480	GB/T 6538
CCS(−25℃)/mPa·s	报告	908	—	2591	2640	GB/T 6538
CCS(−30℃)/mPa·s	—	1583	—	4641	5010	GB/T 6538

表6-4 黏度指数改进剂规格及性质（RH99 YB6603）

项目	质量指标	典型值	试验方法
外观①	黄色透明	黄色透明	目测
密度（20℃）/（kg/m^3）	830.0～860.0	847.9	SH/T 0604
色度/号	≤1.5	＜1.5	GB/T 6540
闪点（开口）/℃	≥170	178	GB/T 3536
机械杂质（质量分数）/%	≤0.01	0.004	GB/T 511
水分（质量分数）/%	≤0.03	痕迹	GB/T 260
运动黏度②（100℃）/（mm^2/s）	11.0～12.0	11.68	GB/T 265
增稠能力（100℃）/（mm^2/s）	≥6.0	6.6	SH/T 0622附录A
剪切稳定性，柴油喷嘴法（100℃）剪切稳定指数SSI/%	≤50.0	44.9	SH/T 0622附录C

①将试样注入 100mL 玻璃量筒中观察，应当透明，没有悬浮和沉降。
②将试样以 10% 加入 HVI150 中测试。

表6-5 降凝剂规格及性质（RH99 YB6804）

项目	质量指标	典型值	试验方法
外观①	透明液体	透明液体	目测
运动黏度（100℃）/（mm^2/s）	150～400	265.0	GB/T 265
闪点（开口）/℃	≥190	208	GB/T 3536
机械杂质（质量分数）/%	≤0.01	0.004	GB/T 511
水分（质量分数）/%	≤0.03	痕迹	GB/T 260
降凝度②/℃	≥9	12	GB/T 3535

①将试样注入 100mL 玻璃量筒中观察，应当透明，没有悬浮和沉降。
② 将产品以 0.3% 的剂量加入到Ⅲ类基础油 VHVI6 中测试加剂前后的倾点差。

选用的功能添加剂均为国内可批量采购的质量稳定的成熟产品。

三、研发及测试

1．基础油的选择

基础油是发动机油产品中所占比重最大的部分，基础油的质量和性能对成品油的质量和性能有重要影响。美国石油协会（API）根据基础油中的硫含量、饱和烃含量及黏度指数将基础油分为五类，表 6-6 所列是 API 基础油分类。

表6-6 API基础油分类

类 别	硫含量（质量分数）/%	饱和烃含量（质量分数）/%	黏度指数
Ⅰ	＞0.03	＜90	80≤VI＜120
Ⅱ	≤0.03	≥90	80≤VI＜120
Ⅲ	≤0.03	≥90	≥120
Ⅳ	全部为聚α-烯烃		
Ⅴ	除Ⅰ～Ⅳ类以外的基础油		

随着汽油机油规格的发展，对油品的蒸发损失、黏温性能、硫含量等提出了越来越苛刻的要求，对燃油经济性的关注使得低黏度、大跨度等级的油品逐渐成为市场上主流的汽油机油产品。在这种发展趋势下，传统的溶剂精制工艺基础油（Ⅰ类基础油）由于蒸发损失大、低温启动性能差等原因而越来越不能适用于高性能汽油机油产品的调和，而采用加氢工艺生产的Ⅲ类基础油相对于 PAO 由于性能接近并且成本低，在高性能发动机油产品中得到广泛应用。

为进一步考察Ⅲ类基础油的实际使用性能，技术人员选用 100℃运动黏度值都在 4mm^2/s 左右的国际常用Ⅲ类基础油 Yubase4 和国内生产的 VHVI4 与Ⅳ类基础油美孚 PAO4 进行了作图分析，其黏温性能、精制深度、蒸发性及流动性、对抗氧剂的感受性对比考察见图 6-2 ～图 6-5。

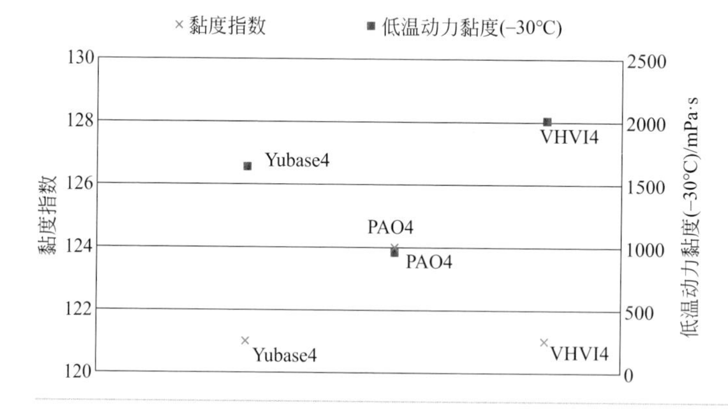

图6-2
基础油黏温性能对比

基础油的黏温性能主要体现在黏度指数的高低，黏温性能越好其黏度指数越高，低温流动性越好。由图 6-2 可见，同样是 100℃运动黏度在 4mm^2/s 左右的馏分油，Ⅲ类基础油的黏度指数和低温动力黏度比Ⅳ类基础油 PAO4 稍差，国内生产的 VHVI4 与 Yubase4 性能接近。

基础油的精制深度和稳定性对比可以从色度、酸值、浊点、硫含量和饱和烃含量看出，一般精制程度越高，其烃的氧化物和硫化物脱除得越干净，颜色也就越浅；酸值越小，浊点越低，硫含量越小，饱和烃含量越高。由图 6-3 可以看出，Yubase4 和 VHVI4、PAO4 的色度、酸值和饱和烃基本在一个水平。

基础油的蒸发性可以从蒸发损失和闪点值看出。一般油品的馏分越轻，蒸发损失越大，其闪点也越低。反之，油品的馏分越重，蒸发损失越小，其闪点也越高。蒸发性对基础油油耗、黏度稳定性、氧化安定性、沉积物的生成均有影响，为了保证成品油的蒸发损失在一定范围内，降低成品油在使用过程中的机油耗，就必须选择相对蒸发损失小的基础油。而基础油的流动性一般以倾点的高低来评价，由图 6-4 可以看出，Ⅲ类基础油 Yubase4、VHVI4 与Ⅳ类基础油 PAO4 蒸发损失、闪点基本相当，倾点值高于 PAO4。

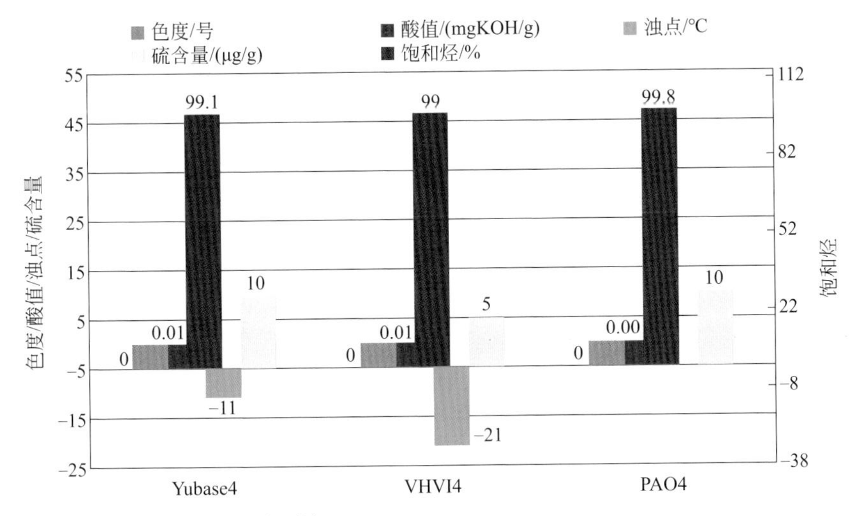

图6-3　基础油精制深度对比

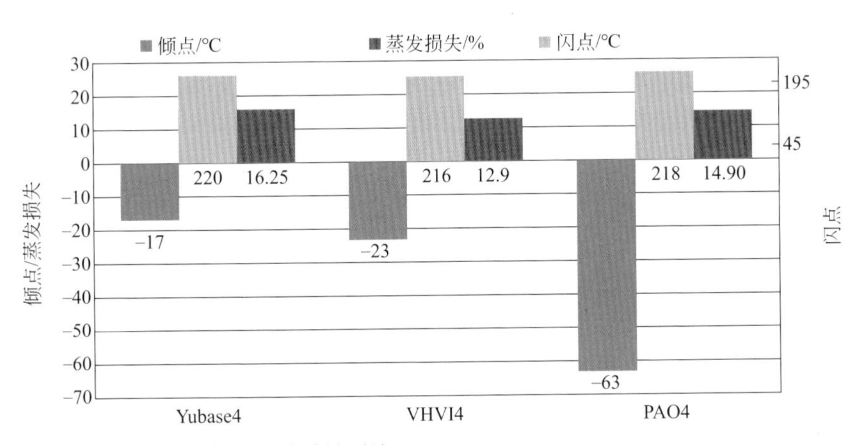

图6-4　基础油蒸发性及流动性对比

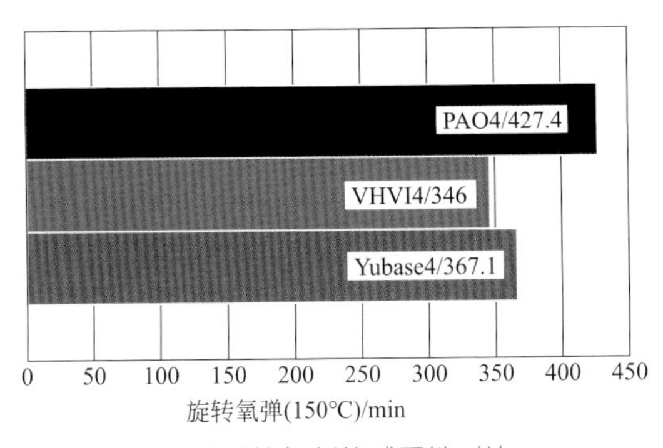

图6-5　基础油对抗氧剂的感受性对比

基础油对抗氧剂的感受性可以通过旋转氧弹试验考察，一般感受性越好其旋转氧弹值越大。由图 6-5 可以看出，Ⅲ类基础油 Yubase4 和 VHVI4 的旋转氧弹值均大于 300min，说明Ⅲ类基础油具有优异的氧化安定性。

汽油机油产品基础油组分的选择取决于油品的质量级别和黏度级别，根据 SN/GF-5 黏度级别 5W-30 的低温性能需求，通过基础油性能分析（表 6-7），在配方研制过程中，综合考虑成本和性能两方面的因素，选用Ⅲ类基础油作为基础油组分。

表6-7　基础油性能对比

项目	HVI100	HVIH4	HVIP6	VHVI4	VHVI6	PAO4
API分类	Ⅰ类	Ⅱ类	Ⅱ类	Ⅲ类	Ⅲ类	Ⅳ类
NOACK蒸发损失/%	29.30	25.30	8.49	14.40	7.80	13.90
−20℃动力黏度/mPa・s	1550	1080	2041	506	1650	—
−25℃动力黏度/mPa・s	3450	2800	3712	908	2591	760
−30℃动力黏度/mPa・s	—	3850	7322	1583	4641	1250

2．黏度指数改进剂的选择

向润滑油基础油中加入黏度指数改进剂调和成的多级发动机油，具有较高的黏度指数、良好的低温性能及黏温性能，能够满足发动机四季通用的要求。

发动机油中常用的黏度指数改进剂有乙烯 - 丙烯共聚物（OCP）、聚甲基丙烯酸酯（PMA）、聚异丁烯（PIB）、双烯共聚物如苯乙烯 - 异戊二烯共聚物等。其中乙烯 - 丙烯共聚物（OCP）生产技术成熟，成本较低，热稳定性和剪切稳定性都较好，在发动机油产品中广泛应用；PMA 的突出特点就是有较好的低温流动性能，改善黏度指数效果非常好，但其热稳定性（约 200℃开始分解）稍差，增稠效果也不是很理想，在发动机油中没有较多应用；PIB 类因低温性能差，在多级发动机油中很少使用，基本被 OCP 替代；双烯共聚物和 OCP 一样，热稳定性和剪切稳定性好，增稠能力强，在多级发动机油中也有使用。本书著者团队主要对双烯共聚物和乙烯 - 丙烯共聚物进行了性能考察，表 6-8 为黏度指数改进剂的考察方案和分析结果，从试验数据可以看出，RHY619 的增黏能力、剪切稳定性、MRV 低温性能及原料价格等综合性能较好，有利于油品节能性的提高，因此选择乙烯 - 丙烯共聚物 RHY619 黏度指数改进剂进行调和。

表6-8　黏度指数改进剂的考察方案

项目		1	2	3	4
组分（质量分数）/%	SV261（双烯共聚物）	5.5			
	9230F（乙烯-丙烯共聚物）		5.5		
	RHY619（乙烯-丙烯共聚物）			5.5	
	RHY613（乙烯-丙烯共聚物）				5.5
其他组分		基础油VHVI4、VHVI6，降凝剂RHY803B，复合剂均相同			

续表

项目		1	2	3	4
分析数据	$\upsilon_{100℃}$/(mm²/s)	10.53	11.20	10.24	9.735
	CCS（−30℃）/mPa・s	5045	5373	5787	5492
	MRV（−35℃）/mPa・s	14976	43316	18046	17679
	柴油喷嘴剪切后$\upsilon_{100℃}$/(mm²/s)	10.13	10.31	9.3	8.66
	黏度剪切下降率/%	3.7	7.95	9.2	11.08

3．抗氧剂的选择

抗氧剂是润滑油中重要的添加剂，氧化是润滑油发生变质的主要原因。润滑油在使用过程中，由于高温及与氧气接触时不可避免地发生氧化，使油品变质，缩短使用寿命，氧化后产生的酸、油泥和沉淀腐蚀磨损机件，造成故障（图 6-6）。在油品中加入抗氧剂的作用在于利用抗氧剂与在高温及高压时生成的自由基（最初破裂的产物）反应，从而抑制润滑油的氧化降解，钝化金属催化作用，延缓氧化速度，延长油品的使用寿命。SN/GF-5 规格相比 SM/GF-4 对油品的抗氧性有更高要求，特别是在对油品老化后仍具有较高节能性保持方面，抗氧剂体系的确定也起到了关键作用。

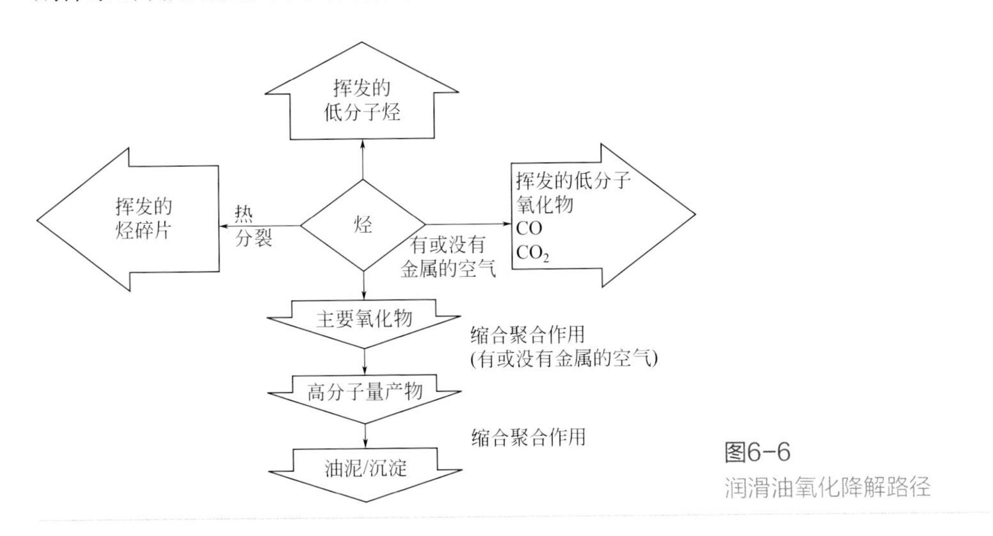

图6-6
润滑油氧化降解路径

抗氧剂的作用机理见图 6-7。

根据 SN/GF-5 的抗氧性能需求，对目前应用最为广泛的二烷基二硫代磷酸锌（ZDDP）、烷基硫代氨基甲酸酯、屏蔽酚型抗氧剂、烷基二苯胺抗氧剂进行了复配性能评价（表 6-9），利用抗氧剂间的协同作用筛选出了性能优异的抗氧剂体系（11 号方案）。

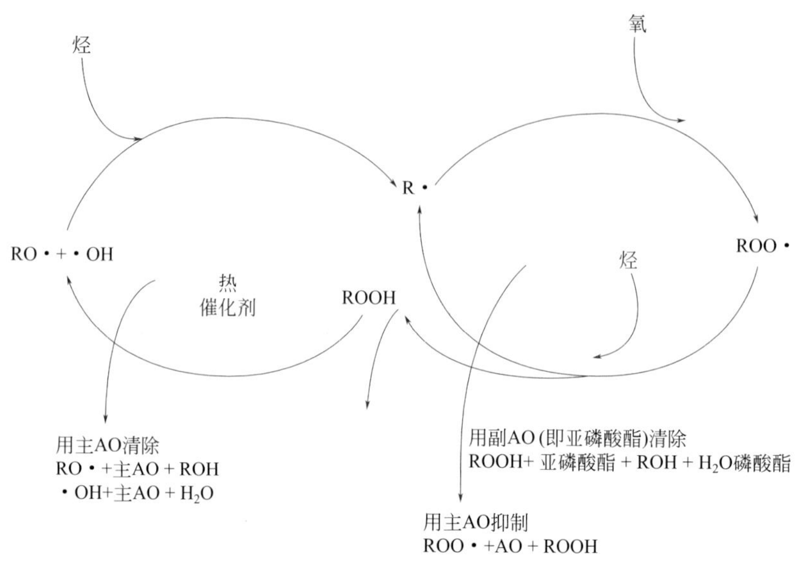

图6-7 抗氧剂的作用机理

表6-9 抗氧剂考察调和方案及试验结果

编号	ZDDP			烷基硫代氨基甲酸酯	屏蔽酚型抗氧剂	烷基二苯胺抗氧剂	PDSC（210℃）/min
	A	B	C				
1	*b*						9
2		*b*					8
3			*b*				10
4				*a*			12
5					*a*		9
6						*a*	13
7	0.4*b*	0.6*b*					9
8	0.22*b*	0.67*b*	0.11*b*				10
9					0.4*a*	0.6*a*	16
10	0.4*b*	0.6*b*			0.4*a*	0.6*a*	24
11	0.22*b*	0.67*b*	0.11*b*	0.3*a*	0.4*a*	0.6*a*	27

注：表内方案均包含了相同类型和剂量的基础油、黏度指数改进剂、分散剂、清净剂、降凝剂、抗泡剂。*a*、*b* 表示不同的数值。

4. 减摩剂的选择

本书著者团队旨在研究具有优异节能性能的GF-5汽油机油，要通过标准台架程序ⅥD节能测试，除了需要使用与添加剂配方体系相适应的减摩剂外，还要重点考虑减摩剂的长效性，以满足二阶段老化油的节能要求。

减摩剂通常含有极性基团，此极性基团对金属表面有很强的亲和力，极性基团强有力地吸附在金属表面，形成一种类似缓冲垫的保护膜把金属分开，防止金属直接接触，从而减少了摩擦及磨损。发动机油常用的减摩剂产品有无灰型、油溶性有机金属化合物（包括油溶性纳米金属颗粒）等。无灰有机减摩剂主要有脂（酯）类化合物、含氮化合物、硫磷酯化合物和含硼化合物等，大多是通过物理吸附在摩擦表面形成易于剪切的吸附膜来达到降低摩擦的目的，在使用过程中消耗较少，因此具有较强的降低摩擦的保持能力。油溶性金属化合物中最常用的是有机钼减摩剂，比如MoDTC，与ZDDP复配后，先在金属表面生成PO_x吸附膜，再通过PO_x表面生成MoS_2膜起到减摩效果，具有优秀的改善摩擦系数能力和抗磨作用，可以显著降低摩擦部件之间的摩擦系数（图6-8），但通常受添加量的影响，在低剂量下抗磨效果不显著，在实际使用中也属于消耗型添加剂，其对老化后油品的减摩效果没有无灰型有机减摩剂持久。

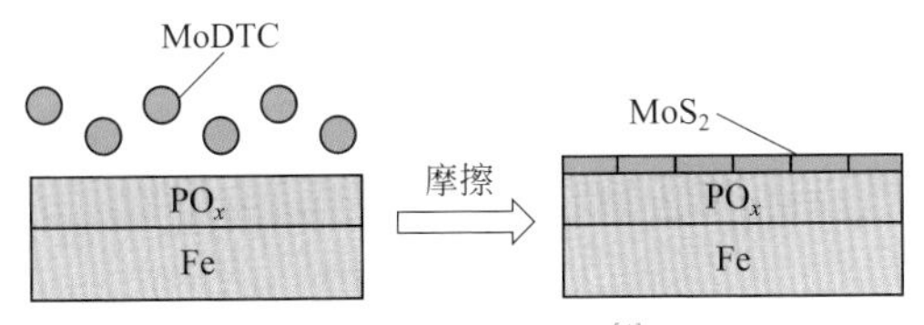

图6-8　有机钼减摩剂减摩机理[1]

通过用扫描电镜对HFRR试验后的钢片磨损表面形态进行放大分析，可以较直观地看到不同类型减摩剂在油品中的减摩效果差异较大，即使属于同一类型，但减摩剂化学结构不同对油品的减摩效果也会有较大影响（图6-9、图6-10）。

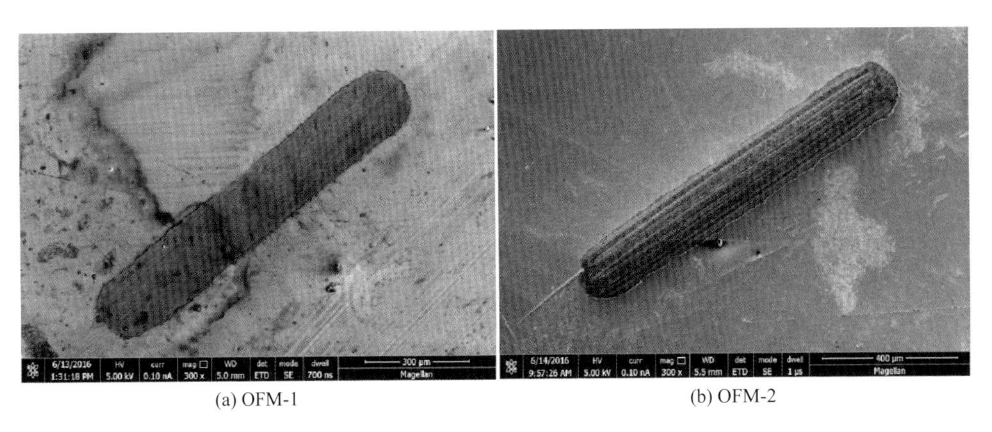

(a) OFM-1　　(b) OFM-2

图6-9

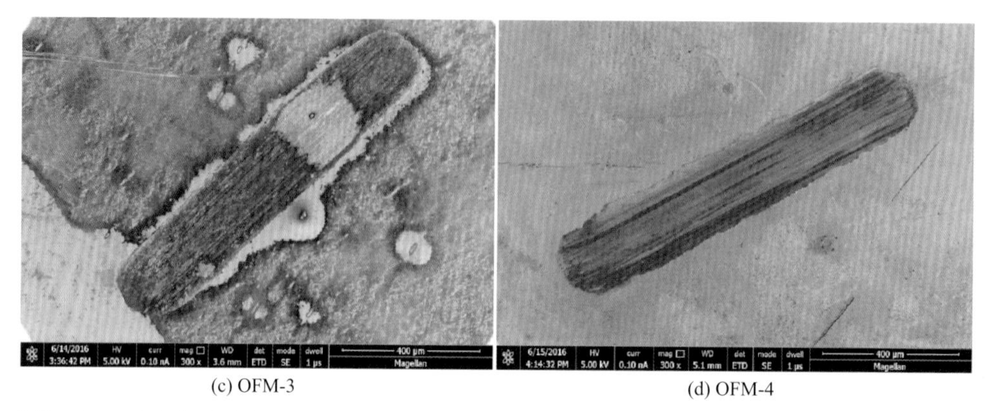

(c) OFM-3　　(d) OFM-4

图6-9　不同有机减摩剂HFRR试验后的SEM图（放大300倍）

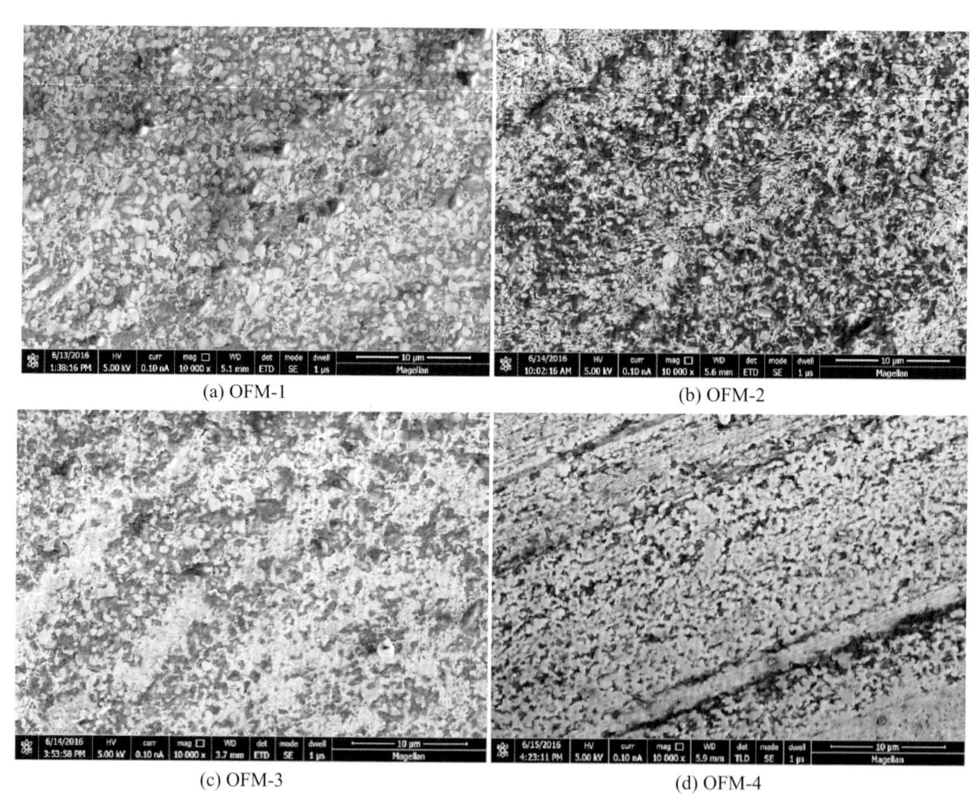

(a) OFM-1　　(b) OFM-2

(c) OFM-3　　(d) OFM-4

图6-10　不同有机减摩剂HFRR试验后的SEM图（放大10000倍）

根据GF-5节能规格要求，对不同类型的减摩剂进行了MTM Stribeck曲线测试（图6-11），并通过老化试验油样，考察了不同减摩剂的减摩持久性（图6-12），同时结合台架测试结果（表 6-10），发现ⅥD 台架试验通过与否主要与二阶段老化油的节能性密切相关，二阶段老化油的节能性主要受机油抗氧、减摩体系影响较大，与新油测试结果相比，油品老化后 MTM 测试结果变化趋势与ⅥD结果更接近。

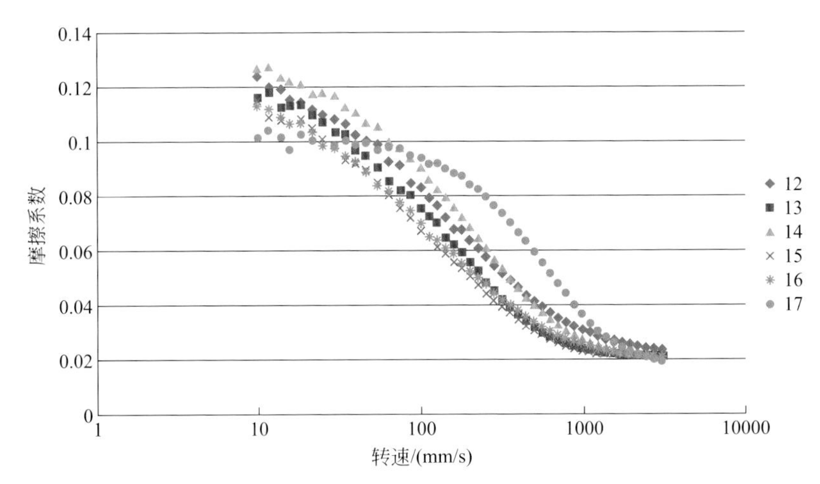

图6-11　不同减摩剂新油MTM试验结果

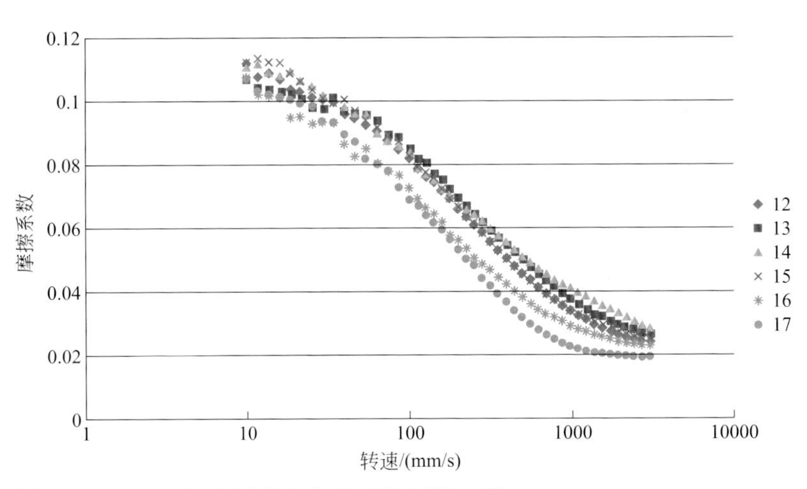

图6-12　不同减摩剂油品老化后MTM试验结果

表6-10　节能性考察调和方案及试验结果

编号	组分（质量分数）/%					ⅥD试验结果/%		
	VHVI4	VHVI6	A51	复合剂	减摩剂体系	FEI 1	FEI 2 ≥0.9	FEI（SUM）≥1.9
12	14.25	59	10	D：*n*	d：*m*	1.02	0.67	1.69
13	23.75	59		D：*n*	d：*m*	1.08	0.46	1.54

续表

编号	组分（质量分数）/%					ⅥD试验结果/%		
	VHVI4	VHVI6	A51	复合剂	减摩剂体系	FEI 1	FEI 2 ≥0.9	FEI（SUM）≥1.9
14	23.65	59		E：n+0.4	d：m	1.60	0.76	2.36
15	35.25	47.5		E：n+0.4	d：m	1.03	0.82	1.85
16	35.25	47.0		E：n+0.4	d：m+0.5	0.98	0.81	1.79
17	PAO4：20.25；	PAO6：62.5		E：n+0.4	d：m	1.17	0.61	1.78

注：D、E 表示不同的复合剂体系，d 表示一种减摩剂，m、n 表示具体的数值。

通过分析配方组成，结合减摩机理，选用了摩擦改进体系 C（表 6-10 编号 16）来达到降低摩擦系数的同时满足 TEOST 33C 试验的要求。

5．分散剂的选择

无灰分散剂是一种表面活性剂，主要是用来分散发动机中产生的污染物，以确保油品能够自由地流动。无灰分散剂的分散性可以帮助发动机保持清洁，并且在某些情况下有助于维持活塞的清洁。

发动机油泥的形成是一个复杂的过程，润滑油、燃料、空气 / 燃料比以及机油的更换周期都会影响油泥的形成。油泥的主要来源是燃料的不完全燃烧产物。在燃烧过程中，空气中的氮和氧相互反应生成氮氧化物，这些氮氧化物与烃类（特别是烯烃）反应，生成气态的含氮氧的单体烃，并以漏失气的形式窜入曲轴箱，冷凝液附着于气缸壁的油膜上，形成单体烃液滴流入油中，经多次转换后形成一种与水、油溶物和油不溶物聚集在一起的物质，即为油泥。停停开开的行车方式较之高速行驶的行车方式油泥的形成更为明显。因为在停停开开的行车方式中，水温和油温都比较低，更多的未燃烧燃料和燃烧产物通过活塞环进入曲轴箱的油中，当温度低于水的露点时，水相可能在油管或摇臂罩里从漏失气中冷凝下来，水相和未燃烧燃料、燃烧产物以及汽油机油相互作用，产生沉淀，形成油泥，见图 6-13。

油泥的形成和分散剂的量密切相关，分散剂含量上升，油泥的生成量就下降。无灰分散剂分散低温油泥的能力是评价其使用性能优劣与否的主要指标，目前常见的是聚异丁烯丁二酰亚胺类无灰分散剂，其极性较强的碱性端容易吸附到金属的表面和油泥的极性基团上，通过在金属表面形成一层保护膜来阻止金属表面的沉积和腐蚀，通过增溶作用将不溶于润滑油的油泥均匀分散到润滑体系中。但在分散剂起到有效作用的同时，也会减少润滑油配方中的其他功能添加剂在金属表面的作用，因此无灰分散剂与润滑油配方中其他添加剂的复配作用至关重要。

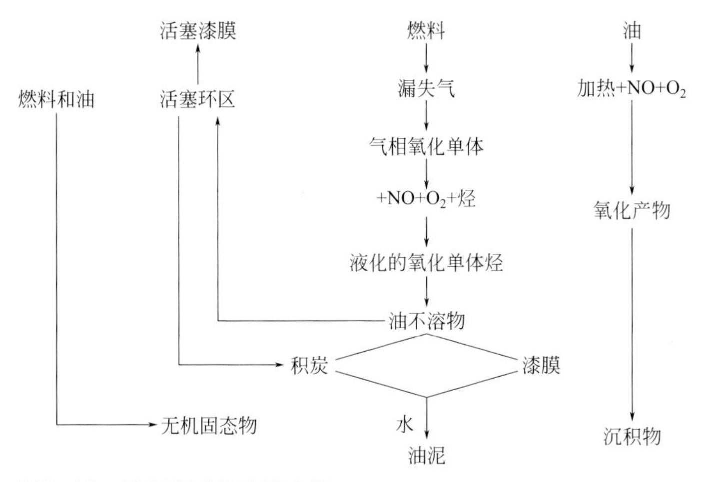

图6-13　油泥形成机理示意图

SN/GF-5 相比 SM/GF-4 规格而言，在标准试验程序ⅤG 中对油品评分要求更高，在程序ⅢG 测试中对活塞沉积物评分也更苛刻。分散剂体系的选择对油品评分结果影响较大，也一定程度上影响到油品的清净性评分。本书著者团队选用油斑吸滤实验（SDT) 进行分散剂油泥分散性能评价，此方法是将待测油样滴在滤纸上，油内各种物质随着油的浸润向四周扩散，杂质的粒度不同，扩散的远近也不同，因而在滤纸上形成颜色深浅不同的环形斑点，从内到外依次为：沉积环、扩散环、油环（如图 6-14 所示）。沉积环是油中不被分散剂所作用的粗颗粒杂质沉积物，扩散环是悬浮在油内的细颗粒杂质沉积物向外扩散留下的痕迹。扩散环的宽窄和颜色的均匀程度是由分散性决定的，它表示润滑油内添加剂对沉积物的分散能力。

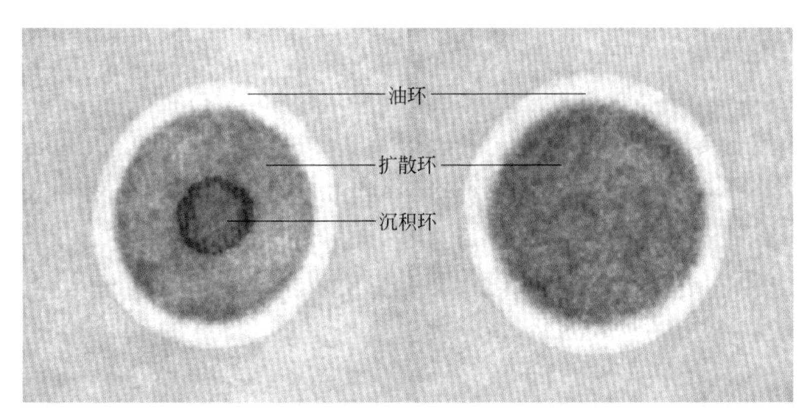

图6-14　SDT模拟试验

在考虑到配方油泥分散性的同时，因有文献报道，分散剂对于GF-5要求的乳液试验E85也有较大影响，根据GF-5规格油品的性能要求，对目前常用的低分子聚异丁烯丁二酰亚胺、高分子聚异丁烯丁二酰亚胺、硼化聚异丁烯丁二酰亚胺及分散型黏度指数改进剂进行了SDT、热管和E85模拟性能考察（表6-11）。结果发现选用高分子聚异丁烯丁二酰亚胺复配硼化聚异丁烯丁二酰亚胺和低剂量的分散型黏度指数改进剂，能很好地提高油品油泥分散性和高温清净性，并通过GF-5规格要求的E85试验。

表6-11 分散剂考察调和方案及试验结果

编号	组分				试验结果		
	H	I	J	K	SDT/%	热管285℃/级	E85
18	*h*				79	4.5	不通过
19		*h*			76	5	不通过
20			*h*		74	8	不通过
21	0.5*h*	0.5*h*			78	5	不通过
22		0.8*h*	0.2*h*		77	6.5	不通过
23		0.8*h*	0.2*h*	*e*	77	6.5	通过

注：表内方案均包含了相同类型和剂量的基础油、黏度指数改进剂、抗氧剂、减摩剂、清净剂、降凝剂、抗泡剂。*h*、*e*表示具体的数值。

6. 清净剂的选择

发动机油金属清净剂是由碳酸盐与所吸附的表面活性剂组成的载荷胶团和游离表面活性剂分子在油中形成的稳定的胶体分散体系，是含有亲油的非极性基团及亲水的极性基团的双性化合物，在极性基团中含有各种有机官能团及碱性组分（图6-15）。清净剂在润滑油中主要起到清洁和中和酸性物质的作用，通过吸附油中的固体颗粒污染物，并使污染物悬浮于油的表面，以确保参加润滑循环的油保持清洁，减少高温漆膜和积炭的形成，同时因具有一定的碱值，可中和氧化生成的含氧酸，阻止油品进一步氧化、缩合，使漆膜减少，也能中和含硫燃料产生的氧化硫和汽油燃烧生成的HCl、HNO_3等，可阻止其进一步磺化润滑油，防止这些无机酸对气缸的进一步腐蚀。

图6-15
清净剂结构组成

目前主要使用的金属清净剂有烷基苯磺酸盐、硫化烷基酚盐、烷基水杨酸盐等类型。不同类型的清净剂除了对油品的清净性、酸中和性有直接影响外，也一定程度上影响油品的减摩性能。本书著者团队在已筛选出的抗氧、减摩体系基础上，通过 TEOST 33C 高温沉积物、BRT 球锈蚀试验、成焦板试验和热管氧化试验（表 6-12）考察了不同清净剂的性能影响，结合摩擦特性 MTM 考察（图 6-16），发现在相同抗氧剂、减摩剂、分散剂体系下，270、271、272 号油样具有更低的摩擦系数，要优于其他清净剂体系。

表6-12　清净剂体系考察调和方案及试验结果

编号	组分/%		试验结果		
	清净剂体系	摩擦改进剂C	TEOST 33C（限值≤30mg）/mg	BRT（限值≥100）/分	成焦板/mg
1518-253	高碱值水杨酸盐（加量F）	m	25.5	131.59	158.6
1518-253-1	水杨酸盐（加量F）	m	30.4	131.35	87.4
1518-270	高碱值磺酸盐1（加量$F-0.5\%$）	m	30.0	131	111.4
1518-271	高碱值磺酸盐2（加量$F-0.5\%$）	m	28.2	131	29.1
1518-272	高碱值磺酸盐3（加量$F-0.5\%$）	m	25.0	131	137.9

注：C 表示一种减摩剂，m 表示具体的数值。

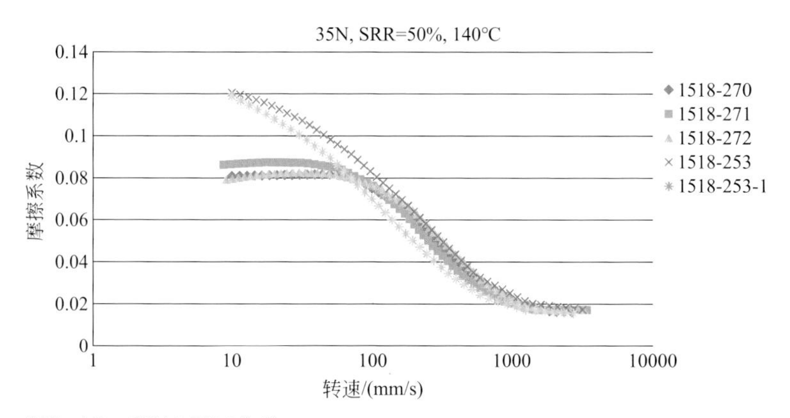

图6-16　新油MTM曲线

综合油品的清净性、防锈性和摩擦特性，选用 1518-271 中清净剂体系进行了摩擦改进剂老化后的节能测试，在 MTM 测试结果中 1518-284 油品明显优于其余油品，与美孚 1 号相当（图 6-17）。

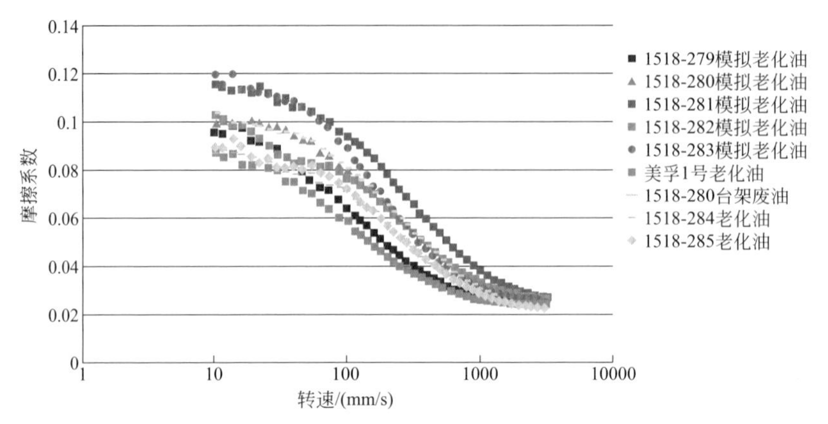

图6-17　老化后油品MTM曲线

7．复合剂配方确定

根据实验室对不同添加剂体系的考察结果，最终确定用1518-284配方体系调和5W-30汽油机油（表6-13），开展了相关标准台架测试。油品顺利通过了ⅥD节能台架试验，并在二阶段老化后表现出了优异的燃油经济性，油品整体的燃油经济性指标FEI（SUM）为2.22%，实测值超过指标要求[FEI(SUM)1.9%]17%，整体燃油经济性优异（图6-18）。同时，开发的机油也通过了程序ⅣA磨损试验、程序Ⅷ腐蚀磨损试验、程序ⅤG油泥分散试验、程序ⅢG高温氧化试验（表6-14）。研制的SN/GF-5 5W-30在程序ⅤG台架试验中表现出了优异的清净性分散性（图6-19），在程序ⅢG台架试验中表现出了优异的控制黏度增长特性和高温清净性（图6-20）。

表6-13　SN/GF-5 5W-30调和方案（质量分数）　　单位：%

基础油		黏度指数改进剂	降凝剂	复合剂	抗泡剂
VHVI4	VHVI6	RHY619	V1-368	RHY3074	T901
25.75	60	7.0	0.4	6.85	0.00005

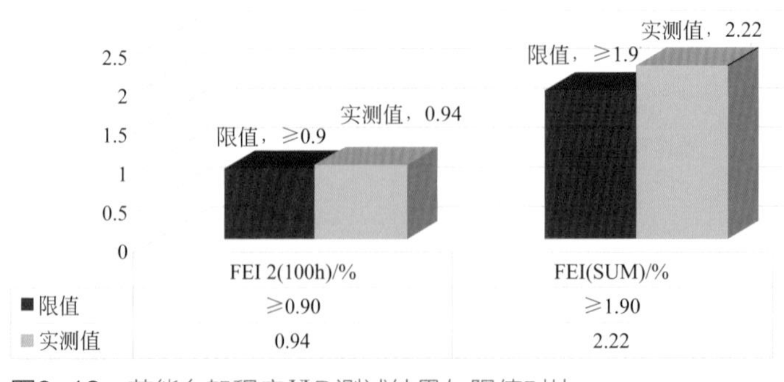

图6-18　节能台架程序ⅥD测试结果与限值对比

表6-14　SN/GF-5 5W-30汽油机油理化及台架结果

项目	指标	实测值	试验方法
运动黏度（100℃）/（mm^2/s）	9.3～＜12.5	10.56	GB/T 265
低温动力黏度（-30℃）/mPa・s	≤6600	4450	GB/T 6538
低温泵送黏度（-35℃）/mPa・s	≤60000	19200	NB/SH/T 0562
高温高剪切黏度/mPa・s	≥2.9	3.18	NB/SH/T 0703
开口闪点/℃	≥200	236	GB/T 3536
抗泡沫性/(mL/mL) 抗泡沫性（24℃） 抗泡沫性（93.5℃） 抗泡沫性后（24℃） 高温泡沫性（150℃）	 ≤10/0 ≤50/0 ≤10/0 ≤100/0	 5/0 15/0 5/0 80/0	 GB/T 12579 SH/T 0722
蒸发损失/%	≤15	9.5	NB/SH/T 0059
倾点/℃	≤-35	-40	GB/T 3535
碱值/(mgKOH/g)	—	7.43	SH/T 0251
硫酸盐灰分/%	—	0.88	GB/T 3536
水分/%	≤痕迹	痕迹	GB/T 260
机械杂质/%	≤0.01	0.005	GB/T 511
磷含量/（mg/kg）	600～800	785	GB/T 17476
硫含量/ %	≤0.5	0.24	GB/T 17476
凝胶指数	≤12	7.9	SH/T 0732
混溶性和均匀性	与SAE参比油 均匀混合	与SAE参比油 均匀混合	SH/T 0801
TEOST MHT-4高温沉积物/mg	≤35	28.8	NB/SH/T 0834
TEOST 33C/mg	≤30	11.9	SH/T 0750
过滤性试验 EOFT流量降低/% EOWTT流量降低/% 加0.6%的水 加1.0%的水 加2.0%的水 加3.0%的水	 ≤50 ≤50 ≤50 ≤50 ≤50	 4.2 13.3 6.7 -1.2 -5.7	 SH/T 0772 SH/T 0791
乳液保持性 0℃，24h 25℃，24h	 无水分分离出来 无水分分离出来	 无水分分离出来 无水分分离出来	 ASTM D7563
BRT/分	≥100	116.9	SH/T 0763
橡胶兼容性 聚丙烯酸酯橡胶（ACM-1） 体积①/% 硬度/pts 抗张强度①/%	 -5,9 -10,10 -40,40	 -0.15 2.90 1.03	 ASTM D7216

续表

项目	指标	实测值	试验方法
氢化丁腈橡胶（HNBR-1）			
体积①/%	−5,10	−1.75	
硬度/pts	−10,5	1.20	
抗张强度①/%	−20,15	9.62	
硅橡胶（VMQ-1）			
体积①/%	−5,40	14.45	
硬度/pts	−30,10	−15.80	
抗张强度①/%	−50,5	−9.86	
氟橡胶（FKM-1）			
体积①/%	−2,3	0.58	
硬度/pts	−6,6	2.20	
抗张强度①/%	−65,10	−56.50	
乙烯-丙烯酸酯橡胶（AEM-1）			
体积①/%	−5,30	11.66	
硬度/pts	−20,10	−5.20	
抗张强度①/%	−30,30	−4.31	
MS程序ⅤG发动机试验			NB/SH/T 0898
发动机油泥平均评分	≥8.0	8.52	
摇臂罩油泥平均评分	≥8.3	8.88	
发动机漆膜平均评分	≥8.9	9.18	
活塞裙部漆膜平均评分	≥7.5	9.28	
机油滤网堵塞/%	≤15	10	
压缩热粘环	无	0	
环的冷粘环	报告	0	
机油滤网残渣/%	报告	5	
油环堵塞/%	报告	3	
MS程序ⅢG发动机试验			ASTM D7320
100h后40℃黏度增长/%	≤150	118.1	
活塞沉积物平均评分	≥4.0	5.37	
热粘环	无	0	
凸轮和挺杆平均磨损/μm	≤60	25.0	
MS程序ⅢGA或ROBO试验			ASTM D7528
老化油的低温黏度/mPa・s	≤60000	20100	
MS程序Ⅷ试验			SH/T 0788
轴瓦失重/mg	≤26	23.4	
剪切稳定性，10h后100℃黏度/mPa・s	在本黏度等级范围内	9.83	
MS程序ⅣA试验			NB/SH/T 0897
凸轮平均磨损/μm	≤90	75.5	
MS程序ⅥD试验			NB/SH/T 0926
燃油经济性改进指数FEI(SUM)/%	≥1.90	2.22	
燃油经济性改进指数FEI 2(100h)/%	≥0.90	0.94	

①表示的是试验前后差值。

注：pts 指橡胶硬度单位，ASTM 标准使用的单位，转换成国内通用单位 HA（邵氏硬度）。

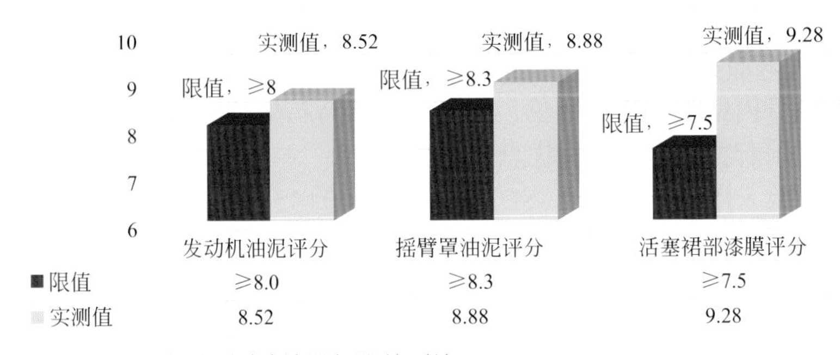

	发动机油泥评分	摇臂罩油泥评分	活塞裙部漆膜评分
限值	≥8.0	≥8.3	≥7.5
实测值	8.52	8.88	9.28

图6-19 程序ⅤG测试结果与限值对比

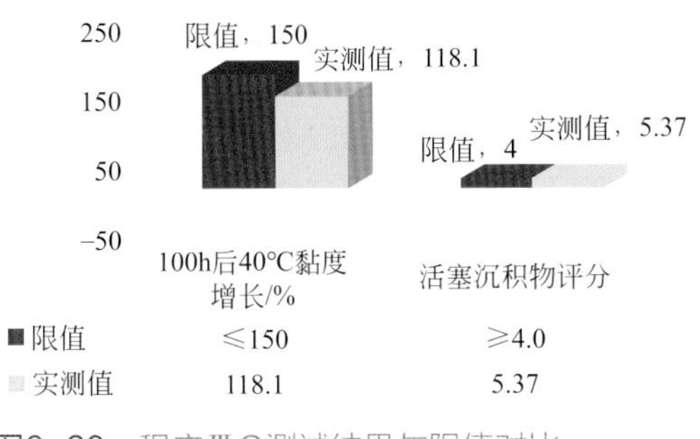

	100h后40℃黏度增长/%	活塞沉积物评分
限值	≤150	≥4.0
实测值	118.1	5.37

图6-20 程序ⅢG测试结果与限值对比

研制的SN/GF-5 5W-30汽油机油通过了API SN、ILSAC GF-5标准要求的所有测试项目，完成了产品开发。

第三节 SP/GF-6汽油机油开发

一、实验室模拟评价方法简介

PDSC试验采用美国TA公司生产的DSC2000（含高压单元）差示扫描量热仪，按照ASTM D6168恒温法条件测定抗氧剂的氧化安定性。试验条件：试验温度分别为180℃和210℃，氧气压力3500kPa，氧气流速100mL/min。

热管试验采用日本小松KOMATSU公司生产的HT-201型热管试验机评级油

品的高温清净性。试验方法：热管试验机加热炉内插有6根玻璃管，温度加热到试验温度后，测试油从下方以0.31mL/h的流量和空气一起送入，16h后用标准评分板评价玻璃管内壁附着物的颜色，颜色越浅，高温清净性越好。标准评分板评价玻璃管内壁附着物的颜色采用优点评分方法。

旋转氧弹试验采用STANHOPE-SETA公司生产的15450-3型旋转氧弹仪，按照《润滑油氧化安定性的测定　旋转氧弹法》（SH/T 0193）测定试样的氧化安定性能。试验条件为：氧弹在室温下充氧气到620kPa，油浴温度150℃，转速100r/min。当氧弹试验压力从最高点下降175kPa时，停止试验。计算开始试验到压力下降175kPa时的时间，以此作为旋转氧弹法测得的试样氧化安定性的数据。

HTCBT方法主要模拟有色金属在柴油机油中的腐蚀过程，可以评价用于柴油机轴承和凸轮随动件的铅、铜、锡等合金的腐蚀。该模拟试验可以作为抗氧剂初步的筛选设备。试验采用美国Koehler公司生产的CBT/HTCBT柴油机油腐蚀试验仪。现有标准试验方法《柴油机油在121℃下腐蚀性能评定法》（NB/SH/T 0723、ASTM D5968，简称CBT）及《柴油机油在135℃下腐蚀性能评定法》（SH/T 0754、ASTM D6594，简称HTCBT）。试验过程是将铅、锡、铜等金属试片放入试管中，向试管中注入100mL试油，试管浸入加热浴，试管中通入干燥的流动空气，试验时间均为168h。HTCBT方法的热浴温度为135℃。试验结束后用《使用过的润滑油中添加剂元素、磨损金属和污染物以及基础油中某些元素测定法（电感耦合等离子体发射光谱法）》（GB/T 17476，ASTM D5185）方法测定试验前后油样中的金属元素浓度。

TEOST 33C方法基于ASTM D6335—2009，其测试单元为一个中空的热管。热管的温度在200～480℃循环变化。测试分为12个周期，共计2h，测试油流速为0.45g/min，催化剂为环烷酸铁。试验将100mL的测试油以0.5g/min的速率循环通过热管形成沉积物。试验结束后，对总沉积物进行称重[2]。

ROBO方法用于模拟程序ⅢG的油品氧化过程，并能替代程序ⅢGA测量老化后油品的低温泵送性能，能够较真实地反映汽油发动机润滑油使用过程中的高温氧化增稠过程。应用ROBO方法对试验油老化前后的酸值和40℃运动黏度进行测试，试验依照ASTM D7528标准试验方法进行。操作条件为：试油200g，二茂铁催化剂质量分数15μg/g，纯度99.5%的液态二氧化氮2mL，干燥空气流速185mL/min，搅拌速率200r/min，真空度62.6kPa，反应温度170℃，反应时间40h，前12h均匀供给试油。

二、研发及测试

1．低速早燃问题的解决

随着发动机向小型化方向发展，发动机进气压力和温度的提升导致发动机缸内燃烧热负荷的进一步增加，在小型强化发动机低速大负荷工况发现了先于火花点火的异常燃烧现象，该异常燃烧现象不同于表面点火，具有随机性和间隔性，可能会导致发动机出现常规爆震甚至是超级爆震，上述现象统称为低速早燃（Low-speed Pre-ignition，LSPI）。不同于传统爆震，低速早燃现象中超级爆震会伴随有极高的爆发压力和强烈的压力振荡，在高增压比发动机中缸内爆发压力可达 30MPa，压力振荡幅值甚至超过 20MPa[3]。上述特点使得超级爆震具有极强的破坏性，可能造成发动机火花塞烧蚀、气门击穿和活塞顶面断裂。另外，低速早燃无法通过推迟点火时刻进行消除，且低速早燃具有偶发性和间隔性，其影响因素众多。有研究表明，润滑油可以显著解决低速早燃的发生频率。

日本千叶大学的 Moriyoshi 等 [4] 针对发动机发生低速早燃的原因做了初步研究。影响低速早燃的因素有很多，如缸内温度、压力、量比和润滑油中的添加剂等，其中润滑油中钙盐清净剂对低速早燃的发生频率有很大的影响。

$$CaCO_{3(s)} \rightleftharpoons CaO_{(s)} + CO_{2(g)}$$

根据研究表明，钙盐清净剂中含有的 $CaCO_3$ 在高温下分解为 CaO 和 CO_2。同时，CaO 颗粒吸收 CO_2，并伴随着热量的放出，该放热反应的速度由 CO_2 和 CaO 的扩散和黏附速度控制。平衡温度是 900K（CO_2 浓度在 $400cm^3/m^3$）。所以在发动机运行过程中，油滴与 $CaCO_3$ 进入气缸，油滴在膨胀中或者排气冲程中燃烧，$CaCO_3$ 分解为 CaO，其中 0.3%（质量分数）的 CaO 与油滴保持颗粒状态。在压缩冲程中，CaO 吸收 CO_2，伴随着放热反应，最后达到平衡温度（$>$1000K），在这一过程中，由于放热反应，使得 CaO 颗粒温度升高，高温的 CaO 颗粒诱发发动机预点燃。另外，镁盐清净剂生成的 $MgCO_3$，分解后产生的 MgO 温度相对于钙盐较低，无法诱发发动机预点燃。所以，镁盐清净剂可以有效抑制低速早燃发生的频率。

润英联公司 Andrew Ritchie 团队 [5] 使用 5W-30 的 Baseline Oil 1 油品，清净剂使用不同浓度的磺酸钙盐，发动机使用的是通用发动机，从图 6-21 中可以看出 LSPI

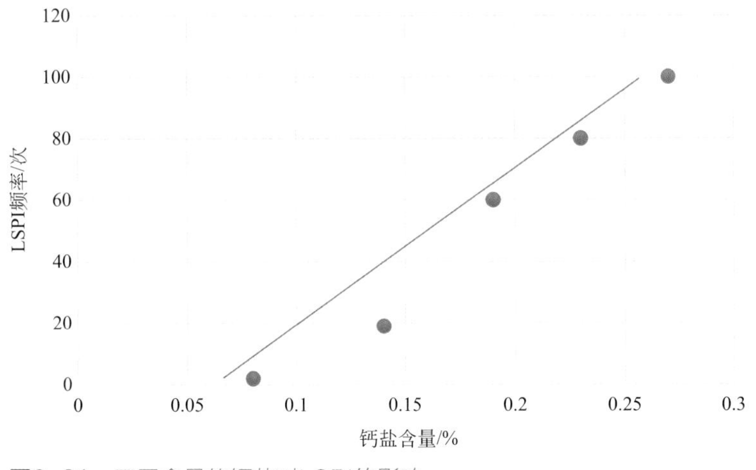

图6-21　不同含量的钙盐对LSPI的影响

的发生频率随钙盐含量的增加基本呈线性关系，当含量低于 0.08% 时，只有非常少量的 LSPI 发生频率，所以钙盐含量在 0.10% 是一个 LSPI 启动阈值。

改变清净剂的种类，使用镁盐清净剂进行低速早燃测试，镁盐清净剂中 Mg 含量在 0.07% ～ 0.22%，从图 6-22 中可看出，随着镁盐含量（0.07% ～ 0.22%）的不断增加，LSPI 发生频率处于下降趋势。当镁盐清净剂的含量达到 0.25% 时，LSPI 发生频率降为 0。所以，镁盐清净剂被认为可以抑制低速早燃现象的发生。

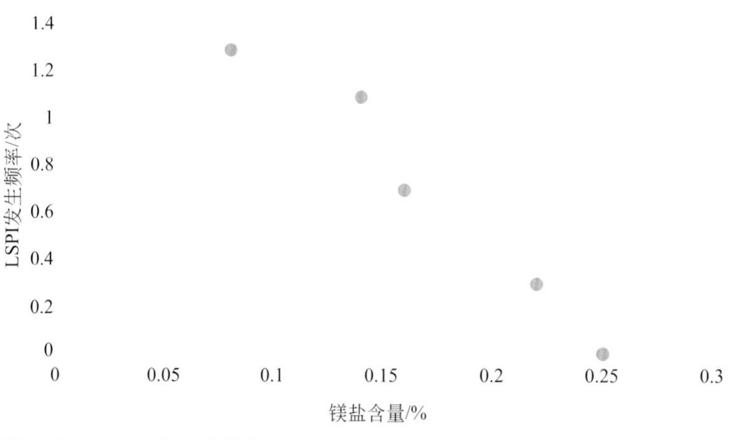

图6-22 不同含量的镁盐对LSPI的影响

上文的研究表明，清净剂是油品降低低速早燃发生频率的关键因素，通过降低清净剂中钙盐的含量，提高油品中镁盐清净剂的比例，可以显著降低低速早燃的发生频率。如前文所说，当油品中的钙盐含量降低到 0.10% 以下，可以降低低速早燃的发生频率。因此，通过设计配方（见表 6-15），可以在保证油品清净性和成本的同时降低低速早燃的发生频率。

表6-15 Baseline Oil 1、2油品基本性质

编号	Baseline Oil 1	Baseline Oil 2
黏度级别	SAE 5W-30	SAE 5W-30
硫酸盐灰分/%	0.74	0.72
钙盐清净剂（质量分数）/%	高钙清净剂	低钙清净剂（≤0.10）
镁盐清净剂	不含镁盐	含镁盐

通过降低清净剂的钙盐比例，加入镁盐清净剂，保持其他添加剂的比例不变，分别在自建的 1.5TGDI 和 2.0T+ 发动机台架上进行低速早燃测试，另外，Baseline Oil 2 油品已经通过了 SN PLUS 和 SP/GF-6 油品规格中 SequenceⅨ发动机台架测试，台架测试结果见表 6-16。

表6-16　低速早燃测试结果

编号	指标	Baseline Oil 1	Baseline Oil 2
1.5TGDI低速早燃发生频率/次		6.5	3
2.0T+低速早燃发生频率/次		4	0
Sequence Ⅸ	≤5		0.16

从以上数据分析可以得出，通过设计配方，改变清净剂的种类和比例，就可以显著降低发动机发生低速早燃的频率。验证了日本千叶大学的 Yasuo Moriyoshi 团队对钙盐清净剂和镁盐清净剂中的 $CaCO_3$ 和 $MgCO_3$ 热解过程的研究。$CaCO_3$ 热解过程中，CaO 颗粒温度升高，产生的热量相比 MgO，CaO 颗粒温度更高，更容易引发低速早燃现象。

所以，可以通过调整配方，使钙盐在润滑油中的含量≤0.1%，通过加入镁盐清净剂补充油品的清净性能，既可以保证油品的清净性，又可以显著降低发动机发生低速早燃的频率。

2．清净抗氧剂的筛选

润滑油在使用过程中不可避免地会发生氧化作用，生成过氧化物、醇、醛、酸、酯、羟基酸等物质，这些化合物能进一步缩合生成大分子化合物，进而引起油品黏度增长加快；同时生成一些不溶于油的大分子化合物，附着在摩擦副上成为漆膜，促进积炭的生成；生成的有机酸类产物还会造成金属的腐蚀，从而增大磨损。在油品中加入抗氧剂可以抑制油品氧化，在一定程度上减缓油品黏度增加，延长油品使用寿命。近年来，随着高档润滑油在控制黏度增长、降低沉积物量和减少磨损等方面的苛刻要求，对抗氧剂的性能也提出了更高的要求，各种性能优异的屏蔽酚型、胺型等新型无灰抗氧剂的研制工作和应用得到迅速发展[6]。

ILSAC 在 2020 年 5 月 1 日颁布了最新的 SP/GF-6 汽油机油规格，与 SN 级油相比，油品在高温抗氧化性、高温清净性、抗磨损性、油泥分散性和燃油经济性方面进行了全面的升级。其中的高温抗氧化性能一直是关注的重点，相应的发动机试验程序的更新也较频繁，GF-6 规格计划采用新的高温氧化试验程序 MSⅢH，相对于 MSⅢG 试验，MSⅢH 试验条件更加苛刻，对润滑油提出了更高的要求[7]。

表 6-17 为 MSⅢG 和 MSⅢH 发动机试验条件。从表中可以看出，随着汽油机油质量级别的提升，高温抗氧化试验的条件更加苛刻。如窜气量加大，机油补充量减少，从侧面可以反映出试验增加了氧气的通入，加速了机油的氧化；新油补充量减少，迫使油品必须具有更强的碱保持性和抗氧化能力；发动机转速和压缩比均有较大幅度的提高，也反映了发动机小型化和高功率化的发展趋势。

表6-17　MSⅢG和MSⅢH发动机试验条件

项目	MSⅢG	MSⅢH
发动机类型	别克V6（电喷）	克莱斯勒V6（电喷）
发动机排量/L	3.8	3.6
发动机压缩比	9∶1	10.2∶1
发动机转速/（r/min）	3600	3900
初始填充机油量/L	5.5	5.7
油温/℃	150	150
试验时间/h	100	90
窜气量/（L/min）	17～26	26～33
机油消耗总量/L	3.2～4.8	2.2～3.1
机油补充量/（L/20h）	0.53	0.18

表6-18为MSⅢG与MSⅢH发动机试验评价标准。从表中可以看出，相对于GF-5ⅢG评分标准，GF-6在试验条件下进一步恶化的同时评分标准也相应地提高了，对未来油品在高温清净性和抗氧化能力上提出了更高的要求。因此，传统的清净剂配方体系和抗氧剂体系已经无法满足新一代SP/GF-6汽油机油规格对清净性和抗氧化性的要求，需要研发新一代的润滑油配方。

表6-18　MSⅢG与MSⅢH发动机试验评价标准

项目	数据
程序ⅢG	
项目	黏度增长率/%
GF-5限值	150
GF-6限值	100
GF-6相对于GF-5提升量/%	33
程序ⅢH	
项目	活塞漆膜评分
GF-5限值	3.7
GF-6限值	4.2
GF-6相对于GF-5提升量/%	13.5

（1）清净剂的筛选　根据表6-19基础配方，改变清净剂的种类和加剂量进行筛选。表6-20给出了实验室初选方案及分析数据。

表6-19　基础配方

添加剂	DE-1	DE-2	ZDDP-1	ZDDP-2	AD-2	AO-1	AO-2
加剂量/%	1.4	0.4	0.4	0.5	3.0	0.6	0.4

表6-20 实验室初选方案及分析数据 单位：%

组分		1	2	3	4	5	6	7	8	9	10	11
复合剂/%	DE-3	*a*	*a*	*a*	*a*	1.5*a*	2*a*	—	—	—	—	—
	DE-4	*a*	1.5*a*	2*a*	*a*	1.5*a*	2*a*	—	—	—	—	—
	DE-5	*b*	2*b*	3*b*	—	—	—	*b*	2*b*	*b*	1.5*b*	2*b*
	DE-6	—	—	—	—	—	—	*a*	*a*	—	—	—
	DE-7	—	—	—	—	—	—	*c*	*c*	*c*	1.5*c*	2*c*
	基础配方	6.7	6.7	6.7	6.7	6.7	6.7	6.7	6.7	6.7	6.7	6.7
降凝剂/%		0.2	0.2	0.2	0.2	0.2	0.2	0.2	0.2	0.2	0.2	0.2
乙烯-丙烯共聚物型黏度指数改进剂		6.0	6.0	6.0	6.0	6.0	6.0	6.0	6.0	6.0	6.0	6.0
Ⅲ类基础油		余量	余量	余量	余量	余量	余量	余量	余量	余量	余量	余量
热管（290℃）/级		4.5	5.5	6.5	5.0	7.0	6.5	3.0	6.0	3.0	4.5	5.5
热管（295℃）/级		0	0	0	0	4	3	0	2	0	0	2
TEOST 33C/mg		29.1	24.3	21.1	18.8	16.8	18.1	35.5	27.8	34.4	28.3	30.5
PDSC/min		23.1	25.5	27.6	22.4	24.4	24.6	21.6	26.9	20.6	23.4	25.1

注：*a*、*b*、*c* 表示具体的数值。

表 6-20 中，DE-3 和 DE-4 分别是水杨酸钙和水杨酸镁，DE-5 是烷基酚盐清净剂，DE-6 和 DE-7 分别是磺酸钙和磺酸镁。加入烷基酚盐清净剂，PDSC 时间增加，说明烷基酚盐清净剂兼具抗氧化性和清净性，但是从热管和 TEOST 33C 的数据可以看出，该类型清净剂在高温清净性方面没有体现出较为优异的效果。DE-3 和 DE-4 在复配时，同时提高加剂量，可以有较好的高温清净性，与磺酸盐清净剂复配的结果相比，在高温清净性和抗氧化性方面都有明显的优势。方案 5 水杨酸盐配方体系的热管数据较好，硫酸亚铁灰分符合未来国六对润滑油的要求，暂定使用该清净剂体系进行后期配方的筛选。

（2）抗氧剂的筛选　本书著者团队使用一种新型长链烷基化二苯胺产品，该产品具有较高的热稳定性，在高温条件下可极好地控制油泥生成速度，保持设备清洁，在使用中几乎没有蒸发损失，且不易变色，是一种性能优异、可用在高端润滑油产品中的抗氧剂。以下对此新型长链烷基化二苯胺抗氧剂进行介绍。

将新型二苯胺型抗氧剂以 0.5% 的加剂量加入到 Yubase 基础油中进行 PDSC 试验，以 0.25% 的加剂量加入到 Yubase 基础油中进行旋转氧弹试验，结果见表 6-21。表中还列出了 PDSC 和碱值结果，并与发动机油中常用的混合烷基二苯胺（二辛基二苯胺、二丁基二苯胺和丁基辛基二苯胺）L57 和喷气涡轮发动机润滑油中常用的高温抗氧剂 *N*- 苯基 -*α*- 萘胺进行比较。从表 6-21 可以看出，实验室合成的烷基化二苯胺的抗氧化性能远优于常规同类抗氧剂 L57。

表6-21 基本性能参数

添加剂	PDSC（180℃）/min	旋转氧弹/min	碱值/(mgKOH/g)
新型二苯胺型抗氧剂	57.7	229	142
混合烷基二苯胺L57	20	132	167
N-苯基-*α*-萘胺	102	315	173

通过 HTCBT、TEOST 33C、ROBO 模拟氧化试验法、PDSC 和热管等模拟评价手段考察合成的新型抗氧剂在全配方油品中的抗氧化性能，用以上试验模拟ⅢH 台架试验结果，达到节省试验时间和试验成本的目的。

实验室合成的长链烷基胺型抗氧剂命名为抗氧剂 C，抗氧剂 A 是酚类抗氧剂，抗氧剂 B 是普通烷基二苯胺，在实验室已有的满足美国 ASTM D4485—2020 标准要求的 SN 质量等级的油品配方基础上维持分散剂、清净剂体系不变，重点提高抗氧化性，以满足台架试验苛刻的高温清净性和抗氧化性要求。通过实验室的 PDSC、热管、TEOST 33C 和 HTCBT 等模拟评级手段进行配方初选，并调和油品进行 MSⅢH 台架试验。表 6-22 为实验室初选方案及分析数据。

表6-22 实验室初选方案及分析数据

项目	配方编号					
	1	2	3	4	5	6
复合剂加剂量/%						
抗氧剂A	*a*	*a*	*a*	*a*	*a*	*a*
抗氧剂B	*a*	2*a*	3*a*			
抗氧剂C				*a*	2*a*	3*a*
降凝剂	0.3	0.3	0.3	0.3	0.3	0.3
乙烯-丙烯共聚物型黏度指数改进剂	6.5	6.5	6.5	6.5	6.5	6.5
Ⅲ类基础油	余量	余量	余量	余量	余量	余量
热管（290℃）（优点评分）/级	3.0	3.5	5.0	3.0	5.0	6.0
PDSC（210℃）/min	15.5	21.6	23.4	17.7	25.9	27.6
TEOST 33C/mg	23.5	21.3	19.7	20.8	19.1	17.8
HTCBT（135℃，168h）/$\times 10^{-6}$						
Cu（质量分数）	71.6	99.5	75.82	113.5	64.85	89.5
Pb（质量分数）	54.33	102.34	69.63	117.8	53.89	72.3

从表 6-22 可以看出：随着抗氧剂 C 加剂量的加大，油品的 PDSC 时间提升，热管评分等级变好，说明油品在抗氧化性和高温清净性方面得到补强；与传统的二苯胺型抗氧剂 B 相比，加入 2 倍的抗氧剂 C 后，HTCBT 氧化后的 Cu、Pb 含量与传统加入 2 倍抗氧剂 B 时相比有一定程度的下降，说明新型抗氧剂结构的改变改善了油品对金属的腐蚀性。至于新型抗氧剂在加入 3 倍剂量后与传统二苯胺型抗氧剂加入 3 倍剂量相比对金属的腐蚀作用加强，是因为在合成过程中使用

的催化体系不一样。传统的二苯胺型抗氧剂在合成过程中使用的是酸性白土催化剂，而新型抗氧剂合成时使用的催化剂在反应过程中产生了具有腐蚀作用的离子，后处理无法完全清理，造成了抗氧剂在加剂量提高后产生了腐蚀作用。同时，为了优化配方，在性能得到补强的基础上，以较低加剂量形成的复合剂在保证性能的同时具有更好的经济效益。

对 5 号样品进行 ROBO 试验，将反应时间延长至 160h，试验过程中每隔 20h 进行采样，分析油品的黏度（100℃）、氧化值和硝化值，与台架试验结果进行对比，结果见图 6-23、图 6-24 和表 6-23。其中台架试验时间为 90h。

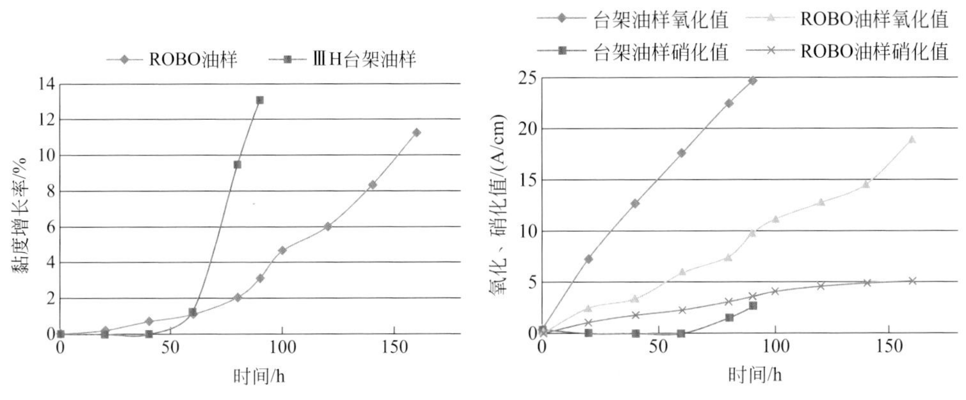

图6-23 台架与ROBO油样黏度增长率对比　图6-24 台架与ROBO油样氧化、硝化值对比

表6-23 实验室初选方案及分析数据

项目	实测值	SP/GF-6指标	试验方法
MSⅢH发动机试验			ASTM D8111
90h后40℃黏度增长率/%	13.1	≤100	
活塞沉积物平均评分	4.2	≥4.2	
热粘环	0	无	

由图 6-23、图 6-24 和表 6-23 可见：在 160h 的 ROBO 模拟氧化试验中，前 120h 内试验油与台架油样的黏度增长变化趋势基本一致。台架油样在 80h 时黏度骤增，ROBO 模拟氧化试验 90h 后黏度增长变大，氧化试验的试验油黏度增长趋势缓于台架油；但是在经过 160h 的模拟氧化后，油样的老化程度基本达到了台架的苛刻标准。根据氧化值和硝化值的变化，虽然台架试验的氧化和硝化程度较高，但是 ROBO 试验 160h 后的试验油样硝化值已经超过了台架油样的硝化值，氧化值在 20A/cm 左右，接近台架油样的氧化值。说明通过 ROBO 试验可以在一定程度上模拟程序ⅢH 台架测试的老化过程。另外，使用该抗氧剂调和的油品在ⅢH 台架试验中表现出了优异的控制黏度增长的作用。

3．减摩剂的筛选

随着我国产业升级，“国六”排放法规的推出以及对汽车节能的要求越来越苛刻，进一步提高汽车的燃油经济性和减少二氧化碳的排放是乘用车的发展趋势，所以通过发动机油来提升汽车的燃油经济性非常有必要。

提高汽车燃油经济性的主要措施一般有两种：第一种是降低发动机油的黏度，目前市场上的超低黏度发动机油的黏度已经降低到 0W-16 黏度等级，随着超低黏度发动机油的市场认可度越来越高，可能还会出现 0W-12 黏度等级和 0W-8 黏度等级的发动机油；第二种是通过摩擦改进剂降低边界润滑区域的摩擦系数来提升燃油经济性。但如此，一些问题也应运而生，如黏度过低会造成发动机相关部件磨损、使用低黏度基础油调和的发动机油会造成过高的蒸发损失、引起油耗过高等问题。为了避免和解决这些问题，需要使用新的添加剂配方技术来完善发动机油对发动机的润滑和保护。

MoDTC（二烷基二硫代甲酸钼）被认为是较为有效的降低边界区域摩擦系数的摩擦改进剂，可以与 ZnDDP（二烷基二硫代磷酸锌）协同使用，促进形成 MoS_2 润滑膜；MoS_2 可以与硼化水杨酸钙复合，最大限度地降低摩擦系数。因此，在低黏度发动机油配方中，MoDTC 是一个关键的摩擦改进剂。

但是，随着行车时间的增加，MoDTC 与发动机油氧化产生的过氧化物发生反应，导致有效钼含量逐渐下降，摩擦阻力增大，燃料消耗增加，所以需要增加 MoDTC 的加剂量来保证燃油经济性。在保证磷含量满足 SN/GF-5 质量等级要求的 0.06% 的加剂量下限后，MoDTC 加剂量超过 0.7%，会造成 TEOST 33C 试验中金属沉积物增多，无法满足 SN/GF-5 中 TEOST 33C 标准限值≤30mg 的要求，所以 MoDTC 需要配合其他的摩擦改进剂使用来达到减摩效果和 TEOST 33C 试验的要求[8]。

也就是说，汽油机油的燃油经济性不仅与配方中的摩擦改进剂密切相关，还与老化后的摩擦改进剂的摩擦学性能密切相关。

酯、酰胺类无灰摩擦改进剂的减摩机理类似，都是通过氢键与金属表面结合形成润滑膜来达到降低摩擦的目的，其作用机理见图 6-25。

酯、酰胺同时使用时易发生竞争吸附，且没有明显的协同作用。有机无灰摩擦改进剂通常在低温时就有效；而 MoDTC 一般在较高温度发生化学反应后生成的减摩物质吸附在金属表面才能产生减摩效果，其在低温时的减摩能力很弱。若同时使用无灰摩擦改进剂和 MoDTC，必须充分考虑两者的相互作用[9,10]。

（1）燃油经济性台架模拟方法的建立　HTCBT 方法主要模拟有色金属在柴油机油中的腐蚀过程，可以评价用于柴油机轴承和凸轮随动件的铅、铜、锡等合金的腐蚀。

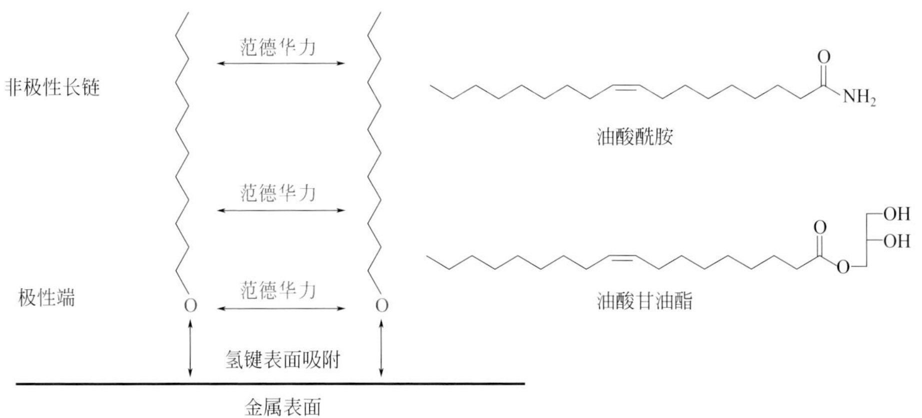

图6-25　酯、酰胺类无灰摩擦改进剂的减摩机理

HTCBT 模拟试验可以为ⅥD 台架试验在节能汽油机油研究方面做初步的筛选（图 6-26），ⅥD 台架试验周期耗时长、成本高，而 HTCBT 模拟试验设备具有周期短、操作简单、成本低的特点，且目前国内外对 HTCBT 模拟试验与ⅥD 台架试验相关研究甚少，因此开发 HTCBT 模拟试验与ⅥD 台架试验的相关性势在必行。

通过分析ⅥD 台架试验油在不同时间点的酸值、碱值、黏度，对台架试验油理化性能的变化做初步了解。

（2）HTCBT 模拟氧化试验与ⅥD 台架试验相关性　图 6-27 是汽油机油 100℃运动黏度随ⅥD 台架试验时间变化曲线。

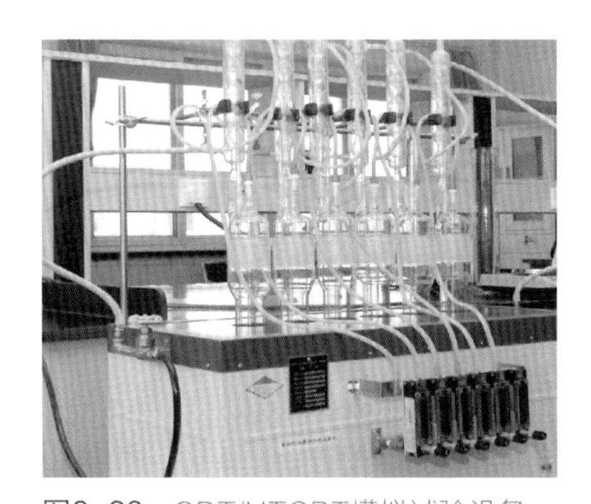
图6-26　CBT/HTCBT模拟试验设备

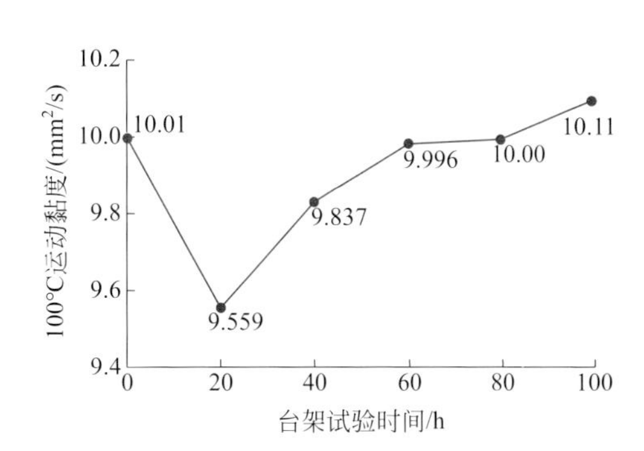

图6-27　100℃运动黏度随ⅥD台架试验时间变化曲线

从图 6-27 可以看出，试验开始时，新油的 100℃运动黏度为 10.01mm^2/s，在ⅥD 台架试验的前 20h 因发动机的剪切作用导致油品的 100℃运动黏度降低至 9.559mm^2/s。但随着试验的进行，油品因氧化作用黏度逐渐升高，100h 时的

100℃运动黏度为 10.11mm^2/s，与新油接近。

程序ⅥD 台架试验后油品的运动黏度并没有发生较大的变化，说明程序ⅥD 通过率低的原因是摩擦改进剂老化后已经不能表现出较好的减摩效果。

图 6-28 是汽油机油酸值随ⅥD 台架试验时间变化曲线。

从图 6-28 可以看出，随着ⅥD 台架试验时间的延长，汽油机油的酸值逐渐增加，由试验开始时的 2.22mg/g 增加到试验结束时的 2.81mg/g，增加了 0.59mg/g。

图 6-29 是汽油机油碱值随ⅥD 台架试验时间变化曲线。

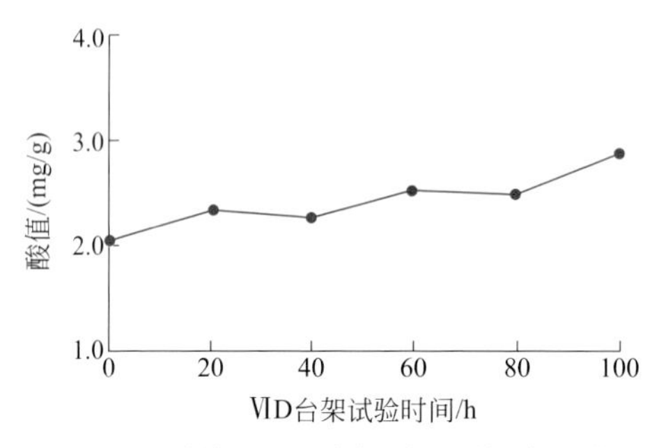

图6-28 酸值随ⅥD台架试验时间变化曲线

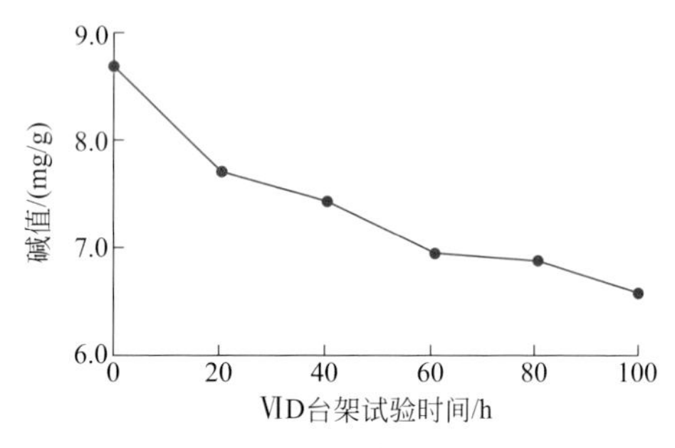

图6-29 碱值随ⅥD台架试验时间变化曲线

从图 6-29 可以看出，随着ⅥD 台架试验时间的延长，汽油机油的碱值逐渐降低，由开始时的 8.63mg/g 下降到试验结束时的 6.63mg/g，下降了 2.00mg/g。

从ⅥD 台架试验酸值和碱值的变化可以看出，程序ⅥD 台架试验符合汽油机油老化的一般规律。

通过以上试验可以看到，ⅥD 台架试验后，汽油机油的酸值、碱值和运动黏度均没有发生明显的变化，所以在模拟试验中不再考虑酸值、碱值和运动黏度的因素，而主要考虑汽油机油的氧化值。见表 6-24。

表6-24 9种汽油机油ⅥD台架试验100h后的红外氧化值变化情况

油品		新油	ⅥD废油	变化量
Oil-1	氧化值	10.485	16.428	5.943
Oil-2	氧化值	9.239	15.444	6.205
Oil-3	氧化值	9.477	14.59	5.113
Oil-4	氧化值	12.212	18.516	6.304
Oil-5	氧化值	12.347	16.018	3.671
Oil-6	氧化值	10.219	13.616	3.397
Oil-7	氧化值	10.988	18.471	7.483
Oil-8	氧化值	10.61	16.215	5.605
Oil-9	氧化值	10	19.532	9.532
	平均值变化量			5.917

注：氧化值变化量 =100h 后氧化值 - 新油氧化值。

从表 6-24 的数据中可以计算出汽油机油ⅥD 台架试验 100h 后的红外氧化值（A）变化的平均值为 5.917，可以用此平均值加上新油的红外氧化值来估算汽油机油ⅥD 台架试验 100h 后的红外氧化值。

图 6-30 是ⅥD 台架试验与 HTCBT 模拟试验红外氧化值的比较。

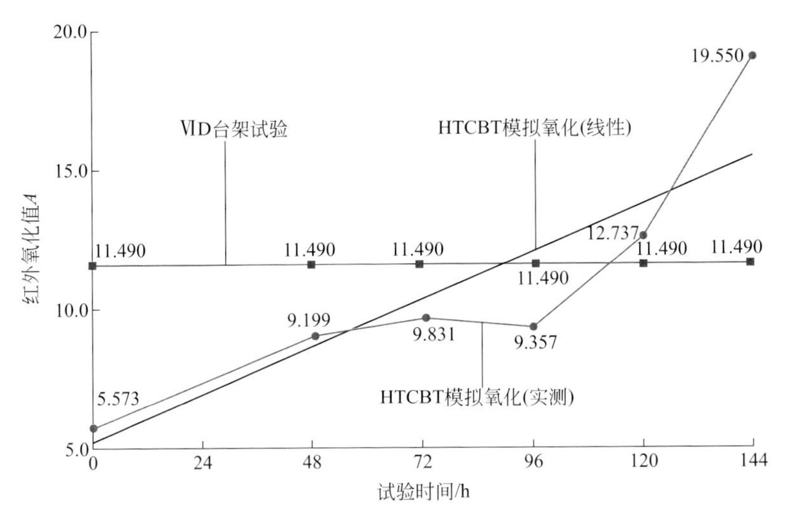

图6-30　ⅥD台架试验与HTCBT模拟试验红外氧化值的比较（A代表吸光度）

在图 6-30 中，新汽油机油的红外氧化值为 5.573，故预测汽油机油ⅥD 台架试验的红外氧化值为 5.573 + 5.917 = 11.490；而用 HTCBT 模拟试验，汽油机油的红外氧化值随时间的延长而逐渐增加，即 HTCBT 模拟氧化（实测）曲线。

通过对不同时间的汽油机油红外氧化值进行拟合，得到 HTCBT 模拟红外氧化值曲线与预测ⅥD 台架红外氧化值的交点在 90h 左右。

由此可以得出，在 160℃、空气流量为 5.0L/h 的条件下，HTCBT 模拟氧化时间大约在 90h 时与ⅥD 台架试验的红外氧化值一致，建立起了两者的对应关系，因此可以用 HTCBT 模拟氧化试验来评价汽油机油的抗氧化性能，从而也可以用来评价摩擦改进剂老化后的减摩性能。

（3）MTM 牵引系数试验　MTM（Mini Traction Machine）试验机用于评价油品在弹性流体动压润滑、边界 / 混合条件下的摩擦系数，是节能型汽油发动机润滑油产品的重要评价方法，目前没有统一的标准试验方法。实验室开发的 MTM 试验条件见表 6-25，试验结果见图 6-31。使用三种摩擦改进剂（有机钼、有机酯和酰胺）进行老化前和老化后的 MTM 试验。

表6-25 MTM试验条件

摩擦副	球-盘
载荷/N	36
滑滚比SRR/%	50
平均速度/（mm/s）	3000-10
温度/℃	140

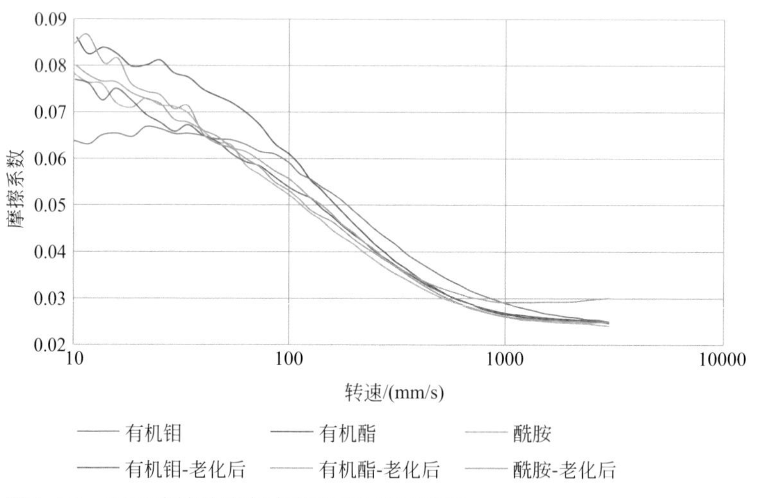

图6-31 不同摩擦改进剂老化前后MTM数据

（4）SRV 试验机摩擦系数测定试验　SRV 试验机是汽油发动机润滑油减摩节能性能的有效评价手段，特别适用于油品在边界润滑条件下的减摩性能评价，可模拟发动机的缸套 - 活塞环、阀系等关键摩擦副的润滑状态。SRV 试验条件如表 6-26 所示。试验结果见图 6-32。

表6-26 SRV试验条件

摩擦副	圆柱-钢盘
载荷/N	50（磨合）-400（测试）
时间/min	每个温度点5
频率/Hz	50
振幅/mm	1.5
温度/℃	40、50、60、70、80、90、100、110、120

从图 6-31、图 6-32 分析得知，有机钼摩擦改进剂可以有效降低边界摩擦系数。在 SRV 试验中，不同的温度下都表现出了较为优异的减摩性能。但是经过 HTCBT 90h 的老化后，有机钼摩擦改进剂在边界区域的摩擦系数有所升高。在

SRV 试验中，不同温度下，摩擦系数升高，说明有机钼摩擦改进剂在老化后有效钼含量降低，导致摩擦系数升高。有机酯摩擦改进剂与其他两种摩擦改进剂相比，摩擦系数较高，老化后摩擦系数变化较大，说明有机酯摩擦改进剂易发生氧化作用而导致失去减摩性能。酰胺类摩擦改进剂在老化前和老化后的摩擦系数变化较小，说明该类摩擦改进剂并没有因为老化失去减摩效果。

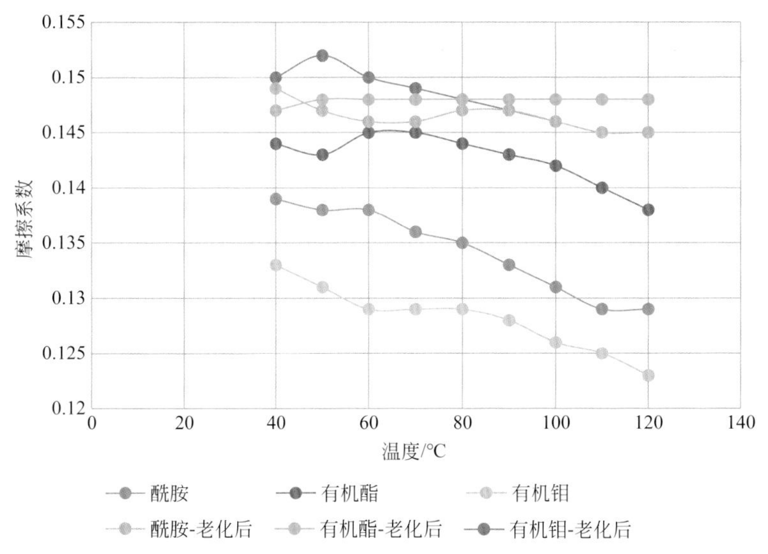

图6-32　不同温度摩擦改进剂老化前后SRV数据

（5）燃油经济性台架ⅥE 测试　燃油经济性一直是 ILSAC 关注的重点。从 GF-1 到 GF-6 油品规格的发展可以看出燃油经济性及其保持性不断提高。

程序Ⅵ燃油经济性台架由两个独立的工况组成，两个工况加权节能效率为试验油的综合燃油经济性指数。程序Ⅵ由六个工况组成，在六个工况试验结束后测定油耗并计算相对于基准油 SAE 5W-30 的综合燃油经济性指数 FEI。程序ⅥB 采用一款福特 4.6L V8 单顶置凸轮轴发动机。2004 年开发了程序ⅥD，采用通用 3.6L V6 发动机，老化时间进一步延长到 84h，试验总时间为 100h，相当于行驶 10483km 后的燃油经济性。

在最新提出的 GF-6 规格中，节能发动机试验将采用新开发的程序ⅥE，采用最新的通用 4.6L V8 发动机，进一步延长老化试验时间至 109h，试验总时间为 125h，相当于行驶 16093km 后的燃油经济性，并减少补油量。

此外，老化油燃油经济性和综合燃油经济性指数均有更高的要求，GF-6A 的综合燃油经济性指数较 GF-5 均提升 1%，GF-6B 提升幅度更大，见表 6-27。

表6-27 GF-6和GF-5燃油经济性

项目	ILSAC GF-5			ILSAC GF-6A			GF-6B
	XW-20	XW-30	10W-30	XW-20	XW-30	10W-30	XW-16
FEI 2/%	≥1.2	≥0.9	≥0.6	≥1.8	≥1.5	≥1.3	≥1.9
FEI（SUM）/%	≥2.6	≥1.9	≥1.5	≥3.8	≥3.1	≥2.8	≥4.1

从表 6-27 可以看出，相对于 GF-5 的要求，GF-6 燃油经济性的苛刻程度远高于 GF-5。

综上所述，使用现有的有机钼摩擦改进剂、有机酯摩擦改进剂已经无法胜任新一代 GF-6 的燃油经济性要求，需要使用新的摩擦改进剂来满足ⅥE 苛刻的减摩要求。

根据 MTM 老化前和老化后的数据对比，酰胺类摩擦改进剂具有较好的减摩保持性，使用该类摩擦改进剂调和试验油样进行ⅥE 台架试验。结果见表 6-28。

表6-28 GF-6燃油经济性台架数据

MS程序ⅥE试验	指标	实测值
FEI（SUM）/%	≥3.1	4.44
FEI 2（109h）/%	≥1.5	2.21

由表 6-28 台架试验结果可以看出，使用酰胺类摩擦改进剂在ⅥE 台架试验中表现出了优异的减摩性能，并且在经过 109h 的老化后，仍然具有较好的减摩保持性能。

4．抗磨体系的筛选与验证

（1）程序ⅣB 台架介绍　新一代 SP/GF-6 规格中在抗磨损台架方面进行较大升级，程序ⅣA 升级到了程序ⅣB，引入程序 X 正时链条磨损台架，对润滑油的抗磨损性要求进行了全面的提升。程序ⅣB 与ⅣA 相比，进行了多方面的升级，见表 6-29。

表6-29 ⅣA和ⅣB台架区别

项目	ⅣA台架	ⅣB台架
评价部位	凸轮轴平均磨损	进气挺柱平均磨损
测试条件	5%～7%的燃油稀释 没有水分的引入 较低量的氧化物	13%～15%的燃油稀释 1%～2%的水分 引入大量的氧化物和硝化物加速油品的老化
测试时间	90h	200h
通过指标	≤90μm（凸轮轴）	≤2.7mm^3（挺柱）

如图 6-33、图 6-34 所示，程序ⅣA 是对凸轮轴进行评价，程序ⅣB 是对进气挺柱进行评价，使用二维表面轮廓仪和三维宏观显微镜对挺柱进行测量。

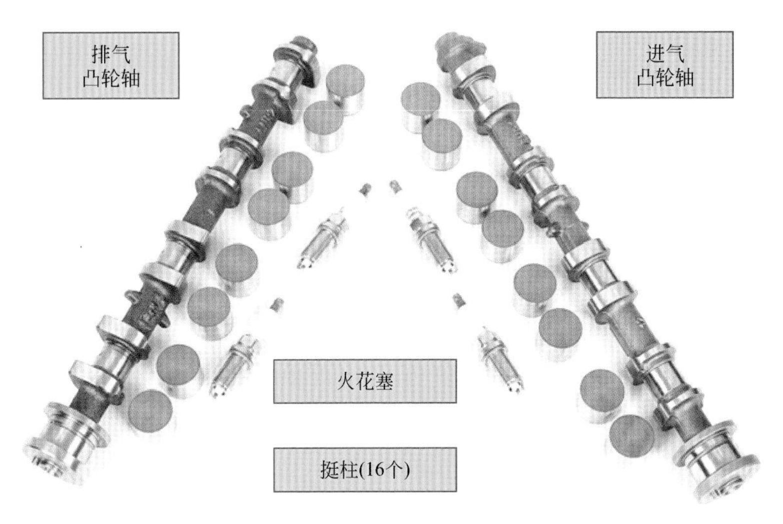

图6-33　排气、进气凸轮轴和挺柱

图6-34　二维表面轮廓仪和三维宏观显微镜

（2）程序Ⅹ台架介绍　汽车正时链条磨损包括铰链磨损、套筒滚子冲击疲劳磨损、链板疲劳磨损、销轴与套筒胶合等，其中铰链磨损最为常见。转动过程中铰链中的销轴与套筒间承受较大压力且相对转动，因此易造成铰链磨损。磨损使链节距增大，增大传动的不均匀性和动载荷，直接影响到发动机的配气正时。

燃烧产生的污染物进入润滑系统中，尤其是在直喷发动机中，润滑油从油底壳泵送到正时链条时可能会产生沉积并引起正时链条的磨损，因此汽车厂商希望开发试验来评价润滑油减少正时链条磨损的性能。

正时链条磨损与油品配方之间的关系较为复杂。福特报道过全合成发动机油较矿物油型发动机油更有利于改善链条磨损，但并未能寻找出油品中 S、P 等元素含量与磨损情况的相关性，认为需在特定的工况和发动机条件下才能评价某一个配方对正时链条磨损改善的具体贡献。

新的 GF-6 标准中程序Ⅹ台架测量链条拉伸的长度，如果在 216h 的测试时间，其拉伸长度超过 0.085%，就会判定为台架测试未通过。根据研究表明，发动机产生的烟炱会影响正时链条的磨损，虽然汽油发动机产生的烟炱很少，但是需要合适的分散剂控制烟炱的增长，以保护正时链条，其台架测试参数见表 6-30。

表6-30　正时链条磨损台架测试参数

参数	阶段1	阶段2
持续时间/min	120	60
转速/（r/min）	1550	2500
扭矩/N・m	50	128
发动机温度/℃	50	100
空气/燃料比	0.78	0.98
初始填充机油量/L	3600	

（3）程序ⅣB 和Ⅹ台架试验及抗磨剂筛选　根据前期配方筛选结果进行程序ⅣB 和Ⅹ台架试验，试验结果见表 6-31。

表6-31　第一次程序ⅣB和Ⅹ台架试验结果

试验项目	指标	实测值
MS程序ⅣB试验 进气挺杆平均磨损/mm^3	≤2.7	3.7
Fe含量	≤400×10^{-6}	263×10^{-6}
MS程序Ⅹ试验伸长量/%	≤0.085	0.15

根据台架试验结果（图 6-35）可以看出，台架试验过程中出现腐蚀磨损，有可能是分散剂中的硼化无灰分散剂出现了问题，因为硼化无灰分散剂是硼酸与高分子丁二酰亚胺聚合而成，台架试验过程中，B 元素下降较快，说明 B 与丁二酰亚胺结合生成的化学键出现了化学键断裂的现象，由于ⅣB 台架在试验过程中会引入 1800mg/kg 左右的水分（ⅣA 台架没有水分的引入），较多的水与硼化无灰分散剂发生反应，生成硼酸，引起了腐蚀性磨损。

图6-35　第一次程序ⅣB和Ⅹ台架试验挺柱

针对以上问题进行方案设计，引入腐蚀抑制剂的同时，加入不同类型的抗磨剂进行复配研究，方案见表 6-32。

表6-32　抗磨剂配方筛选

项目	配方编号						台架油样
	1	2	3	4	5	6	
复合剂加剂量（质量分数）/%	8.4						
抗磨A	0.2a	0.2a	0.2a				
抗磨B	0.1a	0.15a	0.2a				
抗磨C				0.2a	0.4a	0.6a	
抗磨D				0.1a	0.1a	0.1a	
降凝剂	0.3	0.3	0.3	0.3	0.3	0.3	
乙烯-丙烯共聚物型黏度指数改进剂	6.5	6.5	6.5	6.5	6.5	6.5	
Ⅲ类基础油	余量	余量	余量	余量	余量	余量	
磨斑直径（D392N）/mm	0.38	0.39	0.41	0.38	0.36	0.35	0.41
烟炱磨损（5%烟炱，D392N）/mm	0.47	0.44	0.45	0.43	0.41	0.44	0.47

注：a 表示具体的数值。

由于程序ⅣB 在试验过程中引入了燃油和水分，因此在实验室模拟过程中加入了水分和燃油后进行后续的模拟测试。

a. 试验方案　成品油加入 2% 蒸馏水，常温下搅拌 1h，120℃烘箱老化

96h，等待油品温度冷却至室温后，加入 15% 的燃油。

b. SRV 试验方案　温度 60℃，从 400N 开始，每隔 10min，负荷提高 200N，直到出现卡咬，试验停止。试验时间 1h，频率 50Hz。

如图 6-36 所示，使用烷基甲酸锑和磷酸酯铵盐进行复配后，与第一次进行程序ⅣB 和Ⅹ的方案相比，抗磨损性能有了进一步的提高，但是与使用烷基酯硫醚和硫代磷酸酯复配的三个方案相比，在承载能力方面不如烷基酯硫醚和硫代磷酸酯复配，其在 1100N 发生卡咬，而烷基甲酸锑和磷酸酯铵盐复配方案在 900N 发生卡咬，并且后三个方案在降低摩擦系数方面表现也较为优异。因此，考虑到配方的经济性，使用方案 4 进行程序ⅣB 和Ⅹ台架试验。试验结果见表 6-33。

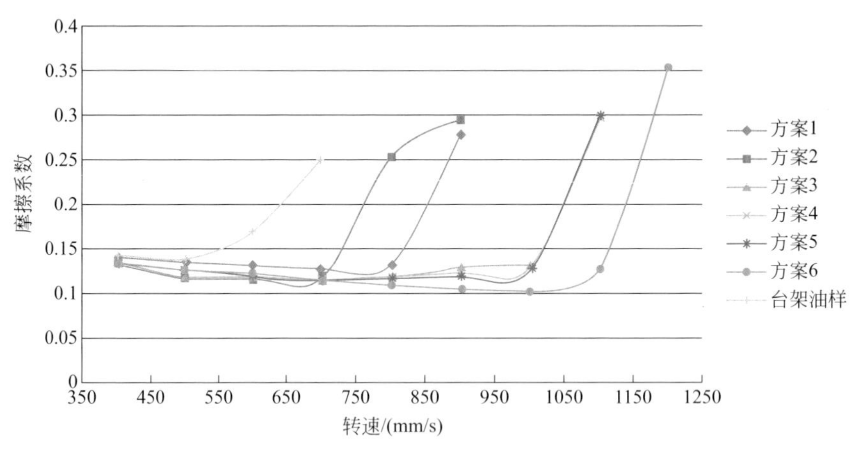

图6-36　不同抗磨剂复配SRV试验结果

表6-33　第一次程序ⅣB和Ⅹ台架试验结果

试验项目	指标	实测值
MS程序ⅣB试验 进气挺杆平均磨损/mm^3	≤2.7	2.5
Fe含量/$\times10^{-6}$	≤400	223
MS程序Ⅹ试验伸长量/%	≤0.085	0.081

根据图 6-37、图 6-38 的碱值（TBN）和酸值（TAN）变化曲线可以看出，加入腐蚀抑制剂后，油品的碱值和酸值的交叉点由第一次的 100h 延长到第二次的 115h，说明第二次方案的油品碱保持性有了进一步的提高，整个试验过程中没有出现异常的腐蚀性磨损。

程序ⅣB 和Ⅹ的通过在很大程度上与抗磨剂和极压剂有关，含硫剂主要是极压剂，含磷剂主要是抗磨剂，发动机油长期使用的抗磨剂主要是 ZDDP，新一代

SP/GF-6 规格对油品抗磨性能提出了更高的要求。传统的 ZDDP 型抗磨剂已经无法满足新规格的要求，需要新的含磷抗磨剂来补充 ZDDP 的抗磨性能，由于汽机油对磷含量有严格的要求（600 ～ 800mg/kg），引入含磷剂势必会减少 ZDDP 的加入。因此，在进行配方优化时，需要同时优化极压剂、抗磨剂和 ZDDP 的添加剂比例，以达到抗磨和极压的平衡。通过抗氧剂、清净剂、减摩剂和抗磨剂的筛选，形成的自主复合剂配方通过了 API SP、ILSAC GF-6 标准要求的所有测试项目，完成了产品开发。具体数据见表 6-34。

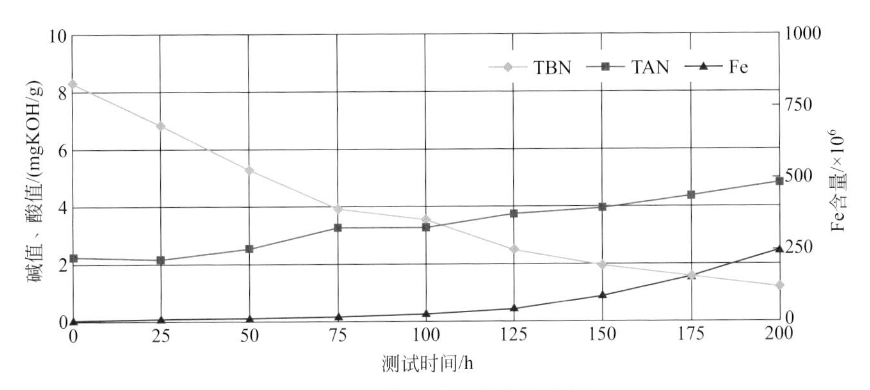

图6-37 第一次程序ⅣB碱值、酸值和铁含量变化曲线

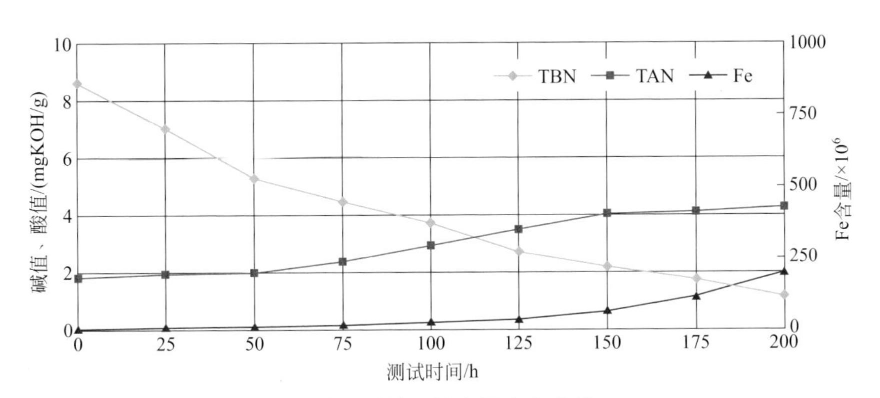

图6-38 第二次程序ⅣB碱值、酸值和铁含量变化曲线

表6-34 SP/GF-6A 5W-30质量指标及实测值

项目	质量指标	实测值	试验方法
	SP/GF-6A		
100℃运动黏度/（mm²/s）	9.3～<12.5	10.19	GB/T 265
低温动力黏度（-30℃）/mPa・s	≤6600	6160	GB/T 6538

续表

项目	质量指标	实测值	试验方法
	SP/GF-6A		
边界泵送黏度（-35℃）/mPa・s	≤60000	20300	NB/SH/T 0562
高温高剪切黏度（150℃）/mPa・s	≥2.9	3.18	SH/T 0618
闪点（开口）/℃	≥200	220	GB/T 3536
倾点/℃	≤-35	-39	GB/T 3535
蒸发损失（诺亚克法250℃/1h）/%	≤15	8.5	SH/T 0059
泡沫性/（mL/mL） 24℃ 93.5℃ 后24℃	 10/0 50/0 10/0	 10/0 50/0 5/0	GB/T 12579
高温泡沫/（mL/mL）	≤100/0	20/0	SH/T 0722
磷含量（质量分数）/%	0.06～<0.08	0.077	GB/T 17476 SH/T 0296
硫含量（质量分数）/%	≤0.5	0.24	GB/T 387 GB/T 388 GB/T 11140 SH/T 0172
碱值/(mgKOH/g)	报告	8.25	SH/T 0251
硫酸盐灰分（质量分数）/%	报告	0.78	GB/T 2433
钙含量（质量分数）/%	报告	0.10	GB/T 17476
锌含量（质量分数）/%	报告	0.097	GB/T 17476
镁含量（质量分数）/%	报告	0.051	GB/T 17476
球锈蚀试验（BRT）/分	≥100	133	SH/T 0763
TEOST 33C /mg	≤30	7.2	SH/T 0750
凝胶试验，凝胶指数	≤12	6.1	SH/T 0732
MS程序ⅢH发动机试验 100h后40℃黏度增长/% 活塞沉积物平均评分 热粘环 MS程序ⅢHA发动机试验 老化油的低温泵送黏度/mPa・s	 ≤100 ≥4.2 0 ≤60000	 13.1 4.2 0 18040	ASTM D8111
MS程序ⅢHB发动机试验 磷保持性/%	 ≥81	 85	
MS程序ⅣB试验 进气挺杆平均磨损/mm³ Fe含量/（mg/kg）	 ≤2.7 ≤400	 2.5 223	ASTM D8350
MS程序ⅤH发动机试验 发动机油泥平均评分 摇臂罩油泥平均评分 发动机漆膜平均评分 活塞裙部漆膜平均评分 热粘环	 ≥7.6 ≥7.7 ≥8.6 ≥7.6 0	 7.94 8.99 8.91 7.96 0	ASTM D8256

续表

项目	质量指标	实测值	试验方法
	SP/GF-6A		
MS程序ⅥE试验			ASTM D8114
FEI（SUM）/%	≥3.1	4.44	
FEI 2（125h）/%	≥1.5	2.21	
MS程序Ⅷ试验			
轴瓦失重/mg	≤26	2.3	SH/T 0788
剪切稳定性，10h后100℃黏度/（mm^2/s）	在本黏度等级范围内	10.70	GB/T 265
MS程序Ⅸ试验			ASTM D8291
连续4次试验平均发生数量	≤5	1.03	
每次实验发生数量	≤8	2.66	
MS程序Ⅹ试验			ASTM D8579
伸长量/%	≤0.085	0.081	

第四节 柴油机油技术要求

排放法规的升级、发动机新技术的采用对柴油机油在烟炱分散性、高温清净性、抗氧化能力、油泥分散以及磨损、元素含量等方面的要求逐步提高，进而推动发动机油规格的不断向前发展。API CJ-4、CK-4 规格的柴油机油应运而生，且其市场占有量会逐步增加。同时由于我国汽车工业的发展和社会经济的具体现状，将长期保持高、中、低档柴油机油并存的局面，未来一段时间内，CH-4 和 CI-4 柴油机油仍是市场的主体，仍将占有 50% 以上的市场占比。研制和开发自主高档 CJ-4、CK-4 柴油机油势在必行，并提高占主体市场地位的 CI-4 柴油机油的性价比，提升用户用油体验，减少用户用油成本是现阶段柴油机油研发需求。

一、重负荷柴油机油的技术难点

重负荷柴油机油规格的升级和性能要求从要求通过的发动机台架试验项目及其通过指标就能一目了然地看出差异，重负荷柴油机油规格具体要求见表 6-35。

表6-35 重负荷柴油机油规格中发动机台架试验要求

性能要求	发动机台架	CK-4	CJ-4	CI-4
高温清净性	Cat.1K			√
	Cat.1N	√	√	
	Cat.1P			√
	Cat.C13	√	√	
氧化安定性	程序ⅢF或ⅢG		√	√
	Mack T-13	√		
烟炱分散性	Mack T-8E			√
	Mack T-11	√	√	
抗磨损性	Cummins ISM	√	√	√
	Cummins ISB	√	√	
	Mack T-12	√	√	√
	RFWT	√	√	√
空气释放性	EOAT		√	√
	COAT	√		

由此可见，重负荷柴油机油技术发展的主要方向和难点有以下几个方面：

（1）优异的黏温性能。具有优异的低温流动性，满足较宽温域范围内使用，给发动机提供良好的润滑保护。

（2）优异的烟炱分散性。抑制油品因烟炱含量过高引起的黏度过度增长，进一步减少因烟炱颗粒聚集导致的发动机部件磨损。

（3）优异的氧化安定性。有效控制油品由于氧化导致的黏度增长及活塞沉积物的生成，延长发动机油使用寿命。

（4）优异的高温清净性。防止因采用燃油直喷技术所造成的活塞环黏结和缸套抛光并保持发动机高度清洁。

（5）优异的抗磨性。防止机件磨损，延长发动机使用寿命。

（6）较低的黏度和极佳的减摩性能，使油品具备优异的节能性。

（7）较低的硫酸盐灰分、硫、磷含量，使油品具备优异的环保性。

二、重负荷柴油机油的性能要求

（1）基础油　作为柴油机油的重要组成部分——复合添加剂、添加剂的载体，用加氢工艺生产的基础油生产高档润滑油是主要趋势。

（2）烟炱分散性　废气再循环系统（EGR）的使用可以有效降低柴油发动机排放，从而满足国五及国六排放要求，但该技术的采用会导致柴油机油中烟炱的生成量急剧增加，导致油品黏度过度增大，进而引起发动机部件磨损，因此，

CI-4+ 和 CJ-4、CK-4 高档柴油机油要求具备优异的烟炱分散能力，也就是说要求柴油机油在能够容纳更多的烟炱条件下抑制柴油机油黏度的过度增长。

（3）高温清净性　发动机技术的进步，导致发动机油使用温度不断提升，大型柴油发动机对高温区域的活塞一槽、二槽、一台、二台，尤其是顶环岸重炭方面要求非常苛刻，油品具有优异的高温清净性也是实现长换油周期的重要途径之一。

（4）氧化安定性　长期以来对 ZDDP 系列在加氢基础油中的适应性研究发现双辛基 ZDDP 对加氢基础油感受性较好，同时双辛基 ZDDP 因具有比其他 ZDDP 更好的热稳定性，已广泛应用于柴油机油中。由于高档柴油机油对抗氧化性能要求苛刻，容易造成由于氧化而引起油品黏度增长、发动机活塞顶环槽积炭、顶环岸重炭以及漆膜的形成，因此需要引入适量的胺型和酚型辅助抗氧剂，增强油品的氧化安定性。

（5）抗磨损性　由于现代重负荷柴油发动机的负荷日益加重，同时 EGR 技术使用后带来的烟炱聚集引起的发动机部件磨损以及油品氧化后酸性物质对含铅、铜、铁等部件腐蚀的影响，高档柴油机油规格中引入了 Mack T-12、Cummins ISM（或 Cummins M11）、RFWT 等发动机台架考核试验，用于严格评价油品的抗磨损和抗腐蚀性能。

单纯使用双辛基 ZDDP，抗磨性表现不足，且对铅含量的控制能力有待加强，因此，添加剂公司会选择复配其他类型 ZDDP、钼盐等添加剂，用于改善和提高油品的抗磨损、抗腐蚀性能。

（6）节能性　目前我国重型车辆油耗限值执行的是第二阶段的限值，每 100km 不大于 47L，2020 年执行第三阶段，要求每 100km 不大于 40L。同时伴随着广大客户对燃油节能的需求，柴油发动机节能成为未来发展的主要趋势之一。

在柴油机油中降低油品黏度是性价比最高的一种节能技术路线，未来柴油机油将向 10W-30、5W-30 等黏度级别方向发展，甚至个别厂家正在尝试 5W-20 黏度级别油品，以实现更佳的节能效果；减摩技术主要是通过引入一定量的钼盐、胺盐、有机酯或以一定比例复配在一起，进一步提升摩擦特性，降低摩擦系数。

（7）环保性要求　由于未来高档重负荷柴油机油对硫酸盐灰分、S、P 元素进行了严格的限制，使得金属清净剂、ZDDP 等常规有灰添加剂和含磷、含硫添加在油品中的用量得到限制。

（8）延长换油周期　近年来，与常规换油周期的油品相比较，长寿命柴油机油不仅延长了换油周期，提高了车辆出勤率，降低了车辆维护成本，而且能减少废弃润滑油产品的处置。

三、我国重负荷柴油机油的现状

我国发动机油规格是跟随美国 API 规格演变而来的，目前执行的还是 2006 年发布的柴油机油标准 GB 11122，最高质量级别为 CI-4。国内润滑油生产企业直接采用 API、ACEA 标准或 OEM 标准推出满足国五甚至国六排放要求的高质量柴油机润滑油。

我国柴油机已基本实现了技术自主化，汽车和发动机运行工况机制与美国有巨大差别，我国重负荷柴油发动机的设计特点（选择性催化还原 SCR+ 高压共轨电喷）、道路运输特点（重负荷与超载）、车辆使用的燃油情况等与美国柴油机技术与使用环境（废气冷却循环 EGR+ 微粒过滤器 DPF）有较大差别，导致对油品的性能要求差异较大。现阶段我国柴油机油规格等同采用美国石油学会（API）的规格，OEM 提出美国 API 规格已不适用于国内柴油机厂商的长换油周期、方便用户和降低维护成本的需求。因此，等同采用 API 规格的模式已经不适合我国国情，有必要借鉴欧洲和日本发动机油规格发展的经验，建立适合我国国情的自主柴油机机油规格。

2016 年 9 月 13 日，由天津大学金东寒、原一汽技术中心李俊、全国石油产品和润滑剂标准化技术委员会（石化标委会）曹湘洪三位院士牵头，中国内燃机学会联合中国汽车工程协会，组织润滑油、添加剂和发动机 OEM 等多家行业单位共同投入资源，成立了“发动机润滑油 中国标准开发”创新联盟，致力于研究建立发动机润滑油中国标准体系。联盟主要成员包括一汽集团、东风汽车集团、潍柴动力集团、江淮车集团等 OEM，中国石油、中国石化和国内民营润滑油企业，路博润、润英联、雅富顿、雪佛龙等 4 大国际添加剂公司，美孚、壳牌、道达尔等国际润滑油公司，中国汽车技术研究中心、清华苏州汽车研究院、中国石化石油化工科学研究院、中国石油兰州润滑油研发中心、美国西南研究院和 Intertek 六大发动机实验室，联盟成员已达到 33 家。联盟从中国发动机技术、行驶工况、燃油和 OEM 技术需求出发，从事发动机油评价方法标准的开发工作，2021 年已经完成石化行业标准的制定，在 2022 年颁布实施。

第五节 新一代 CI-4 柴油机油的开发

目前国内外主要添加剂公司销售的 CI-4 柴油机油复合剂产品的具体信息见表 6-36。

表6-36 国内外主要添加剂公司CI-4柴油机油复合剂

项目	润英联	雪佛龙	路博润	雅富顿	昆仑
复合剂	D3384	OLOA 59211	CV2301	H12200	RHY3153
加剂量/%	9.2	9.96	10.7	10.8	17.0

从表6-36可以看出，四大添加剂公司用于调和CI-4柴油机油的复合剂产品的加剂量均处在较低水平，因此，为进一步提升昆仑CI-4柴油机油产品竞争力，需要开发更低剂量、更高性价比的复合剂产品。

一、高温清净性策略研究

用于评定油品高温清净性的Cat.1K和Cat.1P试验，同样要求油品有良好的抗氧化性能。Cat.1K发动机台架试验采用了直喷和高的燃油喷射压力，因此要求油品具有良好的抗泡、抗剪切能力，同时Cat.1K发动机的低顶环岸高度以及降低的活塞缸套间隙设计改善了燃烧，降低了排放污染，但提高了活塞第一环槽温度，从而要求油品具有更好的抗氧化性能和高温清净性，特别是要求油品具有优良的顶环岸重炭和顶环槽充炭的控制能力。

Cat.1P发动机采用钢活塞，其活塞顶环、二环采用梯形活塞环。与Cat.1K发动机相比，其活塞环顶环更靠近活塞顶部，发动机采用顶置凸轮轴和电子燃油喷射控制，活塞各部分温度与Cat.1K发动机相比也有所差异，Cat.1P与Cat.1K发动机温度对比见图6-39。

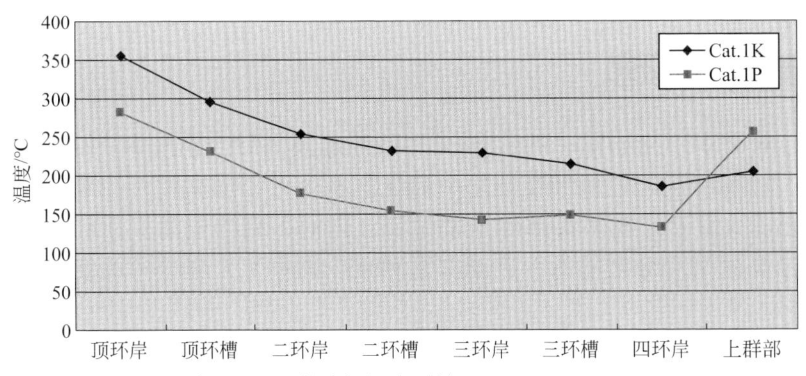

图6-39 Cat.1P与Cat.1K发动机温度对比

由此可见，在进行Cat.1P高温清净性台架试验过程中，需要解决在高温环境下的活塞沉积物生成、活塞环黏结、气缸套擦伤等技术难题。

金属清净剂是各种发动机油的重要添加剂，目前发动机油中常用的金属清净剂主要包括磺酸盐、硫化烷基酚盐、烷基水杨酸盐、环烷酸盐以及其他羧酸盐，前三种金属清净剂仍然是使用较为广泛的金属清净剂。

高碱值磺酸钙产品具有优异的性价比，被广泛应用于发动机油中。考虑到硫化烷基酚钙对活塞顶部的较高温度区域有较好的清净性，同时具有优异的酸中和能力，一定的抗氧化、抗腐蚀性能，且与其他清净剂具有很好的复配协同作用，将高碱值磺酸钙和硫化烷基酚钙的复配体系应用到本书著者团队研究中，进行 Cat.1K 发动机台架试验考察，具体结果见图 6-40。

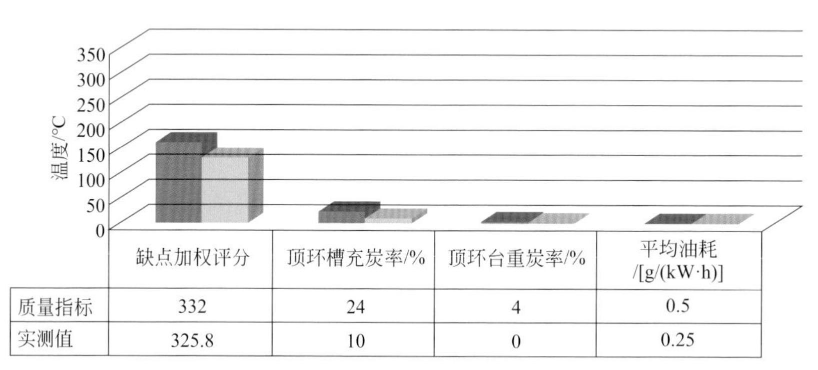

	缺点加权评分	顶环槽充炭率/%	顶环台重炭率/%	平均油耗/[g/(kW·h)]
质量指标	332	24	4	0.5
实测值	325.8	10	0	0.25

图6-40　Cat.1K发动机台架试验结果

由此可见，高碱值磺酸钙和硫化烷基酚钙金属清净剂复配后可改善油品的清净性，通过了评价油品高温清净性的 Cat.1K 发动机台架试验。

二、烟炱分散性策略研究

由于排放要求，柴油发动机采用 EGR 后处理技术后，导致柴油发动机产生大量烟炱，极易引起柴油机油在使用中黏度急剧上升，烟炱颗粒的聚集同时引起发动机活塞 - 缸套、阀系等部件异常磨损，因而，高档柴油机油的研制重点是要解决油品的烟炱分散能力，进而抑制和减少因烟炱聚集导致的发动机部件磨损。

柴油发动机在苛刻的燃烧条件下会产生很多的燃烧副产物，其中的固体物主要是柴油和进入燃烧室的柴油机油在空气不足的条件下经不完全燃烧或热裂解而产生的无定形碳（微小的炭微粒），表现为烟炱，烟炱一旦进入油底壳中，就很快与柴油机油混合并随着柴油机油一起在发动机中进行循环，同时造成对油品性能的损害，进而造成发动机的非正常运转，缩短发动机的寿命。图 6-41 中演示了烟炱是如何形成的。

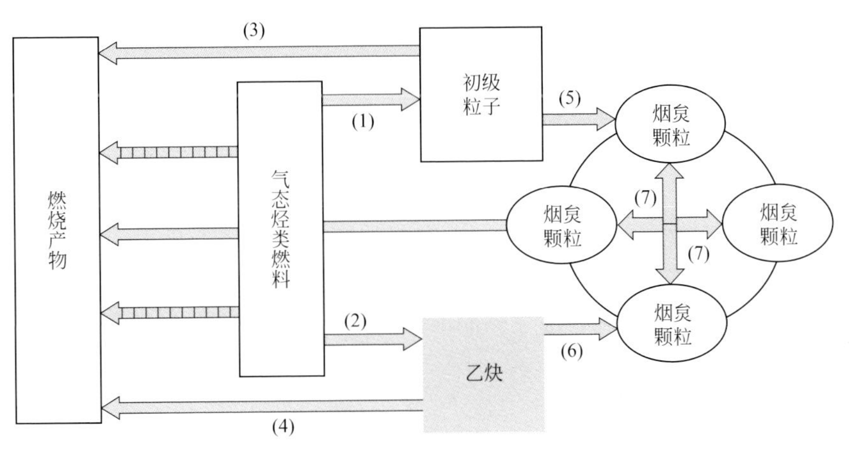

图6-41 燃烧过程中烟炱的形成

柴油机油黏度增长主要有两方面的原因，一是自身氧化生成的氧化物，二是柴油发动机中燃油和柴油机油燃烧窜入柴油发动机机油里的烟炱。柴油机油中的烟炱作为单独的小颗粒存在时，一般不会引起黏度明显地增加。当烟炱粒子增加到一定程度发生凝聚时，凝聚后的颗粒引起黏度的增长率要远远大于单独颗粒时的黏度增长率。这是因为烟炱与形成胶质的氧化物凝聚成高黏度的网状结构。图 6-42 演示了烟炱的聚集过程。

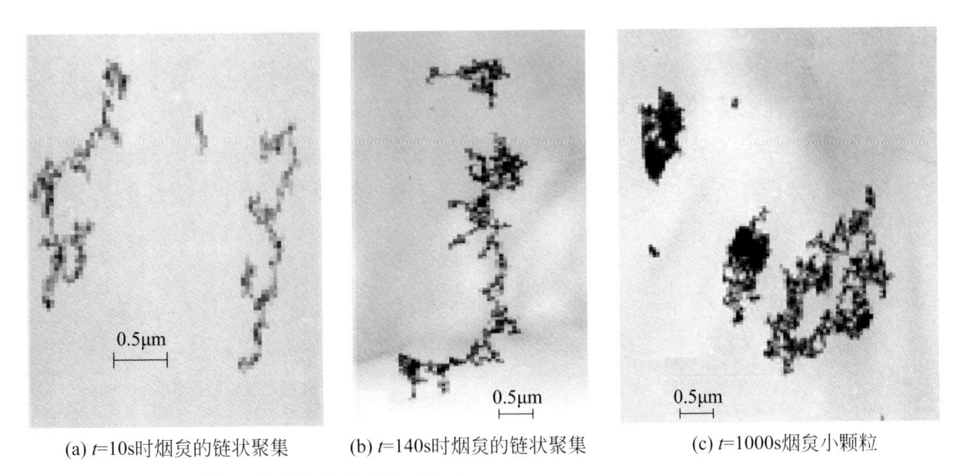

(a) t=10s时烟炱的链状聚集　(b) t=140s时烟炱的链状聚集　(c) t=1000s烟炱小颗粒

图6-42 通过不同时间烟炱聚集TEM照片

从图 6-42 中可看出，烟炱会在短时间内聚集成颗粒，对油品性能及发动机产生影响，因此，性能良好的油品需要具备优良的分散性，以便降低因烟炱引起的油品性能恶化，提高油品的使用寿命。形成的烟炱粒子聚集到一起，形成大颗粒，造成滤网堵塞，影响供油；增大柴油机油黏度和加剧活塞及气阀等的磨损。分散性能良好的柴油机油，能更好地抑制烟炱的聚集，阻止油泥产生，从而控制油品的黏度，以免发动机在低温下供油不足，产生故障。由于四大添加剂公司只在国内销售复合剂产品，添加剂单剂特别是核心添加剂如无灰分散剂、抗氧剂几乎不销售，目前国内各添加剂厂也有多个种类的无灰分散剂产品，在高档柴油机油中高分子无灰分散剂的作用最佳。本书著者团队对市场上易得的高分子无灰T161，在不同加量情况下对高烟炱含量时油品黏度的影响进行了考察，具体结果见图 6-43，同时也与中国石油兰州润滑油研究开发中心新研发的高性能无灰分散剂进行了对比。

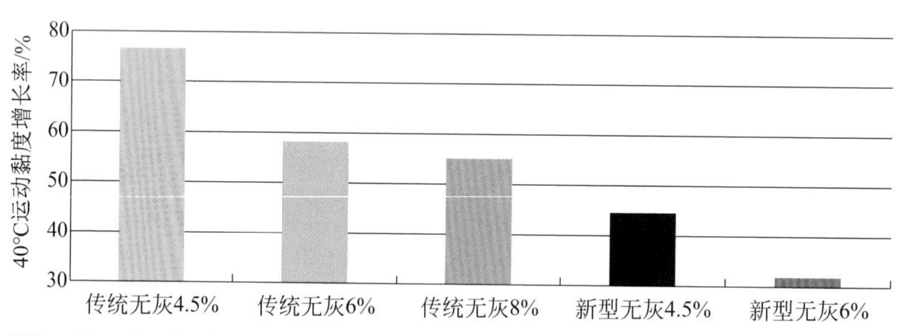

图6-43 新型无灰分散剂与传统无灰分散剂的性能比较

由图 6-43 可见，在烟炱含量高达 8% 时，传统的高分子无灰分散剂随着加入比例的增加，其烟炱分散性出现了瓶颈，当加量大于 6% 后，其抑制油品黏度增长的效果达到了饱和；而新型无灰分散剂的表现则非常优越，能够看出，新型无灰分散剂在较低加量 4.5% 的情况下，已经能够很好地解决油品的黏度增长难题。

同时，实验室通过 CA6DL 2-35 烟炱分散性方法对不同分散剂的分散性能进行了考察，具体结果见图 6-44。

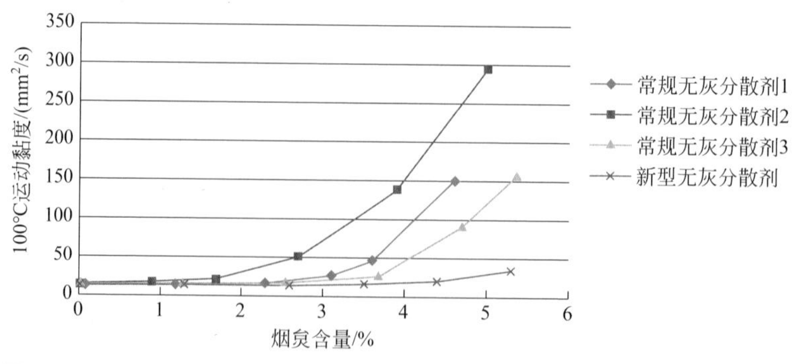

图6-44 CA6DL 2-35方法中不同分散剂的分散性比较

从图 6-44 中可看出，当烟炱含量较低时，各个分散剂的分散性能差别体现不大，而当烟炱含量大于 3.5% 时，新型无灰分散剂的分散性能明显好于常规无灰分散剂 1、2 和 3，很好地阻止了烟炱的聚集，并抑制了润滑油黏度的增长。

因此本书著者团队将中国石油自主研发的高性能新型无灰分散剂应用于 CI-4 15W-40 柴油机油中，进行了专门用于烟炱分散性评价的 Mack T-8E 发动机台架试验，具体试验结果见表 6-37。

表6-37 调制的CI-4 15W-40柴油机油理化及台架结果

项目	质量指标	实测值	试验方法
Mack T-8E发动机台架试验 4.8%烟炱量的相对黏度（RV）	≤1.8	1.69	SH/T 0760

新型无灰分散剂应用到 CI-4 柴油机油中，从 Mack T-8E 发动机台架试验结果看，通过了其指标要求，表明新型无灰分散剂具有优异的烟炱分散性。

三、抑制烟炱引起的磨损策略研究

柴油机油中烟炱对柴油发动机磨损的影响主要表现在缸套 - 活塞环部分和进排气阀系部分。研究人员在经过大量研究后，提出了五个主要烟炱磨损机理：①烟炱对 ZnDTP 分解产物的优先吸附，阻碍了金属表面抗磨膜的形成；②烟炱同 ZnDTP 对金属表面进行争夺，减少了 ZnDTP 的金属表面覆盖率；③烟炱改变了抗磨膜的结构，减弱了抗磨膜的机械强度和对金属表面的黏合力；④由于烟炱集聚而使能够真正起润滑作用的油量减少；⑤烟炱引起磨粒磨损。近些年的有关研究表明，柴油发动机的烟炱磨损主要是由磨粒磨损引起的。

对于同一种油品，烟炱含量水平越高，其保持抗磨损性能的时间就越短，这种趋势可从不同烟炱含量的润滑油在发动机试验中抗磨损性能表现中看出来，见图 6-45、图 6-46。同时，由图 6-45、图 6-46 可见，随着烟炱含量的增加，缸套

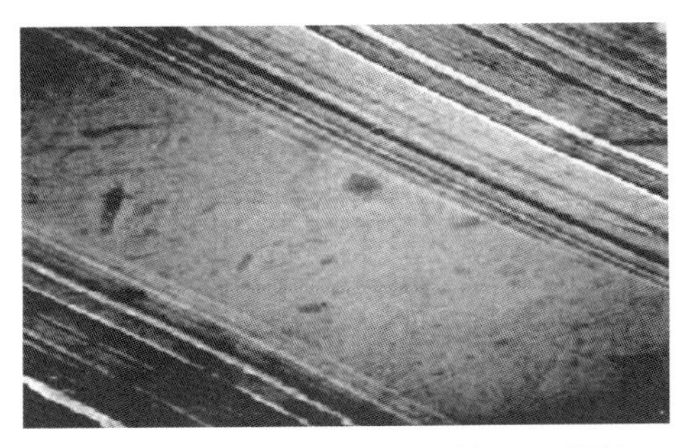

图6-45 2%烟炱含量时磨损的SEM照片

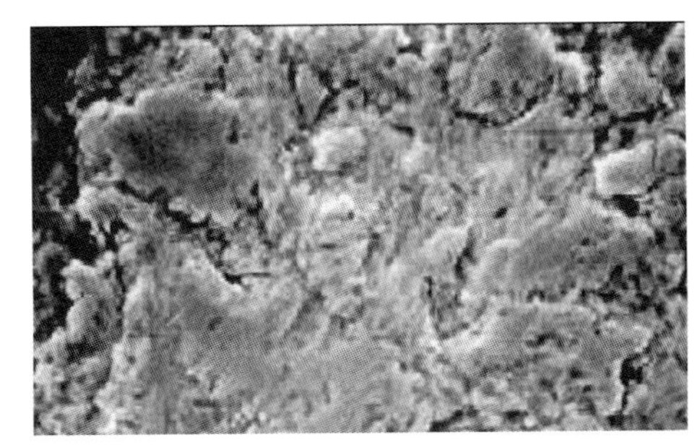

图6-46 4%烟炱含量时磨损的SEM照片

磨损明显加剧，从两幅 SEM 图上可以看出，4% 含量的烟炱对柴油发动机部件表面磨损很大，会影响发动机的正常工作和油品的性能。

在 CI-4 柴油机油规范中，对油品抑制烟炱引起的发动机磨损提出了苛刻的要求，评定烟炱引起的发动机部件磨损台架有 Mack T-12、Cummins ISM 和 RFWT，这些台架试验主要用于评定烟炱含量高达 6% 以上的发动机活塞环、缸套以及阀系的磨损。

本书著者团队有针对性地选取几种添加剂进行油品抗烟炱磨损性能的研究，表 6-38 给出了几种添加剂复配后对烟炱磨损性能的考察结果。

表6-38　几种添加剂复配后对烟炱磨损的影响

油样	磷酸酯铵盐	氨基甲酸酯	ZDDP	P_B/N	P_D/N	磨斑直径D/mm	烟炱磨损D/mm
1	—	L	X	1079	3089	0.44	0.32
2	K	—	X	882.6	2452	0.46	0.34
3	K+0.2	—	X	833.6	3089	0.46	0.36
4	K	L+0.2	X	784.5	3089	0.51	0.33
5	K+0.1	L+0.1	X	833.6	3089	0.5	0.32
6	K+0.2	L	X	931.6	3089	0.5	0.32
7	K	L	X	882.6	3089	0.53	0.33

可以看出，四球机试验得到的各种复配方案的磨斑直径与抗烟炱磨损性能相差不大，无法进行区分。因此，筛选上述方案中的部分试验油品进行 SRV 缸套磨损试验，以考察各油品抗烟炱磨损性能的差异，确定烟炱磨损性能优异的添加剂复配方案。

SRV 缸套磨损试验是通过固定的试验条件，在油样中加入 3% 的炭黑作为试验油，以实际发动机上截取的缸套和活塞环作为试验件，在 SRV 试验机上进行试验，可用于评定油品的平均摩擦系数、缸套失重、活塞环失重、磨损深度等。

Mack T-12 发动机台架试验主要用于评价柴油机油抗烟炱磨损性能。因此，在 SRV 缸套磨损试验时，也选择了 Mack T-12 发动机台架试验的一种通过油和一种失败油进行了考察，并通过对比确定试验油品在抗烟炱磨损方面的性能，具体试验数据见表 6-39。图 6-47 给出了 Mack T-12 通过油、失败油和油样 4 的 SRV 缸套摩擦磨损趋势图。

表6-39　复配添加剂烟炱磨损性能SRV试验结果

油样名称	平均摩擦系数	缸套失重w/mg	活塞环失重w/mg	磨损深度h/μm
台架通过油	0.179	2.2	0.7	6.67
台架失败油	0.185	3	1.2	8.77
油样1	0.169	2.6	1.1	9.02
油样2	0.174	2.8	0.7	5.22

续表

油样名称	平均摩擦系数	缸套失重w/mg	活塞环失重w/mg	磨损深度h/μm
油样4	0.147	0.9	0.5	3.71
油样5	0.153	1.3	0.8	4.37
油样6	0.166	2.4	1.1	8.36
油样7	0.173	2.3	0.7	9.55

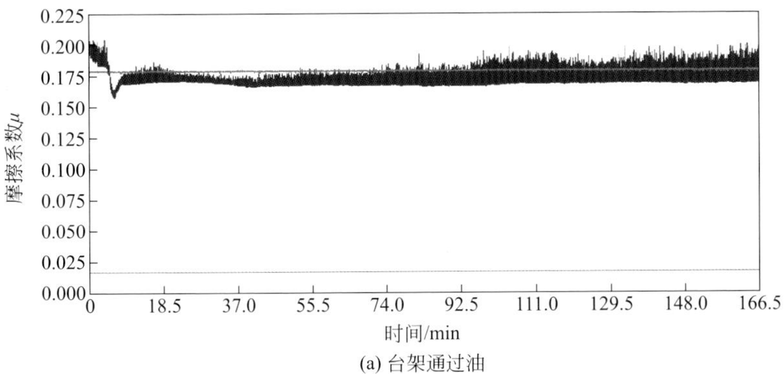

(a) 台架通过油

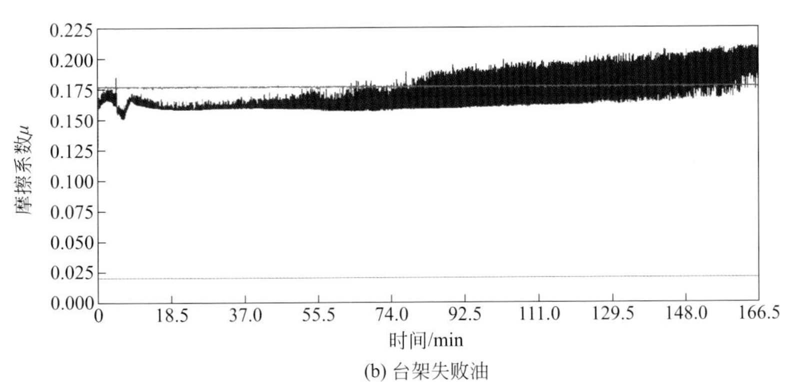

(b) 台架失败油

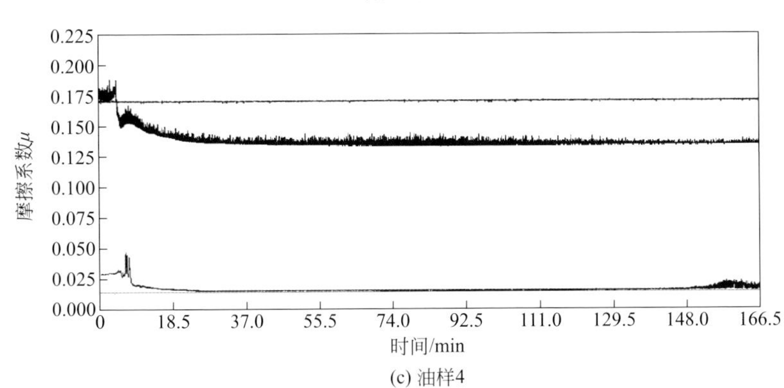

(c) 油样4

图6-47　3种试验油的SRV缸套摩擦磨损趋势

从表 6-39 可以看出，油样 4 的 SRV 缸套失重、活塞环失重、磨损深度和平均摩擦系数值均最低，而图 6-47（c）的摩擦系数曲线表明，油样 4 的摩擦系数始终处于较低水平且有走低的趋势，各数据显示该油样的抗烟炱磨损性能优于 Mack T-12 通过油的试验数据，即将酸性磷酸酯铵盐与氨基甲酸酯复配后可明显改善油品的抗烟炱磨损性能，按此方案进行了 Mack T-12 试验，试验结果表明通过了该发动机台架试验，具体结果见图 6-48。

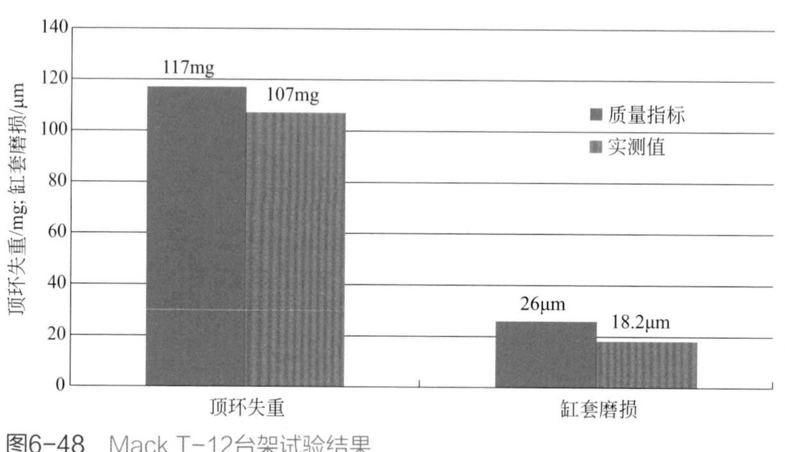

图6-48　Mack T-12台架试验结果

四、产品综合性能评定

将高碱值磺酸钙和硫化烷基酚钙金属清净剂、高性能新型无灰分散剂以及抗氧抗腐抗磨剂等添加剂有机复配，调制的 CI-4 15W-40 油品进行了 API CI-4 要求的全部发动机台架试验，试验结果见表 6-40。

表6-40　CI-4 15W-40柴油机油理化及台架试验结果

项目	质量指标	实测值	试验方法
100℃运动黏度/（mm^2/s）	12.5～<16.3	14.45	GB/T 265
低温动力黏度（-20℃）/mPa・s	≤7000	5810	GB/T 6538
低温泵送黏度（-25℃）/mPa・s	≤60000	20600	NB/SH/T 0562
高温高剪切黏度/mPa・s	≥3.7	4.16	NB/SH/T 0703
倾点/℃	≤-25	-39	GB/T 3535
闪点（开口）/℃	≥215	250	GB/T 3536
水分(质量分数)/%	≤痕迹	痕迹	GB/T 260
机械杂质(质量分数)/%	≤0.01	0.006	GB/T 511
蒸发损失（质量分数）/%	≤15	5.5	NB/SH/T 0059

续表

项目	质量指标	实测值	试验方法
碱值（以KOH计）/（mg/g）	报告	12.7	NB/SH/T 0251
硫酸盐灰分/%	报告	1.57	GB/T 2433
磷含量(质量分数)/%	报告	0.097	NB/SH/T 0822
硫含量(质量分数)/%	报告	0.302	NB/SH/T 0822
氮含量/(μg/g)	报告	999	GB/T 17674
泡沫性（泡沫倾向/泡沫稳性）/(mL/mL) 24℃ 93.5℃ 后24℃	 ≤10/0 ≤20/0 ≤10/0	 5/0 5/0 5/0	GB/T 12579
高温腐蚀试验 铜浓度增加/(mg/kg) 铅浓度增加/(mg/kg) 锡浓度增加/(mg/kg) 铜片腐蚀/级	 ≤20 ≤120 ≤50 ≤3	 7.20 4.77 0 1a	SH/T 0754 GB/T 5096
低温泵送黏度（Mack T-12或Mack T-12A试验，100h后试验油，−20℃）/mPa·s 如检测到屈服应力 低温泵送黏度/mPa·s 屈服应力/Pa	≤25000 ≤25000 <35	9528	ASTM D4684
柴油喷嘴剪切 剪切后100℃运动黏度（mm^2/s）	 ≥12.5	 13.58	SH/T 0103 GB/T 265
Mack T-12台架试验 优点评分	 ≥1000	 1146.6	ASTM D7422
Mack T-8E发动机台架试验 4.8%烟炱量的相对黏度（RV）	 ≤1.8	 1.56	SH/T 0760
Cat.1P台架试验 缺点加权评分（WDP） 顶环槽炭（TGC） 顶环台炭（TLC） 平均油耗（AOC）/（g/h） 最终油耗（EOTOC）/（g/h） 活塞环和缸套擦伤	 ≤350 ≤36 ≤40 ≤12.4 ≤14.6 无	 346 30.75 35.50 4.2 2.9 无	ASTM D6681
Cat.1K发动机台架试验 缺点加权评分（WDK） 顶环槽充炭率（体积分数）（TGF）/% 顶环台重炭率（TLHC）/% 平均油耗(0～252h)/[g/（kW·h）] 活塞环和缸套擦伤	 ≤332 ≤24 ≤4 ≤0.5 无	 325.8 10 0 0.25 无	SH/T 0782
发动机油充气试验（EOAT） 空气卷入（体积分数）/%	 ≤8.0	 7.2	ASTM D6894
滚动随动件磨损试验（RFWT） 液压滚轮挺杆销平均磨损/mm	 ≤0.0076	 0.00638	ASTM D5966

续表

项目	质量指标	实测值	试验方法
康明斯ISM试验			ASTM D7468
十字头磨损/mg	≤7.5	4.7	
机油滤清器压差(150h) /kPa	≤55	6	
油泥优点评分	≥8.1	9.5	
MS程序ⅢF发动机试验			ASTM D6984
黏度增长/%	≤275	6.9	
橡胶相容性			ASTM D7216
体积变化/%			
丁腈橡胶	+5/−3	−1.75	
硅橡胶	+TMC 1006/−3	21.25	
聚丙烯酸酯	+5/−3	−2.3	
氟橡胶	+5/−2	−1.84	
硬度限值/pts		3	
丁腈橡胶	+7/−5		
硅橡胶	+5/-TMC 1006	−15	
聚丙烯酸酯	+8/−5	5	
氟橡胶	+7/−5	2	
拉伸强度/%			
丁腈橡胶	+10/−TMC 1006	−10	
硅橡胶	+10/−45	−11.5	
聚丙烯酸酯	+18/−15	−7.7	
氟橡胶	+10/−TMC 1006	−52.3	
延伸率/%			
丁腈橡胶	+10/−TMC 1006	−26.8	
硅橡胶	+20/−30	−25.7	
聚丙烯酸酯	+10/−35	−16.5	
氟橡胶	+10/−TMC 1006	−53.8	

由表 6-40 可见，调制的 CI-4 15W-40 油品通过了 Mack T-8E、Cat.1K、Cat.1P、程序ⅢF、Mack T-12、RFWT、EOAT 和 Cummins ISM 等发动机台架试验，达到 API CI-4 柴油机油技术指标要求。

第六节 CJ-4 柴油机油的开发

目前国际上柴油机排放控制的两个主流技术路线为 SCR（选择性催化还原）和 EGR+DPF/DOC（废气再循环 + 微粒捕集器 / 氧化催化转换器），二者都是经过长期使用验证的成熟技术。欧洲长途载货车通常采用 SCR 技术，短途运输或者城市公交车则选择 EGR+DPF 技术；而在北美及日本市场，EGR+DPF/DOC 技术路线占主流。

这些发动机新技术的采用，对柴油机油提出了严峻的考验，推动柴油机油规格不断提升。为了满足与 DPF 等后处理装置的适应性，CJ-4 柴油机油规格对油品的硫、磷及硫酸灰分含量进行了限制，同时相比以往的柴油机油规格，增加了 Cat.C13 清净性台架试验和 Mack T-11 烟炱分散性台架试验，同时进一步严格了程序ⅢG、Mack T-12 和 Cummins ISM、ISB 发动机台架试验通过指标，因此对油品的烟炱分散、清净性、抗氧化性、烟炱引起的磨损、腐蚀等方面的性能提出了更苛刻的要求，低 SAPS 油品的研发需要打破传统柴油机油中 ZDDP 和金属清净剂的复配规律，重新构建氧化 - 抗磨 - 清净体系，同时提升油品配方的烟炱分散性和抗氧化性能。

Caterpillar 系列发动机润滑油台架测试是评定重负荷柴油机油高温清净性的重要方法。Caterpillar 台架测试随着排放法规的不断苛刻和市场需求的不断变化、发动机设计、润滑油规格及市场需求的变化而不断地发展。这些导致重负荷柴油机曲轴箱的环境不断地发生变化，尤其是烟炱的生成量不断增大，烟炱和黏度增长问题突现，所有这些都在不断地对油品高温清净性提出新的要求，随着内部热废气循环（ACERT）的发展，活塞清净性的提高显得越来越重要。

Caterpillar(Cat.)C13 用于 API CJ-4 级油的评定，首次增加了二环积炭评分，采用 2004 年生产的 Caterpillar 320kW C13 发动机，模拟高速、重负荷工况。测定高温清净性的 Caterpillar C13 发动机配置电子控制、双涡轮增压器、直喷、六缸、四气门发动机。试验用含硫量为 15mg /kg 以下的超低硫柴油，转速为 1800r /min，润滑油温度为 98℃，运行时间 500h。采用内部热废气循环（ACERT）技术，而 Caterpillar 1R 为单缸发动机，不带废气循环，燃烧的是硫含量 500mg /kg 以下的低硫柴油。Caterpillar C13 评定内容和通过标准如表 6-41 所示。

表6-41　Caterpillar C13发动机台架试验通过标准

发动机评定或测量参数		1次试验	2次试验	3次试验
清净性评分	≥	1000	1000	1000
顶环槽充炭率（TGF）/%	≤	53	53	53
顶环台重炭率（TLHC）/%	≤	35	35	35
油耗(125～475h)/[g/(kW · h)]	≤	31	31	31
二环上积炭/%	≤	33	33	33

典型的 Caterpillar C13 发动机台架试验通过和失败活塞图片如图 6-49 所示。

图6-49　Caterpillar C13发动机台架试验活塞沉积物照片

Mack T-8E、Mack T-11 主要用于评定油品的烟炱分散性能，Mack T-8E 试验虽然不带 EGR，但 Mack T-11 发动机台架试验带有 EGR 装置，同时试验结束时，油品中的烟炱含量可超过 6%，比 Mack T-8 更为苛刻，Mack T-11 与 Mack T-8 试验的通过指标对比见图 6-50。

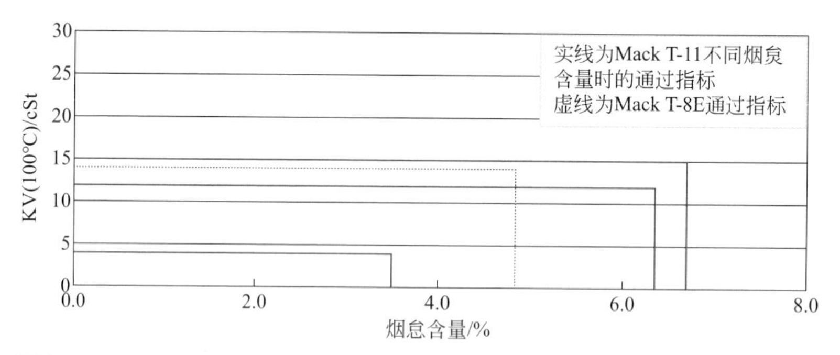

图6-50　Mack T-11与Mack T-8E试验的通过指标对比

由图 6-50 可见，Mack T-11 台架试验要比 Mack T-8E 台架试验要求苛刻得多。烟炱含量随着时间的增长而逐渐增多，同时油品的黏度也逐渐增大，由于烟炱聚集，在一定时间后，油品的黏度增长急剧增加，使得油品的润滑效果变差，影响发动机的正常工作。因此，要求油品具有良好的烟炱分散性能，从而避免由于烟炱引起的油品黏度增长。

一、低灰分配方清净性策略研究

由于基本所有的清净剂都含钙、镁等金属离子，是油品硫酸盐灰分的主要来源，而 CJ-4 柴油机油要求油品的硫酸盐灰分≤1.0%，因此很大程度上限制了金属清净剂的使用。

中国石油在高档油开发中采用水杨酸盐为主清净剂积累了一些经验，中国石油自主研发的水杨酸盐金属清净剂产品具有更细、更均匀的胶束胶团，见图 6-51、图 6-52，具有更加优异的油泥分散性能，见图 6-53、图 6-54。

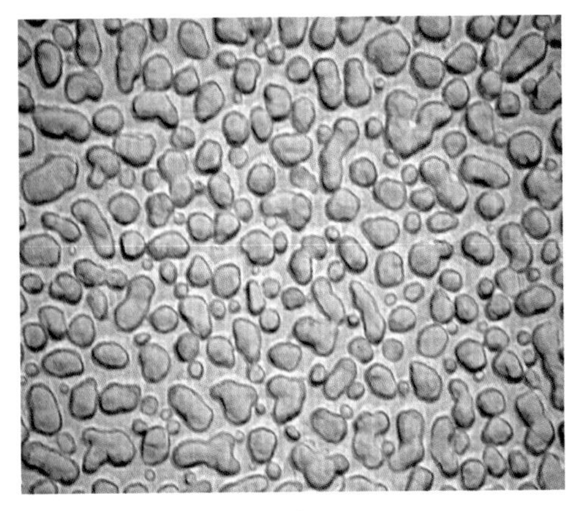

图6-51　常规水杨酸盐产品

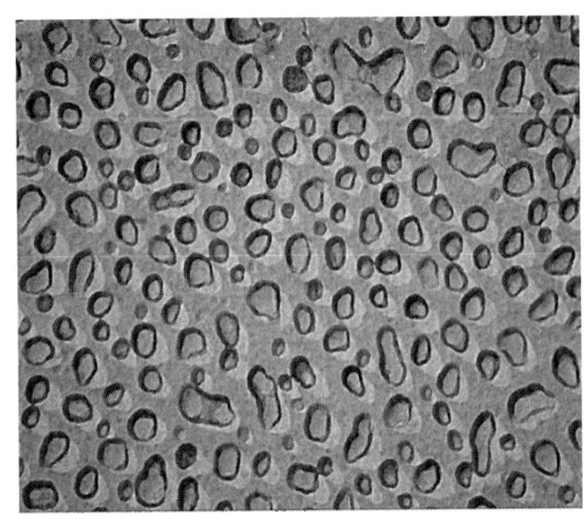

图6-52　中国石油水杨酸盐产品

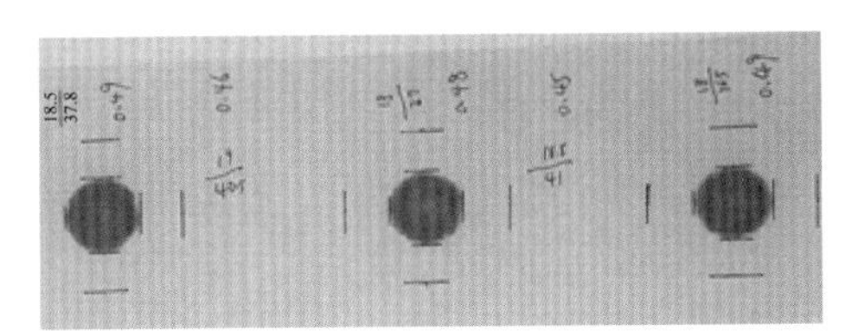

图6-53　常规水杨酸盐

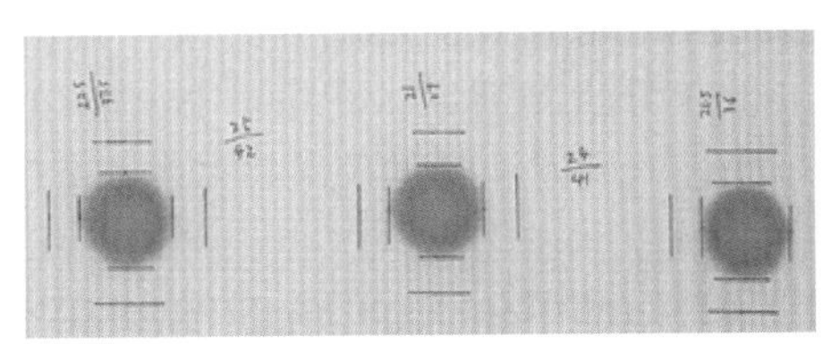

图6-54　中国石油水杨酸盐

因此选择烷基水杨酸盐和硫化烷基酚盐复配作为清净剂体系。不同金属清净剂的加量（1%）对油品硫酸盐灰分和硫含量的影响见图 6-55。

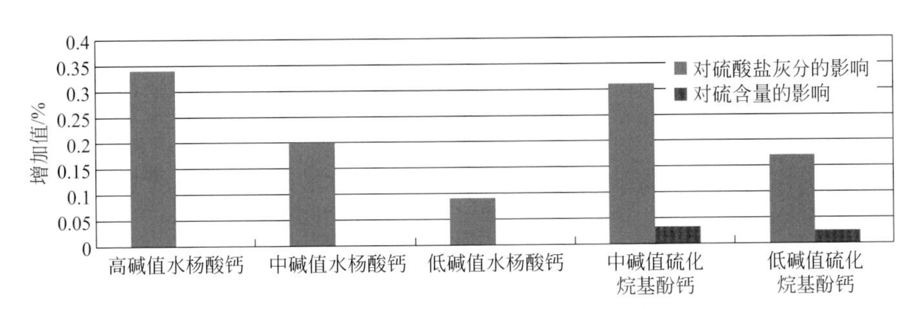

图6-55　金属清净剂加量对油品硫酸盐灰分和硫含量的影响

由图 6-55 可见，高碱值的烷基水杨酸和硫化烷基酚盐每加入 1%，油品的硫酸盐灰分增大 0.3% 以上，因此在 CJ-4 柴油机油复合剂的开发中，为保证油品的硫酸盐灰分不超过 1.0%，而且油品具有良好的高温清净性能，且油品具有足够的碱值，可采用高低碱值复配的方法。清净剂复配情况见表 6-42。

表6-42 清净剂复配考察

项目	Q1	Q2	Q3	Q4	Q5	参比油
清净剂A	$X-0.4$	$X-0.2$	X	$X+0.2$	$X+0.4$	—
清净剂B	$Y+0.3$	$Y+0.1$	Y	$Y-0.1$	$Y+0.3$	—
清净剂C	$Z+0.3$	$Z+0.2$	Z	$Z-0.2$	$Z-0.3$	—
清净剂D	$W-0.2$	$W-0.1$	W	$W+0.1$	$W-0.4$	—
碱值/（mgKOH/g）	11.2	10.8	10.3	9.8	10.0	8.0
硫酸盐灰分/%	1.11	1.05	0.98	0.92	0.94	0.96
成焦板/mg	298.3	235.9	268.2	238.6	254.7	361
热管/级	9	9	9	9	9	8.5
微氧化/min	185	198	195	178	183	214.2
微焦化/min	84	89	87	91	86	115

由表 6-42 可见，在清净剂总加剂量不变的情况下，可通过高低碱值清净剂的复配来调节整体配方的碱值和硫酸盐灰分。在 CJ-4 柴油机油研制中，通过高低灰分清净剂 A、清净剂 B、清净剂 C 和清净剂 D 的复配，使油品具有良好清净性的同时油品的硫酸盐灰分≤1.0%。

二、低SAPS油品的抗磨策略研究

ZDDP 系列添加剂在发动机油品中具有良好的抗氧抗腐和抗磨作用，加之成本低廉，具有无可替代的优势，图 6-56 给出了在发动机油中常用的两种 ZDDP 添加剂加量（1%）对油品性能的影响。

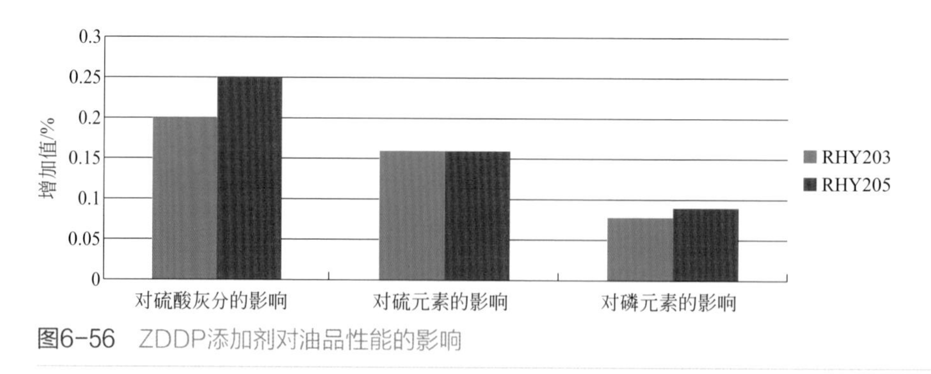

图6-56 ZDDP添加剂对油品性能的影响

CJ-4 柴油机油要求油品具有良好的抗磨性能和热稳定性，由图 6-56 可见，长链伯醇基 ZDDP（RHY203）具有良好的热稳定性能，而仲醇烷基 ZDDP（RHY205）具有良好的抗磨性能，因此 ZDDP 选择上考虑将 RHY203 和 RHY205 复配使用。但是 ZDDP 系列添加剂中含有元素硫、磷和锌，是油品硫酸盐灰分的主要来源，同时也是油品中硫和磷元素的主要来源，CJ-4 柴油机油研究中需要控制 ZDDP 的加入量。实验室对 ZDDP 的加量进行了考察，考察方案及结果见表 6-43。

表6-43 ZDDP加量考察方案

项目	K1	K2	K3	K4	K5	参比油
RHY203	*A*	*A*+0.1	*A*+0.2	*A*+0.3	*A*+0.4	—
RHY205	*B*	*B*+0.1	*B*+0.1	*B*+0.1	*B*+0.2	—
其他	余量	余量	余量	余量	余量	—
磷含量（质量分数）/%	0.077	0.092	0.099	0.106	0.12	0.11
硫含量（质量分数）/%	0.30	0.33	0.35	0.36	0.39	0.37
硫酸盐灰分/%	0.96	1.01	1.04	1.06	1.10	0.96
磨斑直径(392N)/mm	0.59	0.56	0.54	0.50	0.45	0.50
烟炱磨损/mm	0.51	0.48	0.48	0.45	0.43	0.48

由表 6-43 可见，随着 RHY203 和 RHY205 加量的增大，油品抗磨性能越来越好，但油品的磷、硫和硫酸盐灰分或超过或接近限值。因此必须向配方中引入新型的无灰或低灰、低磷、低硫抗磨添加剂替代部分 ZDDP，以保证油品的抗磨性能，同时油品磷、硫和硫酸盐灰分不超限值。

在配方中引入了无灰抗磨剂，对无灰抗磨剂的加量进行考察，考察方案及结果见图 6-57。

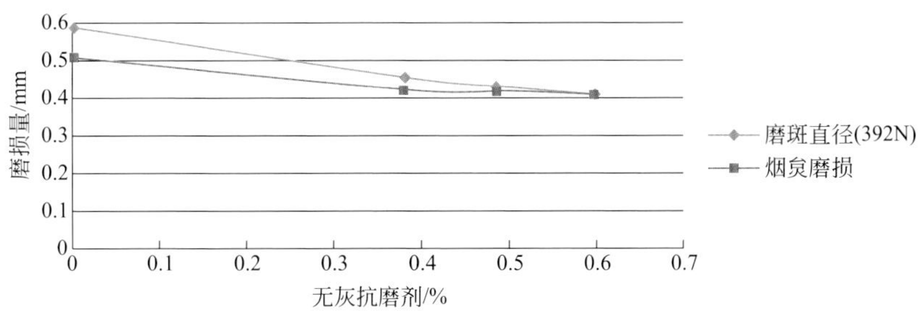

图6-57 无灰抗磨添加剂加量考察方案及结果

结果表明，在配方中引入无灰抗磨剂后油品磷、硫和硫酸盐灰分满足限值要求，且油品抗磨性能优于参比油，无灰抗磨剂的引入保证油品抗磨性能的同时减小了配方清净剂复配的压力。

三、低SAPS油品的抗氧化策略研究

由于高档柴油机油对抗氧化性能要求苛刻，容易造成由于氧化而引起油品黏

度增长、发动机活塞顶环槽积炭、顶环岸重炭以及漆膜的形成，根据资料调研，引入适量的胺型、酚型辅助抗氧剂可以明显增强油品的氧化安定性，表6-44和图6-58、图6-59分别给出了单独使用ZDDP和胺型、酚型辅助抗氧剂后油品的氧化结果。

表6-44 不同类型抗氧剂抑制黏度增长的考察

方案	100℃黏度增长率/%
不加抗氧剂	95
ZDDP	3
酚型抗氧剂	99
胺型抗氧剂	94

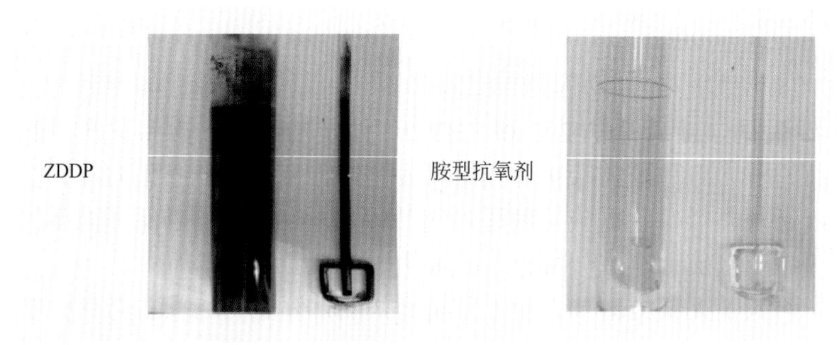

图6-58 ZDDP和胺型抗氧剂考察结果

图6-59 基础油和酚型抗氧剂考察结果

从表6-44可知，与基础油老化试验后相比，APIⅡ类基础油加入ZDDP后，油品的黏度增长得到有效抑制；而酚型抗氧剂、胺型抗氧剂对于黏度增长抑制作用不大。从图6-58和图6-59可以看出，加入ZDDP进行油品氧化试验后，氧化管壁和气管上有大量的氧化沉积物生成；加入酚型抗氧剂、胺型抗氧剂氧化沉积物会有所减少。

综合考虑上述几个方面的因素，对 ZDDP、胺型和酚型抗氧剂进行复配研究，具体结果见表 6-45。

表6-45　ZDDP、胺型和酚型抗氧剂复配规律研究

编号	P1	P2	P3	P4	P5	P6	P7	参比油
ZDDP	B−0.1	B−0.1	B−0.1	B	B+0.1	B+0.1	B+0.1	—
胺型抗氧剂	C+0.4	C+0.3	C+0.2	C	C−0.2	C−0.3	C−0.4	—
酚型抗氧剂	A+0.3	A+0.2	A+0.1	A	A−0.1	A−0.2	A−0.3	—
TEOST/mg	65.2	63.6	59.2	53.2	59.8	65.1	62.1	64.7
热管/级	9	9	9	9	9	9	9	8
微焦化/min	93	92	77	98.3	77	76	72	115

由表 6-45 可见，P4 号配方油品氧化、清净性能较好，因此选用 P4 号配方油品进行程序ⅢF 台架试验，具体结果见图 6-60。

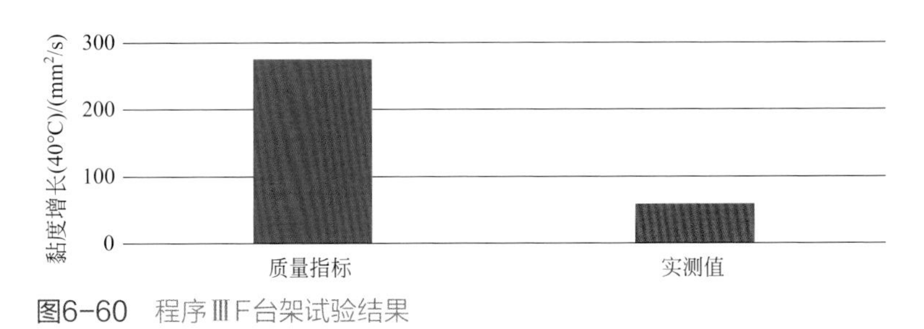

图6-60　程序ⅢF台架试验结果

同时将研制油品在评价氧化性能的 Mack T-13 中进行评价，结果表明该油品表现出优异的氧化安定性，从图 6-61 的结果可以看出，在整个试验过程中，油品的黏度几乎没有出现因高温氧化导致的黏度增长。

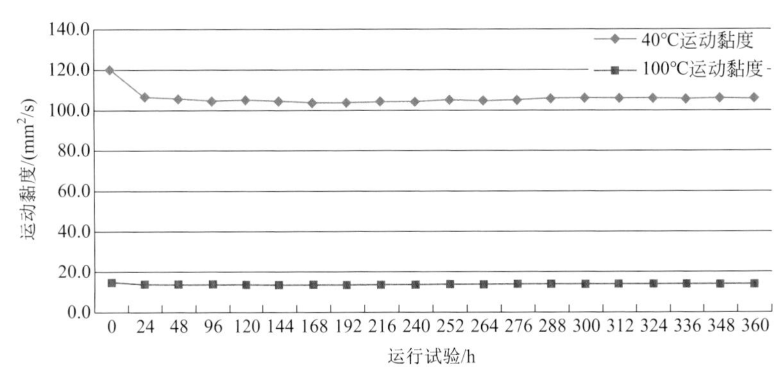

图6-61　Mack T-13氧化性能评价结果

四、低SAPS油品的烟炱分散策略研究

中国石油自主研发的新型无灰分散剂具有优异的烟炱分散性，已成功应用于高档 CI-4 柴油机油中，将其应用于本书著者团队研究中，并通过 Mack T-11 发动机台架试验进行考察，结果见图 6-62。

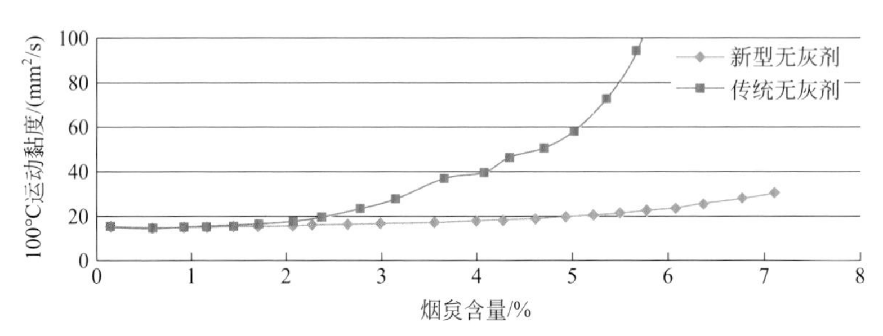

图6-62　Mack T-11烟炱分散性评价结果

五、低SAPS油品的综合性能研究

对清净剂、无灰分散剂以及抗氧抗腐抗磨剂等添加剂进行有机复配，调制的油品进行台架试验，数据见表 6-46。

表6-46　油品台架数据

项目	质量指标	试验结果	试验方法
Cat.1N			ASTM D6750
缺点加权评分（WDN）	≤286.2	252.9	
环槽积炭填充率（TGF）（体积分数）/%	≤20	12	
顶岸台重碳率（TLHC）（质量分数）/%	≤3	0	
油耗（0～252h）/[g/（kW·h）]	≤0.54	0.14	
活塞、活塞环和缸套磨损	无	无	
环黏结	无	无	
Cat.C13			ASTM D7549
优点评分	≥1000	1250.4	
活塞环黏结	无	无	
Cummins ISM			NB/SH/T 0884
优点评分	≥1000	1068.2	
顶环失重/mg	≤100	62.8	
Cummins ISB			ASTM D7484
滑动挺杆平均失重/mg	≤100	81.2	
凸轮平均磨损/μm	≤55	5.3	
十字头平均失重/mg	报告	5.4	

续表

项目	质量指标	试验结果	试验方法
RFWT 滚轮液压挺杆销平均磨损/μm	≤7.6	3.60	ASTM D5966
Mack T-12 顶环失重/mg 缸套磨损/μm	 ≤105 ≤24.0	 82 14.6	ASTM D7422
Mack T-11试验 100℃黏度增长4mm²/s时的TGA烟炱量/% 100℃黏度增长12mm²/s时的TGA烟炱量/% 100℃黏度增长15mm²/s时的TGA烟炱量/%	 ≥3.5 ≥6.0 ≥6.7	 4.17 6.01 6.88	ASTM D7156
程序ⅢF发动机试验 黏度增长（40℃）/%	≤275	58.2	ASTM D6984
发动机油空气卷入试验（EOAT） 空气卷入(体积分数）/%	≤8.0	6.5	ASTM D6894

从表6-46可以看出，研制配方油品通过了全部台架试验，满足API CJ-4标准要求。

六、总结

（1）通过创建有效的MTM摩擦系数试验方法，在一定条件下将试验油老化后进行MTM曲线测试，该方法测试结果与ⅥD和ⅥE节能台架有一定的对应关系，通过模拟试验和系统的方案设计筛选出了性能优异的抗磨减摩体系，有效发挥了各功能添加剂的协同作用，最终攻克了GF-5和GF-6关键性能测试ⅥD和ⅥE节能台架。

（2）通过实验室研究，优选性能优异的金属清净剂、无灰分散剂和抗氧抗腐抗磨剂等添加剂研制的RHY 3150A复合剂，以8.3%的加剂量应用于适宜基础油中，调和的CI-4 15W-40柴油机油，通过了Mack T-8E、Cat.1K、Cat.1P、程序ⅢF、Mack T-12、RFWT、EOAT和Cummins ISM等发动机台架试验，产品质量满足API CI-4 15W-40柴油机油标准的要求，具有优异的性价比。

（3）采用不同碱值水杨酸盐并与其他清净剂高效复配，在低SAPS条件下，解决了CJ-4柴油机油高温清净性难题，采用新型无灰含硫、含磷抗磨剂并与其他添加剂高效复配，在低灰分条件下，解决了CJ-4柴油机油抗磨损的难题。CJ-4柴油机油RHY3160复合剂配方调和的油品通过Cat.1N、Cat.C13、Cummins ISM、Cummins ISB、程序ⅢF、EOAT、Mack T-12、MackT-11和RFWT台架试验，产品质量满足API CJ-4 15W-40柴油机油标准的要求，具有优异的性价比。

参考文献

[1] Kaneko T, Yamamori K, Suzuki H, et al. Friction reduction technology for low viscosiy engine oil compatible with LSPI prevention performance [C]//SAE 2016 International Powertrains Fuels & Lubricants Meetings, 2016-10-17.

[2] Standard test method for determination of high temperature deposits by thermo-oxidation engine oil simulation test: ASTM D6335—09 [S].

[3] Andrews A, Raymond B, Richard D, et al. Investigation of engine oil base Stock effects on low speed pre-ignition in a turbocharged direct injection SI engine [J].SAE International Journal of Fuels & Lubricants, 2016, doi: 10.4271/2016-01-9071.

[4] Moriyoshi Y, Yamada T, Tsunoda D, et al. Numerical simulation to understand the cause and sequence of LSPI phenomena and suggestion of CaO mechanism in highly boosted SI combustion in low speed range [J].SAE Technical Papers, 2015, doi: 10.4271/2015-01-0755.

[5] Andrew R, Doyle B, Young A W. Controlling low-speed pre-ignition in modern automotive equipment Part 3: identification of key additive component types and other lubricant composition effects on low-speed pre-ignition[J].SAE International Journal of Engines, 2016, 2016-01-0717.

[6] 薛卫国，周旭光，李建明．润滑油抗氧剂的研究现状与进展 [J]．合成润滑材料，2013, 40(2): 7-13.

[7] 李水云，隋秀华．ILSAC GF-6 汽油机油规格的进展及挑战 [J]．合成润滑材料，2015, 42(1): 28-31.

[8] Tang H, Abouzahr S, Betz J, et al. Development of chrysler oxidation and deposit engine oil certification test [C]. JSAE/ SAE 2015 International Powertrains Fuels & Lubricants Meetings, 2015-09-01.

[9] 薛卫国，金志良，谢建海，等．有机减摩剂在汽油机油中的性能研究 [J]．润滑油，2018(3): 24-31.

[10] 叶红，武志强．内燃机油用减摩剂及其复配规律 [J]．润滑与密封，2005, 30(6): 122-126.

索引